碳中和城市与绿色智慧建筑系列教材

教育部高等学校建筑类专业教学指导委员会规划推荐教材

丛书主编　王建国

绿色建筑设备

Green Building Equipment

葛坚　何国青　主编
赵康　韦强　副主编

中国建筑工业出版社

图书在版编目（CIP）数据

绿色建筑设备 / 葛坚，何国青主编；赵康，韦强副
主编 . -- 北京：中国建筑工业出版社，2024.12.
（碳中和城市与绿色智慧建筑系列教材 / 王建国主编）（
教育部高等学校建筑类专业教学指导委员会规划推荐教材）.
ISBN 978-7-112-30684-8

Ⅰ . TU8

中国国家版本馆 CIP 数据核字第 2024WV9849 号

本书全面系统地论述了建筑水、暖、电等设备和系统的运行原理与设计选配方法，着重介绍其所涉及的绿色智慧技术。全书共4篇，第1篇介绍建筑给水排水设备与系统的基本设计准则与策略，并将绿色低碳的建筑技术与理念融入其中；第2篇主要讲述暖通空调设备与系统在营造建筑环境时所涉及的用户需求、负荷计算与系统构建原则等；第3篇主要讲述电气设备运行的基本原理，并着重介绍电气系统在节能环保、安全健康等绿色性能方面的技术要点和工程设计要求；第4篇主要阐明建筑智能化系统的架构原理与工程要点，并阐述运用物联网、大数据、人工智能等新兴技术实现智慧建筑的发展趋势。

本书可作为高校建筑学专业以及城市规划、土木工程等相关专业的教材和教辅用书，也可为从事建筑设备选型与设计的工程技术人员提供参考。

为了更好地支持相应课程的教学，我们向采用本书作为教材的教师提供课件，有需要者可与出版社联系。

建工书院：https://edu.cabplink.com

邮箱：jckj@cabp.com.cn　电话：(010) 58337285

策　　划：陈　桦　柏铭泽
责任编辑：聂　伟　陈　桦
责任校对：张　颖

碳中和城市与绿色智慧建筑系列教材
教育部高等学校建筑类专业教学指导委员会规划推荐教材
丛书主编　王建国

绿色建筑设备
Green Building Equipment
葛坚　何国青　主编
赵康　韦强　副主编

*

中国建筑工业出版社出版、发行（北京海淀三里河路9号）
各地新华书店、建筑书店经销
北京海视强森图文设计有限公司制版
北京中科印刷有限公司印刷

*

开本：787毫米×1092毫米　1/16　印张：22$\frac{1}{2}$　字数：425千字
2025 年 2 月第一版　2025 年 2 月第一次印刷
定价：**69.00元**（赠教师课件）
ISBN 978-7-112-30684-8
　　　（44444）

《碳中和城市与绿色智慧建筑系列教材》
编审委员会

《碳中和城市与绿色智慧建筑系列教材》

总序

　　建筑是全球三大能源消费领域（工业、交通、建筑）之一。建筑从设计、建材、运输、建造到运维全生命周期过程中所涉及的"碳足迹"及其能源消耗是建筑领域碳排放的主要来源，也是城市和建筑碳达峰、碳中和的主要方面。城市和建筑"双碳"目标实现及相关研究由2030年的"碳达峰"和2060年的"碳中和"两个时间节点约束而成，由"绿色、节能、环保"和"低碳、近零碳、零碳"相互交织、动态耦合的多途径减碳递进与碳中和递归的建筑科学迭代进阶是当下主流的建筑类学科前沿科学研究领域。

　　本系列教材主要聚焦建筑类学科专业在国家"双碳"目标实施行动中的前沿科技探索、知识体系进阶和教学教案变革的重大战略需求，同时满足教育部碳中和新兴领域系列教材的规划布局和"高阶性、创新性、挑战度"的编写要求。

　　自第一次工业革命开始至今，人类社会正在经历一个巨量碳排放的时期，碳排放导致的全球气候变暖引发一系列自然灾害和生态失衡等环境问题。早在20世纪末，全球社会就意识到了碳排放引发的气候变化对人居环境所造成的巨大影响。联合国政府间气候变化专门委员会（IPCC）自1990年始发布五年一次的气候变化报告，相关应对气候变化的《京都议定书》（1997）和《巴黎气候协定》（2015）先后签订。《巴黎气候协定》希望2100年全球气温总的温升幅度控制在1.5℃，极值不超过2℃。但是，按照现在全球碳排放的情况，那2100年全球温升预期是2.1~3.5℃，所以，必须减碳。

　　2020年9月22日，国家主席习近平在第七十五届联合国大会一般性辩论上向国际社会郑重承诺，中国将力争在2030年前达到二氧化碳排放峰值，努力争取在2060年前实现碳中和。自此，"双碳"目标开始成为我国生态文明建设的首要抓手。党的二十大报告中提出，"积极稳妥推进碳达峰碳中和，立足我国能源资源禀赋，坚持先立后破，有计划分步骤实施碳达峰行动，深入推进能源革命……"，传递了党中央对我国碳达峰、碳中和的最新战略部署。

　　国务院印发的《2030年前碳达峰行动方案》提出，将碳达峰贯穿于经济社会发展全过程和各方面，重点实施"碳达峰十大行动"。在"双碳"目标战略时间表的控制下，建筑领域作为三大能源消费领域（工业、交通、建筑）之一，尽早实现碳中和对于"双碳"目标战略路径的整体实现具有重要意义。

　　为贯彻落实国家"双碳"目标任务和要求，东南大学联合中国建筑出版传媒有限公司，于2021年至2022年承担了教育部高等教育司新兴领域教材研究与实践项目，就"碳中和城市与绿色智慧建筑"教材建设开展了研究，初步架构了该领域的知识体系，提出了教材体系建设的全新框架和编写思路等成果。2023年3月，教育部办公厅发布《关于组织开展战略性新兴领域"十四五"高等教育教材体系建设工作的通知》(以下简称《通知》)，《通知》中明确提出，要充分发挥"新兴领域教材体系建设研究与实践"项目成果作用，以《战略性新兴领域规划教材体系建议目录》为基础，开展专业核心教材建设，并同步开展核心课程、重点实践项目、高水平教学团队建设工作。课题组与教材建设团队代表于2023年4月8日在东南大学召开系列教材的编写启动会议，系列教材主编、中国工程院院士、东南大学建筑学院教授王建国发表系列教材整体编写指导意见；中国工程院院士、西安建筑科技大学教授刘加平和中国工程院院士、清华大学教授庄惟敏分享分册编写成果。编写团队由3位院士领衔，8所高校和3家企业的80余位团队成员参与。

2023年4月，课题团队向教育部正式提交了战略性新兴领域"碳中和城市与绿色智慧建筑系列教材"建设方案，回应国家和社会发展实施碳达峰碳中和战略的重大需求。2023年11月，由东南大学王建国院士牵头的未来产业(碳中和)板块教材建设团队获批教育部战略性新兴领域"十四五"高等教育教材体系建设团队，建议建设系列教材16种，后考虑跨学科和知识体系完整性增加到20种。

本系列教材锚定国家"双碳"目标，面对建筑类学科绿色低碳知识体系更新、迭代、演进的全球趋势，立足前沿引领、知识重构、教研融合、探索开拓的编写定位和思路。教材内容包含了碳中和概念和技术、绿色城市设计、低碳建筑前策划后评估、绿色低碳建筑设计、绿色智慧建筑、国土空间生态资源规划、生态城区与绿色建筑、城镇建筑生态性能改造、城市建筑智慧运维、建筑碳排放计算、建筑性能智能化集成以及健康人居环境等多个专业方向。

教材编写主要立足于以下几点原则：一是根据教育部碳中和新兴领域系列教材的规划布局和"高阶性、创新性、挑战度"的编写要求，立足建筑类专业本科生高年级和研究生整体培养目标，在原有课程知识课堂教授和实验教学基础上，专门突出了碳中和新兴领域学科前沿最新内容；二是注意建筑类专业中"双碳"目标导向的知识体系建构、教授及其与已有建筑类相关课程内容的差异性和相关性；三是突出基本原理讲授，合理安排理论、方法、实验和案例分析的内容；四是强调理论联系实际，强调实践案例和翔实的示范作业介绍。总体力求高瞻远瞩、科学合理、可教可学、简明实用。

本系列教材使用场景主要为高等学校建筑类专业及相关专业的碳中和新兴学科知识传授、课程建设和教研学产融合的实践教学。适用专业主要包括建筑学、城乡规划、风景园林、土木工程、建筑材料、建筑设备，以及城市管理、城市经济、城市地理等。系列教材既可以作为教学主干课使用，也可以作为上述相关专业的教学参考书。

本教材编写工作由国内一流高校和企业的院士、专家学者和教授完成，他们在相关低碳绿色研究、教学和实践方面取得的先期领先成果，是本系列教材得以顺利编写完成的重要保证。作为新兴领域教材的补缺，本系列教材很多内容属于全球和国家双碳研究和实施行动中比较前沿且正在探索的内容，尚处于知识进阶的活跃变动期。因此，系列教材的知识结构和内容安排、知识领域覆盖、全书统稿要求等虽经编写组反复讨论确定，并且在较多学术和教学研讨会上交流，吸收同行专家意见和建议，但编写组水平毕竟有限，编写时间也比较紧，不当之处甚或错误在所难免，望读者给予意见反馈并及时指正，以使本教材有机会在重印时加以纠正。

感谢所有为本系列教材前期研究、编写工作、评议工作、教案提供、课程作业作出贡献的同志以及参考文献作者，特别感谢中国建筑出版传媒有限公司的大力支持，没有大家的共同努力，本系列教材在任务重、要求高、时间紧的情况下按期完成是不可能的。

是为序。

王建国

丛书主编、东南大学建筑学院教授、中国工程院院士

前言

在我国能源消耗与碳排放中，建筑、工业与交通领域占据主要比例；伴随着近十数年间建筑行业的大规模扩张，其全寿命期耗能排碳高速增长，占社会总量近五成，深刻表明实现建筑领域的"节能、减排、降碳"是推动全社会绿色低碳发展的重中之重。我国于2006年起执行《绿色建筑评价标准》GB/T 50378，旨在引导建筑行业的绿色化转型，以建造可实现人与自然和谐共生的高质量绿色建筑，使之在全寿命期内最大限度地节约资源、保护环境、减少污染，并为人们提供健康、适用、高效的使用空间。自此以来，我国绿色建筑发展迅猛——如今的新建建筑中，已有九成以上建筑面积达到绿色建筑标准。然而，用于营造绿色建筑内健康舒适环境的建筑设备产生了大量能耗、水耗与污染物排放，并造成了建筑的主要环境负荷；统计显示，近年来，建筑设备碳排放量持续攀升，致使建筑运行阶段碳排放量占其全寿命期总碳排放量的一半。由此可知，资源节约、环境友好的绿色建筑设备不仅是绿色建筑构筑过程中不可或缺的重要组成部分，也是提升使用空间健康性、适用性、高效性的关键技术路径。因此，在绿色化与数智化理念指导下，开展绿色建筑设备与系统的优化设计和运行，有助于充分挖掘建筑运行阶段的节能降碳潜力，有望为实现建筑"双碳"目标做出贡献。

需求减量、能效提升与能源替代是降低建筑运行阶段能耗与碳排放的主要途径。其中，充分利用自然环境资源与建筑自身特性的被动式设计可从需求侧降低能源负荷，是实现需求减量的重要手段；借助采用绿色建筑设备的主动式设计，并辅以智能化系统实施数字化管理，将有助于提升建筑设备的整体运行能效；而通过光电转换、风能发电等技术充分利用可再生能源，则可实现对常规能源的有效替代，进而降低建筑全寿命期碳排放。在绿色建筑中，前述三种方式应相辅相成、互作补充，共同促成运行阶段建筑节能率与减碳率的双提升。作为达成运行能效提升、实现建筑节能降碳的主要途径，绿色建筑设备将在建筑碳中和进程中发挥着至关重要的作用。

建筑设备常可以分为三大类：给水排水设备、暖通空调设备和电气设备。此前，已有诸多教材详细阐述了建筑设备的运行原理与选配方式，为建筑学科人才培养做出了重要贡献；而在积极推进碳达峰碳中和的当下，建筑领域的绿色化转型已刻不容缓，对建筑设备的绿色化、智慧化发展提出了更高的要求。因此，本书在对建筑设备全面系统论述的基础上，着重介绍与之相关的绿色与智慧技术，旨在帮助读者系统认识绿色建筑设备。本书可作为高校建筑学专业"建筑设备"课程的专业教材，以及城市规划、土木工程等相关专业的教材和教辅用书，也可为从事建筑设备选型与设计的工程技术人员提供参考。

全书共 4 篇，第 1 篇主要介绍建筑给水排水设备与系统的基本设计准则与策略，并力求将绿色低碳的建筑技术与理念融入其中，本篇由何国青、汪波撰写；第 2 篇围绕暖通空调系统营造建筑环境展开，阐述用户需求、负荷计算及绿色暖通空调系统的构建原则，介绍建筑供暖、通风、空调系统及冷热源、设备与构件，着重体现节能减排和绿色低碳的设计运行理念，本篇由赵康、葛坚、余俊祥撰写；第 3 篇主要讲述电气设备运行的基本原理，并着重介绍电气系统在节能环保、安全健康等绿色性能方面的技术要点和工程设计要求，本篇由韦强、丰建华、冯百乐撰写；第 4 篇主要阐明建筑智能化系统的架构原理与工程要点，并阐述运用物联网、大数据、人工智能等新兴技术实现智慧建筑的发展趋势，本篇由林华、韦强撰写。浙江大学研究生苏钰洁、范浙文、薛育聪、赵宇杰、唐嘉欢、郑锴钧、吕国荃和蒋子凌参与了插图绘制工作，并协助完成部分章节的编排工作。此外，同济大学程大章教授、南京工业大学吕伟娅教授、浙江大学张可佳教授和浙江大学建筑设计研究院有限公司丁德高级工程师给本书提供了许多修改建议，在此一并致谢。特别感谢清华大学建筑学院林波荣教授担任本书主审，提出了非常重要的修改意见和建议。全书由葛坚、何国青担任主编并统稿。

截至 2024 年 11 月，已建成配套核心课程 5 节，并上传至虚拟教研室，建成配套建设项目 12 项，教材配套课件 1 个，很好地完成了纸数融合的课程体系建设。

由于作者水平有限，疏漏之处在所难免，切盼得到大家的批评、指正。

目 录

绪 论

由于二氧化碳等温室气体的持续排放，全球变暖现象日益加剧——相较于19世纪中叶至20世纪初的平均水平，21世纪前20年间全球海陆表面温升已达0.84~1.10℃，且在近五年内跃升至1.17℃；按此趋势，控制全球温升于1.5℃内的剩余碳预算将在未来9年内耗尽，届时全球生态系统的失调乃至崩溃或难避免。因此，削减碳排放是遏制气候变化、避免极端灾害的必由之路。

建筑、交通与工业是当今社会能源消耗与碳排放的三大主要领域。2005年至2021年，我国建筑领域能耗与碳排增幅分别为135%与125%，现已高达23.5亿吨标准煤当量与50.1亿吨二氧化碳当量，并占社会总量之44.7%与47.1%，深刻表明建筑领域的"节能、减排、降碳"是实现全社会绿色低碳发展的核心要素。为此，我国于2006年起执行《绿色建筑评价标准》GB/T 50378，以引导建筑行业绿色化转型。自此以来，我国绿色建筑得到了蓬勃发展——全国新建绿色建筑面积由2012年的400万平方米激增至2021年的20亿平方米，而在2022年上半年，绿色建筑面积在新建建筑中占比已超90%。绿色建筑在全寿命期内节约资源、保护环境、减少污染，使人们的使用空间更加健康、适用、高效，切实贯彻了人与自然和谐共生的理念。

建筑设备是绿色建筑提升室内空气品质，营造健康舒适的声、光、热、湿环境的主要手段，而建筑设备运行时产生的能耗、水耗与污染物排放构成了建筑的主要环境负荷——2021年，建筑设备在运行阶段消耗11.5亿吨当量的标准煤，并排放23.0亿吨当量的二氧化碳，逼近建筑全寿命期能耗及碳排放总量之半，且其攀升趋势仍未得到有效遏制。因此，绿色建筑设备——即具有资源节约、环境友好等特征，并可为人们营造健康、适用、高效使用空间的建筑设备——已成为绿色建筑不可或缺的重要组成部分。通过优化系统设计与智慧运行，可充分挖掘建筑运行阶段的节能降碳潜力，为实现建筑"双碳"目标做出重大贡献。

实现建筑运行阶段节能降碳的主流方式通常为需求减量、能效提升与能源替代。其中，通过被动式设计降低需求侧能源负荷为实现需求减量的主要手段之一，可采用的具体措施包括利用天然采光、进行自然通风、选用契合当地气候特征与用能模式的建筑形体与围护结构等；而基于绿色建筑设备进行主动式节能设计，并辅以智能化系统开展数字化管理，则可实现建筑整体能效的全面提升；此外，大力应用如光伏发电、风力发电等可再生能源技术，也可从供给侧降低常规能源的需求，推动建筑全寿命期的碳抵消。上述三种方式应在建筑中相辅相成、互作补充，共同促成建筑运行阶段能耗与碳排放降低。而在此过程中，建筑用能设备低能耗、高能效运行将直接关乎建筑领域节能降碳的成效，彰显绿色建筑设备在建筑碳中和进程中所发挥的关键作用。

建筑设备通常由三大类组成，分别为给水排水设备、暖通空调设备和电气设备：其中，给水排水设备将建筑用水由城市供水管网引入室内，再驱动至楼宇内循环流动，使之满足各用水点对水量、水压和水质的要求，其可进一步分为建筑给水系统、建筑排水系统、热水与饮水供应系统与消防给水系统；暖通空调设备是对空气加以处理、使之满足用户对室内环境舒适与健康需求的设备，其相关系统可进一步分为供暖系统、通风系统与空调系统，其能源消耗占比大，在多数建筑中可达运行阶段能源消耗总量的半数以上；电力设备是为建筑提供电能供应与分配的关键设备，其从城市电网引入电力，再经变压、配电等环节，将电能传输至各用电设备与设施，其相关系统可进一步分为高压配电系统、低压配电系统、备用电源系统、应急照明系统和防雷接地系统。

由此可知，建筑设备的功能实现通常须经历相似的三个阶段：首先，获取或产生建筑所需的能量或物质（如电、水、空气等）；其次，将能量或物质输配或分配至各个设备末端；最后，通过末端设备对能量或物质进行使用或消耗。因此，为最大限度降低建筑全寿命期能耗与碳排放，须同时在设计与运行阶段引入先进绿色技术，全面实现各类型建筑设备的绿色化转型。

在给水排水系统的绿色设计中，应充分考虑非传统水源的利用，雨水回收或中水回用系统的建立可有效降低建筑对城市自来水的依赖。分质供水策略的引入则可实现不同类型用水（如饮用水、冲厕用水、绿化用水等）的分别处理，有助于减少高质量水的浪费，也是高效循环利用水资源的关键举措。水的输配系统优化应重点考虑与建筑使用功能及用户行为模式的深度结合：合理选取水泵型号，并辅以变频技术，是确保水泵始终以高能效比运行的基础措施；而使用高密封性能的管道材料，再加之先进的连接技术，则可有效降低管道漏损率；此外，给水排水管网竖向分区与水平布置方式的合理规划也有助于避免因加压设备过多使用而引起的能源浪费；而借鉴模块化设计思路，则可合理集成用水点或排水点，进而缩短管道长度、降低输配能耗。在末端使用方面，建筑设计过程应尽量采用节水器具（如低流量水龙头、节水型马桶等），以显著减少日常用水量；此外，采用空气源热泵、太阳能热水器等设备，也可降低冷水加热过程对化石燃料的使用与依赖。

就暖通空调系统而言，因涉及对室外环境空气的处理，相关系统的能源需求极大程度上取决于建筑的综合环境，故暖通空调系统的选用应充分考虑我国地域辽阔、气候差异显著的特点，从建筑功能、使用特点及周围环境出发，并辅以合理可行的节能技术，方可实现建筑运行阶段的节能减排，如：就地区而言，严寒与寒冷地区须重点考虑供暖系统的高效性与经济性，夏热冬冷与夏热冬暖地区则多须考虑空调系统的高效降温与除湿能力；而从建筑功能出发，公共建筑具有人员密集、使用时间长等特点，其暖通系统设计理念也有别于居住建筑——须充分考虑新风需求，以确保良好的空气质量；除上述外，负荷计算与预测也是暖通空调设备绿色设计的关键环节，通过应用热湿耦合传递理论和能耗精准模拟与预测工具，可在设计阶段按需选择设备容量，有效避免设备闲置、提升能源利用效率。相似于水的输配，暖通空调系统中的冷热水或冷热空气输配也应优化管道和风道的设计：通过缩短输送路径、增加保温材料或使用低阻力管道，可以减少热量或冷量在输送过程中的损失；而根据不同区域需求差异开展系统的分区控制设计，也是合理分配冷热量、提升输配效率的有效手段。此外，末端设备的高效与否将直接影响暖通空调系统的节能效果，强调设计阶段优先选用节能型末端设备（如低能耗散热器、节能型风机盘管）的重要性；而在建筑条件允许的情况下，引入自然通风或混合通风，则可在减少对机械通风的依赖、降低运行能耗的同时，优化室内环境的空气质量、提升室内热湿舒适度。

优化从城市电力系统中获取电能的过程，是实现电气设备节能降碳的关键，应从建筑实际用电需求出发，充分分析电力负荷，以最大程度避免由轻载运行引起的空载损耗及由过载运行引起的过热现象与有功损耗；另外，在设计中引入光伏发电、风力发电或微型燃气轮机等分布式能源系统，也可赋予建筑一定的自发电能力，加强电能供应的绿色化程度。与建筑设计充分协调的电力系统布局是实现电能输配节能的关键，须与建筑空间、功能布局紧密结合，使配电小间和配电室尽可能靠近主要的电力负荷中心，以减少供电半径和线路传输损耗，如在大型办公建筑或商业综合体的设计中，常将主要的配电室设置在建筑的核心区域或者地下室，多个分配电小间布置于各层，以形成合理的供电网络；而选择合适的电缆截面、引入无功补偿和谐波治理技术，也是降低输配过程能量损耗的有效手段。选取节能型电气设备是降低末端电耗的关键措施，在建筑照明设计中，采用节能型灯具并使之合理分布，再辅以天窗或导光管引入自然采光，可有效减少对人工照明的依赖，实现照明能耗降低与整体光环境提升。

上述节能减排措施的应用有效降低了建筑设备对高品质能源与水源的依赖，并以绿色设计的方式为高效节能运行奠定了坚实基础；而随着建筑投入使用，建筑设备将进入为期数十年的运行阶段，各类能耗将受到实际需求、环境变化及用能模式的综合影响。因此，为确保建筑在全寿命期内的可持续运行，须开展智能化调控与精细化管理。

就给水与排水系统而言，运行阶段的节能降碳须依靠对水资源的实时监测与优化管理，智能化管理设备与系统不可或缺：借助智能水表、传感器等设备，并利用物联网技术实现数据的远程传递与分析，可实时监控管路内的水量、水压、水质，进而通过自动调节水泵与阀门的开闭状态，实现精准供水和节能降耗；而引入数据分析系统，则可基于建筑实时用水需求持续优化用水策略与供水模式，灵活分配水资源，优先利用再生水与雨水回收系统，减少对城市自来水的依赖，以实现水资源整体利用效率的提升；此外，动态调整污水处理与中水回收系统，使之在水质较优时减少处理强度或能耗高峰时错峰处理，也有助于运行能耗的降低。

与给水排水系统相似，智能化控制系统引入也可显著提升暖通空调系统能效与环境品质，而可实时监测建筑室内外环境参数的各类传感器也是实现该过程的设备基础，其允许智能系统依照用户使用需求与能源价格波动而自动调节设备运行模式，最终实现精准控制和能耗优化，如基于室内人员密度的动态调整逻辑可降低非高峰期的空调出力，进而节省能耗；而变风量系统、变频控制技术等则可根据实际需求调节风量和压缩机运行频率，避免由传统定风量系统造成的能源浪费。与此同时，进一步提升管理系统智能化，则可监测并分析整个建筑的暖通空调使用情况，进而识别引起能源浪费的关键环节，并采取针对性的节能措施，如利用数据分析和机器学习算法，预测暖通空调未来的负荷需求，并提前调整系统运行模式，实现预见性的节能控制；而通过针对暖通空调设备运行的大数据分析，则可发现异常或故障隐患，及时进行维修，提升设备的可靠性和使用寿命。另外，采取夜间蓄冷、错峰供暖等节能运行模式，或充分利用建筑围护结构自身的虚拟储能能力，也可有效减少高峰时段的能源消耗。

实时跟踪建筑内各类设备的用电情况，识别高能耗的设备或区域，并及时调整用电策略，是建筑电气设备运行阶段节能降碳的核心理念，如在走道与楼梯等人员短暂停留的公共场所设置自熄开关，实现节能控制、以 LED 等绿色照明设备取代低能效照明设备，则可在大幅降低照明能耗的同时延长设备使用寿命；在电力负荷接近上限时，自动调节非关键设备的运行状态，可有效降低峰值负荷，防止电网过载，实现电能使用效率的整体提升；而根据电网实时电价和建筑负荷情况，自动选择最优电源供应策略，实现经济性与环保性的双重目标，最大程度地减少对传统化石能源的依赖，从而有效降低整体碳排放。另外，光伏发电、风力发电等分布式可再生能源系统的引入对电力系统提出了更高的智能化调控要求——可再生能源出力情况与天气、季节等因素紧密关联，故须与建筑电力系统进行深度联动，以动态调整与传统电网的供电比例；而通过安装储能设备，则可在可再生能源发电高峰时存储多余电能，在用电高峰或可再生能源不足时释放，以平衡供需。

综上可知，绿色建筑设备的节能降碳应全面考虑建筑设计与运行两个阶段。在设计阶段，需系统性地从三个方面入手：一是高效获取或产生建筑所需的能量或物质，降低对传统能源与资源的依赖程度；二是优化输配系统，减少能量在输送过程中的损耗；三是提升末端设备的能效，确保资源高效使用。在运行阶段，借助实时监控与调节系统进行动态优化是关键：通过智能化控制系统，实时监测建筑设备的运行状态和环境参数，灵活调整设备运行策略，最大限度减少能源浪费；而在人工智能技术得到迅速发展的当下，借助大数据分析与机器学习算法提升系统自适应与自优化能力，可进一步推动建筑设备高效运行，助力建筑领域实现"双碳"目标。

第1篇 给水排水

第1章

绿色给水排水系统概述

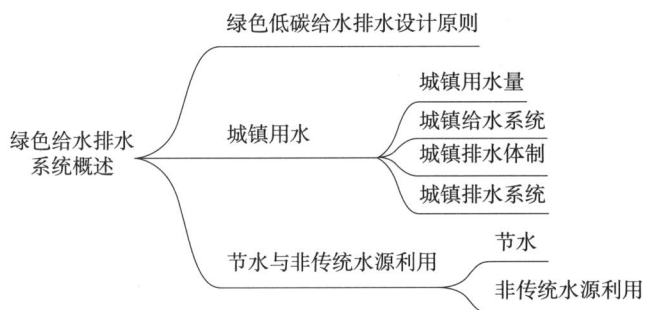

绿色给水排水
系统概述

绿色低碳给水排水设计原则

城镇用水

城镇用水量

城镇给水系统

城镇排水体制

城镇排水系统

节水与非传统水源利用

节水

非传统水源利用

第 1 章知识图谱

水是人类生存和社会发展不可缺少的重要自然资源。随着经济的发展，人口的增长及生活水平的提高，人类对水资源的需求量日益增加。水资源已成为当今社会经济发展的制约因素，如何保护和合理利用水资源是当今世界的重要话题。

随着建筑科技的迅速发展，建筑工业化、海绵城市、建筑信息模型、健康绿色建筑等高新建筑技术和理念不断涌现并投入应用，而这些新领域方向和新技术发展并未在传统建筑设备教材中充分体现，使得建筑给水排水教学体系面临着新的挑战与要求。针对新时代绿色建筑高质量发展的需要，绿色低碳建筑给水排水系统需要在确保水质与水量的同时，最大限度减少水资源的消耗，降低对环境的影响。具体而言，一方面要提升城市对雨水冲击的应对能力，增强雨水资源化的实施力度；另一方面需要增强污水处理的能力，加强城镇污水的资源化利用，构建绿色的市政基础设施。本教材将绿色低碳的建筑技术和理念融入传统的建筑给水排水系统中，首先介绍绿色给水排水的基本设计原则，然后详细阐述城镇给水排水系统及其绿色设计策略；随后分别深入探讨建筑领域的三大给水系统——生活给水、热水供应及消防给水，以及它们各自的绿色设计策略；本篇最后一章聚焦于建筑排水系统及其相关的绿色设计策略。

1.1 绿色低碳给水排水设计原则

作为绿色建筑的一个重要组成部分，建筑给水排水系统的绿色低碳设计需满足五个方面的性能指标及要求，即"安全耐久""健康舒适""生活便利""资源节约""环境宜居"。

"安全耐久"是人们使用建筑的基本前提。建筑的安全性，除了结构应满足承载力和建筑使用功能要求外，还包括设备系统自身的运行安全以及对室内健康环境的保护。建筑的耐久性则是提升建筑使用时间，降低维护和再建成本，从而减少资源的消耗。对于建筑给水排水系统，安全性的要求涉及给水排水系统的安全，包括供水的连续性和水量的保障、建筑雨水的及时排除以及城市防洪安全等。耐久性的要求包括合理采用耐久性好的管材、管件及设备。安全耐久是绿色建筑的基础和保障，是重要的绿色内涵之一。

"健康舒适"是强调室内空气品质、水质、声环境与光环境、室内热湿环境最大化满足人体健康和舒适程度的需求，旨在创建一个健康宜居的室内环境，增进建筑使用者对于绿色建筑的使用感和幸福感。健康舒适的室内环境不仅可以减少疾病风险，还能提升使用者的工作和学习效率。除了详细规定各项与人们密切相关的用水水质指标要求，还应采取保障用水安全的各项技术措施，以及防止室内空气受污染的措施。

"生活便利"包括了公共交通出行、无障碍设施、服务设施、智慧运行、物业管理等各方面的要求。就建筑给水排水而言，便利性内涵如给水水质、水量的自动监测与计量设施，方便人们及时了解用水情况，提前掌握可能出现的安全风险。建筑最终的目的是为人服务，完善的生活设备设施，在方便人们工作生活的同时，既能提升居住质量，又能提高效率。

"资源节约"的内涵包括节地、节能、节水、节材四方面的要求。资源的节约对降低碳排放、实现社会可持续性发展十分重要。就水资源而言，我国的水资源总量不低，但人均占有的可再生水资源仅为 1730~2354m³，约为世界人均值的 1/4。按照国际公认的标准，我国处于中度缺水线附近。此外，我国水资源地域分布也不均匀，超过 80% 的水资源分布在长江流域及其以南地区，而北京、天津、河北、宁夏、上海、山西、河南、江苏等省市地区属于极度缺水地区（人均低于 500m³）。在给水排水的规划和设计中，须考虑当地的水资源状况，对水资源进行合理高效利用。水资源利用方案是绿色建筑节水设计的基础与依据，目的是合理规划建筑可利用的水资源，提高利用效率。在水资源丰富的地区，优先考虑可再生天然水源，对于水资源缺乏的地区，需考虑水的循环利用，将再生的雨水、建筑中水或淡化海水等纳入水源。

"环境宜居"是通过改善建筑的室外环境性能及配置，包括日照、声环境、热环境、风环境以及生态、绿化、雨水径流、标识系统和卫生、污染源控制等，促进建筑内在品质的提升。绿色建筑应与生态环境和谐相处，通过合理规划场地生态与景观，减少噪声、光污染及热岛效应，让使用者安居乐业，感受到绿色建筑带来的生活舒适性。

1.2 城镇用水

1.2.1 城镇用水量

在城市规划中，城镇用水的管理是一个重要环节，它涵盖了综合生活用水、市政用水、工业企业用水和消防用水等多个方面。

综合生活用水包括居民日常生活所需用水和公共建筑与设施用水。居民日常生活用水主要用于饮用、烹饪、洗涤、冲厕、洗漱等。公共建筑和设施用水指由政府或其他社会组织提供的、给社会公众使用或享用的公共建筑或设备的用水，包括教育、医疗卫生、文化娱乐、交通、体育、社会福利与保障、行政管理与社区服务、邮政电信和商业金融服务等建筑和设备。

市政用水指城市维护和市政设施用水，如浇洒道路、绿化地带、市政厕所冲洗等用水。浇洒道路和绿化地带用水量需根据路面条件、绿化程度、气候特征和土壤状况等因素确定。

工业企业用水包括生产用水和职工的生活用水。

消防用水指专门用于消防灭火的水，如消火栓用水。消防用水通常仅在火灾发生时使用，一般不计入城镇用水量，只用于校核计算。此外，消防用水平时存储在消防管网系统中几乎不流动，因此水质无法得到保证。

城镇供水设计水量可按满足最高日最大时的用水量计算。最高日指一年中可预见的最大用水量的日子，最大时则是该日中用水量最大的小时。城镇供水设计水量基本计算步骤是，先根据人均用水设计定额确定最高日用水量，再根据用水时间确定平均时用水量，最后根据用水时变化系数确定最高日最大时用水量。

最高日用水量（Q_d，L/d）除了包括综合生活用水（Q_{d1}）、工业企业用水（包括生活用水 Q_{d21} 和生产用水 Q_{d22}）和市政用水（Q_{d3}）外，还应当考虑管网漏水和未预见用水量：

$$Q_d = (Q_{d1}+Q_{d21}+Q_{d22}+Q_{d3})(1+10\%\sim12\%)(1+8\%\sim12\%) \qquad (1-1)$$

综合生活用水和工业企业生活用水均按人口 × 生活用水定额计算。生活用水定额指每个用水单位（如每人每日、每床位每日、每顾客每次、每平方米营业面积等）用于生活目的所消耗的水量的标准或规定。缺乏数据时，可根据现行《建筑给水排水设计标准》GB 50015 取值。如果单日用水时长为 T（住宅一般取 24h），则最高日平均时用水量（$\overline{Q}_h$，L/h）为：

$$\overline{Q}_h = \frac{Q_d}{T} \qquad (1-2)$$

最高日中的最大时用水量和平均时用水量的比值为用水时变化系数（K_h）。最高日最大时用水量（Q_h，L/h）为：

$$Q_h = K_h \cdot \overline{Q}_h \qquad (1-3)$$

K_h 取值一般在 1.2~1.6。

1.2.2 城镇给水系统

（1）系统组成

城镇给水系统由水源、取水设施、净水系统和输配管网组成，从水源取水经过处理达到水质标准后，通过输配管网输送到城镇各个区域，其终端用户是建筑给水系统。城镇给水系统和城镇排水系统构成城镇给水排水工程，如图 1-1 所示。

传统水源主要来自天然淡水，包括地下水和地表水两类。地下水一般指地面以下饱和含水层中的水，如松散土石层、岩石裂缝和岩石溶洞中的自由

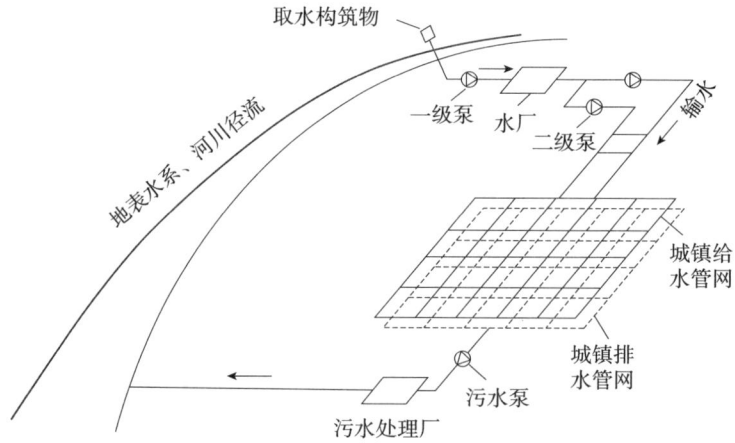

图 1-1 城镇给水排水工程示意图

流动水。地下水是优质的天然饮用水源，同时也是良好的冷却水源，但过量开采会导致地下水位下降、水体污染、地面沉降和塌陷等问题。如今，许多地方都对地下水开采进行了限制和监管。

地表水包括海洋和陆地上的地面水，但城镇水源的地表水一般指陆地上可控制的地表水，包括江河湖泊和水库水，其特点是可利用水量大，能作为主要的城镇供水水源。地表水容易受到人类活动的影响而遭受污染。如 2007 年 5 月到 6 月间，太湖流域地表径流导致水体营养富集化，使得藻类过度繁殖，引起蓝藻污染，造成无锡市自来水受到污染，影响供水水质。为了有效管理和保护地表水体，我国采取了分类管理的策略，将地表水按水域环境功能和保护目标从高到低分为 I 到 V 共五类水体。其中，I 到 III 类水体具有较高水质标准，可作为集中式生活饮用水水源。当水源被作为生活饮用水水源时，需对其进行保护，一般不再允许建设向水体排放污染物的新建或扩建项目，如需要改建现有项目，也应削减污染物排放量。IV、V 类水体水质较差，需经过适当处理后才能用于特定用途。

取水构筑物是从水源取用原水的设施。地面水取水构筑物须考虑河流、湖泊或水库在枯水季的取水保证量，以确保整年的水源供应。

天然水需要在水厂经过处理后才能达到水质标准。水源水通过管道、暗渠或明渠，再通过一级泵站输送到水厂进行净化。地面水的处理工艺流程包括混凝、沉淀、过滤和消毒等。而地下水浑浊度低，处理工艺相对简单，一般只需对铁、锰、氟、砷进行处理并消毒。当处理后的水质达标后，水被送入清水池，通过二级泵站输送至输水管道，流向城镇配水管网。

从水厂到城镇配水管网的送水叫输水，从城镇配水管网向各用户的供水叫配水。输配水系统由输水泵站（包括二级泵）、输水管、配水管网和调节构筑物组成。当输水距离较长，且不能依靠重力输水时，可在输水途中设置额外的泵站以提升水压。

（2）给水系统安全性设计

给水系统的设计需要考虑供水的连续性和水质。

为保障供水连续性，输水系统通常配置至少两条输水干管，且输水干管之间每隔一定距离设置连通点，以保证事故发生时连续供水。此外，将水配送到各建筑中用户的配水管网通常布置成环状，使每条干管都能从两个方向向建筑供水，增加了系统的可靠性和安全性。与此相对的是枝状管网布置方式，枝状管网呈树枝状布置，管径随用户减少而逐渐减小。这种布置方式的缺点是一旦某处发生故障，其下游都将面临停水的风险，且管网末端因水流停滞容易发生变质。一般受经济条件限制或在建设工程初期才会考虑采用枝状管网，条件成熟后，可将枝状管网连接成环状管网。

输配水系统的连续性还可通过设置各种调节构筑物实现，如水厂清水池、配水管网前后的高地水池或水塔。清水池用于调节净水厂产水量（或一级泵站）和二级泵站之间的流量不平衡。水塔或高地水池设在配水管网的前后，用于调节二级泵供水量和城镇用水量之间的不平衡。水塔调节容量有限，只适用于小城镇或工矿企业内部。在配水端有高地势，且满足水塔高度要求时，可设置高地水池。调节构筑物的缓冲既可以减小两泵站的高峰供水流量，又可保证水泵在稳定的水量和水压下工作。

为保障生活饮用水水质，水厂出厂水的水质需要达到相关标准。一般用水的物理、化学、生物和放射性的特性或组成的含量来表示水质。水质主要指标有色度、浊度、pH 值、耗氧量、硬度、特定污染物的浓度。

1）色度

色度是表示水显示的颜色深淡的指标。纯水是无色的，当溶解了有色物质或悬浮了有色微粒时，水就会呈现一定的颜色。

2）浊度

浊度是表征水中含有不溶解悬浮物质量的度量单位。在给水工程中，浊度的度量单位是度（NTU），规定 1L 水中含 1 毫克 SiO_2 所构成的浊度为 1NTU。在排水工程中，水的浊度用每升水中含悬浮物的质量表示，单位是"mg/L"。

3）酸碱度（pH 值）

酸碱度描述的是水溶液的酸碱性强弱程度，用 pH 值来表示。

4）耗氧量

耗氧量指氧化有机物所消耗的氧气质量，单位为"mg/L"。水中的氧气含量对水质有重要影响。当水中氧含量不足时，厌氧菌会大量繁殖，产生有毒或臭味的气体，导致水质恶化。水中有机物含量与耗氧量直接相关。一方面，有机物的降解过程会直接消耗水中的氧气。另一方面，当有机物（如氮、磷等）富集在水体中时，水面浮游植物会过度生长，阻挡阳光进入更深的水域，削弱了光合作用所需的阳光，最终导致水中产氧量下降。

5）硬度

水的硬度是指水中钙、镁、铁、锰等金属离子的总浓度。这些离子本身并不一定会对人体健康造成危害，但在水被加热的过程中，容易形成水垢，附着在设备或管道表面，影响传热效率。在天然水中，钙和镁离子的浓度通常是最高的，因此也常用钙镁离子的浓度来表示水的硬度。

除上述指标外，水质指标还包括特定污染物的浓度。不同用途的水对水质有不同的要求，如生活饮用水须满足"饮用水水质标准"，具体见表1-1。

保障生活饮用水水质，除了要求水厂出厂水的水质达标外，还需要考虑给水系统的设计和日常运行维护措施，其中包括对储水设施进行水质监控以及定期清洗等日常管理。

我国水质标准类型概览 表 1-1

饮用水水质标准	《生活饮用水卫生标准》GB 5749	
	《饮用净水水质标准》CJ/T 94	
集中生活热水水质标准	《生活热水水质标准》CJ/T 521	
非饮用水水质标准	《游泳池水质标准》CJ/T 244	
	《采暖空调系统水质》GB/T 29044	
	《城市污水再生利用》系列标准	《城市污水再生利用 城市杂用水水质》GB/T 18920
		《城市污水再生利用 绿地灌溉水质》GB/T 25499
		《城市污水再生利用 景观环境用水水质》GB/T 18921

1.2.3 城镇排水体制

城镇排水负责收集、输送并处理城镇内的雨水、雪水和各种污水，包括综合生活污水和工业废水，其目的是预防环境恶化和城市内涝。综合生活污水来源于居民生活和公共设施，通常受污染程度较高，需要经过处理。工业废水来自工业企业的生产过程，其受污染程度取决于生产工艺，例如冷却废水的污染程度较低。雨水和雪融水受污染程度一般较低，但可能含有泥沙和其他杂质。

城镇排水系统包括检查井、排水管网、雨水管网、截流井、污水（雨水）泵站、污水处理厂以及出水口等。

城镇排水体制指城镇污水的收集和输送方式，一般有分流制和合流制两种。不同的排水体制适用于不同的城市环境和条件。

（1）分流制排水系统

当生活污水、工业废水、雨雪水径流通过两个或更多的管道系统进行汇集和输送时，称为分流制排水系统。通常讲的"雨污分流"，就是将雨水和生活污水分别通过各自的管网收集、输送、处理和排放。雨污分流虽然投资较大，但便于雨水回收利用，减少污水处理水量，提高处理效率。因此，现代城市一般采用分流制排水系统。在我国，除干旱地区外，新建地区一般要求采用分流制排水系统。

（2）合流制排水系统

将生活污水、工业废水和雨雪水径流共用同一管道系统进行汇集和输送时称为合流制排水系统。在合流制排水系统中，雨水、污水排水管网使用同一套管网系统，排水汇集后的处置方式采用截流式，在污水合流排向水处理厂前设置截流井。截流井的作用是保证旱流污水（晴日污水）全部被处理，雨天时允许超出污水处理厂能力的水量直接排放到水体。如图1-2所示，晴天时，污水量不足以达到堰墙的高度，因而全部污水流入排污口输送到污水处理厂；雨天时，如果污水量很大，溢出堰墙的污水将不被处理，直接泄入水体。截流的雨水量与旱流污水量的比值一般在1~5。

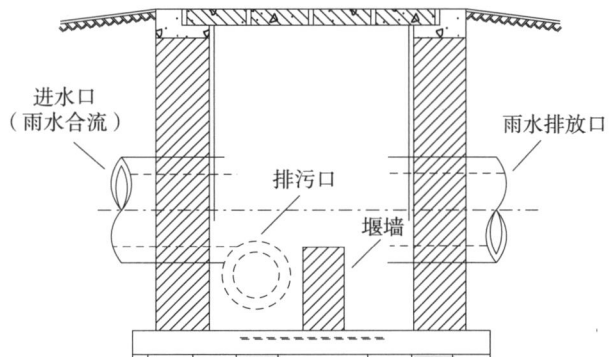

图1-2　溢流堰式截流井

排水制度的选择需要综合考虑城镇和工业企业的规划、环境保护要求、污水利用情况、原有排水设施、水质、水量、地形、气候和水体等条件，通过技术经济比较来确定。同一个城市中可能采用不同的排水体制，甚至多种排水体制共存，以适应各区域的特定需求和条件。

（3）污水排放原则

城镇污水通常最终排放至自然水体，但其含有高浓度的有机污染物（如氮、磷等），直接排入水体，容易引起水质恶化，降低水环境质量和功能目标。为防止水体污染，排放前需要通过污水处理厂进行处理，将污染物浓度控制在允许排放值内。

（4）污水处理

根据污水的特点，污水处理包括物理处理、化学处理和生物处理。其中化学处理方法多用于工业废水处理。根据处理程度可分为一级、二级和三级处理。

一级处理主要去除污水中的悬浮固体污染物，常用物理处理方法，如过滤、沉淀等，去除污水中粒径在 100μm 以上的颗粒物质。

二级处理主要是大幅度去除污水中的胶体和溶解性有机污染物，常用生物滤池法和絮凝法等。其中，絮凝法是通过加絮凝剂破坏胶体的稳定性，使胶体粒子发生凝絮，产生絮凝物，以此去除污水中无机的悬浮物、胶体颗粒物和低浓度的有机物。二级处理产物可转化为污泥，用作肥料。经二级处理的污水可满足农灌水标准和废水排放标准，但含有较多的磷、氮和难以生物降解的有机物、矿物质、病原体等，仍会造成天然水体的污染。

三级处理主要是去除二级处理中遗留的氮、磷等物质，并通过加氯、紫外辐射或臭氧技术对污水进行消毒。三级处理是深度处理，一般用于高标准的污水再利用。

1.2.4 城镇排水系统

城镇排水系统包括污水排水系统与雨水排水系统，如图 1-3 所示。

（1）污水排水系统

污水排水系统一般由庭院或街坊排水管网、街道排水管网、污水泵站、污水处理厂、排出口及附属构筑物等组成。

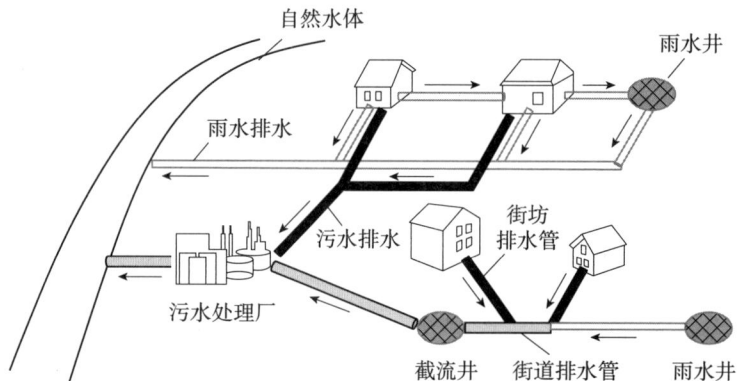

图 1-3 城镇各种排水示意图

房屋建筑排出管排出的污水一般先进入庭院或街坊排水管网。庭院管道的终点设控制井，控制井的井底标高是庭院管网最低点，并与街道排水管的标高衔接。

街道排水管网敷设在街道下方，将庭院和街坊排水输送至污水处理厂或自然水体。排水干管应避免敷设在交通繁忙的街道下，宜敷设在道路边绿地或人行道下，排水管检修和维护时不致影响交通。

污水处理厂作为排水系统终端处理设施，在泵站前应设有事故出水口，作为发生事故时的临时排出口。

根据排水体制和地形条件，系统附属构筑物还可能包括跌水井、检查井、倒虹管和提升泵站等。城镇排水管网的布置应力求管线布置短、少拐弯、埋深适中，充分利用重力排水，尽力保持设计坡度，减少跌水需要。

（2）雨水排水系统

雨水排水系统主要负责收集和输送地面径流的雨水或雪水。雨水排水系统一般由雨水口、雨水管（渠）网、检查井和出水口组成。在地面径流的汇集处（通常是街坊、庭院的最低处）和道路两侧设雨水口，地面径流雨水通过雨水篦子上的缝隙进入井室，经连接管进入雨水管道，排至庭院、街坊或厂区雨水管网，然后到街道雨水支管，由支管汇集到雨水干管（渠），最后汇集到雨水主干管（渠），经出水口排入水体。

传统的雨水排水系统还有沟渠的形式，一般用在城市外围，尤其是在有山体的地区。这些地区雨水汇水面积大，容易集中形成洪水。为应对可能的洪水灾害，保护周边建筑和工业企业，需修筑沟渠以泄洪，这些沟渠通常称为排洪沟。

（3）海绵城市

随着城市建设的持续深入，水资源短缺、水质污染、洪涝灾害、水生物栖息地丧失等各种问题逐渐凸显，而这些问题往往无法依靠单一部门解决，需要一个综合全面的解决方案，因此"海绵城市"的概念应运而生。有别于传统的治水思路，海绵城市建设从生态系统服务出发，通过跨尺度构建水生态基础设施，最大限度地减少城市开发建设对生态环境的影响，即做到"低影响开发"。

海绵城市是指城市在应对雨水方面具有类似"海绵"的弹性特征，能够通过吸水、渗水、蓄水、净水和利用等方式，降低暴雨的冲击，提高城市应对自然灾害的能力，尤其是减少城市洪涝灾害发生。与之对应的是低影响开发雨水系统、水敏感性城市规划与设计、城市生态系统提升等海绵城市理念下的雨洪管理技术。如图 1-4 所示为城市雨水综合治理措施。

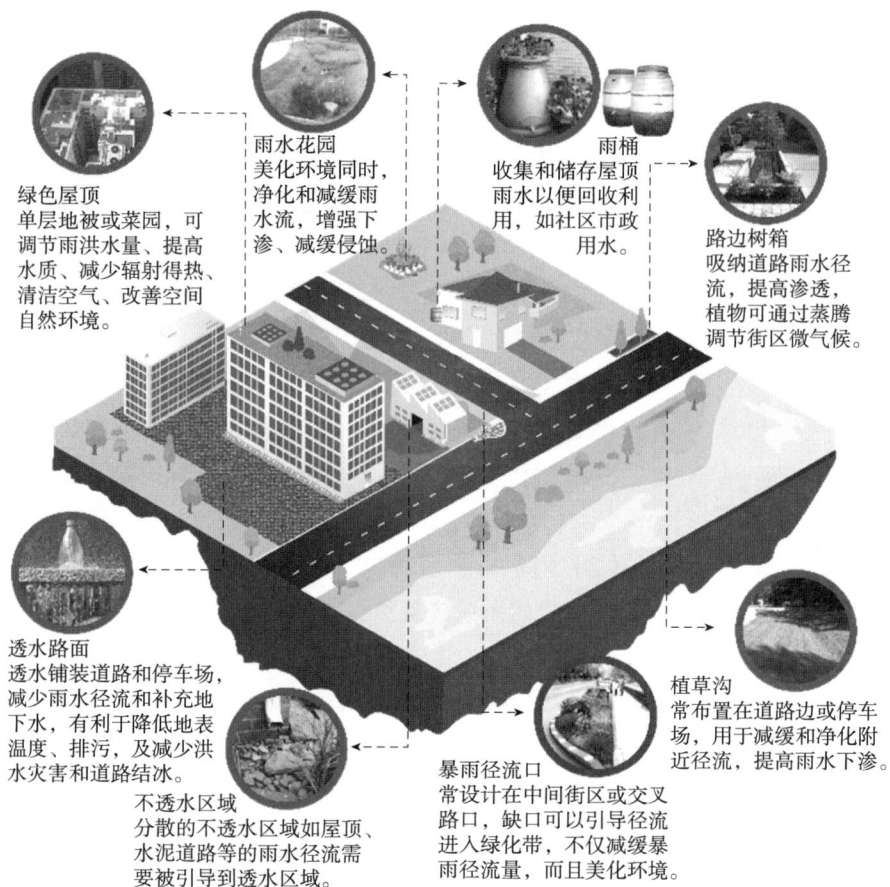

绿色屋顶
单层地被或菜园,可
调节雨洪水量、提高
水质、减少辐射得热、
清洁空气、改善空间
自然环境。

雨水花园
美化环境同时,
净化和减缓雨
水流,增强下
渗、减缓侵蚀。

雨桶
收集和储存屋顶
雨水以便回收利
用,如社区市政
用水。

路边树箱
吸纳道路雨水径
流,提高渗透,
植物可通过蒸
腾调节街区微气候。

透水路面
透水铺装道路和停车场,
减少雨水径流和补充地
下水,有利于降低地表
温度、排污,及减少洪
水灾害和道路结冰。

不透水区域
分散的不透水区域如屋顶、
水泥道路等的雨水径流需
要被引导到透水区域。

暴雨径流口
常设计在中间街区或交叉
路口,缺口可以引导径流
进入绿化带,不仅减缓暴
雨径流量,而且美化环境。

植草沟
常布置在道路边或停车
场,用于减缓和净化附
近径流,提高雨水下渗。

图1-4 城市雨水综合治理措施

海绵城市是以"自然积存、自然渗透、自然净化"为特征,其内涵主要包括以下几个方面:

1)水资源管理:海绵城市着重于城市水资源的合理管理,包括雨水的收集、利用和排放。通过构建雨水花园、雨水收集池、雨水渗透系统等,将雨水有效纳入城市水循环系统,减轻城市排水压力,提升水资源利用效率。

2)水保持和滞蓄:充分利用绿地、湿地、蓄水池等自然条件和设施,增强城市的水保持和滞蓄能力。这些设施有助于吸收和储存雨水,减缓雨水径流速度,降低洪水峰值,缓解城市内涝和洪涝灾害。

3)自然排水系统:重视自然排水系统的建设,包括湿地、河道、溪流等自然水体的修复与连接。自然排水系统有助于提高水质净化能力,改善城市生态环境。

4)生态景观设计:在城市规划和设计中融入生态景观元素,如绿地、公园、植被覆盖等。这些景观元素有助于增加城市蒸发量,降低地表温度,改善城市微气候,同时提供生态服务,如净化空气、改善生态多样性等。

5）多元利用空间：鼓励城市空间的多元化利用，如屋顶、立面、道路等空间的雨水收集和利用，增加绿地和水体的覆盖面积，提供多样化的生态功能和社会服务。

海绵城市建设是缓解城市内涝的重要措施之一，使城市在适应气候变化、抵御暴雨灾害等方面具有良好的"弹性"和"韧性"。在保障城市居民生活质量的同时，推动城市的可持续发展。

1.3 节水与非传统水源利用

在城市建设的发展过程中，用水量不断增加，在一些地方已造成水资源匮乏，与此同时，排水量也相应增加，由于处理能力不足，导致水体水质恶化，在一些地区已造成水质型缺水。水质型缺水并非是传统意义的缺水，而是缺乏符合水质要求的水资源。针对这些问题，一方面应推广高效节水设备以实现对现有水资源的集约利用，另一方面应提高污废水及雨水的回收利用，既可节省水资源，又使污水无害化，是保护环境、防治水污染的重要途径。

1.3.1 节水

建筑给水排水、建筑中水和雨水系统和设施的运行过程以及相关生活用水、生产用水、公共服务用水和其他用水的用水过程，所采用的工艺、设备、器具和产品都应该具有节水和节能的功能，以保证系统运行过程中发挥节水和节能的效益。

节水器具和设备指的是在满足相同的饮用、厨用、洁厕、洗浴、洗衣用水功能情况下，较同类常规产品能减少用水量的器具和设备，包括能自动启闭和控制出水流量的节水型水嘴、节水型大小便器，有延时冲洗、自动关闭和流量控制功能的节水型便器冲洗阀，有水温调节和流量限制功能的节水型淋浴器，能根据衣物量、脏净程度自动或手动调整用水量的节水型洗衣机等。

在我国，常用卫生洁具有明确的技术要求，生活用水器具所允许的最大流量（坐便器为用水量）应符合产品的用水效率限定值，节水型用水器具应按选用的用水效率等级确定产品的最大流量（坐便器为用水量），其中1级表示用水效率最高。比如，2级用水效率等级的坐便器要求一次冲水量不高于5L，1级用水效率等级的坐便器要求不高于4L，具体可参见相关的节水型卫生洁具标准。在经济技术可行的情况下，宜尽量采用较高用水效率等级的卫生器具。

图1-5 智能微生物马桶

无水马桶的出现为无水卫生间的设计创造了条件。如图1-5所示的一种智能微生物马桶，外观与普通冲水马桶相似，但不接水管，无需用水冲洗。桶内存储生物填料，在使用过程中，排泄物首先被脱水，然后被进一步干化，以便好氧菌生长降解，而能产生异味的厌氧菌的生长得到抑制。最终，排泄物被微生物降解为水、二氧化碳以及有机肥料。马桶自带一套通风系统，保持桶内空气新鲜无异味，而有机肥料定期清除，用作肥料或填埋。

建筑室外节水灌溉也有很大的节水效果。传统的绿化浇洒系统一般采用漫灌或人工浇洒，不但造成水的浪费，而且会产生不能及时浇洒、过量浇洒或浇洒不足等一些问题，对植物的正常生长也不利。采用节水灌溉方式如喷灌、滴灌、微喷灌、涌流灌和地下渗灌等，比地面漫灌能省水50%~70%，还可采用土壤湿度传感器或雨天自动关闭等节水控制方式。具体灌溉方式还应根据水源、气候、地形、植物种类等各种因素综合确定。例如，喷灌适用于植物大面积集中的场所，微灌系统适用于植物小面积分散的场所；采用再生水灌溉时，因水中微生物在空气中极易传播，应避免采用喷灌方式，可以采用微喷灌、滴灌等不易产生气溶胶的方式；滴灌系统敷设在地面上时，不适于布置在有人员活动的绿地里。

1.3.2 非传统水源利用

（1）雨水回用

在缺水地区，雨水的回收和利用可以增加城市的可用水资源，缓解水资源匮乏问题。通过专门的管道系统收集城市建筑的雨水，并经过适当处理后，雨水可以作为非饮用生活水源使用，例如绿化灌溉、车库及道路冲洗、冷却水补水、冲厕、洗车等，如图1-6所示。瑞士自20世纪末开始在全国范围内推行"雨水工程"，许多建筑和住宅配备了雨水收集及回收利用系统，有效提高了水资源的利用效率，促进了城市的经济和社会可持续发展。

雨水回用涉及给水排水、建筑、园林景观及总图等方面，必须通力合作，达到节水防灾、涵养地下水、修复生态的效果。

1）雨水回用流程

建筑屋面雨水和地面雨水可以分别进行回用，也可以合流后进行回用。屋面雨水通过室内外排水系统引入地面雨水排水系统后，进行收集。如果收集区域地势较低，雨水不能自行流入处理设备，需建雨水泵站来提升雨水。泵站与居住用房须有一定距离，并设有隔声防振措施，周围布置绿化，避免

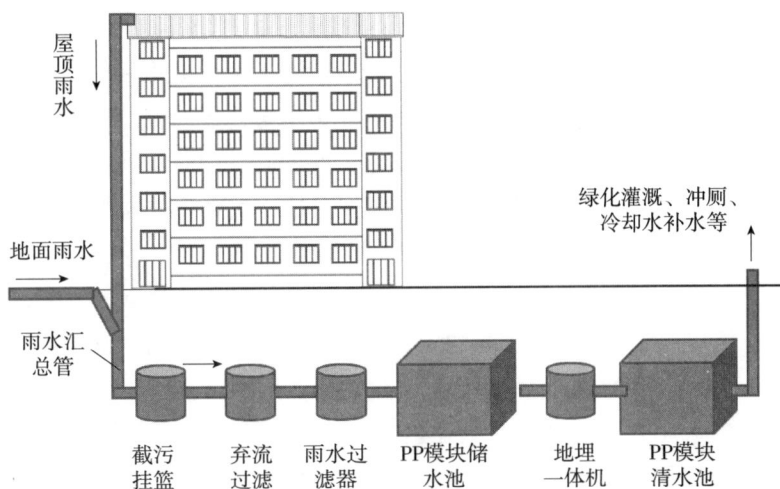

屋顶雨水

地面雨水

雨水汇总管

绿化灌溉、冲厕、冷却水补水等

截污挂篮　弃流过滤　雨水过滤器　PP模块储水池　地埋一体机　PP模块清水池

图1-6　建筑雨水回用示意图

扰民和影响景观环境。

雨水回用工作必须注意卫生安全问题。雨水虽经过处理，但水质远未达到饮用标准，因此必须在供水管道上涂色或作标志，注明"雨水"以防误接、误用及误饮。

2）雨水回用方式

地面或屋面雨水经收集后，有两种利用方式。

①直接利用

回收雨水经处理设备改善水质后直接使用。雨水含有较高的化学有机物及固体悬浮物，生物可降解性较低，一般采用物理或物理化学法进行处理，以使其达到一般用水水质标准。根据处理后的水质情况，回收雨水可直接用于生活杂用水、冷却水、水景用水、洗车用水、浇洒用水、消防用水、绿化用水等多个方面。回收雨水并进行直接利用具有节约用水、减少雨水排放量、有利于防洪减灾、减小排放设施等多个优点。

由于降雨时间和降雨强度都具有不确定性，直接利用回收雨水的系统需要配备适量的储水池，以便对水量进行调节。

②间接利用

当雨水不宜直接利用或经利用后仍有多余的水量，可回灌地下以补充地下水。雨水回灌需要的条件是当地土壤具有良好的渗透能力，雨水能通过绿地、沟、渠等渗入地下，也可使用人工渗透土层、渗水路面，铺设渗水砖或空格砖的人行道等，有条件时也可排入低地或池塘。

雨水回灌地下，不仅补充地下水，涵养地下水资源，还可提升地下水位、防止地面沉降、抵制海水入侵等。但是，回灌地下水时应注意不能污染地下水。

（2）中水回用

中水是生活污水或废水进行净化处理后得到的水源水。因水质有别于饮用水，故以中水来命名。中水可用于冲厕、冷却水、浇洒绿地等。为了节约水资源，一些城市规定，面积超过 20000m² 的大旅馆、饭店及公寓，面积超过 30000m² 的机关、研究单位、大专院校应建立中水收集回用系统。

中水系统收集与回用流程与雨水回用系统相似，区别在于所回收的水主要是生活废水和污水。无论是何种用水的回收利用，系统的管道和设备应设置明确、清晰的永久标识，避免与生活用水给水系统混淆而导致在施工和日常维护时发生误接、误饮、误用的情况。

1）中水处理工艺

污水和废水中含有大量氮和磷，耗氧量高，水质容易恶化。因此水处理时除了去除固体悬浮物外，还要降低水中含有的氮和磷。中水处理工艺流程有物理化学法、生物化学法、膜生物反应技术等。

①物理化学法

物理化学法主要利用化学混凝沉淀和活性炭物理吸附相结合的处理方式，除去水中的悬浮和胶体物质，同时除去一部分磷酸盐，沉淀池的沉渣经脱水后可用作肥料。沉淀后的出水流经活性炭接触床，利用吸附作用除去溶解的污染物。活性炭需要定期进行反冲洗和再生。

②生物化学法

生物化学法利用各种细菌微生物分解水中有机物，并将其转化成无害物质。下面简要介绍厌氧/好氧（A/O）生物滤池污水处理工艺。该工艺中，污水先经过厌氧池或缺氧池（A 级生物处理池），靠厌氧和兼氧菌将污水中难溶解性有机物转化为可溶解性有机物，将大分子有机物水解成小分子有机物，提高污水的可生化性。在随后的氧化池（O 级生物处理池）中，这些有机物质被附着于填料上的大量不同种属的微生物群落生化降解和吸附。当污水中的有机物含量大幅度降低后，硝化菌开始进一步降解氨氮，从而达到净化水质的目的。

图 1-7 给出了以居住区生活废水和污水为水源的两种中水回收系统流程。

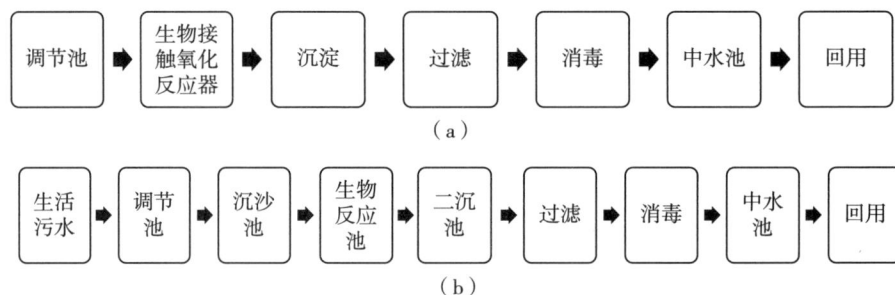

调节池 ➡ 生物接触氧化反应器 ➡ 沉淀 ➡ 过滤 ➡ 消毒 ➡ 中水池 ➡ 回用

（a）

生活污水 ➡ 调节池 ➡ 沉沙池 ➡ 生物反应池 ➡ 二沉池 ➡ 过滤 ➡ 消毒 ➡ 中水池 ➡ 回用

（b）

图 1-7 生活排水中水回收系统流程图
（a）生活废水回用；（b）生活污水回用

③膜生物反应技术

这是一种将生物降解作用与膜的高效分离技术相结合的污水处理与回用工艺，流程如图1-8所示。膜分离技术可分为微滤、超滤、纳滤和反渗透，该技术能将水中的大分子物质、胶体、细菌和微生物不同程度地截留下来，实现净化的目的。超滤膜技术气味小，污泥量少，操作方便，作为后处理技术，具有适应性强、去除率高、出水稳定等优点。

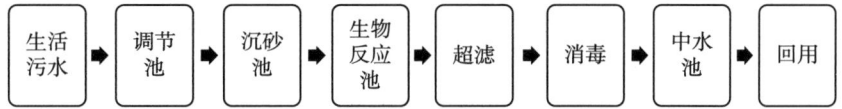

生活污水 → 调节池 → 沉砂池 → 生物反应池 → 超滤 → 消毒 → 中水池 → 回用

图1-8 膜生物反应技术流程图

2）中水处理构筑物

①调节池

调节池的作用是调节水量和水质。由于废水水量和水质是变化的，而处理设备端却要求流量稳定，调节池则可以解决这个矛盾。调节池的调节功能与其容积和构造有关，容积应根据水质水量逐时变化曲线计算确定。一般采用6~12h的平均废水流量的容积。调节池一般设在地下。

②沉淀池

沉淀池的作用是去除废水中的悬浮物。沉淀池中要创造一个让悬浮物下沉的环境，要求池中的水流流速控制在5~7mm/s，水流在池内的停留时间在1~2h。

③生物反应池

生物反应池的作用是去除水中的有机物。生物反应池在中水处理中采用的多半是好氧生物接触氧化的工艺，该工艺的主要特点是利用"填料"作生物载体，在供给空气的情况下，对水中有机物进行生物降解。接触氧化法具有容积负荷高，停留时间短，有机物去除效果好，运行简单和占地面积小等优点。生物接触氧化工艺处理生活污水，需要的水力停留时间为2~4h，其有机物去除率可达90%以上。生物处理设备一般体积大且重量大，应设在建筑物底层。

④过滤设备

过滤设备用于去除水中的悬浮固体。常用的过滤设备是砂滤，其滤料是石英砂。滤层采用反冲洗的方式进行再生。砂滤池的处理能力以滤速来表示，一般砂滤池的滤速为6~8m/h，即每平方米滤池每小时可以处理6~8m³水。

近年来研究出的一种纤维滤池，滤料是化学纤维束，表面积大，对水中悬浮颗粒的吸附效果好，滤速可达20~30m/h，反冲周期也得到延长，具有较高的效率。

⑤消毒设备

消毒是为了杀灭水中的病菌，以保证中水的卫生。常用的消毒剂有液氯、氯气、次氯酸钠等。除此之外，臭氧、紫外线和二氧化氯也常用来消毒，这几种消毒剂的优点是不会产生三氯甲烷一类的有害化合物，但制取消毒剂的设备较复杂，价格也较高。

如图1-9所示某大厦中水处理站的平面布置图，中水原水来自浴室、洗衣房、餐厅及卫生间盥洗排水，经处理后回用于绿化浇洒及卫生间冲洗。处理规模为 $10m^3/h$，生物反应池为二级接触氧化池，其中沉淀池与接触氧化为一体式设备，原水调节池与中水调节池容积均为 $40m^3$。

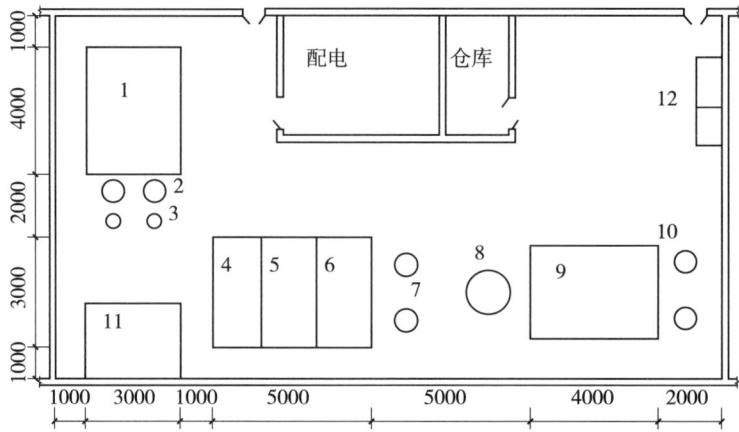

图1-9　某大厦中水处理站平面布置图示例（单位：mm）
1- 原水调节池；2- 毛发过滤器；3- 原水提升泵；4- 一级接触氧化池；
5- 二级接触氧化池；6- 斜板沉淀池；7- 中间加压泵；8- 砂过滤器；9- 中水调节池；
10- 中水加压泵；11- 自动加药装置；12- 二氧化氯消毒器

（3）海水淡化

海水资源十分丰富，但需要经过淡化处理后才能使用。为应对气候干旱和水资源不足等问题，海水淡化技术日益得到发展。目前较为常用的海水淡化技术是采用反渗透原理（图1-10），使用半透膜分离海水中的盐分和矿物质，获得淡水，其关键部件是一层反渗透膜（或称半透膜），水分子可以通过该膜，但尺寸更大的盐离子、有机物和微生物等无法通过。在压差作用下，海水中的水分子通过反渗透膜从而被分离出来，获得干净的淡水。因为这个过程和自然渗透的方向相反，故称为反渗透。反渗透技术不仅用于海水淡化，也用于地下水净化，提供农业用水和生活饮用水。

以色列是海水淡化利用的典型国家，地中海沿岸的海水淡化厂为该国提供了80%以上的城市生活用水。

海水通过内含多层半透膜的圆筒压力容器后，分离出净水和浓废水。

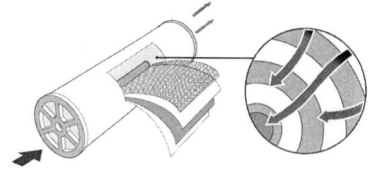

图 1-10　海水淡化厂及圆筒过滤容器

延伸阅读

布赖恩·里克特.水危机 / 从短缺到可持续之路 [M].上海：上海科学技术出版社，2017.

习题

1）试述保障城镇供水连续性和安全性的措施。

2）城镇给水系统中应如何保障供水水质？

3）结合当地城市，建设海绵城市有哪些具体措施？

4）试述雨水回用的意义。

5）试述中水系统中生物反应池的作用和种类。

第2章 建筑给水系统

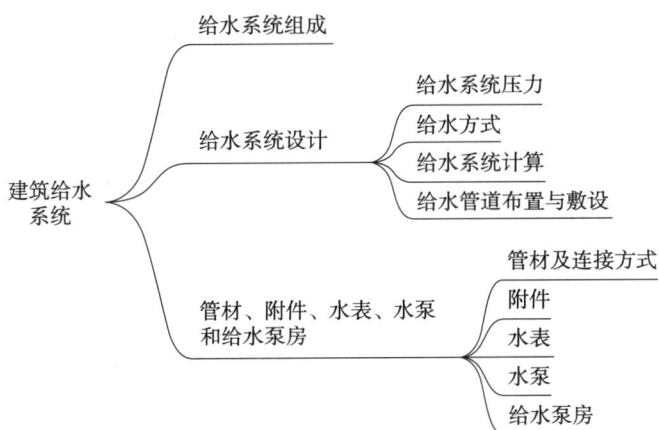

建筑给水系统
├─ 给水系统组成
├─ 给水系统设计
│ ├─ 给水系统压力
│ ├─ 给水方式
│ ├─ 给水系统计算
│ └─ 给水管道布置与敷设
└─ 管材、附件、水表、水泵和给水泵房
   ├─ 管材及连接方式
   ├─ 附件
   ├─ 水表
   ├─ 水泵
   └─ 给水泵房

第2章知识图谱

建筑给水是指建筑中不同用途的给水系统，主要包括生活用水、生产用水以及消防用水。在实际应用中，这三类用水对水质和水压的要求不尽相同，一般单独设置给水系统，但有时综合考虑技术、经济、安全等方面的问题，可组合成联合给水系统，如生活－生产给水系统、生活－消防给水系统、生活－生产－消防给水系统。建筑给水系统在保证供水连续性和水质要求外，还需要达到节能和节水的目标。

2.1 给水系统组成

给水系统主要由以下几个部分构成：引入管、水表、管网和管件、用水设备，以及调节和增压设备等。系统的功能是将城镇管网中的水引入建筑内部。对于重要的建筑和小区宜设两条及以上引入管，以提高供水的安全性。在引入管上设总水表，为便于维护和维修，总水表常设在户外水表井内。此外，各进户管中另设分户水表。

水经引入管进入建筑内的管网中，水平走向的主要管道称为干管，垂直走向的主要管道称为立管，而支管是连接干管和立管至各种用水设备的管道，附件是满足管网连接、检修需求和其他功能而设的各种配件，如截止阀、电磁阀、减压阀和止回阀等。

用水设备包括配水龙头（又称水嘴）等各种生活用卫生器具、消火栓、喷头和生产用水设备等。为了适应不同的用水需求和保证水压稳定，需要设置各种调节和增压设备，如水箱、水池、水泵和气压罐等。图 2-1 为室内生活给水示意图。

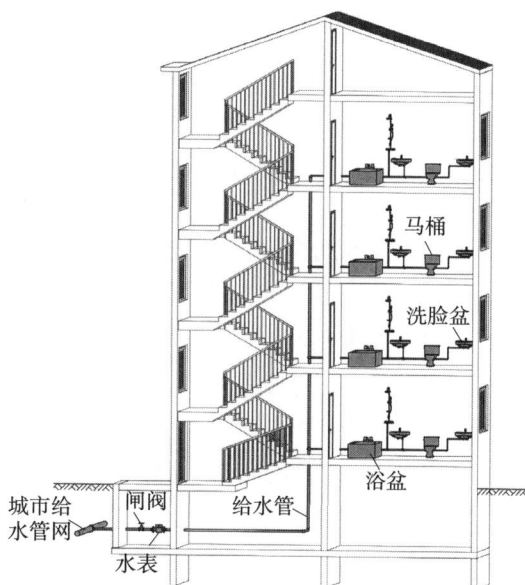

图 2-1 室内生活给水示意图

2.2.1　给水系统压力

给水系统的设计不仅要保证供水压力，还要保证供水的连续性。工程上，水压常用水头（单位为"m"）表示，1m 水头相当于 0.01MPa。在给水系统中，所需供水压力最大的点为最不利点。给水系统只要满足建筑内最不利点的供水压力即可满足整个建筑的用水压力。建筑给水所需压力（H_0）为：

$$H_0 = \Sigma H_{\mathrm{L}} + H_{\mathrm{W}} + h \qquad (2-1)$$

式中　H_{L}——供水起点到最不利点管道中的各种水头损失，包括局部损失和
　　　　　　沿程损失（m）；

　　　　H_{W}——最不利用水点要求的工作水头（m）；

　　　　h——室外给水管与建筑内最不利配水点的高差（m）。

供水起点可以是水泵出口、市政给水管网接口或水箱出口。最不利用水点的选择取决于给水管的高度、管长和管段附件的数量。对于横支管较长的系统，最高用水点并不一定是最不利点。

在初步设计时，给水系统所需的压力（自室外地面算起）可估算确定：一层 10m，二层 12m，二层以上每增加一层，增加 4m。这种估算法一般适用于层高不超过 3.5m 的三至五层的多层建筑，不适用于高层建筑给水系统。

一般市政管网的给水压力在 0.15~0.35MPa，对于住宅的入户管，我国规范要求压力不应大于 0.35MPa。

2.2.2　给水方式

（1）直接给水方式

当城市给水水压能满足建筑给水所需水压时，一般采用城市给水管网直接向建筑物供水的方式，这种供水方式最经济也最节能，应尽量采用。图 2-2 左边的 3 层附楼以及地下室采用了直接给水的方式。

（2）设水箱的给水方式

当城市供水水压在非高峰时段能满足建筑给水的需求，而在高峰时段无法达到所需水压时，可以考虑增设高位水箱。图 2-2 右边 5 层楼采用了水箱给水的方式，在非高峰时段水箱蓄水，到用水高峰时，水箱和城市给水管网同时向用户供水。

水箱应设在专用的屋顶房间内，并确保环境无污染、不结冻、通风良好、便于维修。水箱可以选择不锈钢、塑料、玻璃钢或钢筋混凝土等材质，形状可以是圆形、方形、矩形。结构上，水箱一般设置有进水管、出水管、溢流管、通气管和检修人孔等，如图 2-3 所示。进水管通常自箱顶或侧壁顶

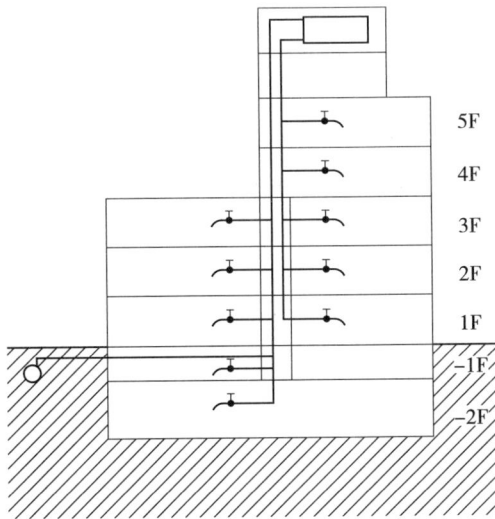

图 2-2　使用水箱的给水系统

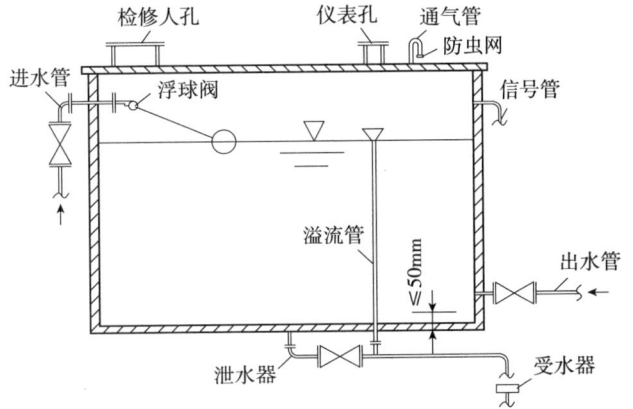

图 2-3　水箱结构

部进入水箱，若利用室外配水管网压力进水时，进水管出口应设有水位自动控制阀以及检修阀门。为防止出水带走沉淀的杂质，出水口位置通常高出箱底 50mm。溢流管应避免直接接入下水管，以防污染。水箱应与大气连通，以维持水箱内水面的大气压力。此外，通气管和溢流管均需加装滤网，以防止异物和昆虫侵入。

　　水箱给水的优点为：运行成本相对较低，并且在短期停电情况下也能保证供水连续性。其缺点为：①水箱设置在建筑顶层，增加了建筑荷载，既不利于抗震，也增加了投资成本；②水箱可能成为污染源，增加了水质受到二次污染的风险，因此需要定期进行清洗和消毒以确保卫生安全，生活饮用水箱（池）一般要求每半年清洗消毒至少 1 次。

　　在建筑给水系统中，高位水箱通常采用自上而下的给水方式，这意味着顶层用户的水压最小。因此，设水箱给水时，其高度应足以保证顶层用户的供水压力。在某些情况下，水箱还需要为建筑屋顶层的设备（如冷却塔）提供补水。水箱液面与顶层用水设备的垂直距离应满足式（2-1）规定的给水压力。一般通过提高水箱的位置或使用增压设备（如变频水泵或水泵结合气压罐）实现。水箱内设水位控制器，当水箱与水泵共同工作时，控制器控制水泵运行。图 2-4 为屋顶水箱使用增压设备供水。

（3）设水泵增压的给水方式

　　当室外管网给水水压无法满足建筑物给水所需水压时，需要借助水泵进行增压。水泵直接从市政管网抽水可以充分利用管网水压，节省能耗。然而，在用水量较大的情况下，直接抽水可能会导致管网压力波动过大，影响

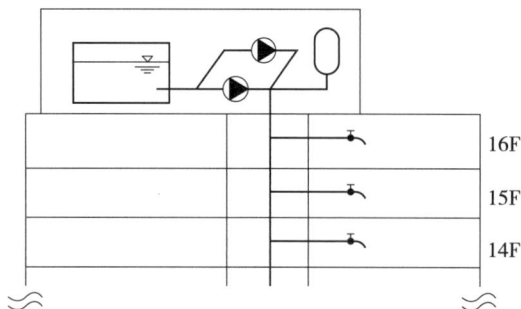

图 2-4 屋顶水箱使用增压设备供水

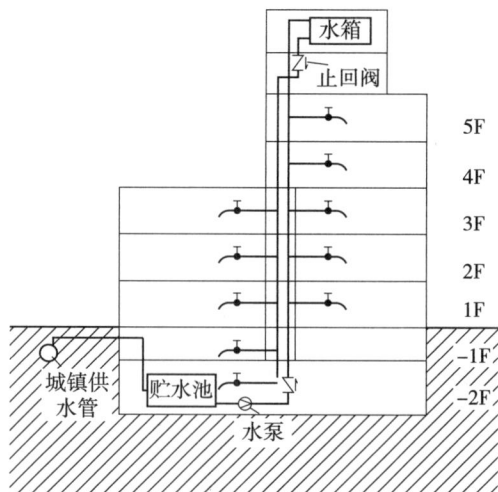

图 2-5 贮水池使用水泵增压给水

整体供水稳定性。为解决这一问题，建筑内通常会设置贮水池，或者采用叠压供水设备。

当建筑设有贮水池时，室外给水先进入贮水池，然后通过水泵从池中抽取并加压供水，如图 2-5 所示。贮水池配置有进水管、溢流管、排气管、通气管以及检修人孔等。为确保维护方便和环境安全，贮水池应设在通风良好的房间内，并确保室温不低于 5℃。此外，贮水池位置不宜与变电所和居住用房毗邻或在其下方。若贮水池同时用于储存消防用水，还应采取措施确保平时不动用消防贮水，并防止死水区的产生。和水箱一样，水池应有定期清洗消毒的计划，还可设置监控等措施，比如设置水质在线监测系统，对关键水质指标（如浊度、余氯、pH 值、电导率等）进行监测。对建筑内各类水质实施在线监测，能够帮助物业管理部门随时掌握水质指标状况，及时发现水质异常变化并采取措施。水质监测的关键性位置和代表性测点包括：水源、水处理设施出水及最不利用水点。

叠压供水设备（也称无负压供水设备）能在利用市政管网压力的同时，避免管网产生负压，其构成和控制系统如图 2-6 所示。叠压供水设备通过连接市政管网和压力容器来工作，水泵可以从压力容器和管网中同时抽水。当压力容器出现负压时，真空抑制器的进气阀门会打开，让大气进入压力容器，从而消除负压。当水位降低到设定值时，水泵会停止工作，暂时停止供水；随着用户用水量减小，市政管网的压力将使压力容器中的水位上升，气体则从真空抑制器的排气阀门排出。当压力恢复正常后，水泵会自动重启，恢复供水。这样，供水设备能够直接从管网抽水同时不会对管网压力产生过大影响。

为适应用水量和水压的变化，水泵供水有以下多种方案：

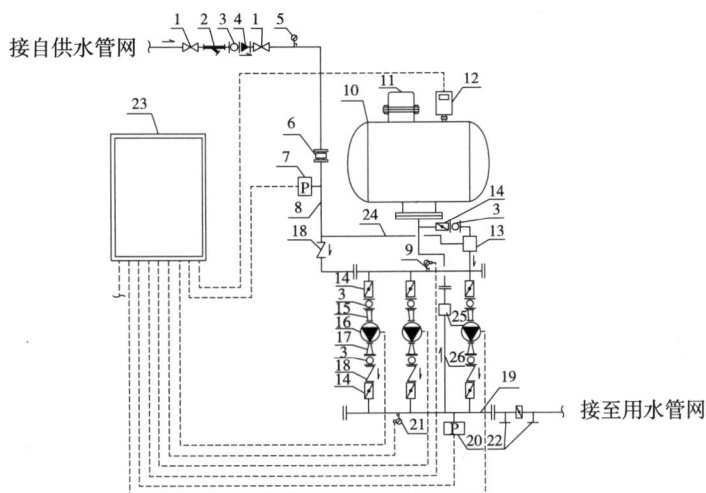

图 2-6 叠压供水设备

1- 阀门；2- Y 形过滤器；3- 可曲挠橡胶接头；4- 倒流防止器；5- 就地压力表；
6- 多功能装置；7- 进水压力传感器；8- 进水总管；9- 进水电接点压力表；
10- 补偿器；11- 真空抑制器；12- 真空显示器；13- 切换装置；14- 蝶阀；15- 偏
心异径管；16- 变频调速泵组；17- 同心异径管；18- 止回阀；19- 出水总管；
20- 出水压力传感器；21- 出水电接点压力表；22- 预留消毒接口；23- 变频控制
柜；24- 切换装置动力管；25- 限流器；26- 回流管器

①水泵水箱联合给水

图 2-5 为水泵与高位水箱联合工作的模式，水泵用来增压，水箱用来调蓄。水泵将水送至屋顶水箱，水箱充满后水泵停止运行，由水箱向建筑管网供水，使水泵始终工作在高效区。

②变频水泵

定频水泵的出水量和出水水压通常固定不变，相比之下，变频水泵可通过改变水泵电机的供电频率来调整转速，从而改变水量和水压。变频水泵系统通常配备一套自动监控系统，使得水泵能够根据建筑供水水压的变化自动调节转速，以满足不同时段和用水点的供水需求，如图 2-7 所示。变频水泵给水系统的优点是可以不使用高位水箱，从而节省空间和维护成本，缺点是变频设备的初期投资相对较高。在实际应用中，水流量的变化范围很大，但变速水泵可调节的流量范围是有限的。变频水泵在大多数工作区间能够高效运行，在小流量区可能会出现超压运行的情况，导致能源浪费。为了降低能耗，可以考虑配置小流量水泵，或者与气压罐配合使用，以实现更加高效和节能的给水方式。

③水泵 + 气压罐

气压罐起到稳定供水压力和减少水泵启动次数的作用，尤其是在小流量用水情况下效果明显。配备气压罐的变频调速供水系统的工作原理如图 2-8 所示。该设备主要由一组配置小泵的主工作泵组、隔膜式气压罐、变频控制柜以及其他附件组成。水泵根据用水量的大小自动调节转速，实现恒

31

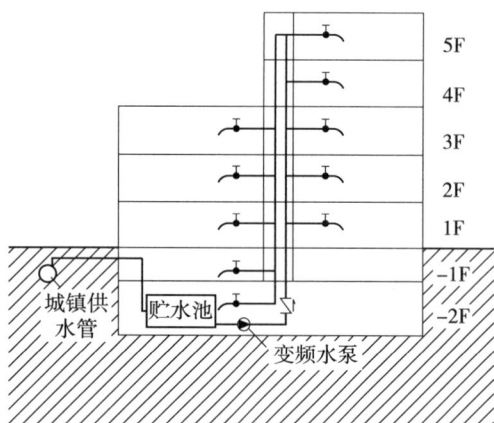

图 2-7 使用变频水泵供水

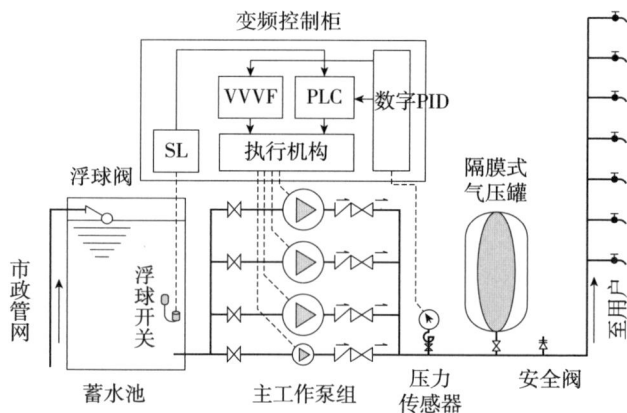

图 2-8 变频调速供水系统

压供水。当运转水泵达到工频转速时，则启动另一台水泵变频运转。泵组配备一台小泵，可以进行小流量下的调节。气压罐内充满一定体积的水和压缩空气，气压维持在最小供水压力以上。当用水量超过水泵流量时，罐内的水可以作为补充水源，以维持正常供水，避免水泵频繁启动。当用水量再次低于水泵流量时，水泵同时向罐内充水，再次压缩空气。气压罐内部的水和压缩空气通过隔膜分隔，以防止气体溶入水中。水存储在胶囊内，不直接接触罐壁，从而避免罐体腐蚀。

气压罐的布置位置灵活，可以设在地下室、地面或楼层中。与屋顶水箱不同，气压罐不占用建筑顶层面积，也不增加建筑荷载。然而，气压罐调节能力有其局限性，例如在长时间小流量工况下仍可能导致水泵频繁启动，从而增加能耗。因此，气压罐更适用于不宜设置高位水箱的情况。

（4）分区给水方式

随着建筑高度的增加，供水水压也变大。若不对建筑进行分区给水，底层的水压将会超过用水设备所能承受的最大静压力。过大的水压也会导致用水时流速过快，甚至引发喷溅，不仅造成用水浪费，还带来噪声问题。在我国，卫生器具的最大工作压力不超过 0.6MPa。

建筑给水系统沿垂直方向实行分区给水，以此减小各分区内的水压差。各分区的高度应根据最低层用水设备所允许的静压力而确定。为节约用水，我国规范建议各区最大静压力不宜超过 0.45MPa（当设有集中热水系统时，分区静压力不宜大于 0.55MPa）；而住宅入户水管的水压不应超过 0.35MPa。分区内给水可以采用自上而下的重力式给水，也可以使用水泵自下而上给水。

如图 2-9 所示采用变频水泵对各个分区自下而上单独给水。不同分区

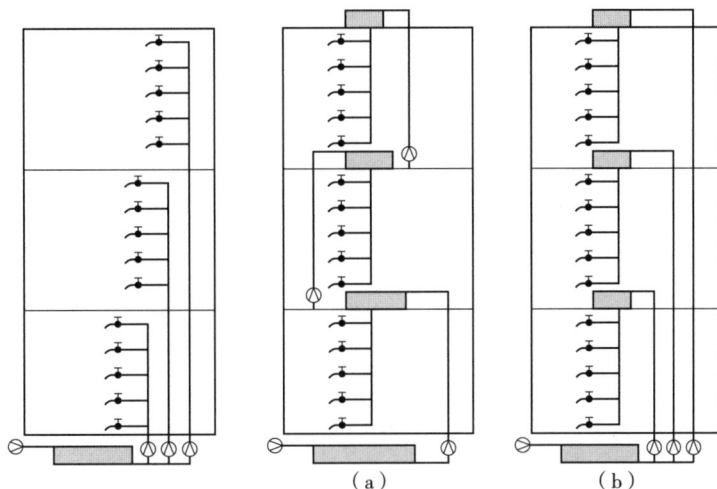

图 2-9　利用变频水泵分区供水　　　　图 2-10　利用水箱分区给水方式

采用不同的变频水泵，泵的选型与各分区所需的水压要求相适应，工作效率较高，运行费用相对较低，缺点是每个分区都要设变频调速泵，泵数相对较多，增大了投资。

如图 2-10 所示为利用水箱分区给水方式，其中图 2-10（a）的系统是一种分区串联给水的形式，上部分区从下部分区的水箱抽水，因此下部分区的水箱除满足本分区的供水需要外，还充当上部分区的水泵吸水池或贮水池。这种给水方式，水泵需与本分区的用水量和用水压力相适应，水泵效率高，运行费用相对较低，对给水立管的承压要求也不高。图 2-10（b）的系统是一种分区并联多管给水形式，各分区的供水水泵全部集中在底层，由底层的贮水池直接向各自分区的水箱供水。相较于分区串联，并联给水方式的水箱体积更小，水泵更集中，管理更方便。其缺点是高区管线的承压要求高，水泵运行费用也更高。

如图 2-11 所示为利用水箱或减压阀分区给水方式。其中图 2-11（a）为采用分区单管水箱减压给水方式，下部分区水箱由上部区水箱供水，水箱的体积自上而下逐渐减小；图 2-11（b）为采用水箱联合减压阀向各区重力供水；图 2-11（c）是采用变频水泵联合减压阀的减压给水方式，由一组变频水泵单管供水，低区采用减压阀减压供水。单管的方式泵数少，可降低了初期投资，但低区减压阀减压运行带来较高的运行能耗。

使用水箱减压的分区系统中，每个分区分别设置水泵和水箱，需要增加设备层，占用空间大。维护成本也随着水箱数量的增多而增加，二次污染的风险也随之增加。此外，水泵分设在各区将引发振动和噪声的问题。相比之下，采用变频水泵或气压罐增压后自下而上的压力式供水系统，水泵组一般在地下层，方便维护，振动和噪声的问题也可得到缓解。

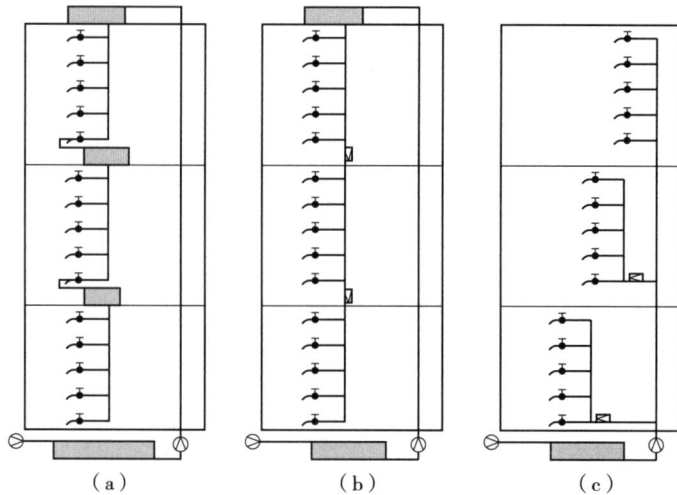

图 2-11 利用水箱或减压阀分区给水方式

高层建筑的分区给水系统中，虽然分区内的水压降低了，但水泵给水管道的压力仍可能会随着建筑高度的增加而增大。为防止给水管道压力过大，建筑高度超过 100m 时，建议采用垂直串联给水，而不超过 100m 的建筑，可采用垂直分区并联给水或分区减压给水的方式。

（5）给水系统的选择

实际给水系统设计时，应根据建筑物用途、层数、使用要求、材料设备性能、维护管理、节约供水、能耗等因素综合确定分区方案；低区尽可能充分利用城镇给水管网的水压直接给水，当所需给水压力超出城镇给水管网水压不多时，可采用叠压供水系统；当所需水压远大于城镇给水管网水压，或所需水量超过城镇给水管网的供水量时，应选用贮水池调节和加压给水方式。

各分区用水处水压在保证给水配件工作压力的同时，也应避免超压出流，造成水量浪费，比如，当配水支管压力超过 0.2MPa 时，应设置减压设施。

2.2.3 给水系统计算

建筑给水系统的设计计算需要确定管道尺寸及设备选型，而设备的选型则包括确定水箱或水池容积、水泵扬程和流量等。

（1）用水定额和给水当量

用水定额是指每个用水单位（如每人每日、每床位每日、每顾客每次、每平方米营业面积等）用于生活目的所消耗的水量的标准或规定，一般以"L"为单位。具体用水定额及小时变化系数可根据规范选取。表 2-1 给出了住宅最高日生活用水定额及小时变化系数。表 2-2 给出了集体宿舍、旅馆等公共建筑的生活用水定额及小时变化系数。

在给水计算中，卫生设备的额定流量以给水当量作为单位。把一个洗涤盆水龙头在 2.0m 的工作水头下的出水流量 0.2L/s 作为一个给水当量（即 1 给水当量 = 0.2L/s），其他卫生器具的出水流量大小需要统一换算成当量数，以便于进行统一的计算和设计。表 2-3 给出部分卫生器具的给水额定流量、当量、连接管公称管径和最低工作压力。

建筑生活用水设计依据用水定额、使用人数、用水设备类型、给水当量和数量确定，还应考虑到用水器具的同时使用概率。

住宅最高日生活用水定额及小时变化系数　　　　表 2-1

住宅类别		卫生器具设置标准	用水定额 [L·(人·d)$^{-1}$]	小时变化系数 K_h
普通住宅	Ⅰ	有大便器、洗涤盆	85~150	3.0~2.5
	Ⅱ	有大便器、洗脸盆、洗涤盆、洗衣机、热水器和沐浴设备	130~300	2.8~2.3
	Ⅲ	有大便器、洗脸盆、洗涤盆、洗衣机、集中热水供应（或家用热水机组）和沐浴设备	180~320	2.5~2.0
别墅		有大便器、洗脸盆、洗涤盆、洗衣机、洒水栓、家用热水机组和沐浴设备	200~350	2.3~1.8

注：1. 当地主管部门对住宅生活用水定额有具体规定时，应按当地规定执行；
　　2. 别墅用水定额中含庭院绿化用水和汽车抹车用水。

集体宿舍、旅馆等公共建筑的生活用水定额及小时变化系数　　　　表 2-2

序号	建筑物名称	单位	最高日生活用水定额（L）	使用时数（h）	小时变化系数 K_h
1	宿舍　Ⅰ类、Ⅱ类　　　Ⅲ类、Ⅳ类	每人每日　每人每日	150~200　100~150	24　24	3.0~2.5　3.5~3.0
2	宾馆客房　旅客　　　　　　员工	每床位每日　每人每日	250~400　80~100	24　24	2.5~2.0
3	养老院、托老所　全托　　　　　　　日托	每人每日　每人每日	100~150　50~80	24　10	2.5~2.0　2.0
4	办公楼	每人每班	30~50	8~10	1.5~1.2

注：1. 除养老院、托儿所、幼儿园的用水定额中含食堂用水，其他均不含食堂用水；
　　2. 除注明外，均不含员工生活用水，员工用水定额为每人每班 40~60L。

序号	给水配件名称	额定流量（L/s）	当量	连接管公称管径（mm）	最低工作压力（MPa）
1	洗涤盆、拖布盆、盥洗槽 　单阀水嘴 　单阀水嘴 　混合水嘴	 0.15~0.20 0.30~0.40 0.15~0.20	 0.75~1.00 1.50~2.00 0.75~1.00	 15 20 15	 0.050
2	洗脸盆 　单阀水嘴 　混合水嘴	 0.15 0.15（0.10）	 0.75 0.75	 15 15	 0.050
3	淋浴器 　混合阀	 0.15（0.10）	 0.75	 15	 0.050~0.100
4	大便器 　冲洗水箱浮球阀 　延时自闭式冲洗阀	 0.10 1.20	 0.50 6.00	 15 25	 0.020 0.100~0.150
5	小便器 　手动或自动自闭式冲洗阀 　自动冲洗水箱进水阀	 0.10 0.10	 0.50 0.50	 15 15	 0.050 0.020
6	家用洗衣机水嘴	0.20	1.00	15	0.050

（2）设计流量

1）住宅建筑

住宅给水管的设计流量是按统计最大秒流量计算的，这与室内用水设备设置情况、用水标准、气候、生活习惯有关。住宅建筑的生活给水设计秒流量一般可按三步进行计算，如图2-12所示。

第一步，根据住宅配置的卫生器具、给水当量、使用人数、用水定额、使用时数及小时变化系数等，求出最高日最高时给水当量的平均出流概率。

对选取的计算段，按用水人数和总给水当量对不同户型进行归类。对单户用水人数为 m 和单户给水当量总数为 N_g 的户型，其最高日最高时给水当量的平均出流概率 U_0 为计算段最大时流量占计算段总安装容量的百分比。

$$U_0 = \frac{\dfrac{(q_{d0} \times m \times K_h)}{T}}{0.2 N_g \times 3600} \times 100\% \qquad (2-2)$$

式中，q_{d0} 为最高日用水定额，L/（人·d），具体数值可查阅相关规范；T 为用水时数，h。

对于多段支管的干管，按给水当量对各户型的出流概率进行加权平均，获得该计算段上的平均出流概率为：

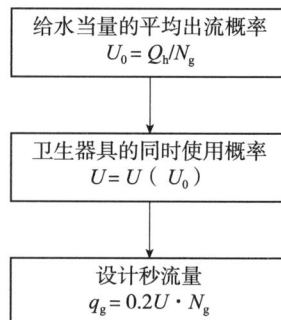

图2-12　住宅建筑的生活给水设计秒流量计算步骤

给水当量的平均出流概率
$$U_0 = Q_h / N_g$$

卫生器具的同时使用概率
$$U = U(U_0)$$

设计秒流量
$$q_g = 0.2 U \cdot N_g$$

$$\bar{U}_0 = \frac{\sum U_{0i} N_{gi}}{\sum N_{gi}} \qquad (2\text{-}3)$$

式中　U_{0i}——户型 i 的给水当量平均出流概率；

　　　　N_{gi}——所有户型 i 的给水当量和。

　　第二步，根据计算管段上的卫生器具给水当量，计算出该管段上卫生器具的同时使用概率 U：

$$U = \frac{1 + \alpha_c \, (N_g - 1)^{0.49}}{\sqrt{N_g}} \times 100\% \qquad (2\text{-}4)$$

式中　α_c——对应于不同卫生器具的给水当量平均出流概率（$\bar{U}_0$）的系数（表 2-4）。

系数 α_c 取值表　　　　　　　　　　　　　表 2-4

U_0（%）	α_c	U_0（%）	α_c	U_0（%）	α_c
1.0	0.00323	3.0	0.01939	5.0	0.03715
1.5	0.00697	3.5	0.02374	6.0	0.04629
2.0	0.01097	4.0	0.02816	7.0	0.05555
2.5	0.01512	4.5	0.03263	8.0	0.06489

　　第三步，根据计算管段上的给水当量同时出流概率，计算管段上的设计秒流量 q_g：

$$q_g = 0.2U \cdot N_g \qquad (2\text{-}5)$$

　　2）集体宿舍、旅馆、宾馆、医院、疗养院、幼儿园、养老院、办公楼、商场、客运站、会展中心、中小学教学楼、公共厕所等建筑

　　对于这类建筑，给水设计秒流量用式（2-6）计算：

$$q_g = 0.2\alpha \sqrt{N_g} \qquad (2\text{-}6)$$

式中　α——根据建筑物用途而定的系数，应按表 2-5 选用。

注：

　　①若计算值小于该管段上一个最大卫生器具给水额定流量时，应采用一个最大的卫生器具的给水额定流量作设计秒流量。

　　②若计算值大于该管段上按卫生器具给水额定流量累加所得流量值时，应按卫生器具给水额定流量累加值采用。

　　③有大便器延时自闭冲洗阀的给水管道，大便器延时自闭冲洗阀的给水当量以 0.5 计，计算得到的 q_g 附加 1.10L/s 后，作为该管段的设计秒流量。

　　④综合楼建筑的 α 值应根据楼中各功能区不同的 α 值取加权平均值。

$$\alpha = \frac{\sum \alpha_i N_{gi}}{\sum N_{gi}} \qquad (2-7)$$

根据建筑物用途而定的系数值（α值）　　表 2-5

建筑物名称	α 值	建筑物名称	α 值
幼儿园、托儿所、养老院	1.2	医院、疗养院、休养所	2.0
门诊部、诊疗所	1.4	集体宿舍、旅馆、招待所、宾馆	2.5
办公楼、商场	1.5	客运站、会展中心、公共厕所	3.0
学校	1.8		

3）工业企业的生活间、公共浴室、职工食堂或营业餐馆的厨房、体育场馆运动员休息室、剧院的化妆室、普通理化实验室等建筑

对于这类建筑的生活给水管道，设计秒流量按式（2-8）进行计算：

$$q_g = \sum (q_0 n_0 b)_i \qquad (2-8)$$

式中　q_0——同类型的一个卫生器具的给水额定流量（L/s）；

　　　n_0——同类型卫生器具的数量；

　　　b——卫生器具的同时使用百分数，可查现行国家标准《建筑给水排水设计标准》GB 50015。

注：

①若计算值小于该管段上—个最大卫生器具的给水额定流量时，应采用最大卫生器具的给水额定流量作为设计秒流量。

②大便器自闭冲洗阀应单列计算，当单列计算值小于1.2L/s 时，以 1.2L/s 计；大于 1.2L/s 时，采用计算值。

对于建筑物的引入管，设计流量有以下三种情况：

当建筑物内的生活给水全由室外管网直接供水时，按最大设计秒流量计；

当建筑物内的生活用水全部由自行加压供给时，引入管的设计流量应为贮水调节池的设计补水流量；

当建筑物内的生活用水既有室外管网直接给水，又有自行加压给水时，引入管上的设计流量取两者的叠加值。

（3）管道水力计算

管道水力计算的任务是确定水压，并且在满足供水要求的前提下，经济且合理地确定各设计管段的管径。

1）确定管径

流量 Q 和管径 D 以及管内流速 V 的关系如下：

$$D = \sqrt{\frac{4Q}{\pi V}} \qquad (2-9)$$

当设计秒流量和管内流速确定后就可以确定管径。管内流速应从经济流速和水流噪声控制考虑采用经验值，见表 2-6。

各类生活给水水管流速推荐范围 表 2-6

管径	15~20mm	25~40mm	50~70mm	≥ 80mm
速度范围	≤ 1.0m/s	≤ 1.2m/s	≤ 1.5m/s	≤ 1.8m/s

注：生产和生活合用给水管时，流速小于 2.0m/s。

2）管道的水头损失计算

水头损失由沿程损失和局部损失组成，即：

$$H_L = \Sigma h_f + \Sigma h_m \qquad (2-10)$$

式中 H_L——从供水起点到最不利供水点的总水头损失（m）；

Σh_f——从供水起点到最不利点的供水管道上的沿程损失总和（m）；

Σh_m——从供水起点到最不利点的供水管道上的局部损失总和（m）。

沿程损失可根据管道材料、管内流速、流动状态经计算确定，对于局部损失，可采用简便计算方法，按沿程损失的百分数进行估算：

①对于生活给水管，取沿程损失 25%~30% 作为局部损失；

②对于生产给水、生产 – 生活给水、生产 – 消防给水或生活 – 消防给水，取 20%；

③对于消防给水管网，取 10%；

④对于水表的水头损失应根据水表厂家所给的流量和特性系数单独进行计算，缺乏资料时可采用下述估算值：住宅入户水表取 1.0m；小区引入管上的水表生活用水时取 3.0m，消防管网水表取 5.0m。

3）校核供水水压

要求室外供水水压满足式（2-11）要求：

$$H_0 \geqslant H + H_L + H_f \qquad (2-11)$$

式中 H_0——室外供水管网上从地面起算的水压，以水头计（m）；

H——建筑内最不利用水设备距地面的高度（m）；

H_L——从供水起点到最不利用水点的总水头损失（m）；

H_f——最不利用水设备所需要的工作水头（m）。

如果不能满足上式要求，则应根据供水水压相差的大小或采用调整给水管管径、降低水头损失、增压的办法来解决。

2.2.4 给水管道布置与敷设

水管敷设考虑的因素包括美观、安全、维护和经济投入。从安全方面考虑，水管敷设需要考虑防冻、建筑物沉降、碰撞、光照老化、热胀冷缩等因素。给水管道的布置原则是力求管道安全、管线简短、施工和维修方便。

（1）引入管

引入管应设在用水设备集中、用水量大的地方，力求简短、节省管材。

为了提高供水安全性，减少由于支状布置产生的死水区，提高供水水质，室内给水干管宜呈环状布置，可设两条引入管，从室外管网不同管段上或同段管网但相距较远的点引水。而给水支管则可采用枝状管网、单向供水。

引入管敷设需要考虑防冻。埋地敷设时，应在冰冻线以下 0.15m。引入管穿越承重墙或基础时，需要设管套保护，以防建筑沉降损坏管道。如图 2-13 所示，套管与管道之间用水泥作刚性密封或用软性填料作柔性密封。当建筑沉降量较大或抗震要求较高，墙两侧的管道上应设柔性接头。

水表安装在引入管上。为方便检修，水表前后安装阀门，还应安装泄水阀，如图 2-14 所示。对于供水不间断的建筑，且只有一条引入管时，需要绕过水表设旁通管。

（2）水平干管

水平干管根据给水系统的形式进行相应布置。对于加压给水系统，水平干管可明敷在底层或地下室的顶棚下，方便维护检修。对于重力供水系统，

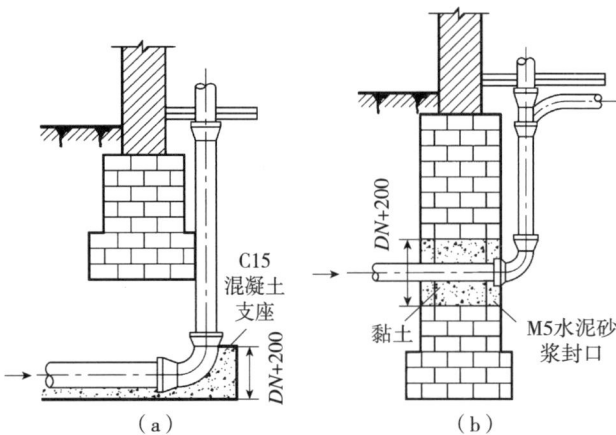

图 2-13 引入管穿墙敷设的管套保护（单位：mm）
（a）从浅基础下通过；（b）穿基础

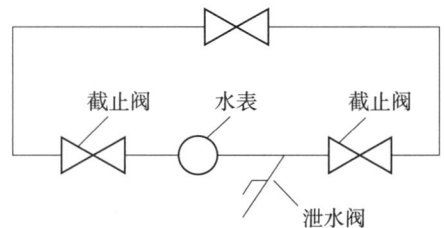

图 2-14 水表安装

水平干管可敷设在建筑的顶棚或设备层内。为保证连续供水，水平干管可以布置成环状。

无地下室时水平干管可设在地沟内或直接埋地。埋地式管道检修困难，只有在管材有足够的耐久性、连接处十分可靠的情况下方可采用。埋地管不能穿越设备基础，或被埋在易被压坏、冻坏、振坏的地段，尽量避免穿过结构的梁、柱和沉降缝、伸缩缝。

（3）立管

立管沿墙、柱垂直布置或敷设于管道井内贯穿楼层。出于美观考虑，立管宜采用建筑装饰进行暗装处理。为了维修方便，暗装时宜预留检修口。立管穿越楼面和屋面处预留套管，并做防渗处理。立管不能穿越烟道、风道、污水槽和大、小便槽，应避免穿越橱窗壁柜以及伸缩缝等。

立管应尽量靠近用水设备，以免连接的支管过长。如果用水设备分散，支管过长时，可通过适当增加立管的办法来减短支管。

（4）支管

户内支管常沿墙、梁或地面水平敷设。直径小于 25mm 的支管可敷设在楼板和地面的找平层内，或嵌埋在墙槽内。室内支管沿梁敷设时，应设支架或吊架，并暗装在吊顶内。建筑户内给水管采取暗装，不仅考虑到美观，而且可避免因碰撞而破损。塑料管暗装还可避免因光照而老化。

（5）自动排气阀

给水系统最高点应设置自动排气阀。上行下给配水系统的排气阀设在立管最高点处，下行上给配水系统设的排气阀在最高配水点处。

2.3 管材、附件、水表、水泵和给水泵房

2.3.1 管材及连接方式

常用的管材有混凝土及钢筋混凝土管、玻璃钢管、铸铁管、钢管及镀锌钢管、铜管、塑料管、复合管材（如铝塑复合管）等。表 2-7 列举了几种常用管材的优缺点及适用场合。

室内给水管道的管材种类很多，有薄壁不锈钢管、薄壁铜管、塑料管和纤维增强塑料管，还有衬（涂）塑钢管、铝合金衬塑管等金属与塑料复合的复合管材。

符合健康要求的建筑给水管材及附件是建筑安全的重要保障。室内的给

管材材质	优缺点	适用场合
（钢筋）混凝土管	其由混凝土离心浇制而成，具有耐腐蚀、价格便宜、使用寿命长等优点，但内壁粗糙，水力条件差，安装不便，且漏水不易检测	室外埋地排水管，排除雨水或污水
玻璃钢管	其主要成分是玻璃纤维、树脂、石英砂及碳酸钙等无机非金属颗粒材料。具有强耐腐蚀性能、水利条件好、使用寿命长（50 年以上）、运输安装方便、维护成本低及综合造价低等诸多优势。缺点是易老化，不耐高温	各种废水和污水排水管道
铸铁管	其比钢管更耐腐蚀，寿命更长。此外铸铁造价低，但缺点是性脆，重量大，长度小。铸铁管的公称口径为 75~2200mm，长度为 4~8m。铸铁管根据不同壁厚可承受 0.45~1MPa 的工作压力	用于给水、排水和煤气输送管线，适宜作埋地管道
钢管及镀锌钢管	其强度高、承压大、接口方便、抗震性好、加工安装方便。其有焊接钢管和无缝钢管两种。焊接钢管是由平板卷曲焊接而成的，而无缝钢管是钢坯穿孔挤压成型的管，从断面上看没有接缝。钢管含碳量少，容易氧化，防腐性能较差、造价高。钢管经过镀锌或其他特殊处理可以增强耐腐蚀性能。比如，焊接钢管（非镀锌又称黑铁管）镀锌后制成镀锌钢管，抗腐蚀能力得到增强，又称白铁管	广泛用于各种冷水、热水、蒸汽、煤气管道
铜管	纯铜管呈紫色，又称紫铜管，其柔软，延展性好，易于施工。应用更广的是各种铜合金管，比如铜锌合金（黄铜）和铜锡合金（青铜）。相比纯铜管，铜合金管质地相对坚硬，有更好的机械性能、耐磨性能、铸造性能和机械性能。此外，铜离子具有一定的杀菌功能，有利于卫生。铜管的耐腐蚀是对一般水质而言的，但是铜管偶尔会出现腐蚀，最终发展成针孔一样的腐蚀孔	适合各种冷热水管道。但铜管价格高，一般用于要求高的室内给水场所
塑料管	其具有化学稳定性好、耐腐蚀、重量轻、水力条件好、安装简便等优点。缺点是强度低，耐热性差。塑料长期暴露在热、光等环境条件下会呈现老化现象，力学性能下降。为减少塑料老化的影响，可加大塑料管壁厚度。 常用塑料管有硬聚氯乙烯管（UPVC）、聚丙烯管（PPR）、聚乙烯管（PE）和聚丁烯管（PB）。一般而言，塑料管的使用年限可达 50 年，有的甚至可到 100 年。塑料制品的线膨胀系数较大，管道受环境温度和水温变化引起伸缩，安装时应注意伸缩空间	广泛用作排水管道和电线管道。聚丙烯管（PPR）和聚乙烯管（PE）广泛用于室内冷热水管道。聚丁烯管（PB）已取代铜管作为室内冷热水管道、散热器连接管道等
复合管材	其以金属与热塑性塑料复合结构为基础的管材，内衬塑聚丙烯、聚乙烯或外焊接交联聚乙烯等非金属材料成型，兼具金属和非金属管材的优点。铝塑复合管的内外壁均为聚氯乙烯，中间以铝合金为骨架，该水管具有聚氯乙烯管的特点，可曲挠。缺点是成本高	主要用作生活给水的冷、热水管、煤气管等

注：聚氯乙烯（PVC）的环境影响：聚氯乙烯是使用广泛的塑料。但在自然环境下非常难降解，需要回收，在高温熔化后作为塑料产品的原料。PVC 燃烧会释放有毒气体氯化氢，此外，PVC 中的塑化剂渗透也会污染环境。

水管道，应考虑其耐腐蚀性能，连接方便可靠，接口耐久不渗漏，管材的温度变形，抗老化性能等因素。

2.3.2　附件

管网中还包括各种管道连接件和阀门等附件。

给水管道连接件包括各种弯头、三通、四通、管箍、大小头、活接头等。排水管道连接件包括各种角度的弯头，如 90° 顺水弯头和 45° 顺水弯头，多种角度的三通，如 90° 顺水三通、45° 斜三通、90° 顺水四通、45° 斜四通，H 型连接件等，还包括各种类型的存水弯。各种给水排水管件的连接如图 2-15 所示。

阀门是用来调节水量、水压、关断水流、改变水流方向的控制连接件，如截止阀、闸阀、止回阀、浮球阀及安全阀等。

截止阀的功能是关闭或开通管路，一般不作为调节水流量用。类似功能的阀门还包括闸阀、球阀、蝶阀等。因为两个方向水流阻力不同，截止阀有规定进口和出口方向。

止回阀的功能是阻止水流的反向流动。止回阀有升降式和旋启式两种（图 2-16）。升降式止回阀装于水平管道上，水头损失较大，适用于小管径。旋启式止回阀适用于低流速和流动不常变化的大口径场合，但不宜用于脉动流。止回阀安装有方向性。

浮球阀是一种可以自动进水自动关闭的阀门，一般安装在水箱和水池内。如图 2-17 所示为一种水力浮球阀的工作原理。上游水分两路进入水箱，一路是主进水路，另一路是控制路。当水箱充水到既定水位时，浮球随水浮起，关闭控制路出水，导致控制路压力升高，推动阀门组件向下运动，直至关闭主进水路；当水位下降时，浮球下落，打开控制路出水口，控制路压力下降，阀门组件向上运动，打开主水路向水箱充水。

安全阀是一种安全防护附件，避免管网和其他设备中压力超过设计允许

弯头

管箍

补心
异径三通
内管箍
补心

异径四通

活接头
内管箍
异径三通
内管箍

阀门

等径三通　内管箍　异径管箍

图 2-15　给水排水连接件及连接示意图

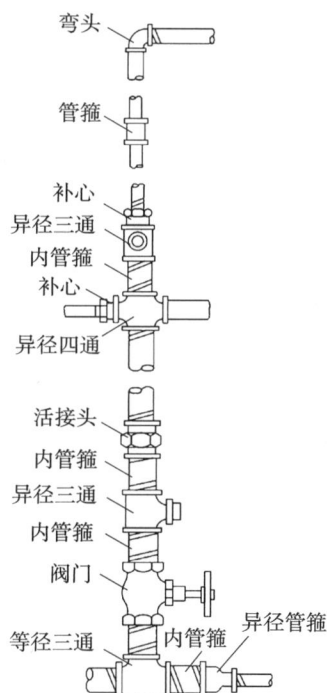

（a）

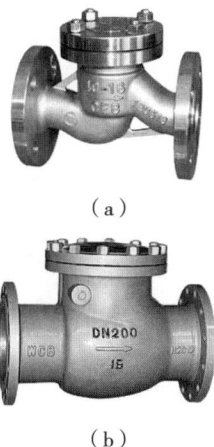

（b）

图 2-16　止回阀
（a）旋启式止回阀；（b）升降式止回阀

43

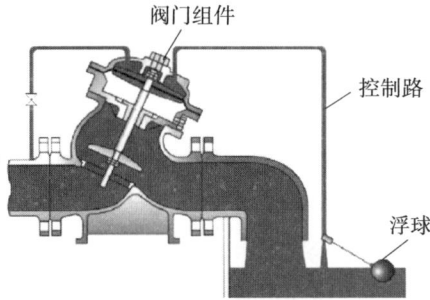

图 2-17 水力浮球阀工作原理

图 2-18 减压阀

值而使管网、器具或密闭水箱受到破坏。正常工作压力时，阀门保持关闭状态。当给水管路压力超过设定值时，安全阀自动开启并排水，阻止压力继续升高。当压力降低到另一预定值时，阀门又自动关闭。

减压阀（图 2-18）是一个局部阻力可变的节流元件，上游水压在一定变化范围内，通过改变阻力的条件，造成不同的压力损失，使得下游压力保持相对平衡。减压阀可以简化给水系统，因此，在高层建筑给水和消防给水系统中应用较广泛。

在给水管路上设置自动排气阀，可及时排除管路堆积的气体，保持水管正常流动。自动排气阀见图 2-19，当阀内气体增多时，气压将浮子往下压，压到一定程度，密封块拉动阀门，打开阀门排气。当气体排走后，密封块由于水压恢复上行，关闭阀门。

给水管路上还常设置水锤吸纳器（图 2-20），又称水锤消除器。当管道中的水在输送过程中，由于阀门突然开关或水泵骤然启停等原因，流速突然变化，引起压力大幅波动，该现象称为水锤，又称水击。水锤可引起管道强烈振动和管路噪声，严重时可破坏阀门等设施。水锤吸纳器内有密封气囊，可吸纳因水锤作用而产生的压力波，从而起到保护管路和设备的作用。

给水系统应使用耐腐蚀、耐久性能好的管材、管件和阀门等，倡导选用长寿命的优质产品，且易于更换，方便维护，能减少管道系统的漏损。所谓的长寿命是指其使用寿命超过相应标准寿命的产品，例如长寿命阀门是其寿

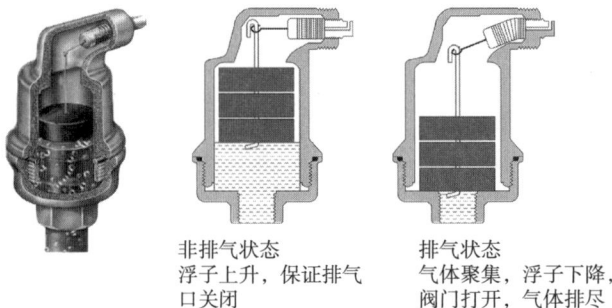

非排气状态
浮子上升，保证排气
口关闭

排气状态
气体聚集，浮子下降，
阀门打开，气体排尽

图 2-19 自动排气阀

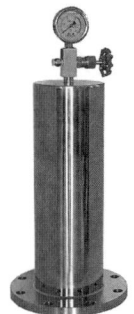

图 2-20 水锤吸纳器

命需超过现行相应产品标准寿命要求的 1.5 倍，而长寿命水嘴是其寿命需超过现行国家标准《陶瓷片密封水嘴》GB 18145 等相应产品标准寿命要求的1.2 倍。降低给水管网漏损对节约用水、提高供水效益、推广绿色建筑、建设节约型城市有重要意义。而降低给水管网漏损应从管网规划、管材选择、施工质量控制、运行压力控制、日常维护和更新、漏损检测和及时修复等方面来考虑。

2.3.3 水表

水表是给水管路中不可或缺的计量设备，用于测量经过管道的水流量。在建筑中，根据水流量的测量原理，常见水表类型包括旋翼式、螺翼式和超声波式等。在旋翼式水表中，水流推动翼轮旋转，翼轮旋转频率和水流速度有关，通过测量旋转频率，可以确定水流速度，进而计算出流量，如图 2-21（a）所示。与旋翼式相似的还有螺翼式水表，如图 2-21（b）所示，后者阻力较小，适用于大流量管路的测量。超声波水表 [图 2-21（c）] 将两个超声波换能器分别安装在管道的上游和下游，用于发射和接收超声波信号。这种水表通过检测超声波在水中顺流和逆流传播时的时差来测量流速，因为时差的大小与流速相关。超声波水表的优点是不改变流道，压损小，灵敏度高，量程大，易于维护，但稳定性相对较低。此外，现在多数水表通常配备有电子采集发讯模块，这使得水表能够自动抄表并上传数据，从而避免了传统的现场抄表工作，远传水表如图 2-21（d）所示。这种技术的应用提高了数据收集的准确性与效率。

供水、用水应按照使用用途、付费或管理单元，分项、分级安装满足使用需求和经计量检定合格的计量装置，实施计量收费，促进行为节水。采用远传计量系统对各类用水进行计量，还可准确掌握项目用水现状，如水系管网分布情况，各类用水设备、设施、仪器、仪表分布及运转状态，用水总量和各用水单元之间的定量关系，找出薄弱环节和节水潜力，制定出切实可行的节水管理措施和规划。

（a）　　　　　　（b）　　　　　　（c）　　　　　　（d）

图 2-21　水表
（a）旋翼式水表；（b）螺翼式水表；（c）超声波水表；（d）远传水表

安装计量水表是实现建筑给水系统运行节能、优化系统设置的基础条件。供水、用水计量是促进节约用水的有效途径，也是改善供水和用水管理的重要依据之一。城镇供水的出厂水及输配水管网供给的各类用户都必须安装计量仪表，自建设施供水也须计量，推进节约用水。

2.3.4　水泵

水泵是一种用于输送和提升液体压力的设备，在建筑给水排水系统中发挥着核心作用。根据工作原理和结构，常用的水泵类型包括轴流式、活塞式和离心式，如图 2-22 所示。轴流泵的特点是水流方向和泵轴方向一致，通常具有较低的扬程和较大的流量，适用于大流量的水输送。活塞式水泵是一种往复泵，是通过改变泵体工作室的容积来对液体进行压送，更适合于高扬程、小流量的应用场合。离心泵的水流方向和轴的方向垂直。离心泵的使用范围则介于前两者之间，工作区间最广，产品的品种、系列和规格也最多，但泵内含水时离心泵才能正常启动，否则，就需要灌泵。但也有自吸式离心泵，该类泵只在第一次启动前需灌泵，停泵后有一部分液体留在泵内，经过特殊的构造，可以在再次启动泵后，帮助泵内排气，实现正常输送液体。自吸过程可在几十秒内完成，自吸能力达 9m 水柱以上。

水泵选型中，三个最常用的性能技术参数是：①流量（m^3/s）；②扬程（mH_2O）；③轴功率（kW）。流量是指水泵输送水量的能力，扬程代表水泵能提供的能量，可以理解为能将水送到的最高垂直高度，轴功率是电机传给水泵轴的功率。

水泵的有效输出功率可以根据流量和扬程确定，其与轴功率之比即为水泵效率。水泵效率是衡量水泵工作效能的一个重要技术经济指标，一般高效离心泵的效率可达 75%~80%。值得注意的是，水泵效率并非固定不变，而是与工作状态相关。水泵的性能曲线反映了其各项工作参数的相互关系，如图 2-23 所示。随着流量逐渐增大，扬程逐渐减小，水泵的轴功率逐渐增大，

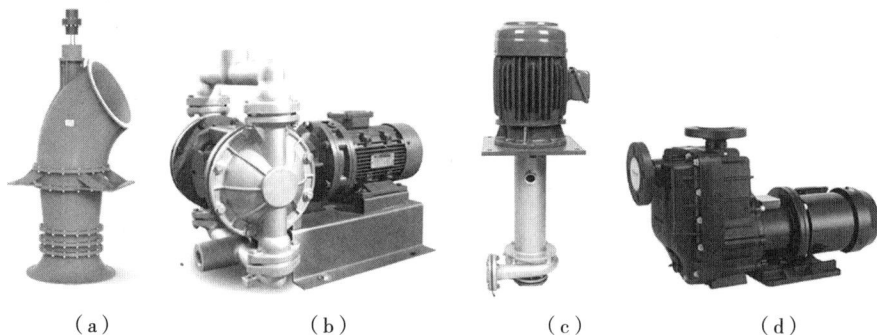

（a）　　　　　　（b）　　　　　　（c）　　　　　　（d）

图 2-22　水泵
（a）轴流泵；（b）活塞式往复泵；（c）立式离心泵；（d）自吸式离心泵

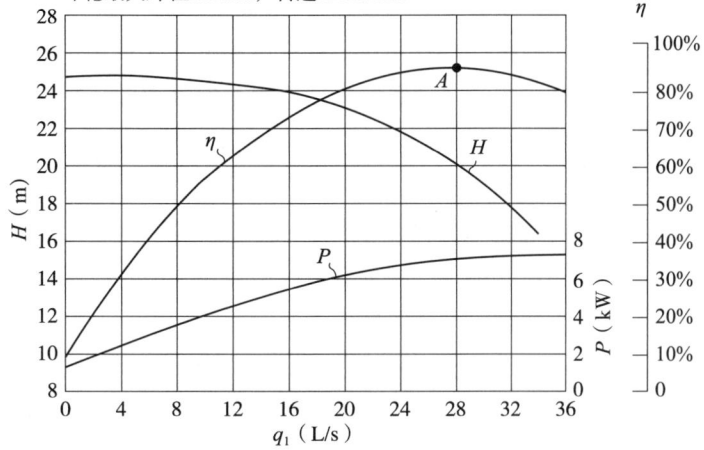

额定流量100m³/h，出口口径80mm，叶轮最大外径125mm，转速2900r/min

图 2-23　某型号离心泵的特性曲线

而水泵的效率曲线存在峰值。效率最高时的流量被称为额定流量，对应的扬程为额定扬程，这些额定参数通常标注在水泵的铭牌上。

生活给水加压泵是长期不停地工作的，水泵的效率对节约能耗、降低运行费用起着至关重要的作用。因此，应选择效率高的水泵，即水泵应能满足国家现行有关标准的节能评价值的要求，"泵节能评价值"指在标准规定测试条件下，满足节能认证要求应达到的泵规定点最低效率。另外，管网特性曲线所要求的水泵工作点，应位于水泵效率曲线的高效区内。

2.3.5　给水泵房

给水泵房是安装水泵、动力机及其辅助设备的机房。泵房内除了有水泵和电机外，还可能有气压罐、配电柜、柴油发电机、水处理等辅助设施设备。如图 2-24 所示为两种常见的给水泵房平面布置图：左边是叠压（无负压）给水设备从市政管网直接抽水的给水方式，右边是水箱（或贮水池）+

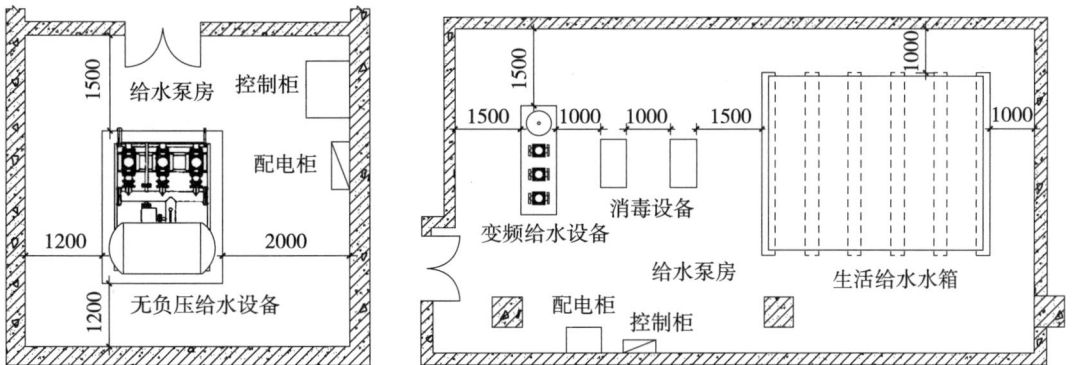

图 2-24　给水泵房平面布置（单位：mm）

变频调速给水设备的给水方式。

　　无论采用地上式、地下式还是半地下式，给水泵房设置在建筑物内时不应毗邻居住用房，或在其紧邻上层或下层。为减轻对建筑物内部各功能房间的影响，建筑物内给水泵房应采取如下减振防噪措施：①选用低噪声水泵机组；②在吸水和出水管上设置减振装置；③在水泵基础上设置减振装置；④在管道支架、吊架和管道穿墙、楼板处采取防止固体传声措施；⑤在泵房的墙壁和顶棚采取隔声吸声处理等。水泵房应设排水、通风以及防冻措施。对设于屋顶、对外开百叶的避难层等冬季可能发生冰冻的水泵房，应采取供暖措施，设计温度不低于 5℃。

　　泵房的布置应能满足水泵检修的要求，水泵或电机四周应有不小于 0.7m 的通道，泵房内的主要通道宽度不得小于 1.2m，且泵房内宜设置手动起重设备，以便检修维护时搬运。

延伸阅读

姜湘山 . 建筑给水排水设计 600 问 [M]. 2 版 . 北京：机械工业出版社，2014.

习题

　　1）建筑生活给水系统有哪几种给水方式？分别有什么特点？

　　2）给水系统中设置屋顶水箱的作用是什么？其有什么优缺点？

　　3）建筑给水系统在什么情况下需要进行分区？分区的依据是什么？

　　4）归纳室内管道布置的原则。

　　5）如何确定居住建筑的用水定额？

　　6）室内给水设计流量有哪几种计算方法？

　　7）建筑生活给水系统在设计和运营管理上有哪些节水和节能的技术和措施？

　　8）绿色建筑给水的内涵是什么？

第 3 章

热水与饮水供应系统

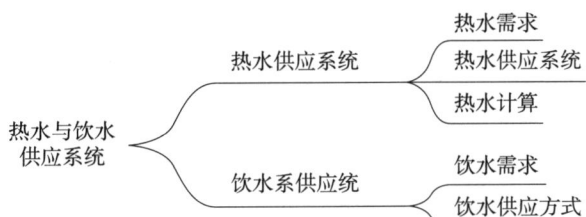

```
                                      ┌── 热水需求
                    ┌── 热水供应系统 ──┤── 热水供应系统
  热水与饮水        │                  └── 热水计算
  供应系统   ──────┤
                    │                  ┌── 饮水需求
                    └── 饮水系供应统 ──┤
                                        └── 饮水供应方式
```

第 3 章知识图谱

热水系统与给水系统相似，为达到节水、节能、经济和健康的目的，不仅要对热水系统进行合理分区，以防止超压出流导致热水浪费，并采取节水、节能的措施，同时也应保证热水供水水质，采取可靠的消毒灭菌措施。除此以外，热水系统的绿色设计应更多地关注热源的选择以及系统循环方式的设置。

3.1.1　热水需求

热水系统供应建筑所需的生活热水或生产热水。对于民用建筑，热水供应指生活热水供应，用于洗涤、淋浴、消毒等。热水供应对水质、水温和热水定额均有要求。

（1）水质

如果水的硬度过高，加热设备容易结垢，从而增加传热热阻，降低加热效率。因此，热水除应满足饮用水的水质要求外，还需对水的硬度进行控制。一般来说，洗衣用水的总硬度（以碳酸钙计）不宜超过150mg/L，其他用水不宜超过300mg/L。对于热水用水量大的场合，比如用水量大于10m³/d的洗衣房用水，应考虑采取阻垢缓蚀处理，或者对水进行软化处理，用化学或物理的方法去除水中的钙镁等离子，降低水的硬度。这样的处理可以有效减少设备内垢的形成，保持设备的高效运作。

如图3-1所示为利用树脂表面的钠离子交换水中的钙镁离子，达到软化水的目的。经过一段时间的使用后，树脂表面的钠离子会被耗尽，此时需要

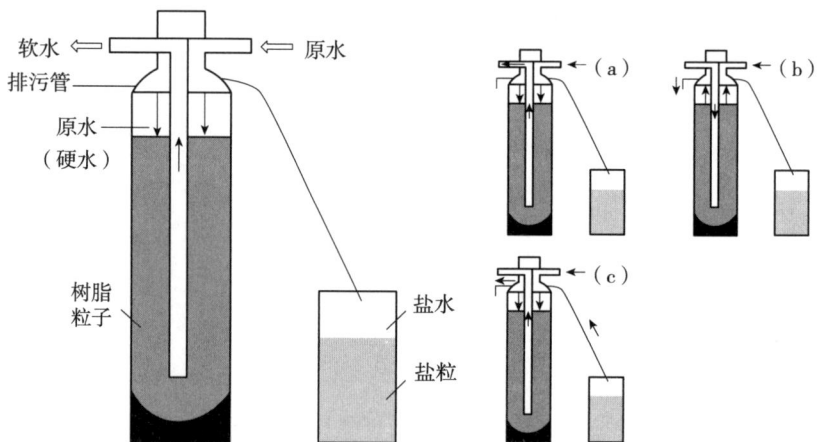

图3-1　树脂罐软化设备
（a）工作模式；（b）反洗模式；（c）再生模式

使用高浓度的盐水来再生树脂，将树脂表面的钙镁离子重新置换成钠离子。

（2）水温

热水的用途不同，对水温的要求也有所差异。盥洗用热水（洗脸和洗手）的水温在30~35℃；淋浴用热水（冲淋和盆浴等）的水温一般在35~40℃；餐具洗涤热水为了具有杀菌功能，一般要求在60℃及以上；游泳池热水水温在24~27℃。

热水输送或储存的温度高低主要影响系统效率。高供水温度会导致管路热损失增大。某些加热设备，如普通空气源热泵热水器，在55℃以上效率迅速降低。因此，设计时要选择合适的温度和匹配的热源。对于带有储热设备的热源，为防止细菌特别是军团菌的滋生，其储热设备的热水水温应达到60℃以上。而对于流动的水，如果不存死水区，细菌滋生的风险较低，可以适当降低供水温度。

如果供水水温高于用水设备端的用水温度，需注意避免烫伤。可通过恒温混水阀自动调节水温，其工作原理如图3-2所示。恒温混水阀在混合出水口装有热敏元件，利用其热胀冷缩的特性推动阀芯移动，控制冷、热两路进水的开度，将出水温度调节到用户设定的温度。混水阀不受水温、流量和水压变化的影响，流量和水温相对稳定，当冷水中断时，混水阀能在几秒钟内自动关闭热水。因此，不仅提高了用水舒适性，还有安全保护作用，适合有老人和儿童的热水用水场所。

（3）热水定额

建筑热水量的估算有两种方法。一种是按照使用人数、最高日热水定额和每日使用时长来确定；另一种是按用水设备类型和数量来确定，如按照卫生器具1次或1小时热水用水量和所需水温来确定。无论采用哪种方法，用水定额都只是提供一个指导范围，具体的选择和数值需根据建筑物性质、卫生设备的完善程度、当地气候和居民生活习惯等因素来确定。在按人数确定时，热水水温通常按60℃计算。具体建筑类型的用水定额以及卫生器具的1次和1小时热水用量及水温的具体数值，可参照现行相关规范。

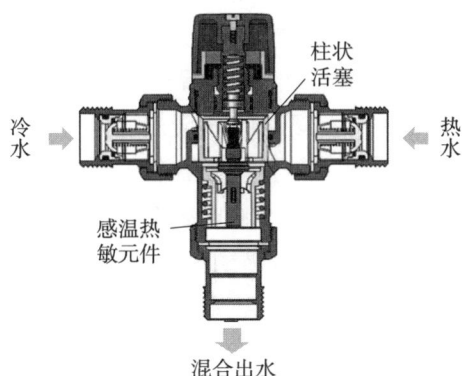

冷水　柱状活塞　热水

感温热敏元件

混合出水

图3-2　恒温混水阀工作原理图

3.1.2　热水供应系统

（1）热水系统分类

热水供应系统按供水范围的大小，可分为局部热水供应系统、集中热水供应系统和区域热水供应系统，各自有其特点和适用场景。

1）局部热水供应系统：供水范围小，热水分散制备，通过小型加热设备供应一个或几个配水点。优点是热水管路较短，热损失较少。其适用于对热水要求不高、用水点少且分散的建筑和车间。

2）集中热水供应系统：供水范围大，热水集中制备，通过管道输送到各配水点。通常在建筑内设有专用锅炉房或热交换器，将水集中加热后，通过热水管道将水输送到一幢或几幢建筑。优点是加热设备集中，便于管理；缺点是设备系统复杂，建设投资较高，管路热损失较大。其适用于热水用量大、用水点多且分布较集中的建筑。

3）区域热水供应系统：水在热电厂、区域锅炉房或区域热交换站加热，通过室外热水管网输送至各类建筑中。优点是便于集中统一维护管理，有利于热能综合利用，并且能消除分散的小型锅炉房，减少环境污染；缺点是设备和系统复杂，需要大规模基建投资，敷设室外管道。其适用于需要集中供热水的区域和大型工业企业。

（2）热水系统组成

建筑内热水供应系统包括加热设备、管网和附属设备。加热设备可以是锅炉、燃气热水器、电加热器、太阳能集热器等直接加热设备，也可以是更大的管网中的换热设备。换热设备中，热源的媒介可以是热水、蒸汽或其他高温流体。由于多数热源对水的硬度有特定要求，通常需要对水进行软化处理。此外，通过将换热设备的热源媒介与用水端分离，可以减少需要处理的水量。

图 3-3 为以锅炉为热源的全循环的热水供应系统，包括热水配水管网和回水管网。加热到设计要求温度的热水从加热器出口通过配水管网送至各热水配水点，而加热器所需的冷水来源于高位水箱或给水管网。为了维持各热水配水点的水温，系统设计了同程布置的循环回水管路。这种设计使一定量的热水在配水管网和回水管网中循环流动，以补偿管网所散失的热量，从而避免热水温度下降。在立管、水平干管甚至配水支管上均设置有回水管。

热水循环系统中，除了要考虑热水水质外，还必须考虑温度变化引起的水体热胀冷缩对系统的影响。对于小型系统（图 3-3），可以通过安装安全阀来保证系统压力维持在安全范围内，许多锅炉设备通常自带安全阀。对于较大的系统，通常需设置连通大气的膨胀管或水箱，以吸纳水体的热胀冷缩，这种系统称为开式系统。闭式系统不与大气直接联通，而是通过使用膨胀管或膨胀罐（箱）来吸纳水体热胀冷缩，属于承压系统。闭式热水系统水质不易受外界污染，但其供水水压稳定性和安全可靠性不如开式系统。

一些使用蒸汽的热水系统并不回收冷凝水。虽然蒸汽冷凝成液体释放的热量远大于冷凝水因温降所释放的热值，不回收冷凝水造成的热损失占比并不会很大，但在水质硬度较高的地区会增加锅炉补水量及水质处理费用。此外，这类系统伴有较大的噪声，因此，这类系统仅适用于蒸汽热媒合格且对噪声无严格要求的场所，如公共浴室、洗衣房、工矿企业等。对于要求供水稳定、安全且噪声低的旅馆、住宅、医院、办公楼等建筑，通常采用冷凝水回收系统。

（3）热水循环

对于离热源较远、使用不频繁的用水设备，用水时需要放一段冷水才会有热水，这不仅增加等待时间，还会造成水的浪费。这种无循环的热水供水方式仅用于小型的、用水时间集中或使用要求不高的定时热水供应系统，如公共浴室、洗衣房等。对于其他热水供应系统，需要通过设置管网循环，使得循环管网内的水温保持在设计值。根据热水管网设置循环管网的方式不同，有全循环和半循环热水供水方式。

全循环热水供水方式是指热水干管、热水立管及热水支管均能保持热水的循环（图 3-3），各配水龙头随时打开均能提供符合设计水温要求的热水。该方式管材消耗多，应用于有特殊要求的高标准建筑中，如宾馆、饭店、住宅等。

半循环方式是只在供水立管或干管中设置循环（图 3-4），管内保持设计温度，打开配水龙头后只需放掉支管中少量的存水，就能获得规定水温的热水。该方式多用于设有全日供应热水的建筑和设有定时供应热水的高层建筑中。在系统较小或热水使用比较集中的场所，可以不设置循环，如图 3-4 所示。

热水循环系统中可以是设循环水泵的机械强制循环方式，也可以采用不设循环水泵而靠热动力差循环的自然循环方式，后者仅适用于小型系统。

应根据建筑物用途、热源的供给情况、热水用水量和卫生器具的布置情况进行技术和经济比较后确定热水供水方式。集中热水供应系统设置热水循环系统的目的是保证配水点出水水温和出水时间，提高用水体验和节水，但同时会带来管路热损失、泵耗增大以及管材用量增加。因此，

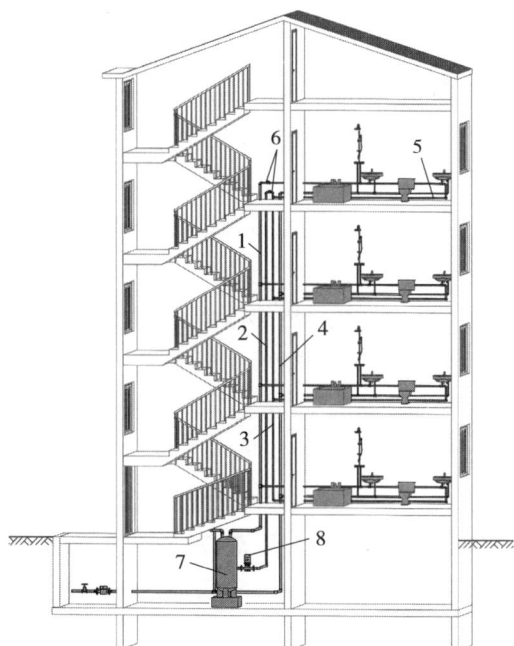

图 3-3　全循环的热水供应系统
1- 热水给水管；2- 回水立管；3- 同程管；4- 冷水管；
5- 回水支管；6- 排气阀；7- 锅炉；8- 循环水泵

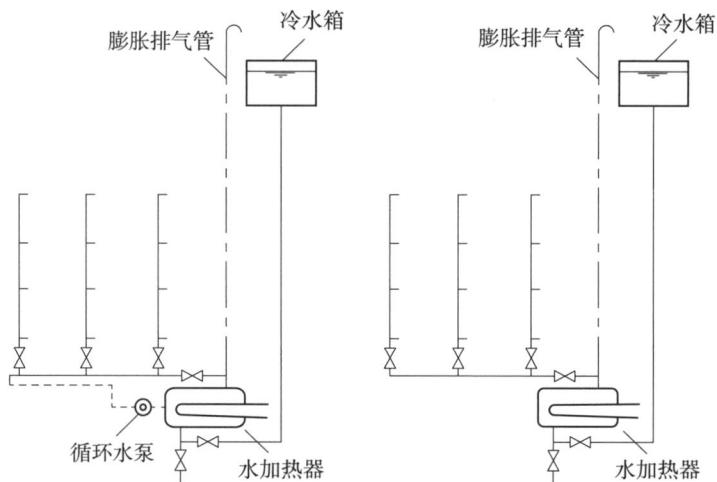

图 3-4 干管循环（左）和无循环（右）热水供应系统

集中热水供应系统的热水循环应合理布置循环管道，优化循环策略，尽量降低运行能耗。对于使用水温要求不高的非淋浴用水点，如厨房洗涤池，当用水点数量不超过3个且其热水供水管长度大于15m时，可不设置热水回水管。此外，蒸汽间接加热机械强制全循环干管下行上给的热水供水方式，适用于全天供热水的大型公共建筑或工业建筑。

（4）热水管道布置与敷设

建筑供水系统设计中，管道的布置需在满足供水要求的前提下，考虑管路简洁、易用、易维护以及室内美观。

热水管道的敷设与给水管道基本相同。上行下给系统的水平干管通常设于屋顶或顶板下或顶棚内，沿墙敷设。回水水平干管或设于一层的地沟内或设在地下室顶板下。下行上给的水平干管可设在地沟内或地下室，或设在专用的设备层内，供水管应设在回水管之上，热水管应在冷水管之上。

热水管应进行保温处理。热水管网必须考虑排气问题。水平管应有适当坡度（不小于0.003）并在最高点设置排气阀，以排出热水中的气体。而下行上给的热水系统可不设专门的排气阀，其气体可由热水龙头排出，为避免气体进入回水管，立管上的回水管应在最高点以下0.5m处接出。管网的最低处应设置泄水阀，便于排污或泄空。

热水管道的伸缩必须采取应对措施，否则将会产生巨大的应力破坏管道。管路的热胀冷缩问题可以通过设置管道自动补偿器来应对。在管道直线段上可设伸缩补偿器，或设π形弯。在热水立管与水平干管的连接处采用S形连接，以补偿立管的伸缩，如图3-5所示。

为防止热水倒流，应在加热器、贮水罐的进出口设阀门及止回阀。热水管穿楼板，应加套管，套管高出地面5cm，以免地面上积水下漏。

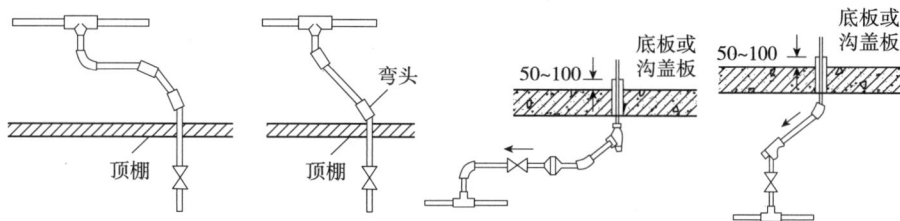

图 3-5 热水立管与水平干管的连接方式（单位：mm）

（5）管材、保温及其他附件

1）管材

由于热水管道中的水温较高，容易发生腐蚀和结垢，因此选择管材时，除了考虑耐热性外，还应重视其防腐蚀性能。交联聚乙烯管（PEX）和铝塑复合管具有良好的耐蚀性，内表面光滑不易结垢，可耐受 80℃ 的温度，且具备足够的耐压性能；对于要求较高的建筑可采用耐热性和抗腐蚀性较好的薄壁不锈钢管或铜管，使用寿命可达 20~40 年，但其造价较高。

2）保温

为减少热水系统的热损失，在加热设备、热水箱及配水管外应进行保温处理，保温材料应选传热系数小、耐腐蚀、不易燃、施工方便且价格低廉的材料。常用的保温材料有泡沫混凝土、膨胀珍珠岩、矿渣棉、玻璃棉等，近年来，现场浇筑的发泡高分子材料也越来越受到欢迎。

3）其他附件

其他附件包括但不限于排气阀、疏水器（用于排除蒸汽凝结水）和温度调节器（用于调节加热温度）等。

（6）常用加热设备

加热设备按是否具有储水功能，可分为容积式和即热式热水器两种。容积式热水器内贮存一定量的热水量，用以平衡热水供应和需求之间的波动，保证供水的均匀和稳定，其缺点是体积较大并可能存在二次污染，适用于对即热水需求不大的场合。而即热式热水器，不需要贮存热水，体积较小，减少了二次污染的可能，但加热功率通常比容积式热水器大，适用于对即时热水需求较高的场合。下面介绍四种常用的热水器。

1）电热水器

电热水器是通过电加热棒将电能直接转化为热能来加热水的设备，其主要部件为电加热棒和防止不锈钢材料氧化的阳极镁棒。

容积式电热水器的容积一般在 60~120L，电加热功率约 3kW，如图 3-6 所示。热水器的内胆（箱内壁）有多种材质，无氧紫铜的优点为耐压、耐腐蚀、延展及抗菌性好。不锈钢耐久性虽好，但存在氯离子腐蚀的风险。搪瓷

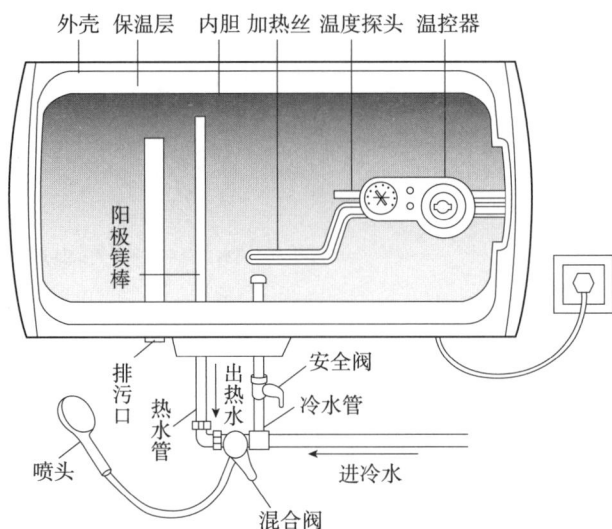

图 3-6 容积式电热水器

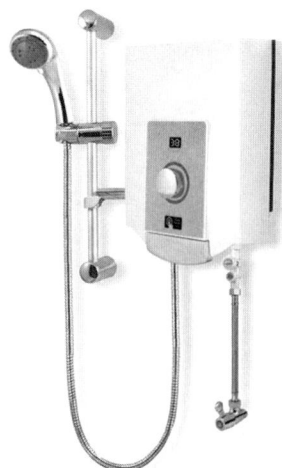

图 3-7 即热式电热水器

内胆是由普通钢板上涂烧上一层无机质陶釉制成的胆体，具有一定防腐蚀和耐压能力，但其寿命较前两种材质短。

即热式电热水器输出 40~43℃的热水，其功率比容积式的高很多，但占用空间小，设计造型多样，如图 3-7 所示。

2）燃油燃气热水锅炉

燃油锅炉曾多用于家庭热水系统。但随着天然气的普及，燃气锅炉因其高效和环保特性而逐渐取代了燃油锅炉，成为更普遍的选择。

燃气锅炉通常分为立式和壁挂式两种，立式锅炉功率较大，适用于热水需求量较大的场所，如商业建筑或大型住宅区。壁挂式燃气锅炉体积较小，功率一般在 18~35kW，适用于普通住宅和公寓。图 3-8 是立式燃气锅炉。图 3-9 是壁挂式燃气锅炉。

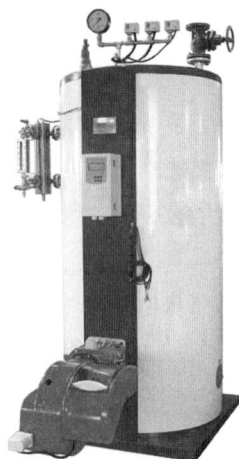

图 3-8 立式燃气锅炉

图 3-9 壁挂式燃气锅炉

燃气锅炉由燃烧器、排烟道、热水盘管以及控制器组成。燃烧器包括送风系统、点火系统、监测系统等，要求能在熄火状态下切断气路。安装燃气锅炉时需要考虑房间的通风和新风的补偿以及排气烟道的布置，一般禁止将其装设在浴室、卫生间等处。

3）热泵热水器

热泵是一种节能的技术，能通过消耗较少的能量，实现较大能量的转移。普通压缩式热泵热水器消耗电能，从低温环境获取能量以加热制取热水。从空气中获取热量的热泵热水器称空气能热水器，也称空气源热泵热水器，如图3-10所示。从土壤、地下水等获得热量的热泵热水器称为地源热泵热水器。

热泵热水器比电热水器的能效高。在夏天环境温度较高时，空气源热泵热水器可比电热水器效率高2~3倍，即便在冬天，也可以高出1~2倍，因此在制取相同热水量的情况下，空气源热泵热水器的配置功率要低很多。

空气源热泵热水器的特点是效率受制取水温和环境温度的影响较大。在冬天气温低时，效率下降明显。此外，随着热水水温增高，其效率也逐渐下降。在夏热冬冷地区，由于冬天湿度高，热泵运行还有除霜问题，导致供热能力进一步受到影响。在冬天供热能力下降的情况下，可以适当增加热泵工作时间，缓解供热和用热的不平衡。此外，还可增加功率来弥补冬天制热能力下降。

选用热泵热水器时要注意热水水温和热源温差不宜过大。即热式的热水器对水温要求较低，有利于热泵热水器工作效率提升。近几年，开始出现即热式的热泵热水器，图3-11是即热式空气源热泵热水器。

4）太阳能集热器

太阳能作为一种清洁且可再生的能源。在建筑热水供应系统中应用太阳

图 3-10　储热式空气源热泵热水器

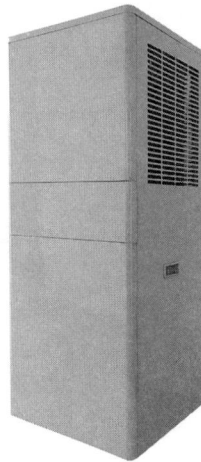

图 3-11　即热式空气源热泵热水器

能对降低碳排放有着重要意义。在我国，除了重庆、湖南等地区太阳能辐射较弱外，其他地区的太阳能资源普遍丰富，尤其是青藏高原、西北部、华北及内蒙古地区。

在低温（＜100℃）太阳能集热方面，我国建筑领域主要应用平板型和真空管型集热器两种产品。这两种集热器都不使用太阳能跟踪系统。如图3-12（a）所示，平板型集热器外观上与光伏板相似，但结构不同，主要由透明盖板、吸热板、隔热底层和外壳等部分组成，吸热板吸收太阳辐射能，并将热量传递给板内流动的工质，作为集热器的有用能量输出。平板型集热器的有效采光面大，但热损也相对较大。真空管集热器采用真空技术来降低吸热体的热损，如图3-12（b）所示，其在高温区的效率高于平板型集热器，但由于管间需有一定安装间距，有效采光面相对较小，低温时的集热效率低于平板型。近年来，市面上出现光伏光热板，如图3-12（c）所示，在吸热板的向阳面安装光伏发电组件。光伏板在发电的同时，吸收的多余热量由集热系统带走，理论上可获得更高的太阳能综合利用效率。但是，集热效率随吸热温度升高而降低，因此，光伏光热一体化系统在实际应用中对设计的要求较高。图3-12（d）是集热器的瞬时集热效率曲线，帮助了解不同温度下集热器的性能表现。

太阳能虽然是免费的，但是其利用受天气和时间的影响，不具备持续稳定供应的特性，且太阳能能源密度相对较低，需要配备较大的集热面积和

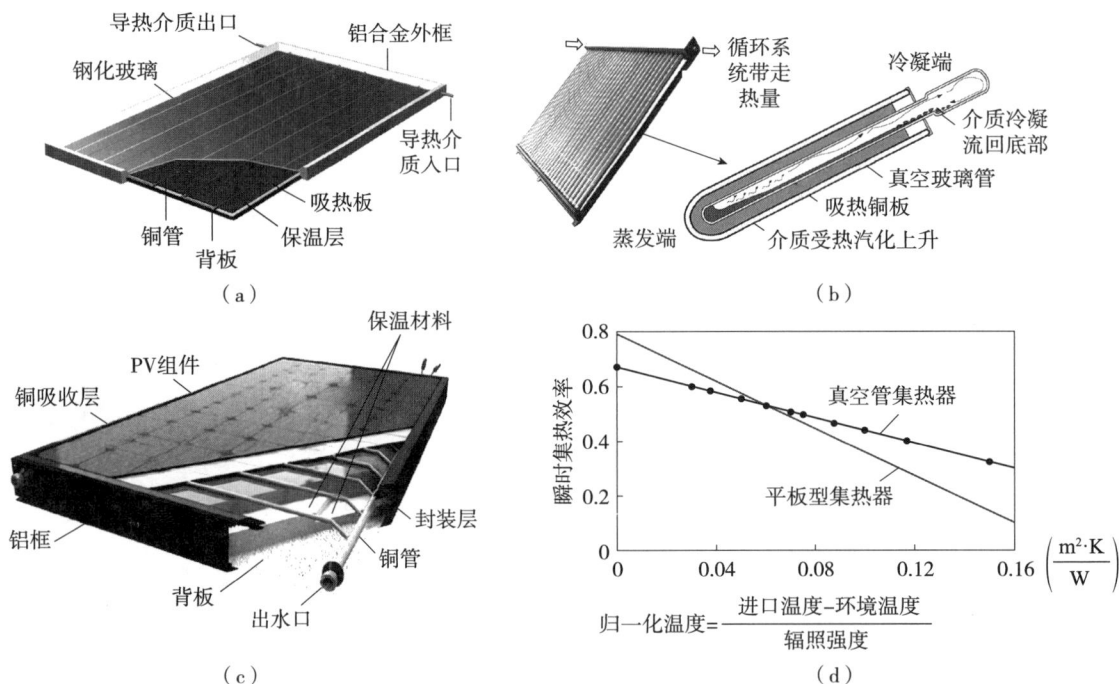

（a）

（b）

（c）

$$归一化温度=\frac{进口温度-环境温度}{辐照强度}$$

（d）

图3-12　三种集热器及集热板瞬时集热效率曲线
（a）平板型集热器；（b）（热管型）真空管集热器；（c）光伏光热板；（d）集热器瞬时集热效率曲线图

58

图 3-13　分散式太阳能热水系统

蓄热系统。由于需要较长的管路将太阳能热源引入室内，以及通常需要辅助加热系统，太阳能供热系统的总体造价较高，太阳能系统的安装对建筑的结构和设计有较高的要求，因此需要选择合适的系统应用形式，才能保证其经济性。

常见的自带蓄热水箱的屋顶太阳能热水器是一种分散式系统，成本相对较低，太阳能利用率较高，适用于对水质及建筑外观要求不高的场所。其在高层建筑中应用时，需要考虑低层用户因水路较长而产生的冷水浪费问题。这种情况下，可以考虑在阳台布置集热板的分散式太阳能热水系统，如图 3-13 所示，以减少管路长度和热损失。

图 3-14 是一种集中式太阳能热水系统，在建筑中统一布置集热板和储热系统，再配置辅热系统，代替热水锅炉。如果需要考虑计价收费，则要考虑安装热计量表。

图 3-15 是一种集中 - 分散式太阳能热水系统，与集中式系统相比，在用户端增加了一个热水箱，用户末端对系统取热不取水，用户只需额外承担

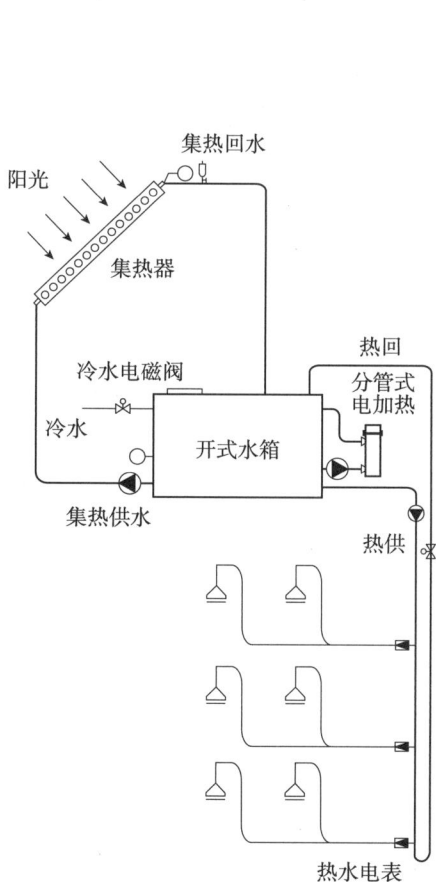

图 3-14　集中式太阳能热水系统

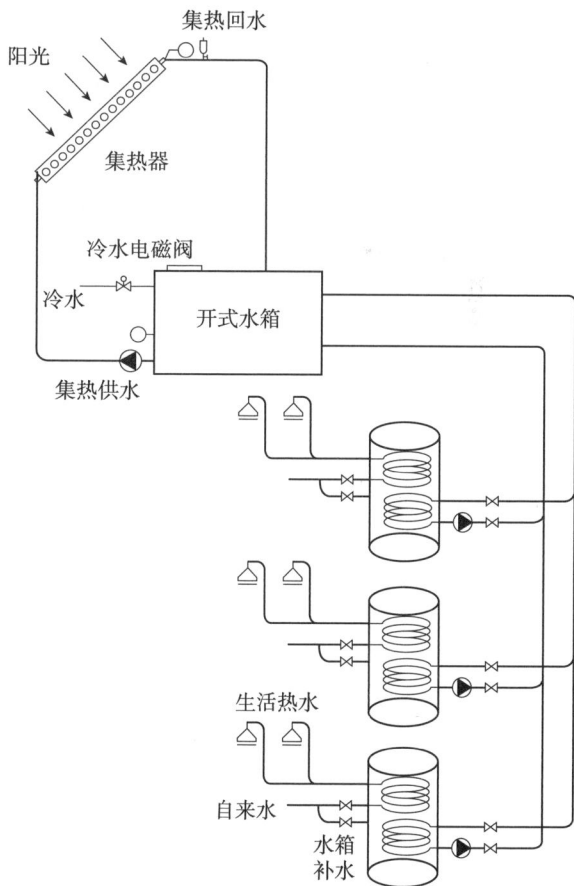

图 3-15　集中 - 分散式太阳能热水系统

比较有限的用于系统运行的公摊费用，其适合于城镇住宅。

集热器一般安装在屋顶或阳光照射充足的立面、阳台上。一般来说，集热器安装角度与当地纬度一致时，年平均集热率最高。但是，通常夏季太阳能过剩，而冬季不足，为提高冬季集热效率，通常取安装角度为当地纬度加10°。倾斜安装的集热板和坡屋面结合得较好。如果是平屋面，需要设置支架，使集热板倾斜安装。

太阳能集热系统直接加热生活热水，为直接系统，太阳能集热系统间接加热生活热水，为间接系统。使用间接系统的优点是生活热水与集热器分开，集热器可以使用防冻液，以防止冬天结冰破坏集热器。

5）热源选择

生活热水的能耗是建筑能耗的重要组成部分，因此，热水系统的热源选择应把节能放在重要位置。热水供应系统的热源需经过技术经济比较，按绿色、节能、经济的原则，并依据以下优先顺序进行选择：

①优先选用稳定、可靠的可再生的热源。因为生活热水要求每天稳定供应，如果选用不稳定的可再生热源，可增加一套较稳定的热源作为备用，但这势必增加投资，而且系统控制、运行管理都会变得更复杂。遇到这种情况，需要对项目的经济性和节能效果进行充分论证。

②在资源条件具备的地方，考虑余热、废热和地热等非传统热源的技术可行性。余热指工业余热、集中空调系统制冷机组排放的冷凝热和蒸汽凝结水热量等。工业余热包括来自热电厂冷却水、工厂的废气烟气、高温无毒废液等的废热。通过锅炉或换热器换热成蒸汽或高温热水作为集中热水供应系统的热源，给附近的生活区提供热水，变废为宝，达到能源梯级利用、节约资源的目的。

③在具备太阳能利用条件的地区，应考虑使用太阳能热水系统，根据建筑用水和用能的特点选用合适的技术和系统，并尽可能与建筑设计同时进行，后期同步施工和同步验收。比如，对于热水需求量大的酒店，可考虑集中式热水系统，而对于居住建筑，可考虑光伏光热一体化的集中分散式系统。在太阳能资源丰富的地区，可考虑较高的太阳能保证率，而对于太阳能资源可利用地区，可选用较低的太阳能保证率。

④在地热资源丰富且允许开发的地区，可将地热能作为热源或直接供给生活热水。地热能的利用应根据地热资源的温度高低，在梯级开发、综合利用的基础上，充分利用地热水的能量和水量，如利用地热发电后再用于供暖，地热水用于理疗或生活用水后再用于养殖业和农田灌溉等。同时，由于各地地质及地热生成条件的差异，地热的利用应根据当地地热水的水温、水质、水量和水压，采取相应的技术措施以使其满足使用需求。

⑤在夏热冬暖、夏热冬冷地区，可优先采用空气源热泵作为集中热水供

应系统的热源。空气源热泵热水系统结构相对简单，投资相对较低，并可以和太阳能热水系统联合供应热水。

3.1.3 热水计算

（1）热水耗热量

建筑热水耗热量 Q（kJ/d）按热水温度 T_h（℃）、冷水温度 T_c（℃）以及相应的设计用水量 M（kg/d）确定：

$$Q = CM（T_h-T_c）\tag{3-1}$$

式中　C——水的比热，取 4.19kJ/（kg·℃）。

热水量一般按使用人数和热水定额来确定，可查阅相应的规范。冷水温度一般取当地自来水年平均水温，热水水温通常按60℃计算。

（2）加热功率的确定

对于即热式热水器，加热功率需满足最大用水流量时的出水温度，其加热功率可按式（3-2）确定：

$$q = C\dot{m}（T_h-T_c）\tag{3-2}$$

式中　q——加热功率，kW；

$\dot{m}$——热水设计流量，kg/s。

容积式集热器的加热功率取决于补热量和加热的时间。

（3）储热容积的确定

卫生器具热水可以由冷热水混合获得，因此，热水箱的容积 V（L）取决于需要储存的热量 Q 和储热温度 T_m：

$$V = \frac{Q}{\rho（T_m-T_c）}\tag{3-3}$$

式中　ρ——储热介质密度，kg/L。

由式（3-3）可知，热水温度越高，所需热水质量越小，容积也越小；热水温度越低，所需热水质量越大，容积也越大。但是，由于热水温度越高，管网热损也越大，因此热水温度的选取需综合考虑卫生、安全和经济性等因素。冷水温度 T_c 可参考当地最冷月平均水温确定。

（4）集热面积的确定

太阳能集热面积的确定与太阳能承担的供热比率（太阳能保证率）有关，而供热比率的选择要考虑系统的经济性。一般可以根据热水箱容积粗略估算集热器总面积的推荐值，如表 3-1 所示。

每 100L 热水量的系统集热器总面积推荐值　　　　表 3-1

等级	太阳能条件	年日照时数（h）	水平面上年太阳辐照量 [MJ/（m²·a）]	地区	集热器总面积（m²）
I	资源极富区	3200~3300	≥ 6700	宁夏北、甘肃西、新疆东南、青海西、西藏西	1.2~1.4
II	资源丰富区	3000~3200	5400~6700	冀西北、京、津、晋北、内蒙古及宁夏南、甘肃中东、青海东、西藏南、新疆南	1.4~1.6
III	资源较富区	2200~3000	5000~5400	鲁、豫、冀东南、晋南、新疆北、吉林、辽宁、云南、陕北、甘肃东南、粤南	1.6~1.8
		1400~2200	4200~5000	湘、桂、赣、江、浙、沪、皖、鄂、闽北、粤北、陕南、黑龙江	1.8~2.0
IV	资源一般区	1000~1400	≤ 4200	川、黔、渝	2.0~2.2

3.2 饮水供应系统

3.2.1　饮水需求

（1）饮水水温

饮用水是人们日常生活中不可或缺的重要组成部分，包括开水、温水、饮用自来水及冷饮水等不同类型。每种饮用水都有其特定的设备标准和适用场景。

在我国，开水是日常生活中的常见饮用水，为保证卫生健康和满足饮茶的需求，开水的制备要求将水烧至 100℃，以确保水的安全性。

温水和饮用自来水通常直接来自自来水系统。国内一些饭店及宾馆中设有冷饮水系统，其水温一般为 10~30℃。

冷饮水主要用于工业企业作为夏季的劳保供应。水温视工作条件和性质而不同，高温重体力劳动通常为 14~18℃，重体力劳动为 10~14℃，轻体力劳动为 7~10℃。高级饭店、冷饮店一般提供 4.5~7℃的冷饮水。

（2）饮水水质

水质须满足相关饮用水水质标准。对于饮用冷水，为防止在贮存、运送过程中的二次污染，在接到饮水装置前还需进行必要的过滤及消毒处理。

（3）饮用水定额

根据建筑性质、工作条件和地区情况等，我国制定了饮用水定额标准及用水的时变化系数，具体可参考相关规范。

3.2.2 饮水供应方式

（1）开水供应方式

开水供应方式应根据建筑性质及使用要求来确定，可以是集中制备集中供应、集中制备管道输送，也可以是分散制备分散供应。不同的供应方式适用于不同的建筑环境和需求。

1）集中制备集中供应。在锅炉房或开水间，设立开水炉或沸水器，集中烧制开水。开水通过设置的取水龙头供用户集中取用，适用于小范围内的供水。

2）集中制备管道输送。锅炉房中集中烧制开水后，通过管道输送到各个饮水点。为保证水温，管道需要做好外保温，并设置循环管道系统以维持开水的恒温。

3）分散制备分散供应。在大型多层或高层建筑中，可以将热源（蒸汽、燃气或电力）送至各个开水制备点，分散制备和取用。这种方式使用方便，能有效保证开水温度，适合大型建筑。图3-16（a）为利用蒸汽制备开水的供水系统，蒸汽放热后凝结成水，流回锅炉房。此种供应开水系统能保持开水温度，便于泡茶及热饮料用，图3-16（b）为采用的开水器设备。

开水炉应装设温度计及声光信号设备，便于运行管理。若采用燃气作为热源，开水间还应有良好的通风设备，防止燃气泄漏。对于水质硬度较高的地区，可以在锅炉进水管上安装磁水器或电子除垢器，减少炉内结垢。定期排污可以去除沉积物，提高热效率。

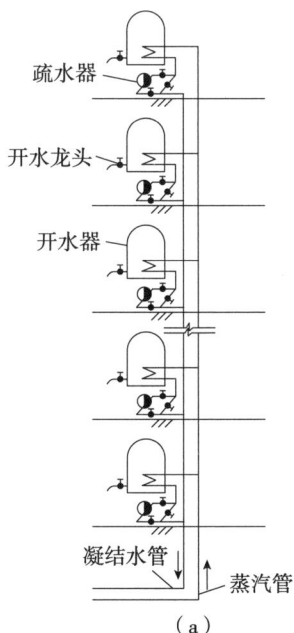

疏水器

开水龙头

开水器

凝结水管

蒸汽管

（a）　　　　（b）

图3-16　分散制备分散供应方式
（a）蒸汽制备开水供水系统；（b）开水器设备

（2）直饮水供应

冷饮水的供应是指提供水质合格的常温或低温的饮用水。冷饮水的水源一般采用自来水，如能保证水质不在输送途中污染，可以装设喷饮器，供饮用者取用，如公园、大型体育场等的喷饮水池，见图3-17。如果水质不能保证，须经过适当处理，如过滤或消毒等。在工厂等劳保地点供冷饮水时，还要经过冷冻，加入调味剂等处理。在重体力劳动和高温作业场所的冷饮水中，还应加入一定量的食盐，以补充劳动者由于出汗而失去的盐分。

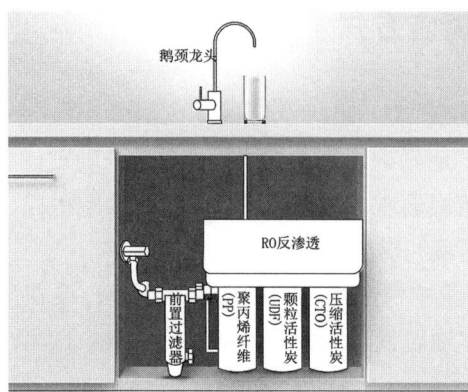

图 3-17　直饮 RO 净水机

延伸阅读

罗运俊，何梓年，王长贵. 太阳能利用技术 [M]. 北京：化学工业出版社，2009.

习题

1）热水供应系统设置热水循环的目的是什么？有什么原则？

2）热水供应系统中有哪些绿色热源和设备？分别有什么适用条件？

3）与生活给水管网相比，热水管网在布置上有什么不同？应注意哪些问题？

4）从卫生和使用角度考虑，热水供应系统有哪些安全问题？如何解决？

5）试述饮用水供应的方式，比较它们的优缺点。

第4章

消防给水系统

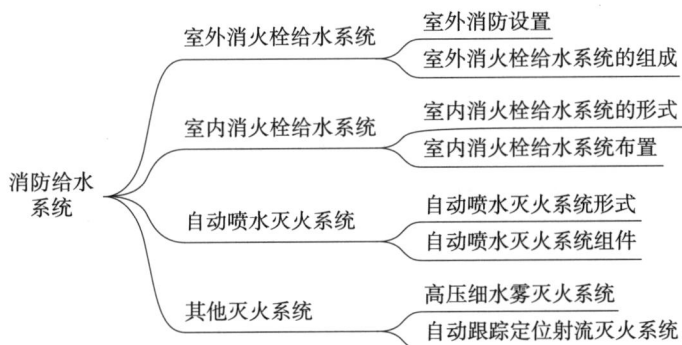

```
                              室外消火栓给水系统 ┬─ 室外消防设置
                                              └─ 室外消火栓给水系统的组成

                              室内消火栓给水系统 ┬─ 室内消火栓给水系统的形式
                                              └─ 室内消火栓给水系统布置
              消防给水
                系统
                              自动喷水灭火系统 ┬─ 自动喷水灭火系统形式
                                            └─ 自动喷水灭火系统组件

                              其他灭火系统 ┬─ 高压细水雾灭火系统
                                        └─ 自动跟踪定位射流灭火系统
```

第 4 章知识图谱

消防给水系统是为扑灭火灾而设计的给水系统，为建筑提供安全保护。水是理想的灭火介质，用水灭火仍然是当今主要的灭火手段。对于一些不适合水灭火的场所（如画廊、电气设备房或有遇水会发生化学反应的场所），可使用其他灭火方式，如气体灭火和干粉灭火等。

建筑消防系统可分为室外消防给水系统和室内消防给水系统。室外消防给水系统主要为室外消火栓给水系统，室内消防给水系统主要包含室内消火栓给水系统、自动喷水灭火系统及其他灭火系统。室外消防给水系统可以与生活、生产供水系统合用，而室内消防给水系统一般不与生产、生活给水系统合用，只有在特殊情况下，可以与生产、生活给水系统合用。

4.1 室外消火栓给水系统

4.1.1 室外消防设置

（1）室外消火栓设置

一般城市规划的道路两侧设置市政消火栓。市政消火栓属于城镇消防系统的一部分，用于满足道路两侧建筑物的消防需求。当建筑距离市政道路较远，超出市政消火栓的保护范围时，需要在建筑物周围设置室外消火栓。

室外消火栓是设置在建筑物外部的消防给水管网上的供水设施，是室外消防给水系统的一部分，用于消防车辆从市政给水管网或室外消防给水管网取水进行灭火。

（2）室外消火栓给水体制

室外消火栓一般采用湿式消火栓系统，管网始终保持充水。消防给水水压有三种体制，具体如下：

1）低压制给水

管网水压仅保证消防车辆或手提移动消防水泵等取水所需且从地面算起不应小于 0.10MPa 的工作压力。低压制给水系统的水压一般在 0.14MPa，经消防车辆提升后可以实现不低于 0.60MPa 的系统工作压力。城镇和小区消防管网与生活、生产给水管网共用的给水方式，就属于这种情况。

2）临时高压制给水

管网水压平时不能满足水灭火设施所需的工作压力和流量，当火灾发生时，能直接自动启动消防泵以达到灭火所需的工作压力和流量。临时高压给水系统在消防供水系统内设置消防泵，消防泵根据消防时的水压和水量需求来进行选择。

3）高压制给水

能始终保持满足水灭火设施所需的系统工作压力和流量，火灾时无需消防水泵直接加压。高压消防给水系统需要设置高位消防水池，以实现高压供水。消防水池较少设置在建筑物内，一般借助地形优势设置。相比低压制消防给水，高压制系统响应更快，消防供水更安全。

（3）消防用水量

消防用水量是建筑或构筑物的室外用水量与室内用水量之和。一起火灾灭火所需消防用水的设计流量应按建筑的室外消火栓系统、室内消火栓系统、自动喷水灭火系统、泡沫灭火系统、水喷雾灭火系统、固定消防炮灭火系统、固定冷却水系统等需要同时作用的各种水灭火系统的最大设计流量之和确定。当有多种灭火系统同时作用时，一起火灾灭火用水总量 $Q(\text{m}^3)$ 按式（4-1）计算：

$$Q = 3.6 \times (q_1t_1+q_2t_2+\cdots+q_nt_n) \tag{4-1}$$

式中　　q_n——第 n 种水灭火系统的设计流量，L/s；

　　　　t_n——第 n 种水灭火系统的火灾延续时间，h。

火灾延续时间是水灭火设施达到设计流量后的供水时间，除了高层建筑中的商业楼、展览楼、综合楼，以及建筑高度大于 50m 的财贸金融楼、图书馆、书库、重要的档案馆、科研楼和高级宾馆的火灾延续时间为 3h 外，其他公共建筑和住宅按 2h 计算。

当一个系统用于防护多个建筑、构筑物或防护区时，需要分别计算每个防护对象或防护区的消防用水量，并选择其中的最大值作为消防系统的用水量。

如果一个防护对象或防护区拥有多个自动灭火系统（例如自动喷水灭火、水喷雾灭火、自动消防水炮灭火等），那么该防护对象或防护区的自动灭火系统的用水量应根据其中用水量最大的系统来确定。

4.1.2　室外消火栓给水系统的组成

室外消火栓系统一般由消防水源、消防管网、室外消火栓和水泵接合器组成。

（1）消防水源

城镇与小区的消防用水可以通过城镇给水管网直接供应，也可以利用就近的地表水或地下水等自然水源，确保在枯水期水量仍有保证的情况下供应消防用水。此外，雨水清水池、中水清水池、水景和游泳池均可用作消防水源。

为满足火灾延续时间内的消防用水需求，消防贮水量应得到充分考虑。对于城市避难场所，消防水池的贮水容量一般要求不小于 200m³。当消防水池与生活用水和生产用水合用时，应采取措施确保消防水量在平时不被动用。消防水池容积除了包括消防贮水量外，还应考虑生活和生产的调节水量。

（2）消防管网

室外消防管网可与生活和生产供水管网共用。在中小城镇和城市居住小区或企事业单位中，通常采用生活和消防共用的管网给水系统。而在大中城市，生活、消防和生产通常共用同一管网给水系统。当需要单独设置消防管网时，消防系统常采用高压或临时高压制供水措施。

为确保供水的安全性和可靠性，设置消防管网时需要考虑以下几点：

1）优先选择环状布置的管网，在建设初期或室外消防用水量小于15L/s时，可以考虑成本较低但可靠性较差的枝状管网布置。

2）在环状管网中，至少设置两条或两条以上的输水干管。这样，即使其中一条干管发生故障，其余的干管仍能满足输送消防用水的要求。

3）为避免消火栓事故或在检修时保证供水安全，环状管道上应设阀门，将管道划分成若干独立的管段，每段管段内的消火栓数量不宜超过5个。室外消防管道的最小管径不应小于100mm，以确保足够的供水量和压力来满足消防需求。

（3）室外消火栓

室外消火栓是用于消防车取水或连接消防龙带和水枪扑灭火灾的设备。它包括地上式和地下式两类，如图4-1所示。在冬天气温低的东北、内蒙古等严寒地区，为防止地上式消火栓内部结冰，需要采取干式系统。这种系统，配水管网平时不充水，只有火灾发生时才向配水管网充水。

某些场所的干式系统常采用消防水鹤，如图4-2所示。消防水鹤外观似鹤，管径较大，流量较大。一般消火栓的用水量为10~15L/s，而消防水鹤的出水量可达30L/s，能够快速且连续地供水，在灭火抢险救援中有很大的优势。

对于市政消火栓保护半径150m内的小区或建筑群，且消防用水量不超过15L/s的情况，可不另设室外消火栓。

（a）　　　　　　（b）

图4-1　室外消火栓
（a）地上式；（b）地下式

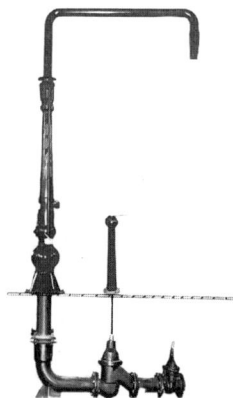

图4-2　消防水鹤

4.2.1 室内消火栓给水系统的形式

（1）室内消火栓给水系统的设置

需设置室内消火栓的建筑或场所如下：

①建筑占地面积大于 300m² 的厂房和仓库；

②高层公共建筑和建筑高度大于 21m 的住宅建筑；

③体积大于 5000m³ 的车站、码头、机场的候车（船、机）建筑、展览建筑、商店建筑、旅馆建筑、医疗建筑和图书馆建筑等单、多层建筑；

④特等、甲等剧场，超过 800 个座位的其他等级的剧场和电影院等以及超过 1200 个座位的礼堂、体育馆等单、多层建筑；

⑤建筑高度大于 15m 或体积大于 10000m³ 的办公建筑、教学建筑和其他单、多层民用建筑；

⑥国家级文物保护单位的重点砖木或木结构的古建筑，宜设置室内消火栓系统。

（2）室内消火栓给水系统的组成

室内消火栓给水系统一般由水枪、水龙带、消火栓、消防管网和消防水源等组成，此外，还常设置水泵接合器、消防水泵、水箱和消防水池，如图 4-3 所示。

1）消火栓、水龙带和水枪

消火栓、水龙带和水枪通常放置在一个消火栓箱中，如图 4-4 所示。消火栓俗称消防龙头，它是一个带有水龙带接口的阀门，其栓口直径一般为 65mm。水龙带的长度一般不超过 25m，一端可连接消火栓出口，

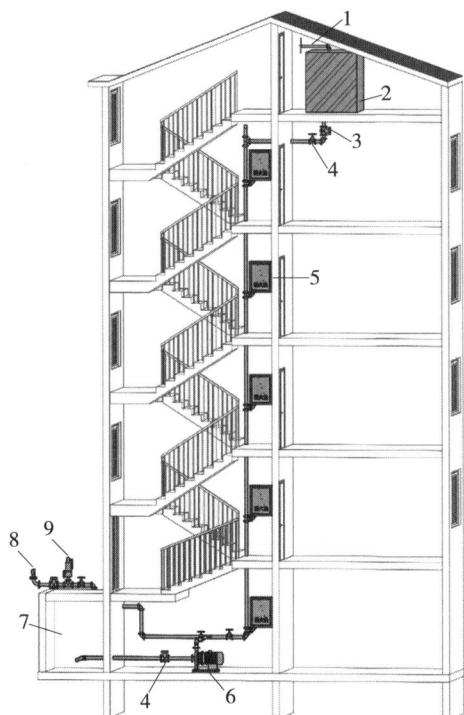

图 4-3 室内消火栓给水系统
1-通气管；2-消防水箱；3-止回阀；4-闸阀；
5-消火栓；6-消防水泵；7-消防水池；
8-水泵接合器；9-安全阀

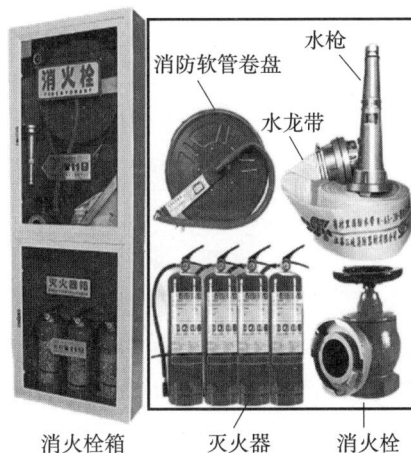

图 4-4 常用消火栓箱配置

另一端则连接水枪。水枪具有锥形喷嘴，喷口直径通常在 11~19mm。对于临时高压消防给水系统，每个消火栓箱内设置了消防报警按钮，可手动将火灾信号传递给消防控制室。

2）消防软管卷盘

消火栓箱有时还会配置消防软管卷盘或轻便水龙带以及灭火器。消防软管卷盘也被称为消防水喉，一般由盘卷、软管和铜枪头组成，其水流量较小，使用简单，单人即可操作，适用于非专业消防人员在火灾初期进行灭火或用于小型火灾灭火。

消防软管卷盘的栓口直径一般为 25mm，水枪直径为 6mm。它的工作水压为 0.8~4.0MPa，软管口径为 19mm，有 20m、25m、30m 三种长度。有效射程为 6~17m，流量为 24~120kg/min。

人员密集的公共建筑、建筑高度超过 100m 的建筑以及建筑面积大于 200m² 的商业服务场所内，应设置消防软管卷盘或轻便消防水龙。对于高层住宅建筑，室内通常要配置轻便消防水龙。

3）消防水池

当消防水源到建筑的消防供水水量不满足消防水量的需求时，需要设置消防水池，以便消防水泵直接取水。下列情况下需设消防水池：

①当生产、生活用水量达到最大时，市政给水管网或入户引入管不能满足室内、室外消防给水设计流量；

②当采用一路消防供水或只有一条入户引入管，且室外消火栓设计流量大于 20L/s 或建筑高度大于 50m；

③市政消防给水设计流量小于建筑室内外消防给水设计流量。

室内消防水池的容积应满足室内火灾延续时间内的消防用水量的要求。消防水池容积 V（m³）可按式（4-2）计算：

$$V = 3.6 \times (q_x - q_p) t \qquad (4-2)$$

式中　q_x——室内消防用水量，L/s；

　　　q_p——室外管网在消防时能连续补充的流量，L/s；

　　　t——火灾延续时间，h。

消防水池的进水管管径应根据水池补水时的流量和管内水流速度来选定，一般给水管的平均流速不宜大于 1.5m/s，补水时间不宜超过 48h。

室内消防水池与生活或生产用水的调节池共用时，需要采取措施确保消防用水不被动用。有三种做法：一是将生产水泵的吸水管的标高抬高到消防水位以上；二是在水池中设矮墙，用来挡住消防水量，使其无法被正常使用；三是在生产泵吸水管上，位于消防水位上方，开设一个直径为 10~15mm 的真空破坏孔，如图 4-5 所示。此外，消防水池还应配备进水管、溢流管和排空管，并在进水管上设置水位控制阀。这些设施可以确保消防水池的水位

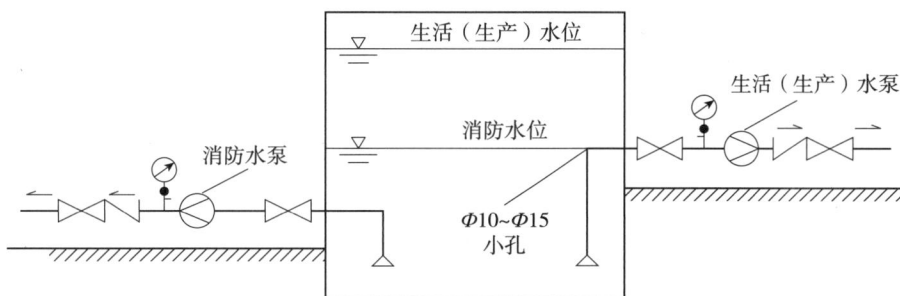

图 4-5　保证不动用消防用水的措施

得以控制和调节。

对于采用高压制给水的消防给水系统，常设高位消防水池。高位消防水池的最低有效水位应能满足其所服务的水灭火设施所需的工作压力和流量。除了能够直接供水给消防设施的建筑物外，供水给高位消防水池的给水管道应不少于两条，以确保供水的可靠性。

4）消防水箱

对于临时高压消防给水管网，在火灾初期消防系统中的消防泵不能及时启动，一般通过设置高位消防水箱来实现供水。消防水箱的作用就是满足初期火灾消防用水的要求。临时高压消防给水系统的高位消防水箱有效容积与建筑类型、建筑高度、建筑面积等有关，一般为 $6 \sim 100 m^3$。

高位消防水箱的设置位置应高于其所服务的水灭火设施，且最低有效水位应满足水灭火设施最不利点处的静压力，一般不低于 0.15MPa。当高位消防水箱无法满足所需静压要求时，应考虑设置稳压泵。

高位消防水箱的设置原则与生活水箱一致。

当消防水箱与生活、生产水箱合用时，其容积应包含生活、生产的调节容积。合用的水箱进水管与出水管分设在水箱两侧，进水管上应设水位控制阀，水箱上的消防出水管上应设止回阀，以防止消防水在消防泵启动后进入水箱。消防管道与生活、生产供水管应分设，消防泵直接向消防管道供水，而不向合用水箱的进水管供水。

5）水泵接合器

水泵接合器是消防车向建筑内消防给水管网输水的接口设备。建筑发生火灾时，室内消防水量供给不足或消防泵发生故障，造成室内消防供水困难时，需要使用消防车从室外消火栓或从室外贮水池取水，并通过水泵接合器向室内供水。根据消火栓技术规范的要求，一些建筑必须设置水泵接合器。例如自动喷水灭火系统、固定消防炮灭火系统和高层民用建筑的室内消火栓系统等均需设置水泵接合器。

图 4-6 为消防水泵接合器，其出口的公称通径有 100mm 和 150mm 两种规格。一座建筑所需水泵接合器的数量应按室内消防

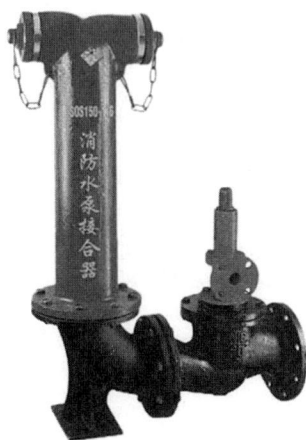

图 4-6　消防水泵接合器

用水量和水泵接合器的过水能力计算确定。一般单个消防水泵接合器的给水流量为 10~15L/s。

（3）室内消火栓给水方式

室内消火栓给水系统按照室内所需水压水量与室外管网能提供的水压水量的关系，可以分为不同的给水方式。

1）室外管网直接供水

室外管网在最大用水量发生时仍能满足室内消防所需的水压与水量的要求时，可采用由室外管网直接供水的方式，既不设水箱也不设水泵加压。当城镇供水管网的压力达到 0.3~0.4MPa，对于只供二层及以下的建筑，可以实现高压制给水系统。

2）设水泵、水箱和气压罐

在某些情况下，室外管网不能满足室内消防水压要求，但可满足水量要求。为解决这个问题，通常采用水泵和水箱的供水方式，如图 4-7 所示。消防水泵从市政管网抽水加压，以满足压力要求。如果室外管网不允许消防泵直接抽水，那么需要设消防水池。消防水箱通常设在建筑物顶层，称为高位消防水箱，用于贮存火灾初期的灭火用水。

当高位消防水箱可满足建筑物下部的压力和流量，但不满足建筑物上部的压力和流量时，需另设增压设施，以满足建筑上部消防供水要求。如图 4-8 所示为一个由高位消防水箱、稳压泵和气压罐组成的稳压系统。

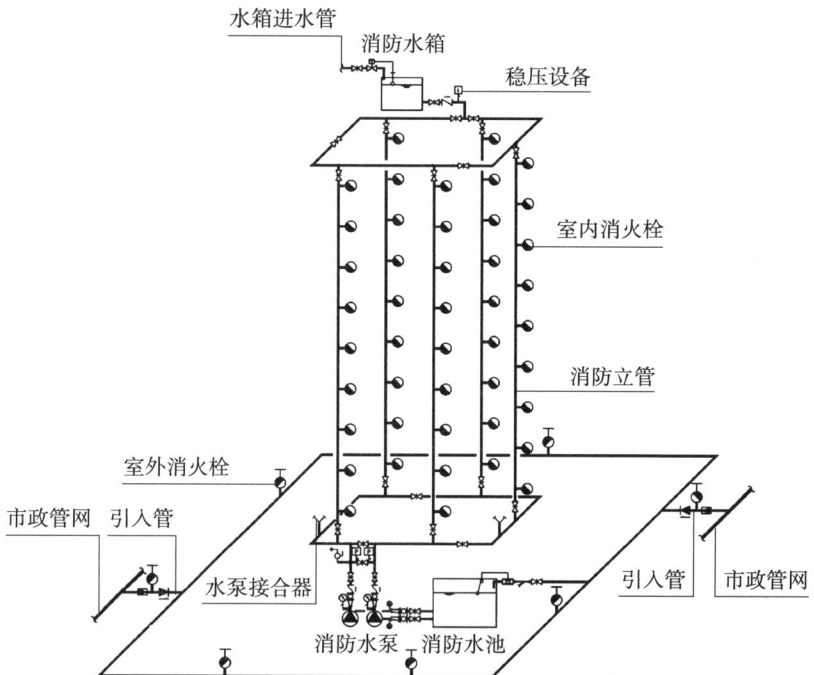

图 4-7　设水箱和水泵的消火栓给水系统

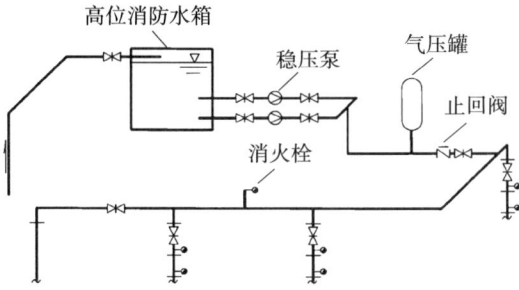

图 4-8 屋顶稳压系统

3）分区减压供水

高层建筑应根据管网最大静压的限制进行相应分区。当消火栓栓口的静压力大于1.0MPa，以及消防水泵工作时产生的系统工作压力大于2.4MPa时，应进行分区供水。底层可采用设水池、水泵及水箱或减压阀减压分区供水方式，而其上部则可以采用设水池、水泵临时加压或高位消防水池直接重力供水方式，如图4-9和图4-10所示。每个分区内的压差不超过100m。

消火栓出水时会产生反作用力，为了保证消防人员能持稳消防水枪，一般要求消火栓出水动压不应高于0.7MPa且不宜高于0.5MPa，如果超过0.7MPa应设减压装置。

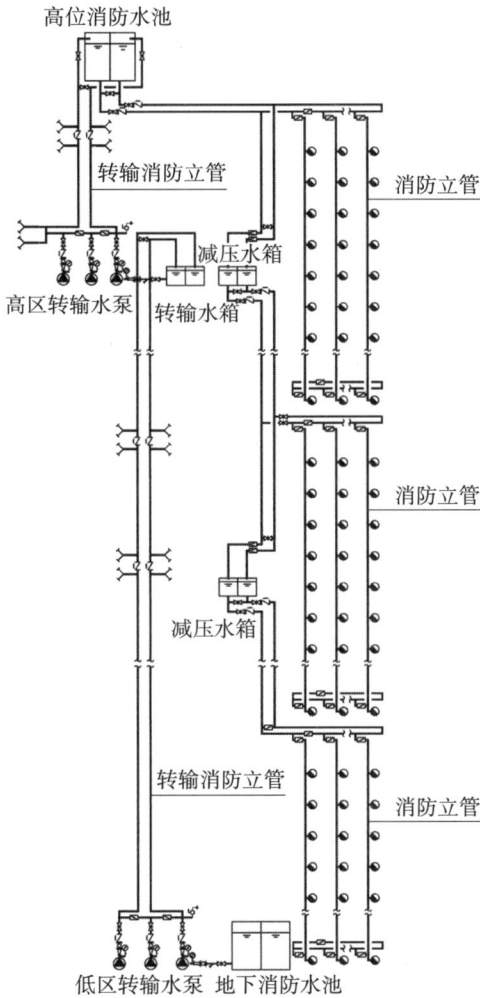

图 4-9 采用减压水箱消防分区系统原理图

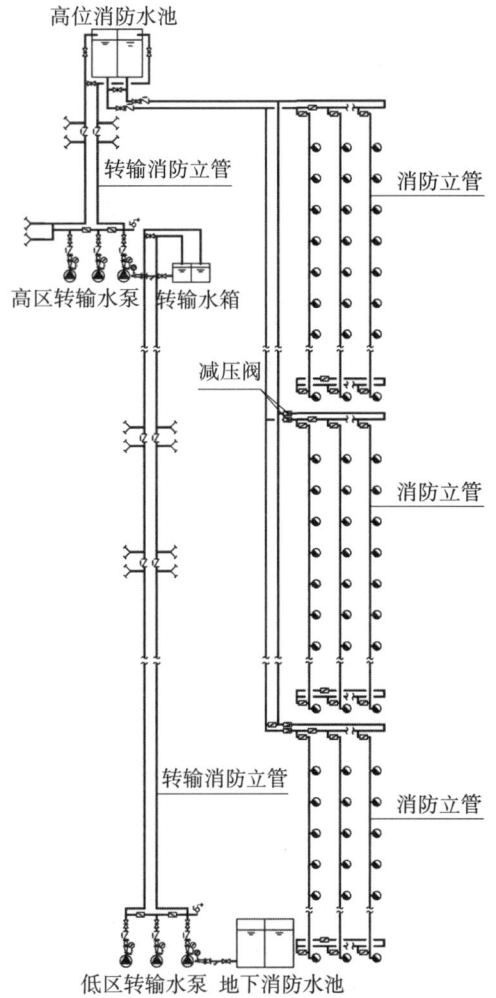

图 4-10 采用减压阀消防分区系统原理图

4.2.2 室内消火栓给水系统布置

（1）消防泵房布置

消防水池和消防泵一般设置在地下室，如图 4-11 所示。除了消火栓加压泵外，自动喷水灭火加压泵也布置在消防泵房。消防泵从吸水槽吸水，吸水槽和消防水池联通。吸水槽有时用吸水管代替。消防泵房设置应符合下列规定：

①独立建造的消防泵房耐火等级不应低于二级；

②附设在建筑物内的消防泵房，不应设置在地下三层及以下或室内地面与室外出入口地坪高差大于 10m 的地下楼层；

③附设在建筑物内的消防泵房，应采用耐火极限不低于 2.0h 的隔墙和 1.5h 的楼板与其他部位隔开，其疏散门应直通安全出口，且开向疏散走道的门应采用甲级防火门。

（2）给水管网布置

除当室外消火栓设计流量不大于 20L/s，且室内消火栓不超过 10 个时，室内消火栓管网可布置成枝状外，其余场合室内消防管网应设置成环网，并有至少两条进水管，且每一条进水管均能满足全部用水量的供给。

竖管在建筑平面上布置的位置应靠近消火栓，其管径的确定应按最不利点的消火栓的出水流量和允许的管内流速来确定，但不应小于 100mm，竖管可明装，也可暗装。

室内消防给水管道上应设阀门将给水管道分成若干段。要求检修时关闭停用的立管不超过 1 条，当立管超过 4 根时可关闭不相邻的 2 根。

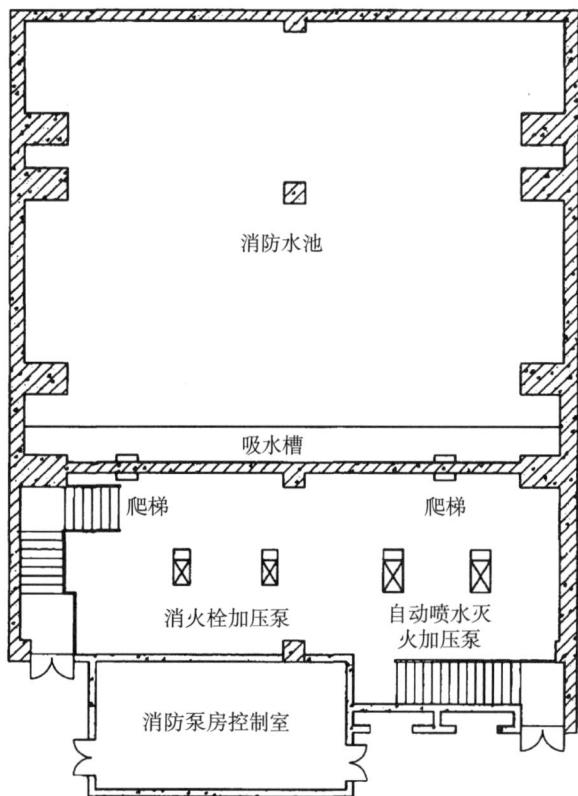

图 4-11 消防泵房布置示意图（建筑地下室）

（3）消火栓的布置

消火栓应设置在楼梯间及其休息平台和前室、走道等易于取用，以及便于火灾扑救的位置；同一楼梯间及其附近不同层设置的消火栓，其平面位置宜相同；汽车库内消火栓的设置不应影响汽车的通行和车位的设置，并应确保消火栓的开启；冷

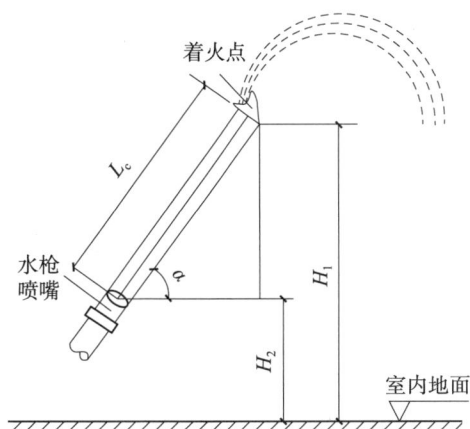

图 4-12 水枪的充实水柱计算示意图

库的室内消火栓应设置在常温穿堂或楼梯间内。建筑室内消火栓栓口的安装高度应便于消防水龙带的连接和使用，其距地面高度宜为 1.1m；其出水方向应便于消防水带的敷设，并宜与设置消火栓的墙面成 90° 角或向下。在设置消火栓的建筑中，应在屋顶或水力最不利处装有带压力表的试验消火栓。

一般建筑的室内消火栓布置只需满足 1 支消防水枪的 1 股充实水柱到达室内任何部位即可，但也有一些建筑物和场所要求同一平面有 2 支消防水枪的 2 股充实水柱同时达到任何部位，具体参考相关规范。

1）水枪的充实水柱

充实水柱是指水枪射出的水流中，保持紧密而未发散的一段流束的长度，它在直径为 26~38mm 的圆断面上仍保留全部消防水量的 75%~90%，这段水柱具有最好的扑火能力，如图 4-12 所示。

为防止火焰灼伤消防人员，要求消防人员与着火点有适当距离，并且要求有一定长度的充实水柱。所需充实水柱长度（L_c）、室内最高着火点离地面高度（H_1）、水柱离地面高度（H_2，一般为 1m）、水枪上倾角（α，一般为 45°，最大不超过 60°）的关系式为：

$$L_c = \frac{H_1 - H_2}{\sin\alpha} \qquad (4-3)$$

高层建筑、厂房、库房和室内净空高度超过 8m 的民用建筑等场所，消火栓栓口的动压不应小于 0.35MPa，且消防水枪的充实水柱应不小于 13m；其他场所，消火栓栓口动压不应小于 0.25MPa，且消防水枪的充实水柱不应小于 10m。

2）室内消火栓的保护半径

消火栓喷出的充实水柱必须到达建筑物的任何位置。消火栓的保护半径（R）取决于水龙带长度（L_d）和水枪充实水柱长度（L_c），按式（4-4）计算：

$$R = KL_d + L_c \times \cos\alpha \qquad (4-4)$$

式中 K——水龙带折减系数，一般取 0.8~0.9。

3）室内消火栓的间距

室内消火栓的间距按步行距离小于等于消火栓保护半径设置。

4）消火栓水力计算

消火栓水力计算包括水枪喷口所需水压、水龙带水头损失及消火栓栓口所需水压。

消火栓栓口所需水压（H_{xh}）计算公式为：

$$H_{xh} = h_d + h_n \tag{4-5}$$

式中　h_d——水龙带的水头损失（以水头计），m；

　　　h_n——水枪喷口所需水压（以水头计），m。

水枪喷口所需压力与充实水柱长度及喷嘴的口径有关。水龙带水头损失与其阻力系数、长度、流量有关。

前述消火栓给水系统一般需要人为操作来实现消火栓出水灭火，而自动喷水灭火系统可以实现自动出水，更能及时有效地将火灾控制在初始阶段，更能有效地保护人身、财产以及建筑物的安全。

自动喷水灭火系统应设在人员密集、不易疏散、外部增援灭火与救生较困难、建筑物重要以及火灾危险性较大的场所。

4.3.1　自动喷水灭火系统形式

自动喷水灭火系统根据组成构件、工作原理及用途可分成闭式自动喷水灭火系统和开式自动喷水灭火系统。闭式自动喷水灭火系统又分为湿式自动喷水灭火系统、干式自动喷水灭火系统、预作用自动喷水灭火系统。开式自动喷水灭火系统主要分为雨淋喷水灭火系统、水幕系统和水喷雾灭火系统。

湿式自动喷水灭火系统的管道内充满水，出水快。干式自动喷水灭火系统管道内不充水，出水没有湿式的快，但可以避免管道内因为环境温度过低发生水结冰或过高引起水气化的风险。湿式自动喷水灭火系统适用于常年温度不低于 4℃ 且不高于 70℃ 的场所。各类型系统具体特点如下：

（1）湿式自动喷水灭火系统
1）系统组成

湿式自动喷水灭火系统由闭式喷头、喷水管网、供水管网、湿式报警阀组（包括延迟器、水力警铃）、探测器和加压装置等组成，见图 4-13。

2）系统特征

湿式自动喷水灭火系统在准备状态下，喷水管网内充满消防水。当发生火灾且温度高到额定值时，闭式喷头上的感温元件被激活，使喷头打开，从而实现喷水灭火。在喷头喷水后，喷水管网水压下降，此时供水管网中的水压顶开报警阀阀芯，开始向喷水管网供水。

在此情况下，原先被报警阀芯盖住的信号管口也开始进水。水流经延迟器和压力继电器后流向水力警铃，触发报警。当压力继电器受水流压力影响

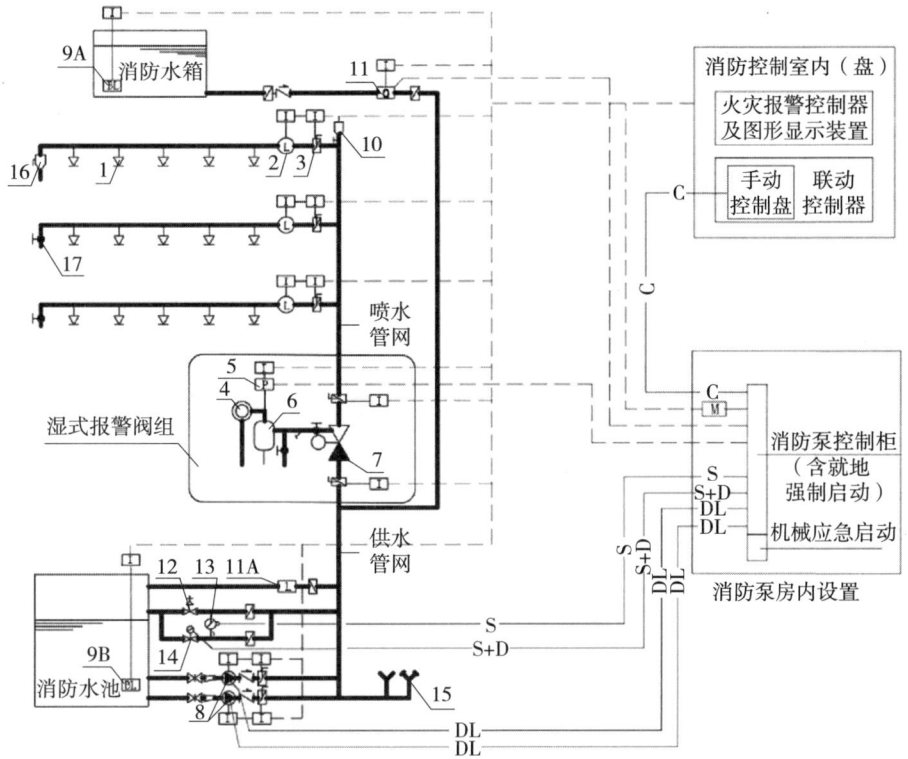

图 4-13　湿式自动喷水灭火系统

注：C– 手动控制线；S– 信号线；S+D– 信号线及电源线；DL– 动力线；Ⓜ–模块箱；1- 闭式喷头；2- 水流指示器；3- 信号阀；4- 水力警铃；5- 压力开关；6- 延迟器；7- 湿式报警阀；8- 消防泵；9A/9B- 液位传感器；10- 自动排气阀；11- 流量开关；11A- 流量检测装置；12- 泄压阀；13- 电接点压力表；14- 电动超压泄水阀；15- 水泵接合器；16- 末端试水装置；17- 试水阀

后，立即向控制中心发出信号，通过控制中心的控制启动消防泵。与此同时装在管网上的水流指示器也感知水的流动并产生报警信号。现场的控制器和人工报警装置也能向控制中心发送报警信号，并启动自动喷淋水泵。

（2）干式自动喷水灭火系统

1）系统组成

干式自动喷水灭火系统由闭式喷头、喷水管网、供水管网、干式报警阀组、充气装置、水流指示器、消防水加压装置等组成，见图 4-14。

2）系统特征

准备状态时，干式自动喷水灭火系统的喷水管网中没有水，而是充满有压气体，并只在报警阀前的供水管网中充满有压的消防水。报警阀的阀芯是水气隔离部件。当火灾发生时，现场温度升高并达到额定值时，破坏闭式喷头，释放喷水管内的压缩气体，喷水管网气压降低，使得干式报警阀芯两侧的压力失去平衡，消防水进入喷水管网，经喷头喷水灭火。对于容量较大的干式喷水管网，在火灾发生时为了加快管网内压缩气体的排放速度，常增

77

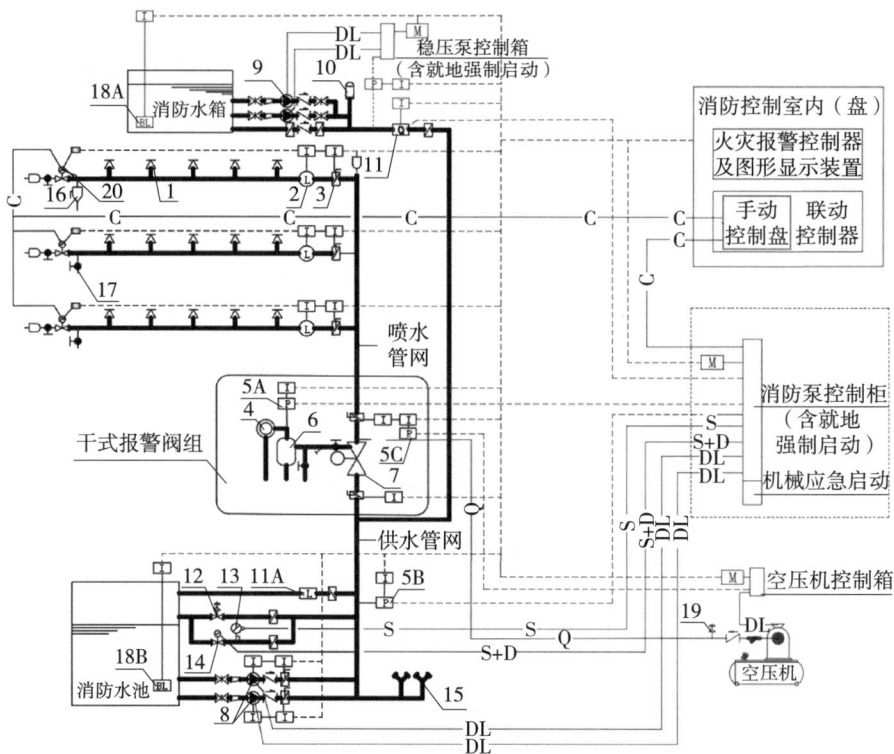

图 4-14 干式自动喷水灭火系统

注：C- 手动控制线；S- 信号线；S+D- 信号线及电源线；DL- 动力线；Q- 压缩空气管道；Ⓜ- 模块箱；
1- 闭式喷头；2- 水流指示器；3- 信号阀；4- 水力警铃；5A/5B/5C- 压力开关；6- 延迟器；
7- 干式报警阀；8- 消防泵；9- 消防稳压泵；10- 消防气压罐；11- 流量开关；11A- 流量检测装置；
12- 持压泄压阀；13- 电接点压力表；14- 电动超压泄水阀；15- 水泵接合器；
16- 末端试水装置（含压力表）；17- 试水阀；18A/18B- 液位传感器；19- 安全阀；20- 电动阀

设排气加速器，以加速系统内的气体排放。与湿式系统类似，报警阀阀芯浮起后，原先被压在阀芯下的信号管开始进水，进而推动压力继电器和水力警铃，压力继电器开启水泵，同时水力警铃发出报警信号。

由于该系统在喷水灭火前先要排除系统中的压缩气体，故喷水时间会有所迟延。此外，为了压缩气体系统，增加了系统的复杂程度，需要额外的设备和控制措施来管理和控制压缩气体的供应、排放和监测。相比之下，湿式系统相对简单，只需要维持水的供应和压力即可。

（3）预作用自动喷水灭火系统

1）系统组成

系统由闭式喷头、管网、预作用阀组、充气设备、供水设备、火灾探测报警系统等组成。预作用系统在准工作状态时配水管道内不充水，发生火灾时依靠火灾探测器系统获得火灾发生的信号，在喷头被破坏之前，打开报警阀，把原先干式系统变成湿式系统，从而提高系统出水速度。

2）预作用系统的作用原理与特征

预作用系统的喷水管网充填着低压空气或氮气，而预作用阀前接消防供水管，阀芯两侧的压力是不平衡的，阀芯是由销件来固定的。当火灾发生时，火灾探测系统首先向控制系统发出信号，并打开销件以启动预作用阀。这将使喷水管网中充满水。同时通过压力继电器系统开启水泵，并通过水力警铃系统发出警报。喷水管网充水的过程控制在 3 分钟以内，因此系统规模一般不超过 800 个喷头。充满水后，该系统的运作方式类似于湿式喷水系统。当火灾现场温度进一步上升，达到喷头的额定动作温度时，喷头会打开并开始喷水灭火。

为安全起见，预作用阀的控制系统还有备用系统。在火灾探测器发生故障无法发出信号启动预作用阀时，可以通过现场的人工紧急按钮，手动开启预作用阀和水泵。这样可以保证系统的可靠性和应急性。若火灾时无人在场，则闭式喷头在升温后会自动打开，释放管网中的低压气体。管网内的气压下降会触发压力继电器向系统控制中心发出控制指令，并打开预作用阀，开启消防泵发出报警信号。

目前由于控制系统的发展，可以做到火灾发生时及时开启预作用阀，当火灾扑灭后，由于温度下降，可以由探测器发出信号，及时关闭预作用阀，停止喷水，此时可及时更换喷头为下次灭火做准备。

3）适用条件

预作用系统兼有湿式系统和干式系统的优点，可应用于干、湿系统适用的场所，但由于其自控系统较为复杂，造价高，故其使用受到限制，目前只用于对安全程度要求高的场所。

（4）雨淋喷水灭火系统

雨淋喷水灭火系统由开式喷头、火灾探测系统、雨淋阀、报警装置、管道系统和加压供水系统组成，其系统结构类似预作用阀系统，但阀后不充气体，与室内气体联通。

雨淋喷水灭火系统的探测和控制方式有三种：

①由电探测器探测。探知火灾发生时，立即通过自动控制系统开启雨淋阀，消防水通过雨淋阀冲向喷水管网供水，喷水灭火。

②另设闭式喷头和充水管道系统，常称传动管系统。传动管连接到雨淋阀的雨淋控制部分。闭式喷头设于消防场所，闭式喷头感知火灾时，打开喷口，传动管中的压力水喷出，管内水压迅速下降，带动雨淋阀的控制部件动作，打开雨淋阀阀瓣，消防压力水流向开式喷水管网，喷水灭火。在这个系统中闭式喷头及其充水管网，只是起探测火灾和传递控制信号的作用，其本身没有灭火作用。

③带易熔封锁的钢丝绳系统。与第二种原理类似，但不是靠闭式喷头探测火灾发生，而是用一种叫易熔封锁的钢丝绳。火灾发生时易熔封锁被烤断，使钢丝绳松开，打开传动阀，让传动管放水，释放压力，进而使雨淋阀打开。

雨淋喷水灭火系统适用于火灾蔓延迅速的场所，适用于净空高度超过8m的民用建筑和工业厂房，净空高度超过9m的仓库和采用快速响应早期抑制喷头的仓库，以及不设货架内喷头且室内净高超过12m的仓库。

（5）水幕系统

水幕系统由开式水幕喷头、给水管网、雨淋阀及其控制设备所组成，其系统及工作原理类似雨淋系统。当火灾发生时，可以通过火灾探测器或人工手动开启雨淋阀，消防水会进入喷水系统，实施喷水灭火。

水幕系统的特征是其喷头布置呈条状，喷水时形成水帘状的水幕，用以封阻火灾时火焰穿过开口部位，或者用来冷却防火分割物，提高其耐火性能。

当采用防火分隔水幕和防护冷却水幕进行防护时，应遵循等效替代原则，确保水幕系统的火灾持续时间与防火墙或分隔墙的耐火极限一致。

4.3.2 自动喷水灭火系统组件

（1）喷头

常见消防喷头如图4-15所示，是自动喷水灭火系统中的重要部件，它装在喷水管网上。灭火时，喷头的水由管网供给。根据需要，可以选择直立型、下垂型、普通型、边墙型和吊顶型等喷头。

1）闭式喷头

闭式喷头在准备状态下呈关闭状态。喷头通过充填膨胀液的薄壁玻璃球或低熔点易熔合金来封堵。当火灾发生后，温度升高到一定程度时，就会使

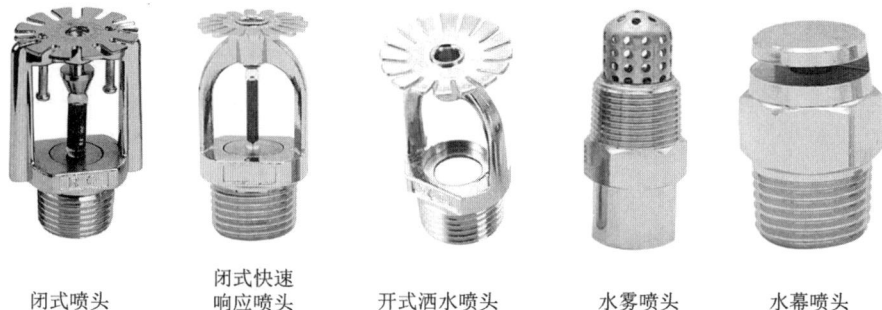

闭式喷头　　　闭式快速　　　开式洒水喷头　　　水雾喷头　　　水幕喷头
　　　　　　　响应喷头

图4-15 几种常见消防喷头

玻璃球胀破或合金熔化，导致支撑元件脱落，喷头随之打开。易熔合金闭式喷头适用于无腐蚀气体的场所。

2）开式喷头

开式喷头是开口的，不带有热敏元件。按不同用途做成不同形式，有开式洒水喷头、水雾喷头等。

水雾喷头在高压给水设备或水泵机组的作用下，将水流分解成小于1mm的水滴进行喷射。当水雾遇到火场温度时，很容易蒸发成水蒸气，并吸收大量热量。这些水蒸气的体积增加了几千倍，能够有效地冷却燃烧物体。此外，水蒸气是一种不可燃气体，具有一定的电绝缘性，可以用来隔绝空气，窒息灭火，因此适合不宜用水来灭火的场所，比如存放易燃液体、气体和固体的危险区域，以及电气设备间。一些水雾喷头在电气火灾时还能带电灭火。

水雾灭火系统不能用于遇水后发生剧烈反应的物品堆放场所，不能用于无溢流设施、无排水设施、无盖的可燃性液体容器，也不适于装有120℃以上可燃性液体的无盖容器，以及那些水雾喷射后会产生严重损害的场所。

喷头布置的数量与间距应保证被保护面积上达到全覆盖和喷水强度达到规定。如图4-16所示是喷头按正方形方案布置的做法。

当遇到斜屋面时，喷头应垂直于斜面，按斜面距离确定间距，并在屋脊处应设一排喷头。闭式喷头应该布置在顶板或吊顶下，这样可以容易接触到火灾的热气流，并有利于均匀喷水。

在应设置防火隔离墙而又不能设的部位可设水幕；相邻建筑之间的防火间距不能满足要求时，其相邻建筑间的门、窗口及可燃屋檐处应设水幕；剧院舞台台口上方设水幕系统以阻止舞台火势向观众区蔓延，并与防火卷帘、防火幕配合使用。

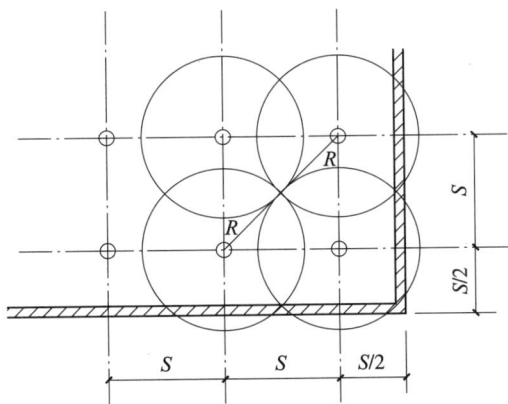

图4-16 喷头的正方形布置方案

（2）报警阀组

报警阀组的作用是控制水流，并在火灾发生时报警。报警阀组由报警阀、延迟器、水力警铃、压力开关等组成。报警阀有湿式、干式、预作用式和雨淋式等，分别用于湿式喷水系统、干式喷水系统、预作用系统和雨淋系统。

1）湿式报警阀

湿式报警阀（图4-17）的工作原理如下：在准备状态下，阀芯两边都有水，阀芯受重力作用，落在阀座槽内，盖住了通向水力警铃的信号管出

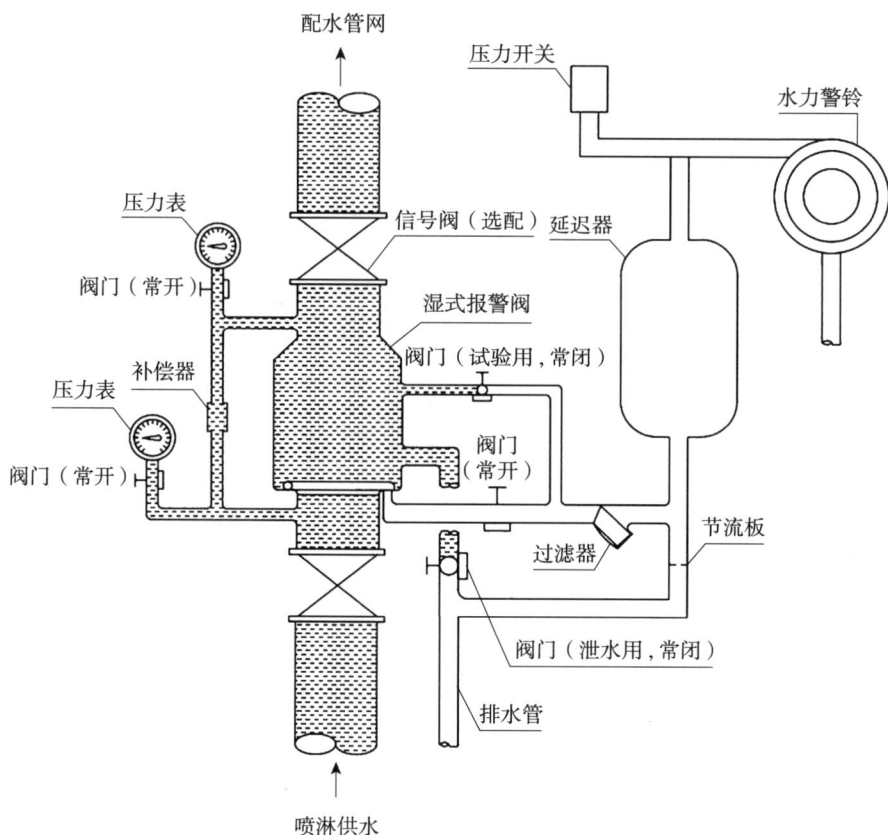

图 4-17 湿式报警阀

口，因此警铃不会响起。当发生火灾时，喷头喷水，阀芯上方水压降低，而阀芯下方连着供水管，下方的水压大于上方，阀芯被顶开，水开始流向管网供水。此时，阀芯离开阀座槽，水开始流入信号管中，触发警铃。实际应用中，水锤等引起的压力波动会导致阀芯波动，也会使得少量水进入信号管。延迟器可以避免触发报警。延迟器上有小孔可向外排水，可保证延迟器内不积水。当发生火灾时，信号管大量进水时，由于小孔排水量受限，延迟器迅速充满水，水流流入水力警铃中的水轮，水轮带动小锤敲响警铃。同时，水流流经压力开关，使其动作并向控制中心（或控制箱）发送信号，启动消防水泵，并产生声、光报警信号。

2）干式报警阀

干式报警阀见图 4-18。干式报警阀的阀体内有一阀板，阀板前后分别充水和空气。在准备状态时，喷水管网侧气体压力和阀前水压平衡，阀板处于关闭状态，供水管中的水无法流入喷水管网。当喷头被破坏或者自动控制机构释放管网内的气体时，气压降低，导致阀板前后的压力不相等，供水管内的压力水顶开阀板，流入喷水管网。同时水流也进入通向警铃的信号管，触发警铃发出报警声音。此外，压力开关也会被水流触发，向控制中心传送

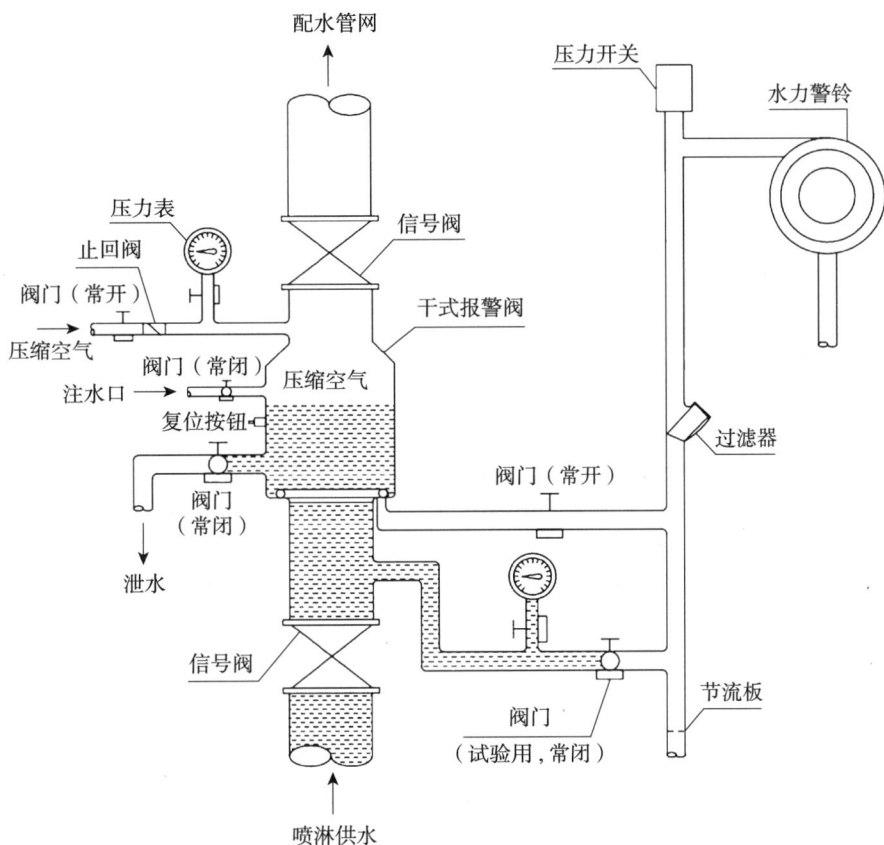

图 4-18 干式报警阀

信号，启动水泵，其原理与湿式报警阀类似。

3）预作用报警阀

预作用报警阀由湿式和干式报警阀依次串接而成。平时，喷水管网中或充压缩气体，或不充气体，直接与干式报警阀的上室连通，而干式报警阀的下室与湿式报警阀相通，都充满水。当有火情时，喷水管网通过闭式喷头或其他测控设备释放气体，导致气压下降。当气压降到一定值后，干式阀阀板和湿式阀阀板都被顶开，水流流向喷水管网。同时，水流通过信号管进行报警，并通过安装在信号管上的压力开关启动消防水泵。气候温暖时，系统改用湿式喷水系统时，只要将干式报警阀中的阀板取出，此时全由湿式报警阀承担报警任务。

4）雨淋式报警阀

雨淋式报警阀如图 4-19 所示，其阀腔可分为上腔、下腔和控制腔三部分。上腔与喷水管网相连，下腔与供水管网相连，控制腔通过外部管道与供水管网通过限流孔板连接，上下腔之间是阀板。平时，控制腔和供水管网压力一致，其通过顶杆顶住阀板，使其封住通道。

当报警信号触发后，报警控制器会输出动作信号，通过电磁阀释放控制腔内的水。由于存在限流孔板，供水管网无法迅速补充水进入控制腔，因此，控制腔水压迅速减小，顶杆无法继续顶住阀板，阀板打开，报警阀进入工作状态。

此外还有预作用阀组，通常由雨淋式报警阀和湿式报警阀串联组成，其中雨淋式报警阀位于前方，湿式报警阀位于后方。喷水管网内充填低压气体（0.01~0.025MPa）。当火灾发生时，火灾探测器提前发出报警信号，并通过控制系统打开雨淋式报警阀和排气阀，消防水通过湿式报警阀进入喷水管网，并触发报警，启动水泵。此时，系统中的闭式喷头尚未打开，但管网内已充满了压力水，系统成了临时湿式喷水系统。当火灾现场温度升高到预先设定值时，闭式喷头打开。

（3）延迟器

延迟器，也叫延时器，是一个罐式容器（图4-20），安装在报警阀与水力警铃之间，主要是用来防止由于水压波动引起报警阀开启而导致的误报火警。当水压波动引起的水流较小时，无法充满延迟器的容器，因此不会触发报警。该容器还配备了溢水措施，确保容器不会因为积水而充满。然而，当火灾发生时，报警阀开启后，大量水流入延迟器，充水量远大于溢水流量，使得延迟器迅速充满水，触发水力警铃的报警装置。

（4）水流指示器

水流指示器（图4-21）安装在每层楼宇的横干管或防火分区干管上，用于监控干管所辖区域的情况。当某个区域发生火警并启动喷水灭火系统时，水流会推动水流指示器上的桨片，将水流动的信号转换为电信号，从而实现对系统的监控和报警功能。

图4-19　雨淋式报警阀　　　　图4-20　延迟器　　　图4-21　水流指示器

4.4.1 高压细水雾灭火系统

高压细水雾灭火系统是以水为介质，采用特殊喷头在特定的工作压力下喷放细水雾进行灭火、抑火和控火的一种固定式灭火装置。其具有表面冷却和窒息双重灭火效果，一方面，喷放的细水雾比表面积很大，能够迅速吸收热量并转化为水蒸气；另一方面，水滴在蒸发的过程中体积膨胀达到1700~5800倍，不仅能迅速降低着火点周围的温度，还能够隔离氧气和其他可燃气体，从而使火焰逐渐被扑灭。此外，细水雾还具有洗涤烟雾和毒气、屏蔽热辐射的作用。高压细水雾灭火系统适用于A、B、C类和电气火灾。如图4-22所示，开式细水雾灭火系统主要包括细水雾控制柜、水箱、主泵组、稳压泵组、分区控制阀、管道配件及细水雾喷头等。水箱配置增压装置，给高压泵组正压供水，将水箱里的静压水加压到0.2~0.6MPa后供应给高压柱塞泵，保证柱塞泵高效率工作。

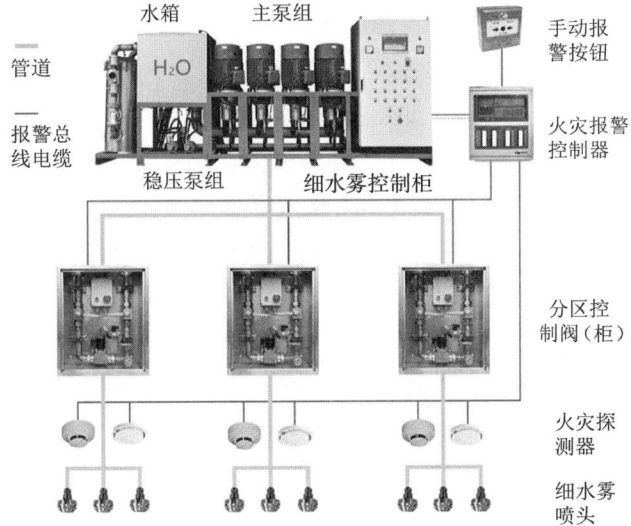

图4-22 开式细水雾灭火系统组成

4.4.2 自动跟踪定位射流灭火系统

自动跟踪定位射流灭火系统，俗称自动消防水炮，是一种利用水力推动喷头布水腔体旋转喷水灭火的新型喷水灭火喷头。

自动跟踪定位射流灭火系统（图4-23）主要由灭火装置（1）、电源接线盒（2）、灭火装置现场控制盘（3）、消防炮控制中心（4）组成。灭火装置（炮头）能够实现对火源的探测、定位、灭火、视频监控等功能。电源接线盒为灭火装置提供电源，一个炮头对应一个电源接线盒。灭火装置现场控

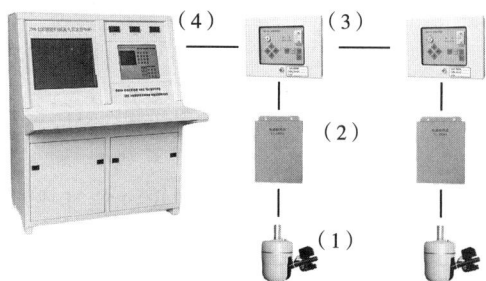

图 4-23 自动跟踪定位射流灭火系统

制盘能显示灭火部件的操控状态，对灭火部件进行参数设置。消防炮控制中心的主要功能有：①远程视频监控和存储功能；②主备电自动切换功能；③保存报警和操作信息功能；④远程控制现场灭火部件。一般消防炮控制中心容量可接 32 台水炮，8 个现场控制盘。

自动跟踪定位射流灭火装置的工作原理：通过灭火装置上的多个传感器进行火焰探测，并在 30s 内实现火焰位置的空间定位，定位后发出火警信号，联动消防水泵针对火灾定位点喷水灭火。其主要适用于 A 类火灾，可用于扑救民用建筑和丙类生产车间、丙类库房中净空高度大于 12m 的高大空间以及净空高度大于 8m 且不大于 12m 的难以设置自动喷水灭火系统的高大空间场所。

灭火介质除了水之外，还有泡沫、干粉和气体等介质。其中泡沫灭火系统仍需给水系统，干粉和气体灭火系统并不需要给水系统，这些灭火系统适用一些特殊的场合，是对消防给水灭火系统的重要补充，这里仅作简要介绍。

泡沫灭火系统利用惰性的泡沫覆盖燃烧物表面的原理来隔绝氧气，抑制燃料蒸发，并通过冷却效应使火灾熄灭，适用于油罐、飞机库、汽车库等情况，不宜扑救带电设备、金属火灾，气体火灾和浓酸场所火灾。

干粉灭火系统的灭火介质则是以包括碳酸氢钠为基料的钠盐或硫酸钾为基料的钾盐在内的干粉灭火剂，常见于石油化工、油船、油库、加油站、港口码头、机场、机库等场所，用于扑救易燃、可燃液体、可熔化固体、可燃固体表面火灾、可燃气体和电气设备火灾。

气体灭火系统的灭火介质包括七氟丙烷（HFC-227ea）、二氧化碳（CO_2）等，常用于扑救电气火灾、可燃液体火灾或可溶性的固体火灾，可以切断气流的气体火灾和固体表面火灾。因为气体作为灭火介质对被保护物无污损等特点，尤其适用于图书馆、档案馆、博物馆等场所。

习题

1）室内外消防给水工程中，什么情况下生活、生产和消防给水管网可以合用？

2）试述室内消火栓给水系统的组成。

3）试述自动喷水灭火系统的工作原理。

4）总结灭火系统的种类以及使用场所。

第5章

建筑排水系统

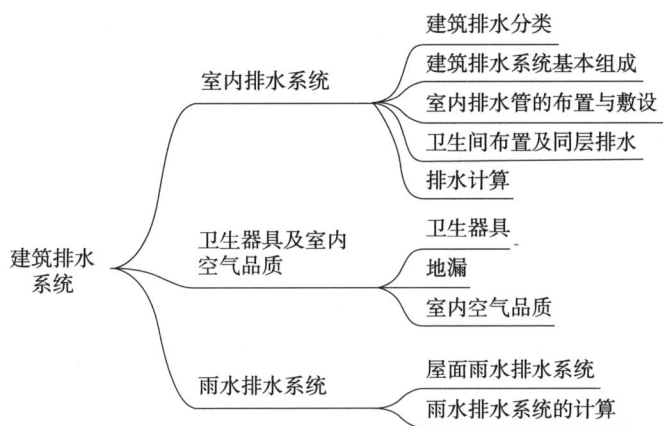

建筑排水系统
- 室内排水系统
  - 建筑排水分类
  - 建筑排水系统基本组成
  - 室内排水管的布置与敷设
  - 卫生间布置及同层排水
  - 排水计算
- 卫生器具及室内空气品质
  - 卫生器具
  - 地漏
  - 室内空气品质
- 雨水排水系统
  - 屋面雨水排水系统
  - 雨水排水系统的计算

第5章知识图谱

排水系统是建筑给水排水设计的一个重要组成部分，它不仅关乎卫生和舒适，也直接影响能源消耗和水资源利用。为最大限度地减少对环境的负面影响，提高系统的可持续性和环境友好性，建筑排水系统应尽可能考虑适宜的绿色设计措施。

5.1.1　建筑排水分类

建筑排水通常可以分为四类：生活污水、生活废水、工业废水以及雨水。生活污水来源于大小便器的排水，习惯上也称黑水，虽然无毒，但含有高浓度的有机物和悬浮物，需通过相应设施处理。生活废水产生于日常洗涤、沐浴等活动，习惯上也称灰水，受污染程度相对较轻。住宅厨房排水可视为生活废水，但规模化厨房（如食堂、饭店等）的排水因含油脂成分较高，需单独收集处理。工业废水来自工业生产过程，根据生产工艺的不同，水质和水量各异，有的可能含有毒有害物质，需根据具体情况进行分析和处理。

建筑可采取分流制排水的方式，设不同的管道系统，将不同污染程度的排水分别排放和处理，以降低处理成本和节省水资源。

5.1.2　建筑排水系统基本组成

建筑排水系统由卫生器具、水封装置、排水管道、通气管、污水泵、污水局部处理设施等组成。图5-1是某建筑排水系统的示意图。

（1）卫生器具

卫生器具是收集污水和废水的用水器具，如洗脸盆、马桶等。洗脸盆是用水器具，同时也是排水系统的污水收集器具。

（2）水封装置

水封装置是在排水设备与排水管道之间的一种存水设备，其作用是阻挡排水管道中产生的臭气进入室内。有些用水设备自带水

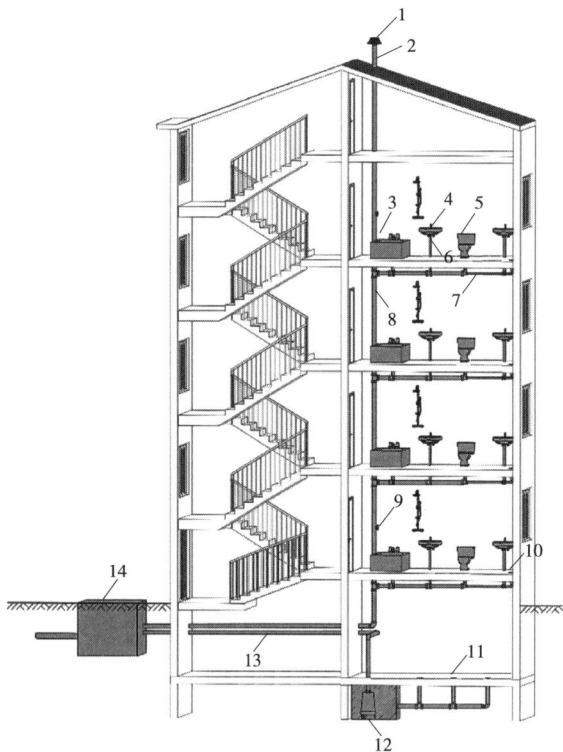

图 5-1　某建筑排水系统示意图

1- 通气帽；2- 伸顶通气管；3- 浴盆；4- 洗脸盆；5- 坐便器；6- 器具排水管；7- 排水横支管；8- 排水立管；9- 检查口；10- 清扫口；11- 地漏；12- 污水泵；13- 排水出户管；14- 排水检查井

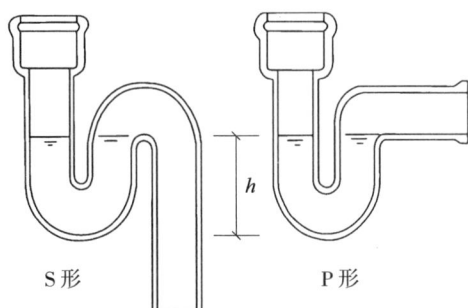

图 5-2 存水弯

封装置，比如坐式大便器。

常用的水封装置有存水弯、水封井等。存水弯有 S 形和 P 形两种形式，如图 5-2 所示。使用中，水封装置可能因管道压力波动遭到破坏或长时间不用导致干化，从而失去阻隔气体的功能。为了降低水封装置遭到破坏的风险，水封装置的水封深度不得小于 50mm。

（3）排水管道

排水管道可分为以下几种：

1）设备排水管：连接排水设备与后续管道排水横支管之间的管道。

2）排水横支管：水平方向输送污水和废水的管道。

3）排水立管：接收排水横支管的来水，并在垂直方向排泄污水的管道。

4）排出管：从建筑物内至室外检查井或排水沟渠的排水横管段。

（4）通气管

通气管是将排水管道与大气相连的管道，其主要作用一是维持和稳定排水立管内的压力，保证排水能力和防止水封遭到破坏；二是排放排水管道内的有毒有害气体，保持排水系统内的空气流通，确保符合卫生要求。

（5）清通部件

清通部件包括检查口、清扫口和检查井。检查口设在立管或横管上，平时用盖板封闭，当管道发生堵塞时，可打开盖板进行检查和清理。图 5-3 所示为立管检查口。

清扫口位于排水横管的端部或中部，它像一截短管安装在承插排水管的承口中，装有可拧开的盖板，便于发生堵塞时拧开盖板进行清理。

检查井一般设在埋地排水管的拐弯处或多条管道交汇处，井底设计为流槽与前后管道相连，如图 5-4 所示。

图 5-3 立管检查口

图 5-4 检查井

（6）污水泵

建筑物的地下室或人防建筑，其内部标高低于室外排水管网标高时，需要用污水泵将地下室的污水抽送出去。

（7）污水局部处理设备

当建筑内的污水水质不符合排放标准时，需要在排放前进行局部处理。为此，建筑排水系统应配备相应的局部处理设备。这些设备包括化粪池、隔油池、酸碱中和池等，以及在特定场所（如医院）使用的沉淀消毒设备，污水在排入水体前，先经过沉淀和生物处理，再经过严格消毒。

1）化粪池

化粪池用于截留生活污水中的大块悬浮物。污泥在化粪池中沉积并经过厌氧发酵，产生沼气、二氧化碳、硫化氢等气体。传统化粪池的污水停留时间一般在 12~24h，而现代化粪池的停留时间相对较短。三格化粪池的示意图见图 5-5，其材质多样，包括砖砌、水泥现浇和玻璃钢等。经化粪池处理的生活污水虽外观改善，但仍需进一步处理才能满足排放标准。

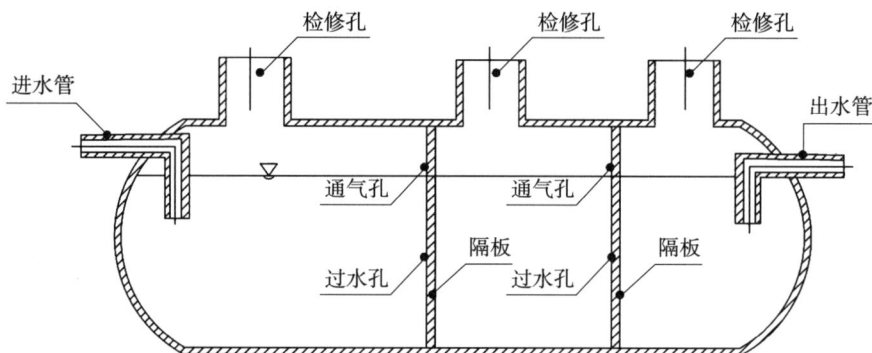

图 5-5　三格化粪池

随着人口增长和城市发展，化粪池的负面影响日益显著，包括占用地下空间、清粪时的环境卫生问题、发酵气体爆炸的安全风险以及对污水厂水质和污水处理效率的潜在影响等。因此，在已有污水收集和集中处理设施的分流制排水系统中，应避免设置化粪池，以优化污水处理效果和减少负面影响。

2）隔油池

隔油池是一种用于隔离含油废水中油脂的设施，广泛应用于餐厅、厨房、食品加工车间以及其他产生含油废水的场所。油脂如果未被处理，会在排水管壁上凝固并导致管道堵塞。此外，诸如汽车洗车场、机加工车间的排水中也含有油脂，这些含油水在排入管网前需要进行油水分离处理。如图 5-6 所示为隔油池的构造。废水首先进入隔油池，通过过滤器去除体积

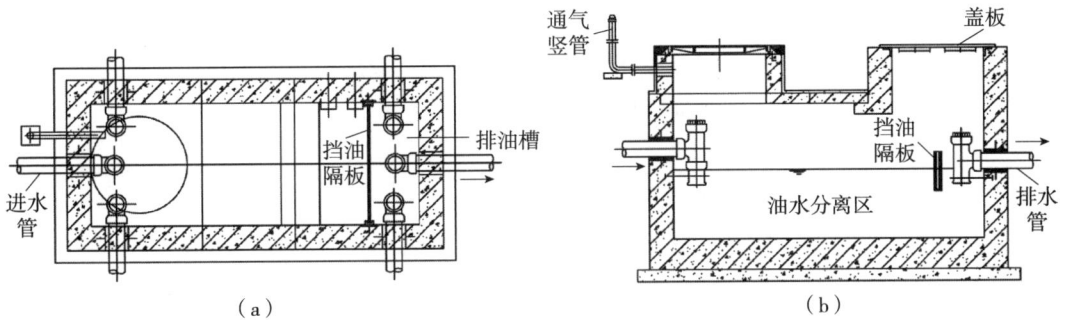

图 5-6 隔油池
（a）平面图；（b）剖面图

大的杂物，如菜叶等，经过初步过滤后，废水进入油水分离区，在此区域油和水在重力作用下进行分离。由于油脂的密度低于水，将浮在上层被挡油隔板阻止，通过撇油装置输送到排油槽，在油脂被分离后，下层的清水被排出。

5.1.3　室内排水管的布置与敷设

（1）一般原则

排水系统布置应考虑节能设计。首先，充分利用重力排水。地面以上的生活排水尽量采用重力流系统直接排至室外管网，以避免额外的能耗。其次，对于地面以下需要采用压力排水或真空排水的情况，应确保水泵的工作点位于效率曲线的高效区，以减少无效能耗，降低运行成本。再次，通过优化管路的设计和水泵运行的控制方式，降低水泵的功耗，提高系统的效率。这样可以实现节能减排、降低运行成本的目标。

排水系统布置应避免管道堵塞。排水中含有大量的悬浮物，尤其是生活污水中含有纤维类和其他大块的杂物，这些固体类物质容易堵塞管道，在管道布置时要考虑以下几点：①选用较粗的排水管；②选用管壁粗糙系数小的管材；③排水管道布置时应力求简短，少拐弯，在必须拐弯的地方设置清通部件，以便清通。

以下建筑位置应该避免排水管道穿越：①卧室、客房、病房和宿舍等人员居住的房间；②生活饮用水池（箱）上方；③食堂厨房和饮食业厨房的主副食操作、烹调、备餐、主副食库房的上方；④遇水会引起燃烧、爆炸的原料、产品、设备的上方。

此外，排水管要尽量避免穿越建筑物的沉降缝、伸缩缝、重载地段和重型设备的基础下方以及冰冻地段。如果必须穿越这些地段时，要有切实的保护措施。

91

（2）设备排水管

有些设备排水管不宜直接与下水道连接，如饮用贮水箱的排水管，要求与排水管承接口有空气间隙，防止污染。

（3）排水横支管

排水横支管是连接设备排水管和立管的管段。它的走向受排水设备和立管位置影响，应力求排水横支管简短、少拐弯。排水横支管一般沿墙布置，明装时，可以吊装于楼板下方，也可在用水设备下地面以上沿墙敷设，横管中水流是重力流，要使管道有一定坡度。排水立管最低横支管与立管连接处到立管管底的最小垂直距离不得小于表5-1的规定。

排水立管最低横支管与立管连接处到立管管底的
最小垂直距离（单位：m）　　　　　　　　　　　　　表5-1

立管连接卫生器具的层数	仅设伸顶通气管	设通气立管
≤ 4	0.45	按配件最小尺寸确定
5~6	0.75	
7~12	1.2	
13~19	底层单独排出	0.75
≥ 20		1.2

（4）排水立管

排水立管是垂直方向由上向下排除污水的管道，它承接各层的排水横支管的来水，直达建筑的最底层，与水平干管相接或与底层的排出管直接相接。排水立管的位置应设在排水量最大而且含杂质最多的排水设备的附近。这是因为排水横管的排水能力和输送悬浮物的能力比排水立管小得多。

排水管一般设在墙角或沿墙、柱布置，不得穿越住户客厅、餐厅，排水立管不宜靠近与卧室相邻的内墙，客厅、餐厅也有卫生、安静要求。排水管、通气管穿越客厅、餐厅造成视觉和听觉污染。为方便清通立管，在排水立管上从第一层起应设检查口，检查口距地面1.0m。

在管道暗装时，排水立管常布置在管井中，管井上应设有检修门或检修窗。立管穿楼层应设套管。

（5）排水横干管与排出管

排水横干管是汇集几条立管的水平干管。横干管的泄水能力和输送悬浮物的能力比立管小，容易堵塞，因此横干管不宜过长，力求简短、不拐弯，尽快排出室外。横干管可以设在建筑物底层的地下。当建筑物有地下室时，可设在地下室的顶板下或地下室的地面上。横干管穿越承重墙时，为避免建筑物下沉时压坏管道，应在墙上留洞。排水横干管穿越地下室外墙时，为防止地下水渗入室内，应设穿墙套管，并采取措施防止建筑物下沉时管道被压坏。

排出管是室内与室外检查井之间的排水管道，一般从排水立管最底部直接拐向室外。排出管也可是排水横干管的延伸部分。排出管与室外排水管交接处设检查井，同时排出管的长度不宜太长，以便于清通。

（6）通气管

1）伸顶通气管

伸顶通气管是由排水立管延伸出屋面到一定的高度形成的，顶部用铅丝网或风帽罩上，以防大的物体进入或堵塞。伸顶通气管伸出屋面至少 0.3m，并大于当地积雪高度。当通气管周围 4m 内有窗户时，通气管口应高出门窗顶 0.6m 或引向无门窗一侧。当屋面经常有人停留时，通气管口应高出屋面 2.0m，并根据防雷要求考虑设置防雷装置。

2）专用通气立管

随着立管流量增大，仅设伸顶通气管无法满足排水需求，为了改善排水环境和降低噪声，可以另设一根平行于伸顶通气管的专用通气立管，如图 5-7（a）所示。专用通气立管不承担排水的作用，其在最高层的卫生设备以上 0.15m 处或在污水立管最高检查口以上用斜三通与污水立管的伸顶通气管相接，下端在最低污水横支管以下与污水立管以斜三通连接。

3）环形通气管

环形通气管是保障排水横支管排水通畅的通气管，如图 5-7（b）所示。所连接的通气立管称作主通气立管。与专用通气管类似，主通气立管与污水立管之间在顶层与底层用 45° 三通连接。当横支管较长或连接较多卫生器具时，需要考虑使用环形通气管。当建筑物重要、使用要求较高时，也应考虑设置环形通气管。

4）器具通气管

器具通气管是保障单个用水器具排水通畅的通气管。器具通气管从每个排水设备的存水弯出口处引出通气管，然后从卫生器具上缘 0.15 m 处以 0.01 的上升坡度与主通气立管相接，见图 5-7（c）。对于在卫生和安静方面要求高的建筑，生活排水管道可设器具通气管。

5）采用特殊管件的单立管通气系统

如果为了节省空间而不设置专用通气立管时，可使用单立管的伸顶通气系统，此时需采用特殊管件改善立管排水性能。下面介绍两种使用特殊管件的单立管排水系统：苏维托通气系统和旋流单立管排水系统。

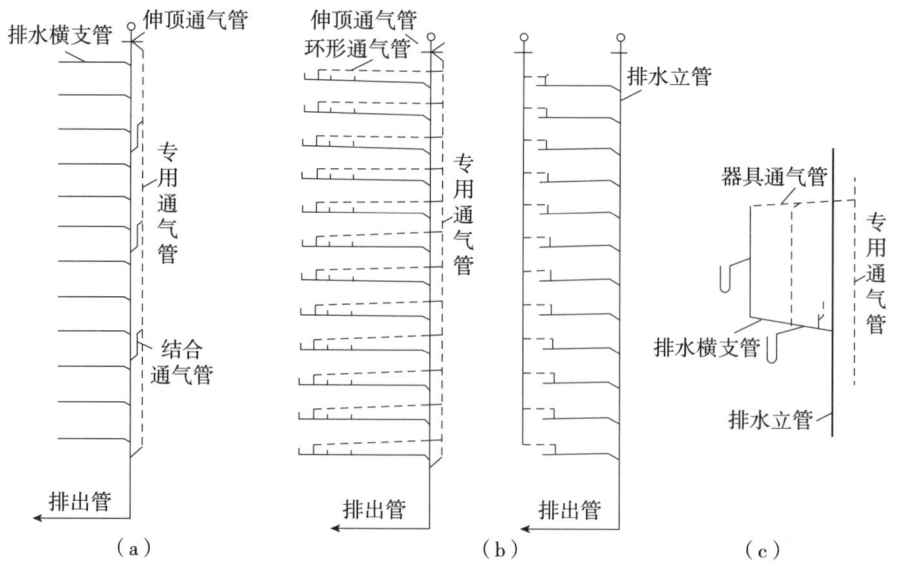

图 5-7　几种通气管的形式
（a）专用通气立管；（b）环形通气管；（c）器具通气管

①苏维托通气系统

苏维托通气系统由瑞士人弗里茨·苏玛于 1959 年提出，作为一般的高层建筑通气系统。如图 5-8 所示，它由两部分组成：气水混合管件和气水分离管件。气水混合管件装在各个排水横支管接入排水立管的地方，而气水分离管件装设在立管的底部。气水混合管件乙字弯的设计，可以减缓立管中的水流速度，并允许横支管或混合室中的气体经隔板上方的排气口进入水流，形成气水混合体，从而防止水流柱塞的形成。如果横支管的水流直接进入立管，容易形成水柱或水舌，减少立管排气截面积，影响排气，而隔板的存在能够避免这种情况的发生。隔板将水平流转成垂直流后再引入立管，从而保持立管的通气条件，使立管中的气压稳定。

水气分离管件装在立管底部，其主要构件是泄压管。立管中垂直的水流转成排水横管的水平流，容易产生水塞，泄压管的存在改善了水塞产生后的排气条件，保证了压力的稳定。

②旋流单立管排水系统

如图 5-9 所示，其原理是让水流形成旋流，从而保证立管中心自然形成空气通道，保证排气和气压的稳定。它也有两个管件起关键作用，一是旋流器，二是立管底部与排出管相接处的导流弯头。

旋流器装在立管与横支管相接处，当横支管上的水流进入旋流器后，旋流器内的导流叶片将水流整理成沿立管纵轴呈旋流状态，从而有利于保持立管中心部位的空气柱。这种设计使得立管中的气流能够上下畅通，维持立管内气压的平稳状态。导流弯头的作用是减缓由上而下的水流冲击，理顺水流，避免

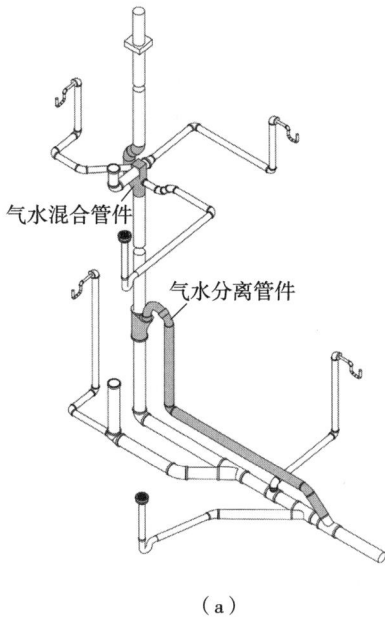

（a）

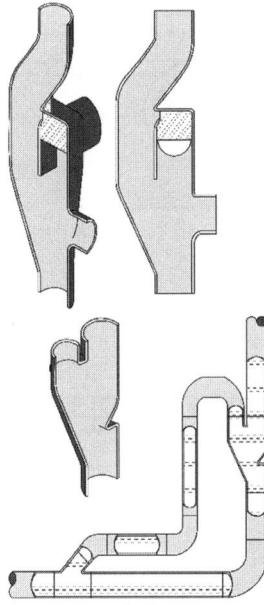

（b）

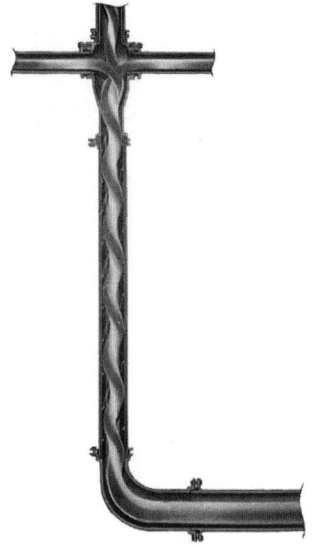

气水混合管件

气水分离管件

图 5-8 苏维托通气系统
（a）苏维托通气系统；（b）气水混合管件

图 5-9 旋流单立管排水系统

水流在拐弯处因能量转换而产生拥水，造成柱塞流。旋流单立管排水系统的允许流量是受限制的，超过了限制流量就不能确保水封不受破坏了。

5.1.4 卫生间布置及同层排水

（1）卫生间布置

卫生间一般尽可能设置在建筑物的北面，各楼层卫生间位置宜上下对齐，以利于排水立管的设置和排水的畅通。

卫生器具的设置应根据建筑标准而定，住宅的卫生间内除设有大便器外，还应设有洗脸盆、浴盆等设备，如图 5-10 所示，有的还需预留沐浴设备和洗衣机的位置。

卫生器具应根据卫生器具的规格尺寸和数量合理布置，但必须考虑排水立管的位置。在室内粪便污水与生活废水分流的排水系统中，应尽量将排出生活废水的器具或设备与浴盆、洗脸盆、洗衣机和地漏等靠近，以便于管道的布置和敷设。

在公共场所卫生间区域，应专门设置无障碍卫生间。无障碍卫生间是指不分性别的独立卫生间，配备了专门的无障碍设施，包括为方便乘坐轮椅人士设计的设施，以及专用洁具、与洁具配套的安全扶手等，给残障者、老人或妇幼如厕提供便利。

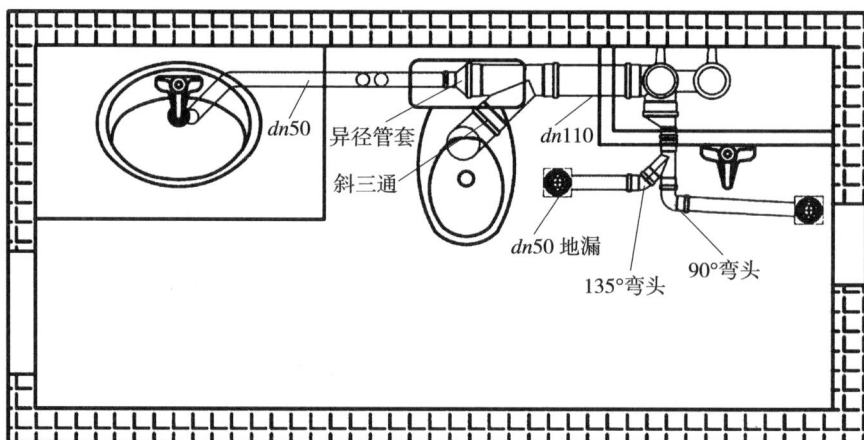

图 5-10　卫生器具布置

（2）同层排水

传统卫生间采取隔层排水的形式，如图 5-11（a）所示，其缺点是管道隔层维修工作容易引发邻里矛盾。为使住宅卫生间的排水管不穿越楼板进入他户，可采用同层排水的布置方式，而同层排水可分为降低楼板和不降低楼板两种方式。

如图 5-11（b）所示是降低卫生间楼板的做法，将卫生间的结构楼板下沉 0.3m 及以上作为管道敷设空间。下沉楼板采用现浇混凝土并做好防水层，按设计标高和坡度沿下沉楼板敷设给水、排水管道，并用水泥焦渣等轻质材

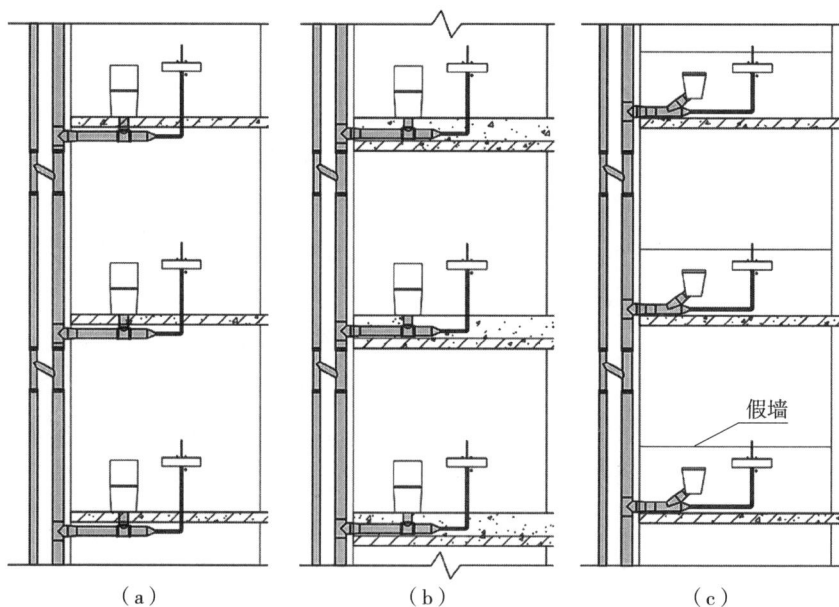

（a）　　　　　　　　（b）　　　　　　　　（c）

图 5-11　卫生间排水方式
（a）隔层排水；（b）降低楼板同层排水；（c）不降低楼板同层排水

料填实作为垫层，垫层上用水泥砂浆找平后再做防水层和面层。楼板降层的同层排水会增加结构工程费用和回填降层空间的费用，同时也会损失卫生间的部分层高。

如图 5-11（c）所示是不降低卫生间楼板的做法，将排水管布置在卫生器具和地面之间的空间内。而浴盆的排水口稍低，但也可采取适当填高的措施，使其接入同层排水横支管内，对于大便器也可采用后排式接入同层排水横支管内。

欧洲流行的墙排做法为，在卫生间洁具后方砌一堵假墙，形成一定宽度可布置管道的专用空间，排水支管可在假墙内敷设和安装，在同一楼层内与主管相连接，无需穿越楼板。墙排水方式要求选用悬挂式洗脸盆、后排水式坐便器。该方式达到了卫生、美观、整洁的要求，很多高档住宅选用了此种排水方式。

5.1.5　排水计算

排水计算的内容包括确定计算管段的设计流量、确定设计管段的管径等。

（1）排水定额

居住小区内生活排水的设计流量为住宅生活排水最大小时流量和小区内公共建筑的生活排水最大小时流量之和。

住宅生活排水系统的排水定额理论上为相应的生活给水系统的给水定额，但考虑到存在蒸发、管道渗漏等损失，实际排水定额要小一点，可按相应生活给水系统用水定额的 85%~95% 计算，而排水小时变化系数仍可按表 2-1 取值。

公共建筑的生活排水定额和小时变化系数则与其用水定额和小时变化系数相同，按表 2-2 取值。

（2）排水管段设计流量

管道的水力计算基于设计流量。设计流量是一种统计流量，它反映了管段内在一定概率下可能发生的最大流量。设计流量的选取关系到室内排水的顺畅，也关系到系统的初投资。

对于给定计算管段，最大概率流量与该管段所承担的排水设备数量有关。为方便统计，和计算给水管段的水量一样，将排水设备折算成"当量排水设备"（简称"排水当量"）。普通洗涤盆的排水量（0.33L/s）为 1 个排水当量，其他排水设备的当量按排水当量进行折算。

根据用水和排水特点，我国将建筑分成两类，分别用不同的方法确定管内设计流量。

1）住宅、宿舍（居室内设卫生间）、旅馆、宾馆、酒店式公寓、医院、疗养院、幼儿园、养老院、办公楼、商场、图书馆、书店、客运中心、航站楼、会展中心、中小学校教学楼、食堂或营业餐厅等建筑生活排水管道设计秒流量 q_p 按式（5-1）计算：

$$q_p = 0.12\alpha N_p + q_{max} \qquad (5-1)$$

式中　N_p——计算管段的卫生器具排水当量总数；

　　　α——根据建筑物用途而定的系数，住宅、宾馆、医院、疗养院、幼儿园、养老院的卫生间为 1.5，其他建筑的公共盥洗室和厕所间为 2.0~2.5；

　　　q_{max}——计算管段上最大一个卫生器具的排水流量，L/s。

2）宿舍（设公用盥洗卫生间）、工业企业生活间、公共浴室、洗衣房、职工食堂或营业餐厅的厨房、实验室、影剧院、体育场（馆）等建筑的生活管道设计秒流量按式（5-2）计算：

$$q_p = \sum q_o N_o b \qquad (5-2)$$

式中　q_o——同类型的一个卫生器具的喷水流量，L/s；

　　　N_o——同类型卫生器具数量；

　　　b——卫生器具的同时排水百分数，按给水管道中的同时使用百分数计算。冲洗水箱大便器的同时排水百分数应按 12% 计算。

注：当计算排水流量小于计算管段上最大一个卫生器具排水流量，应按最大一个卫生器具排水流量计算。

（3）排水管径的确定

1）横管

排水一般采用重力流，按非满流计算管内流动水力和流量。设计排水横管管径时，还应当注意以下几项要求：

①管内设计流速满足最低流速要求，但不能超过最大流速要求；

②排水管道的坡度和充满度应当符合我国建筑给水排水现行相关规范；

③管径需满足最小管径的要求：建筑物内排出管最小管径不应小于 50mm；公共食堂、厨房污水排水支管管径、医院污物洗涤盆和污水盆的排水管管径不得小于 75mm；多层住宅厨房间的立管管径、小便槽或连接 3 个及 3 个以上小便器的污水支管管径不宜小于 75mm。

2）立管

排水立管相比于相同管径的排水横管，具有更大的排水能力，但立管中的水流流态非常复杂。当立管中接受横支管的排水量较小时，水流是沿着立管管壁呈螺旋状向下流动的，此时，立管中的主要空间是气体，气压稳定。然而，当进入立管的水量增大到一定程度后，水流不再为螺旋状流动，而是沿管壁形成一层水膜，直接由上至下地流动，称为"附壁流"。

随着立管中流量的增大，附壁水膜的厚度增厚，管中水流速度也增大了，水膜与管中心的空气之间的摩擦阻力也增大，当立管中水量占据管断面 1/4~1/3 时，由于受到中心部分空气的阻力作用，附壁水膜形成了像竹节一样的封闭隔膜。这些隔膜将管中心的空气柱分割成互不相通的部分，隔膜上下的气压不稳定。此时的水流状态称为"隔膜流"。当立管中的流量进一步增大时，这些隔膜会发展成"水塞"，此时的水流状态称为"柱塞流"。柱塞流使立管内的气压更不稳定，并且波及横支管中的气压，使器具排水管上的水封遭到破坏，在设计排水立管时应尽量避免这种情况。

排水立管的排水能力是以避免破坏与立管相通的排水设备上的水封为基本要求，根据现有的实践经验来确定的，不作理论计算。

卫生器具是建筑内生活及生产用盥洗、沐浴、冲便和洗涤等设施的总称。卫生器具的材质有陶瓷、塑料、玻璃钢、珐琅铸铁、珐琅钢板、亚克力（又称有机玻璃）等。

5.2.1 卫生器具

图 5-12 示意了常见的卫生器具。洗涤用卫生器具供人们洗涤用，包括洗菜、洗衣及其他日常清洁用途。洗涤盆或洗涤池一般位于厨房或公共食堂，用于洗涤碗碟和蔬菜等。

污水盆（池）设置在公共建筑的厕所、盥洗室内，主要用途包括清扫厕所、冲洗拖布、倾倒污水等。沐浴用卫生器具用于个人卫生清洁，包括洗脸盆、洗手盆、浴缸、淋浴器等。洗脸盆通常装有排水孔和防溢孔，以防水溢出。

盥洗槽适用于卫生标准要求不高的公共建筑或集体宿舍公共卫生间。浴盆材质通常为搪瓷生铁、水磨石、玻璃钢等，形状多为长方形，且一般设有冷、热水龙头或混合龙头，不带存水弯。淋浴器适用于快速且节省空间的淋浴方式。

大便器包括大便槽、坐式大便器和蹲式大便器。坐式大便器俗称马桶，通常自带存水弯。坐便器通常带有双档冲水阀，当仅排小便时可用小档冲水

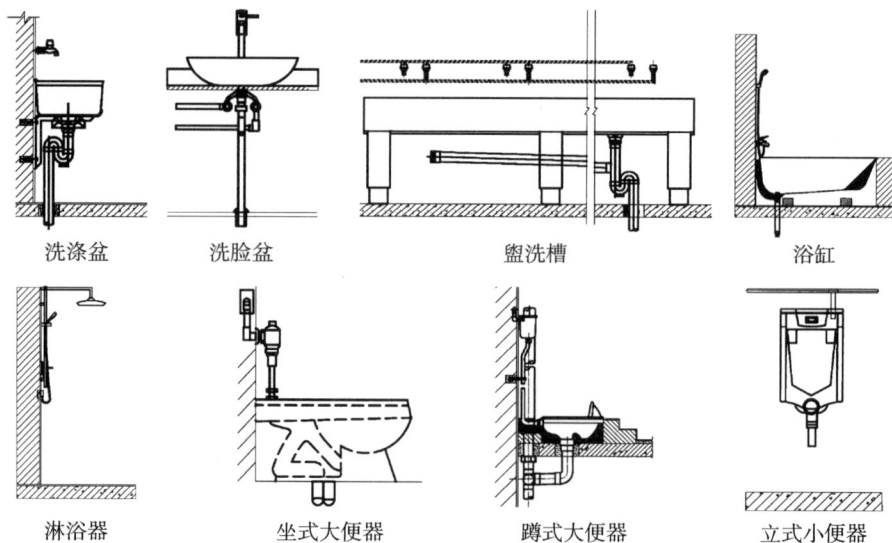

| 洗涤盆 | 洗脸盆 | 盥洗槽 | 浴缸 |

| 淋浴器 | 坐式大便器 | 蹲式大便器 | 立式小便器 |

图 5-12　常见卫生器具

阀达到节水目的，尤其适用于不设小便器的卫生间。智能马桶具备多种功能，如臀部清洁、座圈保温、暖风烘干、自动除臭等。蹲式大便器在公共卫生间中较为常见，卫生条件优于坐式大便器。

小便器常设在公共男厕所内，包括壁挂式和立式设计。小便器的冲洗设备可以是自动冲洗水箱或阀门冲洗，每只小便器均设有存水弯。

5.2.2　地漏

地漏通常安装在需要地面排水的场所，如卫生间、水泵房、淋浴间等。为便于水的排放，地漏应低于地面，并且地面应有向地漏坡度的设计，如图 5-13 所示。如果地漏不常用，存水弯可能干涸，失去阻隔臭气的作用。为避免这种情况，可将地漏与其他排水管连接，通过其他设备的排水进行补水。

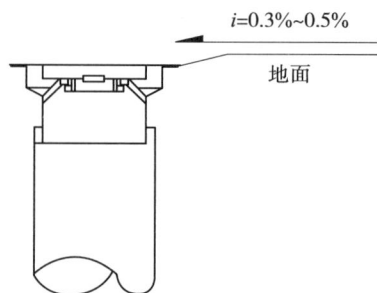

$i=0.3\%\sim0.5\%$

地面

图 5-13　地漏

5.2.3　室内空气品质

排水水质差，不仅导致空气有异味，而且还可能产生各种有害气体，如果其通过排水管道进入室内，将会污染室内环境，危及人体健康。排水系统依靠水封来阻止排水系统中的气体逸入室内。

为有效阻隔排水管道的气体侵入室内，水封的位置十分重要。当建筑采用构造内不带水封的便器时，需要通过在便器排水管道下游安装存水弯的形式设置水封。而便器排口至存水弯之间的这段管道管壁容易附着污物，其产生的有害气体仍能逸入室内，产生异味甚至危害人身健康。因此，选用构造内自带水封的便器是更好的选择，这种便器的水封位于便器排水口最上游前端，能够最大限度的避免排水系统内有害气体进入室内。

对于洗脸盆下部的水封，应确保安装质量，避免在排水冲击下，水封遭到破坏。为了防止水封遭到破坏，水封的有效高度需不小于 50mm。

5.3 雨水排水系统

建筑雨水排水是将降落到屋面或阳台、露台上的雨水或融化的雪水及时排除，避免屋面雨水堆积和渗漏，影响室内环境和建筑结构的安全性。由于雨水受污染程度较轻，处理起来容易，在缺水地区，常常对雨水进行回收利用。

5.3.1 屋面雨水排水系统

屋面雨水排水系统由雨水收集系统、排水管网和地面雨水排水系统组成。常见屋面雨水排水系统可分为檐沟外排水、天沟外排水和内排水三种系统。外排水系统的全部排水系统设置在建筑物之外，而内排水系统的排水管网布置在室内。排水管内流动设计为非满流的雨水排水又称为重力流雨水排水系统，如果管内雨水流按满流设计，这种雨水排水系统又称为满管压力流排水系统。

（1）檐沟外排水系统

对于小型建筑，如一般居住建筑、办公建筑或单跨的工业建筑，屋面面积小，建筑四周排水出路多，通常采用檐沟外排水，如图 5-14 所示。檐沟是指房屋外檐边的槽形排水沟，材料为竹子、铁皮、油毡、预制混凝土槽板、铝板或水泥板等。雨水从屋面汇集到檐沟，再通过承雨斗或雨水斗流入布置在外墙面的立管，最后排至地面的雨水排水系统。这种系统一般采用重力流排水，立管布置要考虑建筑立面的影响。

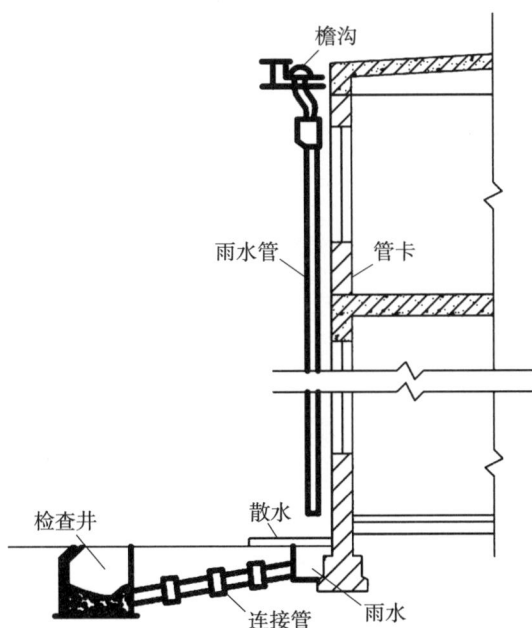

图 5-14 檐沟外排水系统

（2）天沟外排水系统

对于大型屋面的建筑，特别是多跨工业厂房，多采用天沟外排水系统，如图5-15所示。这是因为这类建筑的屋面面积较大，仅仅依靠檐沟收集雨水是不够的，因此需要在屋面中间设置天沟来收集雨水。雨水和融化的雪水沿着天沟流向建筑的两端，通过两端的雨水斗和连接的立管排放到地面的雨水管。天沟是屋面在构造上形成的排水沟，多用白铁皮或石棉水泥制成。外墙以内的天沟称内天沟，挑出外墙的天沟称外天沟。天沟应避免穿越厂房的伸缩缝或沉降缝，以防止漏水。天沟应以伸缩缝等为分水线，向两侧排水。为了确保排水效果，天沟的长度不宜超过50m，且应保持一定的坡度，坡度不小于0.003。这样能够保证水能顺利流动，避免积水和阻塞。

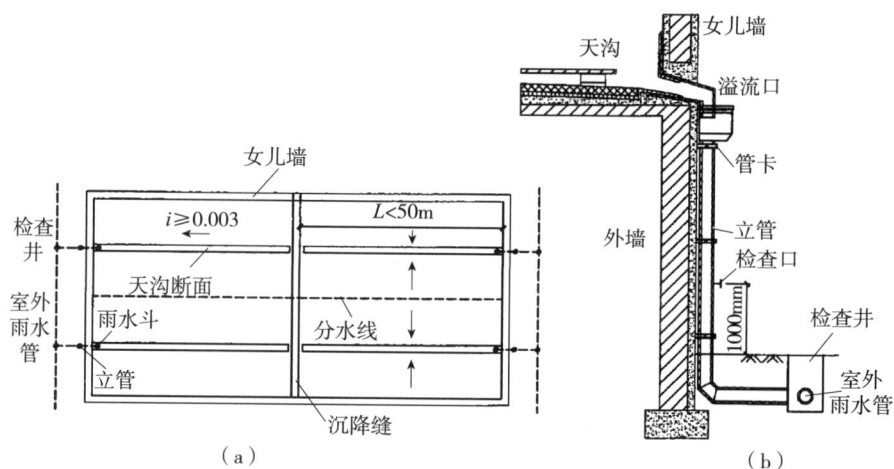

图5-15 天沟外排水系统
（a）平面图；（b）剖面图

天沟断面积应根据屋面汇水面积和降雨强度大小进行水力计算，以确保排水系统的有效性。立管雨水入口处设置的雨水斗不仅可以改善排水情况，而且可以防止杂物堵塞排水立管。同时，天沟末端的山墙、女儿墙上设有溢流口，以便超设计降雨量的排泄，避免天沟积水，甚至溢水而造成危害。

（3）内排水系统

对于某些建筑，由于外立面美观要求或考虑到外设立管冰冻造成排水能力下降等，外墙面设置雨水立管并不适合。因此，这些建筑可以选择采用内排水系统，如图5-16所示。内排水系统由雨水斗、连接管、悬吊管、立管、排出管等组成。连接管是雨水斗和悬吊管之间相连的一段短管，一般固定在建筑物的承重结构上。悬吊管是横向的输水管，一般沿屋架敷设，每隔15~20m设检查口，便于维修工作。为使水流顺畅，从雨水斗到悬吊管之间

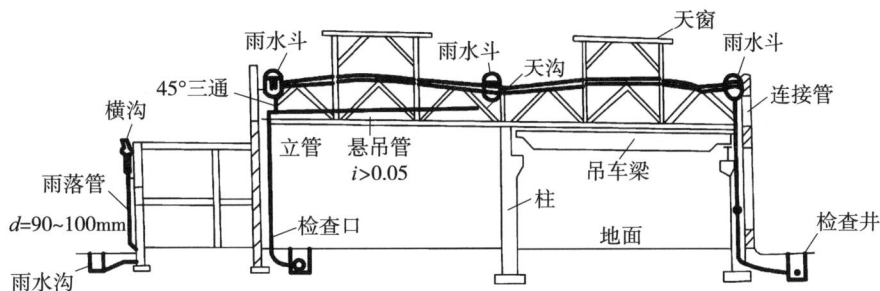

图 5-16 内排水系统

的高度应不小于1m。对于重力流排水系统中的悬吊管，应具有一定的坡度，以促使水能自然流动。而对于压力流排水系统的悬吊管，则可以不设置坡度。然而，为了维修排空或便于排除小于设计重现期的小雨流量，也可设有管道坡度。排出管承接立管，将雨水排出室外，进入地面雨水道。

地面雨水排水系统的埋地管设于建筑物外，也称为庭院雨水管。与一般地下排水管相同，庭院雨水管的最小管径不应小于200mm，并且应设有一定的坡度。在管道交叉、转弯、变坡、变径等节点处设检查井，以方便检修和维护。

（4）雨水斗

雨水斗是屋面雨水汇集后排入雨水管网的进水口，如图5-17所示。雨水斗由格栅、整流器、斗体、出水短管等组成。格栅的作用是阻止大的杂物进入雨水管，以保持管道畅通。整流器起到引导水流、减少涡旋和防止空气进入的作用，确保水流能够平稳地进入雨水斗。对于防冻雨水斗，还配备了加热包。加热包的作用是在低温环境下防止雨水斗结冰，确保排水正常。

雨水斗通常设在天沟底部。在正常情况下，斗前水深有限，雨水进入雨水斗的同时会带入气体，导致管道内流动呈现非满流状态。为了减少掺入气体，可将雨水斗下沉至天沟下屋面顶板内，加深斗的进水深度，这样可使雨水排水的系统呈负压满流状态，形成满管压力流排水，也被称为虹吸流雨水排水系统。压力流排水系统的排水能力大于重力流排水系统。

压力流雨水排水系统常用虹吸式雨水斗实现。虹吸式雨水斗在普通雨水斗的基础上增加了强制破坏旋涡片（位于雨水斗中部），如图5-18所示。当斗前水深达到一定的高度时，水封就会完全阻隔空气进入，形成满流，实现虹吸流排水。虹吸式雨水斗上的强制破坏旋涡片具有反涡流功能，能够使雨水平稳地淹没泄流进入排水管，形成满流。虹吸式雨水斗单斗排水量比普通雨水斗更大。反涡流的设计使得排水效率高且噪声小。大面积屋面及管道布置困难的情形下，为减少管道数量，需采用虹吸压力流雨水系统。

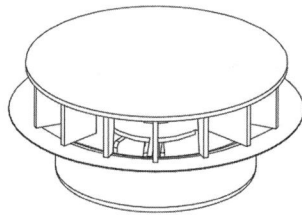

图 5-17　普通 87 型雨水斗　　　　　　图 5-18　虹吸式雨水斗

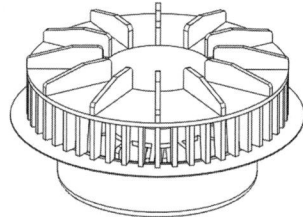

雨水斗的布置和间距应考虑暴雨强度、汇水面积和雨水斗的排水能力以及是否有利于管道的连接等问题。在伸缩缝或防火墙处设雨水斗时，应在其两侧各设一个斗。雨水斗应避免直接设在立管顶上，防止大量空气吸入，降低排水量。各斗应布置在建筑同一层面上，高差不应过大，以使排水均匀；一幢建筑斗数不应少于两个，以免一个斗被堵塞时，屋顶泛水。

5.3.2　雨水排水系统的计算

（1）雨量的计算

雨量是指进入雨水管道内的设计雨水流量，与降雨强度、径流系数 ψ 和汇水面积 F_w 有关，按式（5-3）计算：

$$Q = F_w q_j \psi \qquad\qquad（5-3）$$

式中　Q——设计雨水流量（L/s）；

　　　q_j——降雨历时为 j 分钟的降雨强度 [L/（s·hm^2）]。

暴雨强度是单位时间内的降雨量，数值上为单位面积上某降雨时段内降雨量除以降雨历时，单位为 L/（s·hm^2）或 mm/hr[1mm/hr=2.78L/（s·hm^2）]。一般取 $j = 5$，即以降雨历时为 5min 的暴雨强度来计算屋面雨水排水量。暴雨强度有时也叫降雨强度。设计雨水排水时，需要选取设计暴雨强度，一般借助重现期来确定设计暴雨强度。重现期是指经一定长的雨量观测资料统计分析，等于或大于某暴雨强度的降雨出现一次的平均间隔时间（P），以年表示。比如 $P = 2$ 年，即表示每 2 年就会出现一次等于或大于该暴雨强度的降雨，P 越长，暴雨强度越大。经过气象部门长期观测和给水排水工作者的统计，全国绝大多数的城市都建立了当地的暴雨强度公式。重现期的取值，要根据建筑物的重要程度、汇水区域性质、地形特点及气候特征而定。对于一般建筑屋面 $P = 5$，重要公共建筑 $P \geqslant 10$。

屋面汇水面积按屋面投影面积计算。当屋顶有伸出屋面的侧墙时，也会收集雨水，应当计入汇水面积，一般将侧墙最大受雨面垂直投影面的一半计入汇水面积。径流系数按表 5-2 取值。

屋面、地面种类	径流系数	屋面、地面种类	径流系数
屋面	0.9~1.00		
混凝土和沥青路面	0.9	干砖及碎石路面	0.40
块石路面	0.6	非铺砌地面	0.30
级配碎石路面	0.45	公园绿地	0.15

（2）天沟排水水力计算

天沟设计有坡度（一般不小于 0.3%），雨水流动为自由水面的重力流，其水力计算任务是对天沟的过水断面和坡度进行设计和核算。

（3）雨水斗数量

雨水斗的最小数量根据雨水斗承担的雨水量 Q 确定：

$$N = \frac{Q}{q} \tag{5-4}$$

式中　q——雨水斗最大泄流量，按规范及相关产品取值。

延伸阅读

姜湘山. 建筑给水排水设计要点 [M]. 北京：机械工业出版社，2012.

习题

1）建筑排水系统如何保障排水通畅？

2）建筑排水系统如何阻止下水管道的臭气进入室内？

3）建筑排水工程有哪些节水措施和设备？

4）卫生间降板处理是为了解决什么问题？解决该问题还有哪些处理方法？

5）一个排水当量和一个给水当量分别相当于多少流量？

6）建筑雨水系统如何分类？各适用于何种情况？

7）雨水排水工程中，什么是满管压力流排水系统？其有什么特点？如何实现？

第 2 篇

建筑暖通空调系统

第6章

绿色暖通空调系统概述

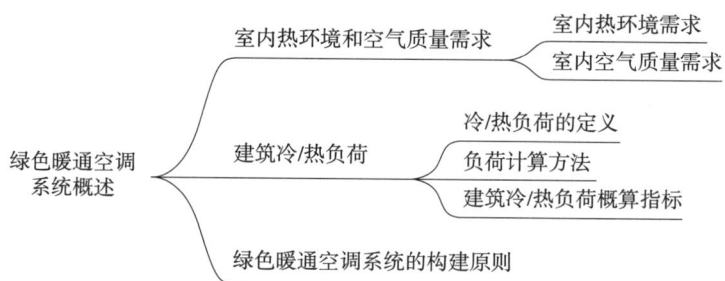

室内热环境和空气质量需求 ─┬─ 室内热环境需求
　　　　　　　　　　　　　　└─ 室内空气质量需求

绿色暖通空调
系统概述 ─┬─ 室内热环境和空气质量需求

建筑冷/热负荷 ─┬─ 冷/热负荷的定义
　　　　　　　├─ 负荷计算方法
　　　　　　　└─ 建筑冷/热负荷概算指标

绿色暖通空调系统的构建原则

第6章知识图谱

室内热环境和空气品质是影响建筑内人员健康、舒适和高效工作的重要因素。供暖通风与空气调节（简称暖通空调）是控制建筑室内空气质量、热湿环境和气流环境的技术，对保障绿色建筑性能至关重要。暖通空调系统在建筑物运行过程中持续消耗能源，如何通过合理选择系统与优化设计使其能耗降低，对实现我国建筑节能目标和推动绿色建筑发展的作用巨大。第 6 章主要讲述暖通空调系统营造建筑环境过程中，人对空气品质和热环境的需求、建筑冷 / 热负荷的计算以及绿色暖通空调系统的构建原则。第 7~9 章将讲述建筑暖通空调系统的三个分支——建筑供暖、建筑通风和建筑空调，它们既有不同点，又相互关联；第 10 章讲述建筑空调与供暖所需的冷热源。

6.1 室内热环境和空气质量需求

建筑是人们生活与工作的场所。现代人类有 90% 以上的时间在建筑物中度过。人们已逐渐认识到，建筑环境对人类的寿命、工作效率、产品质量起着极为重要的作用，始终不懈地改善室内环境，以满足人类自身生活、工作对环境的要求和生产、科学实验对环境的要求。暖通空调系统的任务就是营造满足我们生活和工作要求的建筑室内热湿环境、空气质量和气流环境，同时也对系统本身所产生的噪声进行控制。

为室内人员创造舒适健康环境的空调系统称为舒适性空调。为生产工艺过程或设备运行创造必要环境条件的空调系统，称为工艺性空调。工艺性空调室内温湿度基数及其允许波动范围，根据工艺需要及卫生要求确定，有条件时可兼顾工作人员的舒适要求。

6.1.1 室内热环境需求

室内热环境（包括热、湿和气流）直接影响人的身心舒适健康及工作效率。室内热舒适是指人在室内环境中主观感受到的冷暖和舒适程度，受空气温度、湿度、气流、室内表面辐射温度等多项环境参数的综合影响。丹麦学者 Fanger 在人体热平衡方程基础上提出了以预测热感觉指数（Predicted Mean Vote，缩写 PMV）来量化评价室内热环境的舒适程度，它的数值范围从 −3~+3 共七级分度，分别表示很冷、冷、稍冷、适中、稍热、热和很热。当 PMV 值在 −0.5~+0.5，90% 的人群满意该热环境水平；当 PMV 值在 −1.0~1.0，75% 的人群满意该热环境水平。

按照《民用建筑供暖通风与空气调节设计规范》GB 50736—2012，在满足人员热舒适的条件下考虑节能，供暖设计时宜选择偏冷（−1 < PMV < 0）的环境，如严寒地区和寒冷地区主要房间供暖室内设计温度范围为 18~24℃。

考虑到夏热冬冷地区居民生活习惯，如在室内穿着棉衣、开窗通风等，其室内设计温度一般为18~22℃。

空调设计时，将热舒适划分为Ⅰ级和Ⅱ级两个等级，其中热舒适水平较高的Ⅰ级对应PMV范围为-0.5~+0.5，Ⅱ级对应PMV范围为-1~-0.5和+0.5~+1.0。按照这个分级，夏季供冷和冬季供暖工况下人员长期逗留区域的空调室内计算参数范围如表6-1所示。夏季空调供冷时，室内相对湿度在40%~70%之间，Ⅰ级和Ⅱ级的温度范围分别为24~26℃和26~28℃。冬季空调供暖时，综合考虑温湿度的关系，Ⅰ级的相对湿度范围为30%~60%，温度范围为22~24℃；Ⅱ级的相对湿度不作要求，温度范围为18~22℃。风速的控制以吹风感造成的不满意度小于20%为依据，不同温度和紊流情况下，夏季和冬季室内允许最大风速分别为0.25m/s和0.2m/s。

人员长期逗留区域空调室内计算参数 表6-1

	热舒适度等级	温度（℃）	相对湿度	风速（m/s）
供冷工况	Ⅰ级	24~26	40%~70%	≤ 0.25
	Ⅱ级	26~28		
供暖工况	Ⅰ级	22~24	30%~60%	≤ 0.2
	Ⅱ级	18~22	≤ 60%	≤ 0.2

当采用辐射供暖或辐射空调时，辐射板表面以及在热辐射作用下室内围护结构和其他物体表面的温度变化，将提高或降低室内表面的平均温度，不再像对流空调那样接近于空气温度。辐射供冷时人体的辐射散热量增加，辐射供暖时人体的辐射散热量减少，由此，人体的实际感觉比相同室内温度对流供冷或供暖时舒适。按照达到相同的热舒适条件，辐射供冷房间空气温度可提高1~2℃，辐射供暖房间空气温度可降低2~3℃。

门厅、中庭、走廊等过渡空间和高大空间中超出人员活动范围的上部空间，人员停留时间较短，对热环境的满意程度更多地取决于动态环境的变化。综合考虑建筑节能的需要，这些人员短期逗留区域空调室内设计参数可在长期逗留区域基础上降低要求，例如供冷工况温度提高1~2℃、风速不大于0.5m/s，供暖工况温度降低1~2℃、风速不大于0.3m/s。

对于采用自然通风或复合通风的建筑，适应性热舒适温度区间可根据室外月平均温度进行计算。当室内平均气流速度小于等于0.3m/s时，热舒适温度为图6-1中的阴影区间。当室

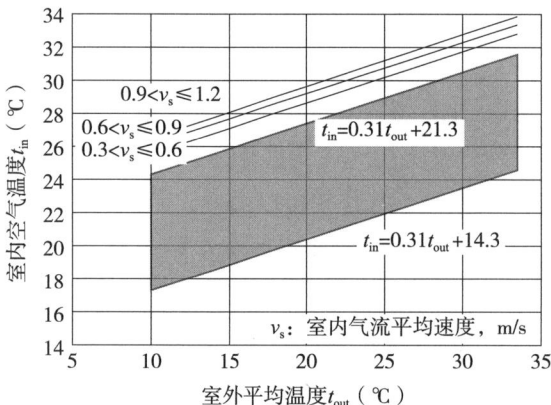

图6-1 自然通风或复合通风建筑的热舒适温度范围

内温度高于25℃时，允许采用提高气流速度的方式来补偿室内温度的上升，即室内舒适温度上限可进一步提高。例如，当室外月平均温度为20℃，且室内平均气流速度在0.3~0.6m/s时，舒适温度上限可提高1.2℃，即室内舒适温度区间为20.5~28.7℃。

6.1.2 室内空气质量需求

人每天呼吸的空气量可达到十几立方米，室内空气质量同样影响人的身心舒适健康和工作效率。室内空气质量的定义既有客观指标的规定，也有主观判断。前者是一定时间和一定区域内，室内空气中与人体健康有关的物理性、化学性、生物性和放射性指标要求；后者是人的感觉和室内空气质量对人的影响。我国《室内空气质量标准》GB/T 18883—2022中室内空气质量指标包括：①物理性指标：温度、相对湿度、风速和新风量；②化学性指标：臭氧、二氧化氮、二氧化碳、挥发性有机化合物（如氨、甲醛、苯）和颗粒物（如可吸入颗粒物 PM_{10}、细颗粒物 $PM_{2.5}$）等；③生物性指标：主要指细菌总数；④放射性指标：主要指氡的含量。

供给足够的新风或空气净化是保障室内空气质量的必要措施。为满足室内人员对健康、舒适、安全的生活和工作环境的需求，暖通空调系统的新风量取决于人体对有害物的允许浓度、房间的使用功能等。二氧化碳作为人体呼吸代谢的主要产物之一，它的浓度可以反映室内的空气新鲜程度和通风状况。通常，室内二氧化碳的允许浓度为0.1%（1000ppm），该允许浓度下轻活动强度（如静坐、办公）所需的人均新风量为20~30m³/h。

增加新风量有利于室内空气品质的提升，但会导致冷热量消耗增多、能耗增加；而新风量不足则会造成室内空气质量下降，使室内人员产生气闷、头痛、昏睡等症状。室内环境达到预期的绿色、低碳及健康标准所需的新风换气量，一般依照以下两种方法确定：一是根据建筑类型，以人均新风量或房间最小通风换气次数为标准计算确定；二是根据室内外空气参数及需要消除的室内有害气体产生量计算确定。

（1）根据建筑类型确定

民用建筑的新风量可按照人均新风量或房间换气次数确定。按照《民用建筑供暖通风与空气调节设计规范》GB 50736—2012，办公、酒店等公共建筑主要房间（如办公室、客房）所需最小新风量为30m³/（h·人），大堂为10m³/（h·人）。例如，办公室所需最小新风量为30m³/（h·人），设计人数为5人，则该房间所需新风量为150m³/h。居住建筑和医疗建筑污染物（如炊事、医疗废弃物等）通常比人员呼吸代谢污染具有更大的比重。这两类建筑的新风量需同时考虑建筑污染与人员污染总量，常以换气次数的形式给出所需最小新风量。居住建筑根据人均面积确定相应的换气次数要求，医疗建筑则根据具体房间的功能属性确定相应的换气次数，如表 6-2 所示。

居住建筑和医疗建筑的新风换气次数要求　　表 6-2

建筑类型	房间分类	换气次数（h^{-1}）
居住建筑	人均居住面积 ≤ 10m²	0.7
	10m² < 人均居住面积 ≤ 20m²	0.6
	20m² < 人均居住面积 ≤ 50m²	0.5
	人均居住面积 > 50m²	0.45
医疗建筑	门诊室	2
	病房	2
	手术室	5

人员密度大的公共建筑中新风处理所需的冷 / 热负荷在空调负荷中的比重高达 30%~40%，且其人流量受季节、气候和节假日等因素影响变化幅度大。这些公共建筑中，根据不同人员密度确定人均最小新风量，如表 6-3 所示，由此大幅降低暖通空调系统的新风量及能耗。

高密人群建筑人均最小新风量 [单位：m^3/（h·人）]　　表 6-3

建筑类型	人员密度 P_F（人 /m²）		
	$P_F ≤ 0.4$	$0.4 < P_F ≤ 1.0$	$P_F > 1.0$
影剧院、会议室等	14	12	11
商场、展厅、交通等候室、体育馆等	19	16	15
图书馆	20	17	16
教室	28	24	22
健身房	40	38	37

根据房间新风换气次数要求，新风换气的通风量可按式（6-1）计算。

$$G = \frac{nV}{3600} \qquad (6-1)$$

式中　G——通风量，m^3/s；

　　　V——房间体积，m^3；

　　　n——换气次数，h^{-1}。

对于绿色公共建筑，除了上述房间最小新风量的要求之外，在春、秋季等可开窗自然通风的情况下，主要功能房间自然通风换气次数不小于 $2h^{-1}$ 的面积比例应能达到70%以上，提高室内空气质量。

（2）根据有害气体量计算

当室内存在明显的污染源时，根据污染源有害气体的发生量和允许浓度，所需要的通风量 G（m^3/s）可按式（6-2）计算。

$$G = \frac{z}{y_p - y_j} \tag{6-2}$$

式中　Z——室内有害气体发生量，mg/s；

　　y_j，y_p——分别为进风和排风中有害气体浓度，mg/m^3。

建筑冷／热负荷是确定暖通空调系统设计和设备配置的重要依据，直接影响系统的节能减排和经济性。

6.2.1　冷／热负荷的定义

建筑室内热环境受各种外扰和内扰的影响。如图6-2所示，外扰主要包括室外气候参数以及邻室的温湿度，可通过围护结构的传热传湿、透过玻璃的日射、空气渗透使得热和湿进入室内；内扰主要包括室内设备、照明、人员等热湿源。

1）通过非透光围护结构的传热：通过屋顶、墙体等非透光围护结构传至室内的显热量来源于两部分，即围护结构外表面与室外空气之间的对流换热和吸收的太阳辐射热。由于围护结构存在热惯性，通过它的传热量和温度波动与外扰波动之间存在衰减和延迟。一般情况下，透过围护结构的水蒸气可以忽略不计。

2）透过透光围护结构的传热：通过玻璃、半透膜等透光外围护结构的传热包括两种途径，一是与上述非透光围护结构一样的热传导，二是直接透过的太阳辐射得热。

3）空气渗透引起的传热：由于建筑存在各种门、窗和其他类型的开口，室外空气有可能进入房间引起热和湿的变化。

4）室内产热产湿量：室内热源的发热量和散湿量，如设备和照明功率、人体代谢率、散湿面积等，影响室内产热产湿量。

为了保持建筑室内的热湿参数在某一范围内，在单位时间内需从室内除去的热量（包括显热和潜热），称为冷负荷。反之，当室外温度低于室内温度时，热量会通过围护结构传热、冷风渗透等方式从室内传向室外。在某

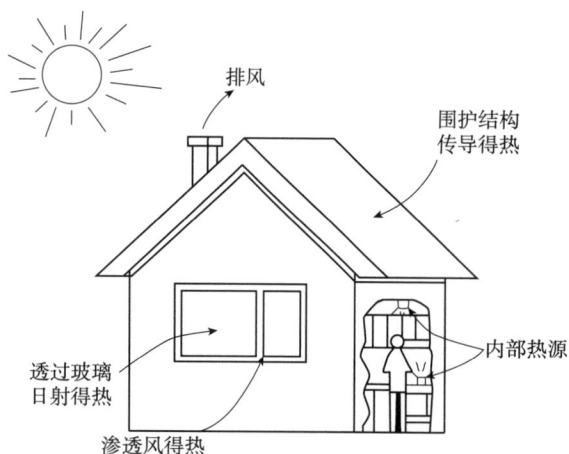

图 6-2 建筑得热的示意图

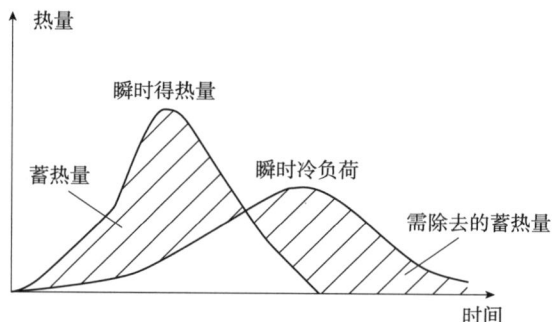

图 6-3 建筑冷 / 热负荷与得热的关系

一室外温度下，为了达到要求的室内温度，单位时间内需向室内供应的热量，称为热负荷。冷 / 热负荷与建筑得热量有关，但并不等于得热，两者的关系如图 6-3 所示。渗透空气和室内热湿源的得热会直接进入室内空气中，成为瞬时冷 / 热负荷。围护结构传热中，室内表面的对流部分会直接传给室内空气，成为瞬时负荷；而与其他室内表面的长波辐射换热以及入射的太阳辐射，会被室内壁面吸收蓄热，再通过对流方式逐步释放到空气中，形成负荷。

6.2.2　负荷计算方法

建筑围护结构的传热、空气渗透等随室外天气因素实时变化，属于复杂的不稳定传热过程。目前，国内外常用的负荷求解方法，主要包括稳态计算、动态计算和数值求解计算三类。

（1）稳态计算法

稳态计算法采用室内外瞬时或平均温差、围护结构的传热系数和传热面积来求取负荷值，即 $Q = KF\Delta T$。室外温度根据需要可能采用空气温度，也可能采用考虑太阳辐射影响的室外综合温度。这种方法简单直观，但它不考虑建筑蓄热，所求得的负荷值往往偏大。对于蓄热性小的轻型围护结构，可以采用该方法进行近似计算传热。当室内外温差的平均值远大于室内外温度的波幅时，该方法的计算误差也较小，满足工程设计需求。

冬季建筑供暖的热负荷常采用稳态计算法，主要包括围护结构的耗热量和冷空气渗透的耗热量这两项耗热量。对于建筑内放热量较大且恒定的热源散热，在热负荷计算时也予以考虑。

114

1）围护结构的耗热量

围护结构的耗热量包括基本耗热量和附加耗热量，前者是围护结构的温差传热量，后者考虑了太阳辐射和风力等因素变化的影响（以相应的修正系数 β_i 表示），按式（6-3）计算：

$$Q_{\text{env}} = \alpha KF\left(t_n - t_w\right) \cdot \prod_{i=1}^{5}\left(1 + \beta_i\right) \tag{6-3}$$

式中　Q_{env}——围护结构的耗热量，W；

K——围护结构的传热系数，W/（$m^2 \cdot K$），可从设计手册上查取；

F——围护结构的面积，m^2；

t_n——冬季室内计算温度，℃，一般严寒和寒冷地区主要房间为 18~24℃、夏热冬冷地区主要房间为 16~22℃；

t_w——供暖室外计算温度，是按历年平均不保证 5 天的统计方法确定的用于供暖设计的室外温度值，℃；

α——围护结构温差修正系数，用以修正围护结构外侧为非供暖空间的情况；直接外围护结构 α 值为 1.0，与有外门窗的供暖房间相邻的隔墙、防震缝墙等取值 0.7，与无外门窗的非供暖房间相邻的隔墙取值 0.4，伸缩缝、沉降缝墙等取值 0.3；

β_i——围护结构附加耗热量的修正率，见表 6-4。

围护结构附加耗热量的修正率　　　　　　　　　　　　　　　　　　　表 6-4

	修正原因	围护结构附加耗热量的修正率 β_i			
外墙的朝向修正率	不同朝向的围护结构受到的太阳辐射、风速和频率不同	东、西朝向 −5%	东南、西南朝向 −10%~−15%	南向 −15%~−30%	北、东、西北朝向 0~10%
外墙的风力附加率	高地、河边、海岸、旷野以及特别高的建筑物，受到的风力增大	5%~10%			
外门的附加率	加热开启外门时侵入冷空气	公共建筑主要出入口：500%			
		单层、双层、三层外门：分别为 65%n、80%n、60%n（n 为楼层数）			
房高附加率	室内温度梯度使得房间上部传热量增大	房高大于 4m 时，每增高 1m 房间耗热量增加 2%，总加值不得超过 15%			
间歇附加率	间歇供暖房间为迅速提高室温需增加供热量	仅白天使用的建筑：20%			
		不常使用的建筑：30%			

2）冷空气渗透的耗热量

冷空气经门窗缝隙进入室内，将这部分冷空气加热到室温所需的热量为：

$$Q_{inf} = G_{inf} \rho_w c_p \left(t_n - t_w \right) \qquad (6-4)$$

式中　　Q_{inf}——门窗缝隙渗入冷空气的耗热量，W；

　　　　G_{inf}——渗透冷空气量，可根据风力情况和缝隙尺寸或房间换气次数测
　　　　　　　算，m^3/s；

　　　　ρ_w——供暖室外计算温度下的空气密度，kg/m^3；

　　　　c_p——空气比热容，一般为 1.0kJ/（kg·K）。

夏季冷负荷则不能采用稳态算法，否则可能导致结果错误。夏季日间瞬
时室外温度较高而夜间温度则可能低于室内温度，与冬季相比，其室内外的
日平均温差较小，而波动的幅度较大。稳态计算法若采用日平均温差，冷负
荷计算结果偏小；若采用逐时室内外温差，忽略围护结构的衰减延迟作用，
则计算结果偏大。

暖通空调系统引入室外新鲜空气（简称新风）是保障室内空气质量
的关键。冬季空调不考虑加湿情况下，加热新风的新风热负荷按式（6-5）
计算：

$$Q_{fa,H} = G_{fa} \rho_w c_p \left(t_n - t_w \right) \qquad (6-5)$$

式中　　$Q_{fa,H}$——新风热负荷，W；

　　　　G_{fa}——空调新风量，m^3/s。

夏季空调需对新风进行降温除湿处理，按照空气焓值计算新风冷负荷：

$$Q_{fa,C} = G_{fa} \rho_w \left(h_w - h_n \right) \qquad (6-6)$$

式中　　$Q_{fa,C}$——新风冷负荷，W；

　　　　G_{fa}——空调新风量，m^3/s；

　　　　ρ_w——夏季空调室外计算温度下的空气密度，kg/m^3；

　　　　h_n——夏季室内空气计算参数下的焓值，kJ/kg；

　　　　h_w——夏季空调室外计算参数下的焓值，kJ/kg。

（2）动态计算法

动态计算需要解决两个主要问题，一是求解围护结构的不稳定传热，二
是求得热和负荷的转换关系。采用积分变换法求解不稳定传热过程的微分方
程，可以得到其解析解。基于傅里叶级数分解和时间序列离散分别发展出了
谐波反应法和反应系数法。目前，我国常用的冷负荷系数法是反应系数法的
一种形式，为方便计算，用逐时冷负荷计算温度和冷负荷系数来反映外扰和
内扰引起的冷负荷。

随着计算机技术的快速发展，20 世纪 60 年代中期开始，先后出现
了许多建筑负荷和能耗的模拟软件，如美国的 BLAST 和 DOE-2、欧洲

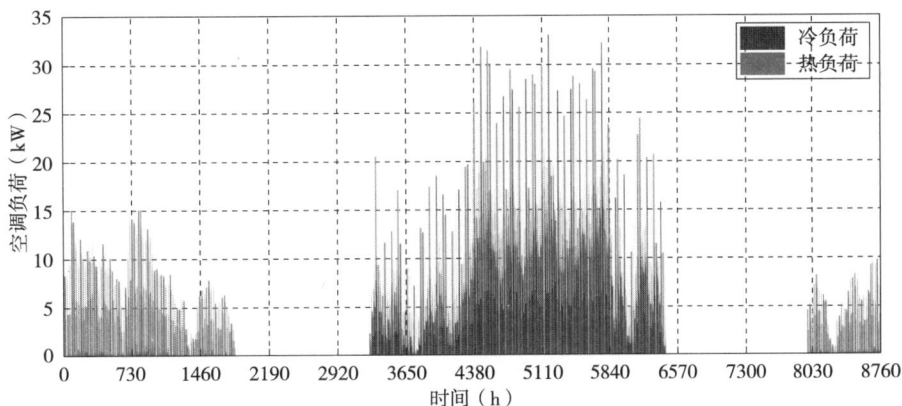

图 6-4　某建筑全年冷 / 热负荷

的 ESP-r、日本的 HASP 和中国的 DeST 等。20 世纪 90 年代以后，建筑能耗模拟软件不断完善，广泛用于实际暖通空调工程的负荷计算、设备选型和能耗与经济性分析等。目前常见的建筑能耗分析软件主要有 DOE-2、EnergyPlus、TRNSYS、ESP-r、DeST 等。在上述软件中根据建筑实际情况完成建模和运行参数设置，可以计算该建筑全年的逐时空调负荷，如图 6-4 所示。

空调系统承担的总冷 / 热负荷是根据所服务空调区的同时使用情况、空调系统的类型及调节方式，按各空调区逐时冷负荷的综合最大值确定；并计入新风冷 / 热负荷以及通风机、风管、水泵、冷水管和水箱温升、送风管漏风等引起的附加冷负荷。当末端空气处理设备的处理过程有冷热抵消时，还应计入由于冷热抵消损失的冷量。

6.2.3　建筑冷 / 热负荷概算指标

建筑冷 / 热负荷概算指标是一些不同类型和用途的建筑单位面积或体积冷 / 热负荷的统计值，一般在暖通空调方案可行性研究或初步设计阶段用作建筑负荷的估算。

（1）面积指标法

面积指标法估算建筑负荷如式（6-7）所示。表 6-5 是由国内 300 余个空调工程统计得出的典型民用建筑夏季单位面积冷负荷指标。

$$Q = q_F F \tag{6-7}$$

式中　Q——建筑冷 / 热负荷，W；

q_F——单位面积冷 / 热负荷指标，W/m^2；

F——建筑面积，m^2。

典型民用建筑夏季单位面积冷负荷指标 表6-5

建筑类型		空调冷负荷指标（W/m²）	建筑类型		空调冷负荷指标（W/m²）
住宅、公寓	多层建筑	88~150	图书馆	阅览室	100~160
	高层建筑	80~120		书库	70~90
	别墅	150~220	旅馆	客房	70~100
办公楼	一般办公室	90~120		大堂	80~100
	高级办公室	120~160	商场	首层、顶层	160~280
	会议室	150~220		中间层	150~200
医院	诊断、治疗	75~140	影剧院	观众厅	180~280
	病房	70~110		大堂	70~100
	手术室	100~380	体育馆	比赛区	100~140
餐馆		180~280		观众区	160~250

（2）体积指标法

单位体积负荷指标是指在室内外温度差为1℃时，单位体积建筑的负荷。体积指标法一般用于估算建筑供暖热负荷，可按照式（6-8）计算。表6-6是寒冷地区某城市建筑单位体积的供暖热指标。

$$Q = q_V V \left(t_n - t_w \right) \tag{6-8}$$

式中　q_V——单位体积冷/热负荷指标，$W/\left(m^3 \cdot K \right)$；

　　　V——建筑体积，m^3；

　　　t_n, t_w——分别为室内与室外空气温度，℃。

寒冷地区某城市建筑单位体积供暖热指标 表6-6

建筑类型	建筑物体积（m³）	单位体积供暖热指标 [W/（m²·K）]	
		一层玻璃	北面及西面两层玻璃
住宅 1~2 层	700~1200	1.396	1.163
住宅 3~4 层	9000~12000	0.64	0.58
行政办公楼 4~5 层	18000~22000	0.58	0.52
高等学校及中学 3~4 层	> 22000	0.58	0.52
小学、幼儿园、托儿所等 2 层	> 3500	0.814	0.76
医院 4~5 层	> 10000	0.64	0.58

面对日益严峻的资源与环境压力，推进建筑节能减排、发展绿色低碳建筑是当前建筑发展的重要方向。健康舒适和资源节约是绿色建筑的重要内涵。暖通空调系统不仅关系到室内环境的健康与舒适，且其能耗在建筑总能耗中占的比例较大，达到 50%~60%。保障室内环境品质的同时提高系统能效、降低能耗成为绿色暖通空调系统设计和运行必须面对的挑战。在建筑布局和热工性能等被动措施优化基础上，以下是绿色暖通空调系统的一些构建原则。

（1）优化暖通空调房间的布置，合理确定室内环境需求

暖通空调房间的布置应考虑房间使用要求和暖通空调系统的技术、节能和经济要求，一般应满足下列要求：

1）供暖或空调的房间应尽量集中布置，其中室内温湿度、使用时间和消声等要求相近的房间，宜相邻布置或上下对应布置，不与高温高湿的房间毗邻。

2）暖通空调房间不靠近产生大量污染物的房间，无有害气体产生的房间布置在散发有害气体产生房间的上风向。

3）房间的净高在满足生活／生产需求、气流组织、管道布置和人体舒适等要求的条件下尽可能降低。

4）供暖或空调房间应采取良好的屋顶和外墙保温隔热措施，尤其是顶层和北向供暖房间、顶层和东西朝向供冷房间。

根据房间功能需求和使用特点，合理地确定室内热环境和空气品质设计参数，并通过动态调节方式减少暖通空调系统负荷。

1）室内温湿度基数不需要保持全年固定不变的舒适性空调系统，可采用变设定值的控制方式，冬季加热加湿至舒适区下限，夏季冷却除湿至舒适区上限，在过渡季室内温湿度在舒适区的上、下限范围内浮动。冬季室内供暖温度每降低 1℃，供暖能耗可减少 5%~10%；夏季室内空调温度每提高 1℃，也可以减少能耗。根据室外温度的变化，对室内温度的设定值进行优化调节和浮动控制，可以节省能耗 15%~20%。

2）根据建筑使用规律和具体情况，周期性的自动改变室内温度的设定值，对室内温度进行自动再设定调节。例如晚上睡眠时、午餐和午休时，供冷时适当升高或供暖时适当降低室内温度；尤其临近下班时，设定值可从设计值开始逐渐向接近室外温度方向变化。这样可取得显著的节能效果。

3）室内人员密度较大且变化较大的房间，其空调系统的新风量应根据室内二氧化碳浓度实时调节，在二氧化碳浓度不超标的情况下减少新风量，可以大幅降低新风处理能耗。例如，商场在非节假日或每天刚开店和闭店前人数较少时，可减少新风量，从而节省冷、热量。

4）仅要求在使用时间保持供暖计算温度的建筑，如办公、教室、商店、展馆等建筑，在非使用时段里室温允许自然下降，供暖系统可以按照间歇供暖模式进行设计。

（2）合理选择供暖、通风与空调方式

暖通空调系统选择时，应当分析环境控制场合的特点（气候特点、建筑特点、负荷特性、使用特点、调节要求和管理要求等）和各种暖通空调系统的特点，使系统与被控制的环境有最佳的配合，在保障良好的环境控制质量条件下达到节能、低碳与经济的目的。

1）通风可满足有室内降温、污染物控制需求的房间，优先采用通风措施，尤其是自然通风；设置空调的环境也应考虑自然通风措施，在合适的室外环境条件下充分利用室外空气作免费冷源。

2）夏热冬冷地区冬季供暖期短、供暖负荷小且昼夜波动大，宜采用"部分时间、部分空间"的分散式供暖，满足不同住户对室温的差异化需求，同时可节省系统初投资和运行成本。寒冷和严寒地区寒冷期长，建筑大部分空间需要昼夜连续供暖，城市集中供能可利用大型热源（如锅炉、热点联产机组、工业废热等），有利于提高能源利用效率。

3）严寒地区的建筑以提升室温为主要需求而没有湿度控制要求，冬季采用热水集中供暖系统进行供暖，比利用空调系统进行热风供暖更节能、更经济。

4）住宅、分隔办公间等因人员在室情况、调节需求的差异，宜选择启停和调节灵活的空调系统形式，利用行为节能降低能耗；会议厅、剧场、影院等人员密集的大空间，以整个空间的温湿度统一调节为主，采用集中式空调系统，有利于提高系统能效、降低噪声和减少维护工作。

（3）优化暖通空调系统设计

暖通空调系统的优化设计，需要细致地考虑房间负荷特点、运行调节和管理的需求，合理地进行系统分区。例如注意不同朝向、外区（周边区）与内区之间房间冷/热负荷的差异，暖通空调系统应分开设置或分环路，以便分系统或分环路控制与调节。这样可避免某些区域的夏季出现过冷（室内温度低于要求的温度）情况，冬季出现过热（室内温度高于要求的温度）情况，过冷或过热都会导致浪费能量。

1）供暖系统宜南北向分环布置，不仅可以节省能耗，而且可有效地平衡南北向房间的室温差异，克服"北冷南热"现象。

2）每层面积较大的建筑，外区因有外围护结构，空调负荷随季节改变有较大的变化；内区一般需要常年供冷。建筑物内区和外区的负荷特性不

同，应结合建筑进深、朝向、分隔等因素，因势利导地划分内区和外区（周边区），分别设计和配置空调系统；冬季内区的冷却，应尽量利用室外低温空气作为免费冷源。这样，既便于运行管理，获得最佳的空调效果；又能够避免冷热抵消，节省能耗，降低运行费用。

3）同一个空气处理系统中，除特殊需要外（如多区域再热和恒温恒湿空调系统），应避免加热和冷却过程同时出现，以减少冷热抵消造成的能源浪费。

暖通空调系统的优化设计，需要综合考虑室内供暖、通风和空调方式、气流组织、冷热媒输配、冷热源以及系统控制与运行等各个环节的优化与匹配，使得整个系统形式、设计参数和运行调节满足使用需求的同时能源利用效率高、碳排放量小。

1）在供暖、通风和空调方式方面，根据建筑各个分区的负荷特点、运行调节和管理的需求等，选择合适的暖通空调系统形式，如送风供暖还是散热器、辐射供暖，分散式空调还是半集中式、集中式空调。

2）在冷热媒输配方面，空气、水等冷热量载体的流动阻力和管道传热会引起能量消耗，需要选择适合的输配媒介、流量和流速，并选择合适的泵与风机、管道保温。

3）在冷热源选择方面，依据建筑的负荷特点、全年气候特征和当地资源状况，确定合适的冷源和热源，以及是否采用蓄冷蓄热技术。整个建筑采用同样的系统形式还是各区采用不同的系统，均需与冷热源方案相匹配，并优化全年运行策略。

4）在系统控制与运行方面，主要功能房间应根据房间、区域的功能和所采用的系统形式合理设置热环境调节装置，如温度、风速可独立调节，或满足主要功能房间不同热环境需求的调节装置或功能。

（4）加强管理提高节能效益

日常管理是建筑节能是否实际有效的关键。设计得再好的高效率设备系统，若管理不善将无法达到节能减排的目的。日常管理的节能措施如下：

1）加强日常和定期对设备和系统的维护。例如阀门、构件等的维护，防止冷、热水和冷、热风的跑、冒、滴、漏；换热设备传热表面的定期除垢或清除积灰；过滤器、除污器等设备定期清洗；经常检查自控设备与仪表，保证其正常工作等。

2）对系统的运行参数进行监测，从不正常的运行参数中发现系统存在的问题，并进行合理改造。设备容量选择过大常导致运行能耗高，例如某建筑空调冷却水的水泵容量选择过大，更换合适容量后，水泵能耗减少了45%。

3）根据季节变换，合理设置被控制房间的温度，避免夏季室内过冷、冬季室内过热的现象。过冷或过热不仅使人感到不舒适，而且额外消耗能量。

4）当过渡季节室内仍有冷负荷时，应尽量采用室外新风的自然冷却能力，节省人工冷源的能耗。如春、秋及夏初、夏末季节充分利用自然通风或辅以机械通风，排除室内余热，延长非空调时间。

5）只在一段时间内运行的空调系统（如办公楼、商场等建筑的空调系统），尽可能缩短预冷或预热时间；并在预冷或预热时不引入新风、仅对室内环境进行供冷或供暖。

延伸阅读

［1］ 朱颖心．建筑环境学 [M]．4 版．北京：中国建筑工业出版社，2016.
［2］ 陆耀庆．实用供热空调设计手册 [M]．2 版．北京：中国建筑工业出版社，2008.

思考题

1）建筑暖通空调系统的主要作用是什么？如何确定其室内设计参数？

2）什么是建筑冷负荷和热负荷？它们与建筑得热或散热的关系是什么？

3）试计算杭州某单层民用建筑物北侧围护结构引起的冬季供暖热负荷。已知条件：北外墙长 20m、高 5m，外墙为内抹灰外保温空心砖墙，传热系数为 0.8W/（m² · K）；北外墙上有 5 扇窗户，每扇窗户的尺寸为 1.5m × 2m，传热系数为 2.0W/（m² · K）；室内外设计参数请查阅资料确定。

4）为什么冬季往往可以采用稳态法计算供暖热负荷，而夏季却要采用动态算法计算空调冷负荷？

5）从健康舒适和节能减排的角度，构建绿色暖通空调系统需要遵循哪些原则？

第 7 章

建筑供暖系统

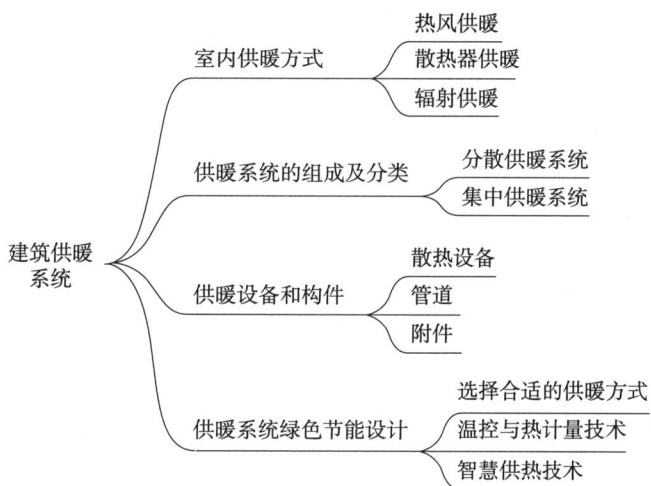

```
                                                      热风供暖
                                    室内供暖方式          散热器供暖
                                                      辐射供暖

                                                          分散供暖系统
                                    供暖系统的组成及分类
                                                          集中供暖系统
              建筑供暖
              系统                                     散热设备
                                    供暖设备和构件        管道
                                                      附件

                                                          选择合适的供暖方式
                                    供暖系统绿色节能设计     温控与热计量技术
                                                          智慧供热技术
```

第 7 章知识图谱

冬季室外温度低于室内温度时，房间里的热量不断地通过建筑物的围护结构传向室外，同时室外的冷空气通过门缝、窗缝以及开门、开窗时侵入房间而耗热。为了保持室内生活或工作所需的温度，需向室内供给热量；这种向室内供给热量的设施，称为建筑供暖系统。

7.1 室内供暖方式

建筑供暖系统根据给室内供热的散热设备及传热方式不同，可以分为热风供暖、散热器供暖和辐射供暖三类。热风供暖以对流传热为主，散热器供暖通过长波辐射和对流向室内供热，辐射供暖以长波辐射传热为主，这三种供暖方式在运行特点、适用场合等方面存在一定差异。

7.1.1 热风供暖

热风供暖是以热空气作为传热媒介的对流供暖方式。在热风供暖中，利用蒸汽、热水或电力加热室外空气、室内回风或室内外空气的混合物；加热后的空气通过风机送入室内进行供暖。暖风机主要由空气加热器和风机组成，如图 7-1 所示的暖风机，可以直接安装在供暖房间中，也可以通过风管输送热风。

热风供暖具有热惰性小、提高室温迅速的特点，同时还兼有通风换气的作用；其缺点是噪声较大。它主要适用于人们短时间内逗留的场所，如体育馆。在产生有害物质很少的工业厂房中，也可以采用热风供暖方式。

7.1.2 散热器供暖

散热器供暖是通过散热器表面与室内环境之间对流和长波辐射换热（以对流换热量为主）来进行供暖。散热器一般由金属材料制成，热水或蒸汽从散热器内流过，使其表面温度高于室内空气温度，通过对流和辐射两种散热方式向室内传递热量，如图 7-2 所示。散热器安装在外窗下时，自然对流相对强烈，散热效率比安装在内墙上要高，优先考虑布置在外窗下；当房间进深较大或相对两面都有外窗时，应分别在房间两面布置散热器。

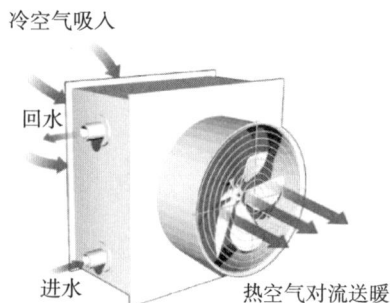

图 7-1 暖风机示意图

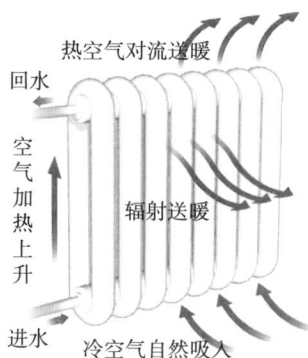

图 7-2 散热器供暖示意图

散热器具有成本低廉、使用方便，温度调节便利等优点，是目前我国集中供暖系统大量使用的散热设备。但它也存在体积较大，占用空间，以及热量输出不均匀，易产生局部温差等问题。

7.1.3 辐射供暖

热辐射是依靠物体表面对外发射可见和不可见射线（波长 0.4~40μm 的电磁波）来传递热能的一种现象，其特征是直线传播、能被反射、能被固体吸收并使其温度升高，但不能明显地提高空气的温度。辐射供暖是利用室内吊顶、地板、墙壁或其他表面作为散热面，以长波辐射传热方式为主散热给室内的供暖方式，如图 7-3 所示，详见 7.3 节。

在以人员热舒适为主要营造目标的建筑中，由于辐射板构造具有较大的热惯性，室内温度波动较小，并且热空气向上浮，辐射板安装于地板供暖时，室内温度均匀，热舒适性好。在热辐射的作用下，围护结构内表面和室内其他物体表面的温度比热风、散热器的对流供暖时高，人体的辐射散热相应减少，人的实际感觉也比相同室内温度对流供暖时舒适。因而，在保持相同舒适感的前提下，辐射供暖时的室内空气温度可以比对流供暖时降低2~3℃。除了上述热舒适方面的优点之外，辐射供暖时室内空气的垂直温度梯度很小，有利于减少围护结构上部的热损耗，供暖效果优于对流供暖；室内没有明露的散热设备，便于布置家具；当辐射板铺设面积充分时，所需供水温度为 35~45℃，为利用低温热水（如热泵制热）、废热等创造了条件；由于辐射板、外墙、隔墙等具有较大的蓄热功能，使供暖的峰值负荷降低。

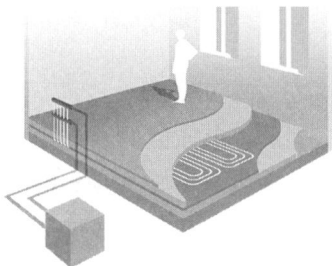

图 7-3 辐射供暖系统示意图

7.2 供暖系统的组成及分类

供暖系统主要由热源、供热管道和散热设备三部分组成，用于热媒制备、输送和利用，散热后的热媒流回热源被加热后循环使用。根据供暖系统三个主要组成部分的相互位置及供暖范围来分，供暖系统可分为分散供暖系统和集中供暖系统。

7.2.1 分散供暖系统

分散供暖系统是由热用户自备的小型热源向室内供给热量的供暖方式，

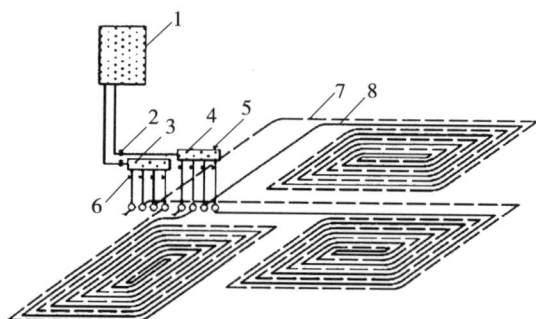

图 7-4　户式供暖系统示意图
1- 热源；2- 球阀；3- 集水器；4- 分水器；5- 放气阀；
6- 流量调节阀；7- 回水管；8- 供水管

如传统的火炉和火炕、现代的户式燃气炉和空气源热泵供暖等。以图 7-4 所示的户式供暖系统为例，热水经燃气炉或热泵等热源加热后经由分水器送入各房间内的回路，在回路中通过散热器、辐射地板等散热装置向房间传递热量，放热降温后又经由集水器再次被送入燃气炉或热泵加热，继续循环。分、集水器一般连接三到五个回路，分别通向不同房间的供暖末端，一般一个房间为一个回路。通过控制分、集水器上的各个阀门可以调节各个回路的通断或水流速度，从而实现各个房间温度的分室调节。

分散供暖系统可以针对建筑不同供暖需求在供暖时间和空间上灵活调整，实现间歇供暖和分室供暖，有利于减少供暖能耗。我国长江流域属于夏热冬冷地区，相较于寒冷和严寒地区冬季需要供暖的时期短、负荷小且波动大，适宜采用分散供暖系统。

7.2.2　集中供暖系统

集中供暖系统是指集中设置的热源通过供热管道向多个热力入口或热用户供给热量的供暖方式，如图 7-5 所示。集中供暖系统常用热源有锅炉、热电联产机组，也可利用地热、太阳能、工业余热和核能等作为热源；散热装置常用散热器或辐射地板。集中供暖可以利用大型供热锅炉、工业余热等热源，能源利用理论效率较高，适用于长寒冷期全空间连续供暖，主要用于我国严寒地区和寒冷地区。集中供暖系统的常用热媒有水和蒸汽。鉴于卫生、技术和节能要求，一般采用热水作热媒；有余热可利用或与工艺用蒸汽共用热源时，根据技术和经济比较可采用蒸汽作热媒。

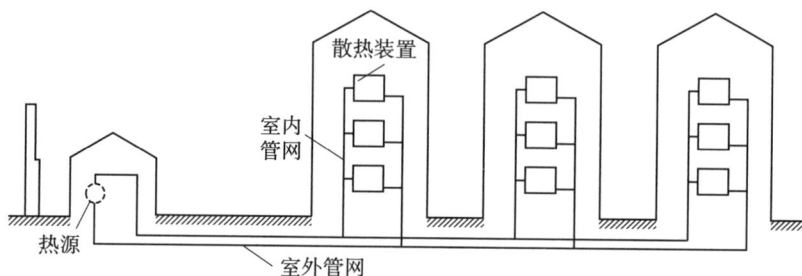

图 7-5　集中供暖系统示意图

1. 热水集中供暖系统

采用热水作为集中供暖系统的热媒能够提供较好的供热品质，采用了相关的控制措施（如散热器恒温阀、热力入口控制、热源气候补偿控制等），可以实现按需供应和分配，从而减少热源的装机容量，提高热源效率，避免能源浪费，在居住、公共和工业建筑中都有广泛应用。下面介绍热水集中供暖系统的类型、特点以及其与蒸汽供暖系统的比较。

（1）自然循环热水供暖系统

自然循环热水供暖系统主要由散热器、锅炉、连接两者的供回水管以及膨胀水箱组成，以供回水压力差作为动力使水在系统内循环。如图7-6所示，冷水在锅炉内被加热后密度减小，沿供水管上升进入散热器，热水在散热器中冷却，密度增大，沿回水管下降回到锅炉被重新加热。两者间的密度差异会形成压力差并促使水在系统内循环，因而不必设置水泵，这种压力差称为自然压头。

以图7-6中的散热器1为例，它的自然压头为系统最低点，A-A断面左右两侧所受到不同的水柱压力差ΔP（式7-1），在实际工程中还要考虑沿途管壁散热而增加一个附加压力。

$$\Delta P = gh(\rho_h - \rho_g) \tag{7-1}$$

式中　ΔP——自然循环系统的作用力（Pa）；

　　　g——重力加速度（m/s²）；

　　　h——锅炉中心到散热器中心的垂直距离（m）；

　　　ρ_h——冷水的密度（kg/m³）；

　　　ρ_g——热水的密度（kg/m³）。

自然循环热水供暖系统不消耗电能，运行管理简单且无噪声。但其自然压头较小，作用半径也较小，通常为40~50m。此外，由于不同高度处的自然压头不同，可能导致供水量产生差异从而出现垂直失调，即上下层冷热不均的现象。在建筑物占地面积较小，且有可能在地下室、半地下室或就近较低处设置锅炉时可以采用该系统。

自然循环热水供暖系统根据配管方式不同具有不同的特点和使用范围，常见的有表7-1所示几种类型。

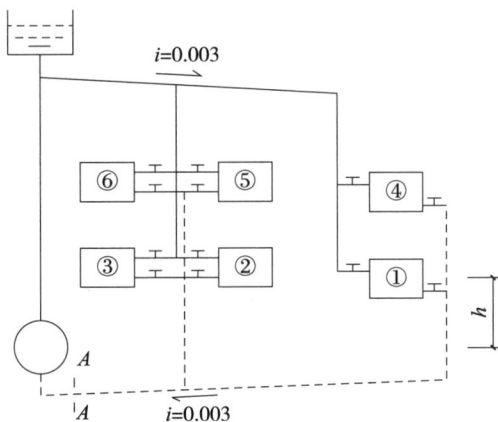

图7-6　自然循环热水供暖系统

形式名称	图示	特点	适用范围
单管上供下回式	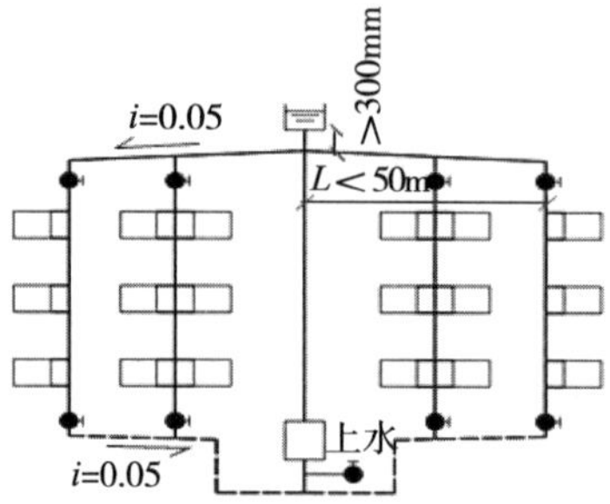	1. 水力稳定性好； 2. 可缩小锅炉中心与散热器中心距离	作用半径不超过 50m 的多层建筑
双管上供下回式	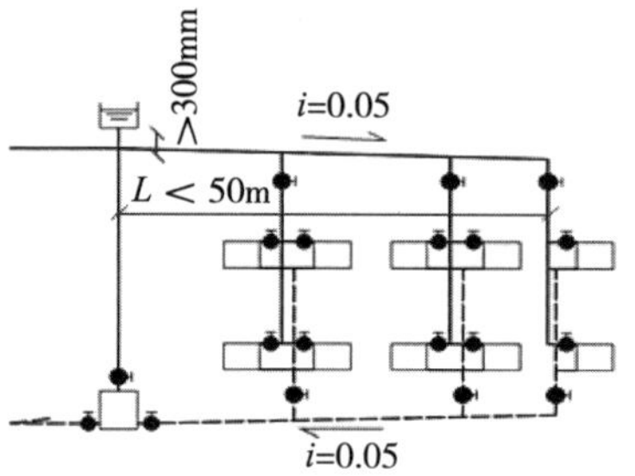	1. 易产生垂直失调； 2. 室温可调节	作用半径不超过 50m 的三层（≤10m）以下建筑
单户式	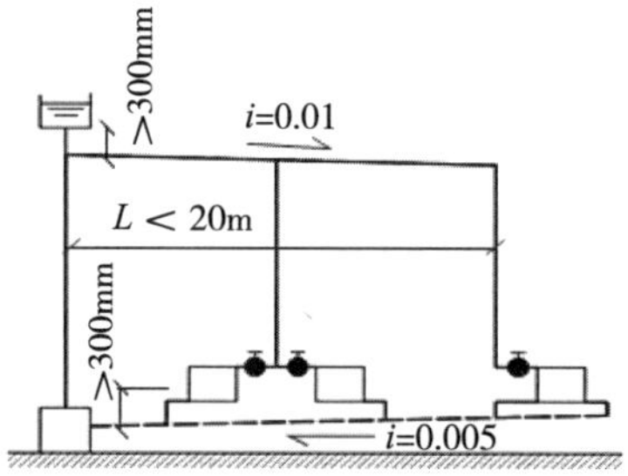	1. 升温快、作用压力大、管径小； 2. 锅炉与散热器在同一平面，散热器安装需提高 300~400mm	单户单层建筑

（2）机械循环热水供暖系统

机械循环热水供暖系统如图 7-7 所示，在系统中设置循环水泵，靠水泵的机械能使水在系统中循环。水泵设在回水管的干管上，并将膨胀水箱连接在水泵的吸入端管路上，安装于系统的最高点，由于它能消纳水的热胀冷缩，可使整个系统处于正压工况（高于大气压），这就保证了系统中的水不致汽化，从而避免因水汽化而断水的现象。

机械循环热水供暖系统的循环作用压力比自然循环系统大得多，水在管道内流速大，可以选用较小的管径。其相比于自然循环系统应用范围更广泛、作用范围更大、形式更加灵活。但它需消耗电能，系统管理比较复杂，还需要考虑水泵和电机的检修、消声、减振以及排水等问题，多用于民用建筑及工业建筑。

机械循环热水供暖系统根据配管方式不同具有不同的特点和使用范围，常见的有表 7-2 所示几种类型。

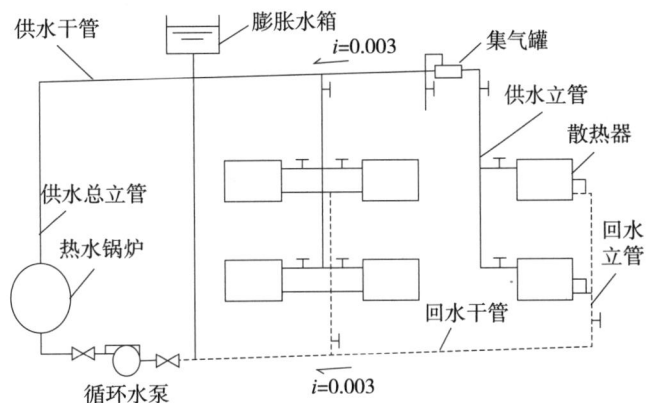

图 7-7　机械循环热水供暖系统

机械循环热水供暖系统常见形式　　　　　　　　　　表 7-2

形式名称	图示	特点	适用范围
水平单管跨越式		1. 每个环路串联散热器数量不受限制； 2. 每组散热器可独立调节； 3. 排气不便	单层建筑串联散热器组数较多时
垂直单管上供下回式		1. 下层房间散热器数量需要增加； 2. 无法调节和计量各层供热量； 3. 排气方便； 4. 安装构造简单	常用的一般单管系统做法，适用于一般多层建筑
双管上供下回式		1. 室温可调节：每组散热器可设流量调节阀或温控阀； 2. 排气方便； 3. 由于自然压头，易产生垂直失调	最常见的双管系统做法，适用于室温有调节要求的建筑

形式名称	图示	特点	适用范围
双管下供下回式	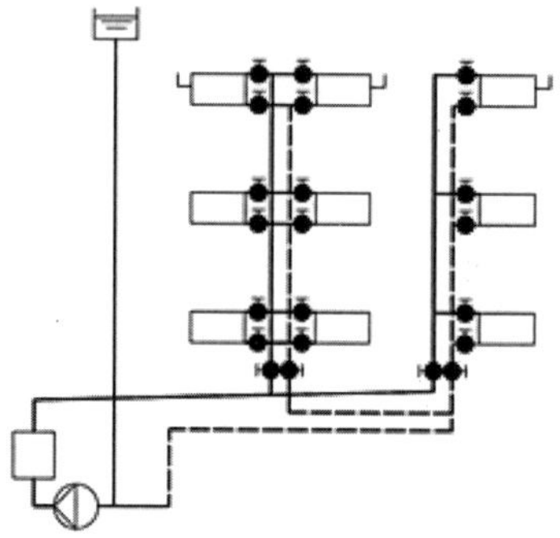	1. 缓和了上供下回式系统的垂直失调现象; 2. 安装供、回水干管需设置地沟; 3. 排气不便	室温有调节要求且顶层不能敷设干管的建筑
单双管混合式	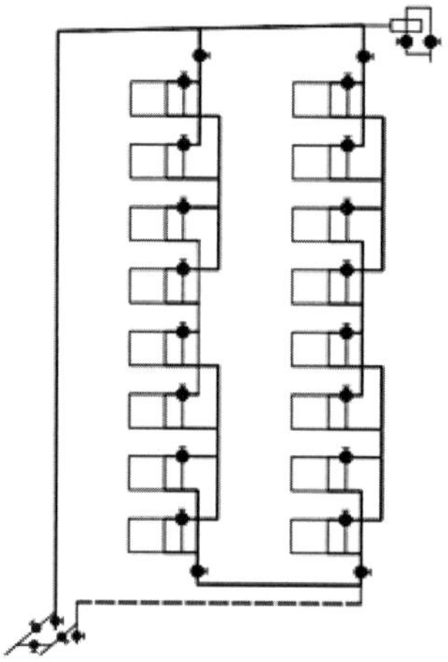	1. 避免垂直失调现象产生; 2. 克服单管系统不能调节的问题; 3. 可解决散热器立管管径过大的问题	八层以上建筑
分层式	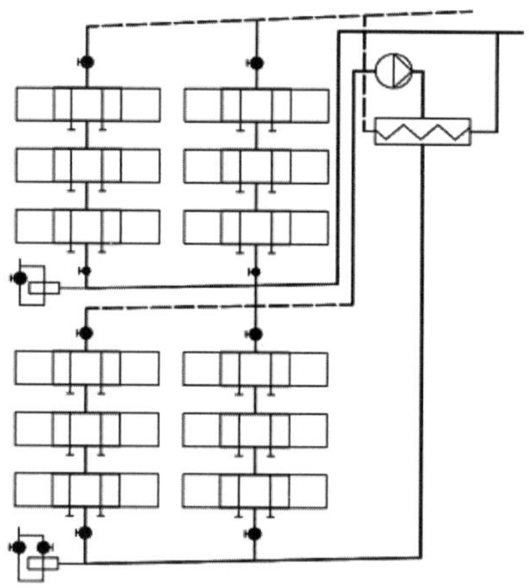	1. 垂直方向分为若干系统; 2. 下层系统直接与室外热网连接,上层系统通过换热装置与热网间接连接; 3. 换热装置造价高	高层建筑

  热水供暖系统除了循环动力不同,还可以按照热媒温度、供回水管道设置方式、管道敷设方式和各环路总长度不同分类,如表 7-3 所示。

热水供暖系统分类表　　　　　　　　　　　　表 7-3

分类依据	类型	特点
循环动力	自然循环系统	利用供回水密度差循环
	机械循环系统	利用水泵强制循环
热媒温度	低温系统	热媒为温度低于100℃的热水
	高温系统	热媒为温度高于100℃的热水
供回水管道设置方式	单管系统	节省立管、安装便利
	双管系统	可以单独调节散热器散热量，检修便利
管道敷设方式	垂直式系统	布置方式多样，一般多用上供下回式
	水平式系统	少穿楼板、布置比较美观
各环路总长度	同程式系统	设计、调试、运行便利
	异程式系统	水力较难平衡，易出现近热远冷现象

热水供暖系统在实际应用中还要注意以下问题：

1）系统排气：在热水供暖系统中存在空气可能导致散热器的有效面积减少，造成管道气塞、破坏水循环以及腐蚀管道等问题。为了保持系统正常工作，必须及时排除系统中的空气。排气方法是在自然循环系统的最高点设置膨胀水箱，在机械循环系统中最高点设置集气罐、放气阀。供回水干管和支管要有一定坡度。

2）热水膨胀：热水系统中的水加热之后，体积会膨胀。解决方法是在系统中设置膨胀水箱来容纳水膨胀的体积或通过锅炉房定压。

2. 蒸汽集中供暖系统

蒸汽供暖系统指的是以蒸汽作为热媒的供暖系统。蒸汽含有的热量由两部分组成：一部分是蒸汽温度升高带来的显热，另一部分是从沸腾的水变为饱和蒸汽的汽化潜热；这两部分热量中，后者远大于前者。蒸汽供暖系统中所利用的热主要是蒸汽的汽化潜热。如图 7-8 所示，蒸汽供暖系统中，水在

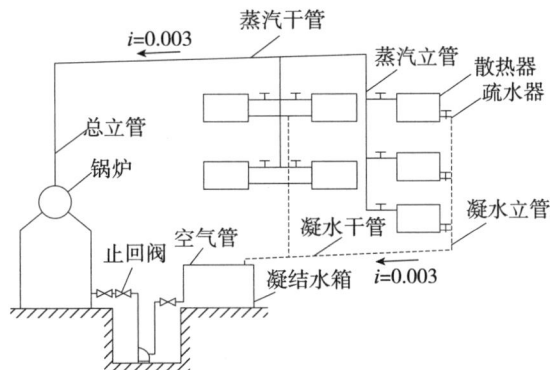

图 7-8　蒸汽供暖系统

锅炉中加热产生的蒸汽经管道进入散热器，放热后凝结成液态水，经疏水器由凝结水管流入凝结水箱，然后回到锅炉重新加热变成蒸汽，继续循环。

蒸汽供暖系统按供汽压力的大小，可分为三类：供汽压力高于70kPa时，称为高压蒸汽供暖系统；供汽压力等于或低于70kPa时，称为低压蒸汽供暖系统；蒸汽压力低于大气压力时，称为真空蒸汽供暖系统。低压蒸汽供暖系统在民用建筑中应用较多，根据循环动力可以分为重力系统和机械系统。高压蒸汽供暖系统供汽压力高，流速大，管径小，系统作用半径大，散热器表面温度高，但安全和卫生条件较差，常用于工业建筑。蒸汽供暖系统还可以根据干管布置的不同，也可分为上供式、中供式和下供式；根据立管布置特点，分为单管式和双管式。蒸汽供暖系统在实际应用中，还要注意以下这些问题：

1）疏水问题：水的热容量比蒸汽凝结时的汽化潜热要小得多。为保证设计要求的散热量，就要求散热器中的凝水能及时排出，而蒸汽则不应进入凝水管和回水管。因此，需要在回水干管、支管通干管处以及管道抬头部分设疏水器，干管应有沿流动方向向下的坡度。

2）"水击"现象：该现象是由于蒸汽管道的沿程凝水被高速运动的蒸汽推动而产生浪花或水塞，在弯头、阀门等处与管件相撞，产生振动与噪声。解决方法是即时排除沿程凝水，适当降低管道中蒸汽的流速，尽量使蒸汽管中凝水和蒸汽同向流动。

3）二次汽化：当凝水经过疏水器后或在沿程因水头损失导致压力下降后就会因减压发生汽化，使得凝水管中单相液体流动变为气液两相流动。因此对大量的二次蒸汽，如有可能应当回收，少量的则可通过凝水箱排入大气。

4）系统排气：参考热水系统。

蒸汽供暖系统与热水供暖系统在运行特性和适用场合等方面的差异如表7-4所示。

热水供暖系统与蒸汽供暖系统对比表　　　　　　　　表7-4

比较对象	热水供暖系统	蒸汽供暖系统
热媒温度	供水温度95℃，回水温度70℃，散热器内热媒的平均温度为82.5℃	散热器内热媒的温度等于或高于100℃
使用年限	管道内壁受到侵蚀较少，使用年限更长	由于管道内壁受到蒸汽和空气的氧化腐蚀，更易损坏
系统风险	由于水的密度较大，当系统高到30~40m时，最底层的铸铁散热器就有被压破的危险。因此在高层建筑中要将热水供暖系统在垂直方向分成几个互不相通的部分	由于蒸汽的密度很小，所以当蒸汽充满系统时，由于本身重力所产生的静压力也很小，不存在导致部件破裂的风险。但管道内的凝水会在蒸汽推动下撞击部件产生振动和噪声

比较对象	热水供暖系统	蒸汽供暖系统
气密性要求	对气密性有一定要求，系统中存在空气可能导致换热效率下降、氧化侵蚀等问题	对气密性要求很高，由于系统中的压力低于大气压力，稍有缝隙空气就会渗入，从而破坏系统的正常工作
表面温度	散热器表面温度较低，适用于大多数使用场景	散热器表面温度始终大于100℃，灰尘剧烈升华，对卫生不利
温度调节	通过控制水温和流量调节，更加便利	通过间歇运行调节，易造成温度波动
热惰性	热惰性较高，适合持续使用的场景	热惰性较小，适合间歇使用的场景
热能利用	热能利用相比蒸汽系统更加高效	由于蒸汽温度高，锅炉能耗大，沿程热损失大，不利于热能的有效利用

7.3 供暖设备和构件

7.3.1 散热设备

散热设备是供暖系统的重要组成部分，它向房间散热以补充房间的热损失，使室内保持需要的温度，从而达到供暖的目的。散热设备包括暖风机、散热器、辐射板等。

1. 暖风机

在热风供暖中，热空气由暖风机提供，它由通风机、空气加热器和风口等部分组成。根据加热器中加热空气的热媒不同，暖风机可以分为蒸汽型、热水型、蒸汽热水两用型、冷热水两用型以及电热型。根据风机的形式不同，暖风机分为轴流式和离心式。暖风机的台数可按式（7-2）确定，一般不宜少于2台。

$$n = \frac{Q}{Q_d \cdot \eta}, \ \text{其中} \ Q_d = \frac{t_{pj} - t_n}{t_{pj} - 15} Q_0 \tag{7-2}$$

式中　n——暖风机数量；

Q_d——建筑物热负荷；

η——有效散热系数（热媒为热水时 $\eta = 0.8$，热媒为蒸汽时 $\eta = 0.7 \sim 0.8$）；

Q_0——空气进口温度为15℃时的散热量；

t_{pj}——热媒平均温度；

t_n——设计条件下的进风温度。

暖风机的布置应使射流相互衔接，使供暖房间形成一个总的空气环流；暖风机不宜靠近人体，或直接吹向人体；暖风机的射程内不应有高大设备或障碍物阻挡空气流动；暖风机的安装高度应考虑出风口的风速，风速较大时安装位置不应过低。

2. 散热器

散热器是我国在集中供暖和分散式供暖中大量使用的散热设备。按照不同材质，分为铸铁散热器和钢制散热器，如表 7-5 所示。

散热器主要类型 表 7-5

材质	形式	特点
铸铁散热器	柱型散热器	传热系数高、易清扫，但工艺复杂、安装麻烦，在民用建筑中应用广泛
	翼型散热器	制造简单、成本低廉，但难清扫，多用于民用建筑和灰尘较少的工业建筑
	柱翼型散热器	在柱型散热器的基础上增加了翼片，对流换热能力更强
	板翼型散热器	体型紧凑、易清扫，适用于各种热媒，当采用低温热水供热时，可用于幼儿园和医院
	灰铸铁定向对流散热器	供暖效果好、使用寿命长，但体积较大、较难清扫
钢制散热器	光管散热器	形式简单、易清扫，但造价高、供暖效果差，多用于工业车间
	柱型散热器	一般以热水作为热媒，特点同铸铁柱型散热器
	板型散热器	体型紧凑、热工性能好、易清扫
	钢串对流散热器	体积小、易加工，但不易清扫、耐腐蚀性差
	翅片管对流散热器	使用寿命长、表面温度低、安装维护便利，但较难清扫，适用于高层建筑、医院、幼儿园

使用散热器供暖时有以下基本要求：

1）热工性能方面，散热器的传热系数值 K 越大，热工性能越好，一般为 $5\sim10W/(m^2\cdot K)$。传热系数的大小取绝于它的材料、构造、安装方式以及热媒的种类。

2）经济性方面，通常以金属热强度来衡量。金属热强度是指散热器内热媒平均温度与室内温度差为 $1℃$ 时，每千克质量的散热器在单位时间所散发的热量，单位为 "$W/(kg\cdot℃)$"。金属热强度值越大，散出同样的热量时所消耗的金属量越少，经济性越高。

3）卫生和美观方面，散热器应外表光滑、不宜积灰尘，易于清扫。外观形式应与房间内部装饰相协调。

4）制造和安装方面，散热器应能承受较高的压力，有一定的机械强度，不漏水、不漏气，耐腐蚀，制造简单、安装方便。

散热器的位置设在外墙窗口下，经加热的空气沿外窗上升，能阻止渗入的冷空气沿墙及外窗下降从而进入室内工作区域。对于要求不高的房间，散热器也可靠内墙设置。一般情况下散热器应敞露明装，这样散热效果好，且易清除灰尘。幼儿园、托儿所等有防烫伤要求的场合或对美观要求较高的场合，可以加以围挡。楼梯间内的散热器应设置于低层，因为热空气能够自行上升，从而补偿上部的热损失。有冻结危险的场所不得设置散热器，以防冻裂。

在确定供暖系统形式、各房间热负荷以及散热器类型后，所需的散热器面积可用式（7-3）计算：

$$F = \frac{Q}{K(t_p-t_n)}\beta_1\beta_2\beta_3 \qquad (7-3)$$

式中　Q——设计热负荷（W）；

$\quad\quad K$——散热器传热系数 [W/（$m^2 \cdot ℃$）]；

$\quad\quad t_p$——热媒平均温度（℃）；

$\quad\quad t_n$——室内温度（℃）；

$\quad\quad \beta_1$——散热片数修正系数，6 片以下为 0.95，11~12 片为 1.05，20~25 片为 1.10；

$\quad\quad \beta_2$——管道暗装 / 明装修正系数，明装时取 1.0，暗装时取 1.03~1.06；

$\quad\quad \beta_3$——安装方式修正系数，敞开装置时 β_3=1.0，散热器上盖板、装在壁盒内、外加围罩时 β_3=1.02~1.25，外加围罩或挡板但在散热器上下两端有开口时 β_3=1.0~0.9。

3. 辐射板

建筑供暖常用混凝土辐射地板，由于混凝土具有较好的导热性和较大的热容，辐射板表面温度均匀且波动小。

混凝土辐射地板结构如图 7-9 所示，主要由结构层（楼板或地面）、防潮层、绝热层、混凝土填充层和地面装饰层等组成。绝热层的作用是减少通过地（楼）板的传热损失，一般采用聚苯乙烯等绝热材料。填充层用于埋置热水循环管，常采用豆石混凝土并掺入适量防裂剂。辐射板内埋管常采用如图 7-10 所示的盘管形状，使得辐射板表面的温度更均匀。埋管常采用 PERT

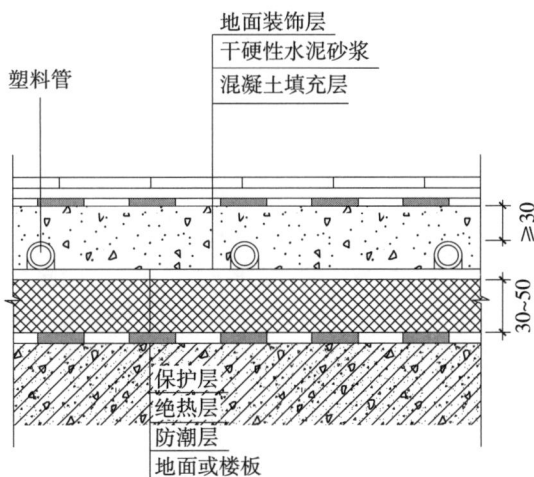

图 7-9　混凝土辐射地板结构示意图（单位：mm）

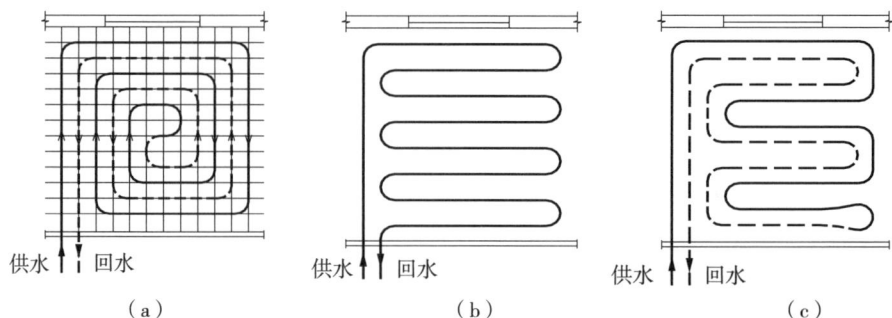

图 7-10 常见的盘管布置形式
（a）回折型；（b）平行型；（c）双平行型

塑料管、铝塑复合管等管材，具有耐老化、耐腐蚀、不结垢、承压高、无污染、沿程阻力小、易弯曲、易施工等优点。

除了辐射地板，也可以将辐射板铺设于吊顶或墙面。供暖时辐射板表面平均温度推荐数值见表 7-6。

辐射供暖表面温度推荐值 表 7-6

类型	地面式辐射		顶面式辐射		墙面式辐射	
	经常停留	短期停留	房高 2.5~3m	房高 3~4m	离地 < 1m	离地 1~3.5m
表面温度（℃）	24~26	28~30	28~30	33~36	35	45

在不同供水温度下，以水管外径 22mm、填充层厚度 50mm、绝热层厚度 20mm 的混凝土辐射地板为例，单位面积供热量如表 7-7 所示，达到 60~200W/m²。

混凝土辐射地板单位面积供热量（单位：W/m²） 表 7-7

供水温度（℃）	水管间距（mm）			
	500	400	300	200
35	64.4	72.6	81.8	91.4
40	82.3	93.0	105.0	117.6
45	100.6	113.8	128.6	144.3
50	119.1	134.9	152.7	171.6
55	137.8	156.3	177.1	199.4

7.3.2 管道

供暖管道是供暖系统的总管、干管、立管和支管及其连接配件的统称。在建筑内连接散热装置的称为室内管道，集中供暖系统中连接热源和建筑的

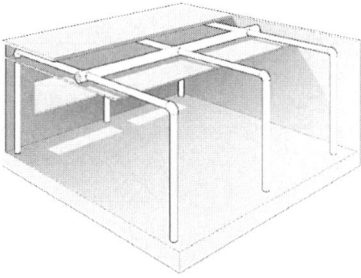

图 7-11　室内管道布置示意图

称为室外管道。除自然循环系统之外，管道中的热媒需要通过水泵驱动，供暖系统中的水泵需要考虑耐压、耐热、密封等要求。

1. 室内管道

布置室内供暖管道应力求管道最短，便于维护管理和不影响房间美观。室内管道布置的示意图见图 7-11。管道的布置应遵循以下要求：

1）上供下回式系统中供水（汽）干管一般应布置在顶棚以下，梁下窗上需有 0.2~0.3m 的高度用于管道布置。对于美观要求较高的建筑，可以布置在顶棚以上。供水干管应根据水流方向和排气要求设置一定的坡度。

2）回水（凝水）干管一般布置在地板下，利用地下室或管道沟。管道沟的高度和宽度取决于管道的数量、坡度以及安装检修的必要空间。回水管也可以设置在地面上，尤其在工厂建筑中，凡不影响工艺，允许设在地上的，宜全部设在地面上。

3）立管应布置在房间的窗间墙、房间角落、外墙转角等处。楼梯间的立管一般单独设置。供暖立管靠墙布置时则可布置在预留的墙槽（或管槽）内。

4）支管布置时应有一定的坡度，与散热器最好采用双面连接，散热器片数较少的可以采用单侧连接。

室内供暖管道的安装有明装和暗装两种方式。一般民用建筑以及工业厂房较多采用明装。装饰要求较高的建筑物及某些有特殊要求的建筑物常采用暗装。暗装管道时，要避免漏水、漏汽等现象发生，这不仅对供暖系统不利，而且也会影响建筑物的寿命。还要考虑暗装管道沟槽对墙的厚度、强度和热工方面的影响。

管道系统安装时，立管应与地面垂直安装；同一房间内的散热器的安装高度应保持一致。管道穿过楼板或隔墙时，应在穿楼板或隔墙的位置预埋套管。

2. 室外管道

室外管道布置应力求短直，尽量利用各类自然补偿方式。常见的管网布置形式如表 7-8 所示。室外管道的敷设应综合考虑当地气象、水文、地质等因素。常见的敷设方式有架空敷设、地下管道沟敷设和无沟直埋敷设。

1）架空敷设一般不在住宅小区及公共建筑中使用，只有在不允许地下敷设和不影响美观的情况下才使用。架空敷设时应尽量利用建筑物外墙、屋顶并考虑建筑或构筑物对管道荷载的支承能力。

布置形式	枝状布置	环状布置	放射状布置
特点	布置简单、投资低、运行管理便利	投资高、运行可靠安全	投资增加不多、运行管理便利
示意图	 1- 主热源；2- 调峰热源	 1- 主热源；2- 调峰热源	 1- 主热源；2- 调峰热源

2）地下管道沟敷设供暖管道是一种较常用的敷设方式。管道沟分为不通行管道沟、半通行管道沟和通行管道沟三种。管道沟内人行通道净宽不应小于 0.7m。

3）当建筑物所处地区的地下水位比较低，通常可采用无沟直埋敷设的方式，直埋敷设的供暖管道应敷设在地下水位以上的土层内。

在供暖系统中，金属管道会因受热而延长，从而破裂。合理利用管道本身的弯曲能够较好地解决这一问题，如图 7-12 所示。当伸缩量很大，管道的弯曲部分不能很好地起补偿作用或管段上没有弯曲部分时，可以使用伸缩补偿器。最常见的伸缩补偿器是方形补偿器，如图 7-13 所示，具有制作简单、工作可靠等优点，缺点是占据空间大、费管材、投资高。

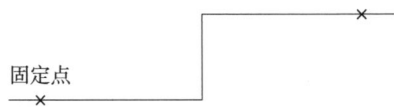

图 7-12　管道本身具有弯曲与固定点

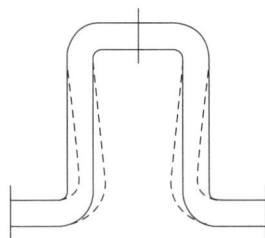

图 7-13　方形补偿器

7.3.3　附件

（1）排气

热水供暖系统中用于排除空气的附件主要包括集气罐和自动排气阀，在自然循环上供下回式系统中，膨胀水箱也起到排气作用。

集气罐一般用直径 100~250mm 的短管制成，其上有一个排气管，管上安装阀门，一般设在系统末端最高处。集气罐分为立式和卧式两种，立式集气罐（图 7-14）容纳的空气更多而常被采用，当干管距顶棚的距离太小、不能设置立式集气罐时，采用卧式集气罐（图 7-15）。

自动排气阀（图 7-16）一般安装在管路或散热器上，具有体积小、管理方便、节约能源等特点，可取代集气罐使用，一般设在系统的最高处。

图 7-14 立式集气罐   图 7-15 卧式集气罐   图 7-16 自动排气阀

（2）补水和定压

热水供暖系统中一般利用膨胀水箱维持系统内水量和压力的稳定。膨胀水箱是指在热水系统中对水体积的膨胀和收缩起调剂补偿作用的水箱，一般用钢板制成，通常为矩形或圆形。其主要类型有开式高位膨胀水箱和闭式低位膨胀水箱。

开式高位膨胀水箱构造简单，适用于中小型的低温热水供暖系统，通常设置在比水系统最高点高出 1m 以上的位置。若水箱安装在非供暖房间时，应考虑保温。一般开式膨胀水箱内的水温不应超过 95℃。自然循环系统与膨胀水箱连接如图 7-17 所示。机械循环系统与膨胀水箱连接如图 7-18 所示。

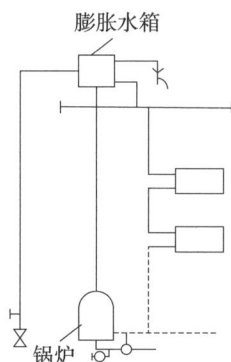

图 7-17 自然循环系统与膨胀水箱连接   图 7-18 机械循环系统与膨胀水箱连接

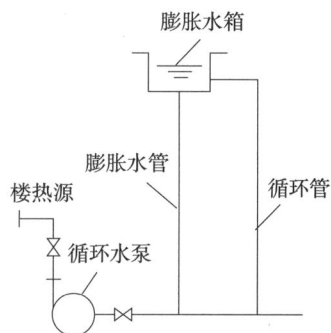

当建筑物顶部设置高位开式膨胀水箱有困难时，可以通过在锅炉房内安装气压罐形成闭式低位膨胀水箱。其具有自动补水、自动排气、自动泄水、自动过压保护等功能。但需要增设定压泵维持压力，导致能耗增加，因此优先考虑开式高位膨胀水箱定压，如图 7-19 所示。

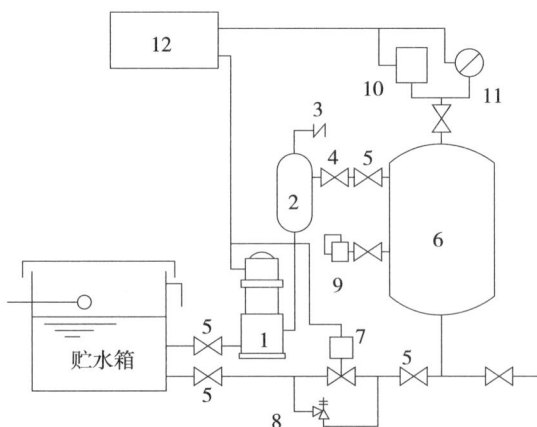

图 7-19　气压罐工作原理
1- 补给水泵；2- 补气罐；3- 吸气阀；4- 止回阀；5- 闸阀；
6- 气压罐；7- 泄水电磁阀；8- 安全阀；9- 自动排气阀；
10- 压力控制器；11- 电接点压力表；12- 电控箱

（3）除污

除污器是阻留热水供暖系统中污物的装置。一般为圆形钢制筒体，分为立式和卧式，如图 7-20 和图 7-21 所示。除污器一般安装在供暖系统的入口调压装置前；或锅炉房循环水泵的吸入口和热交换器前；其他小孔口阀也应该设除污器或过滤器。除污器或过滤器接管直径可与干管的直径相同。

图 7-20　立式除污器

图 7-21　卧式除污器

（4）蒸汽供暖系统附件

疏水器是蒸汽供暖系统中排除凝结水，同时阻止蒸汽通过的装置。通常设置在散热器回水支管或系统的凝水管上。疏水器包括机械型疏水器、热静力型疏水器和热动力型疏水器三类，如图 7-22~ 图 7-24 所示。

图 7-22　机械型疏水器

图 7-23　热静力型疏水器

图 7-24　热动力型疏水器

凝结水箱是蒸汽供暖系统中用于汇集和贮存凝结水的水箱。其有开式（无压）和闭式（有压）两种类型，如图 7-25 和图 7-26 所示。

图 7-25　开式凝结水箱　　　　图 7-26　闭式凝结水箱

减压阀（图 7-27）依靠启闭阀孔对蒸汽节流达到减压目的，且能够控制阀后压力。常用的减压阀有活塞式、波纹管式两种，分别适用于工作温度不高于 300℃、200℃的蒸汽管路。

安全阀是保证蒸汽供暖系统不会超过允许压力范围的一种安全控制装置（图 7-28）。阀门自动开启放出蒸汽，直至压力降到允许值才会自动关闭。其有微启式、全启式和速启式三种类型，供暖系统中多用微启式安全阀。

图 7-27　减压阀　　　　　　图 7-28　安全阀

7.4　供暖系统绿色节能设计

7.4.1　选择合适的供暖方式

热风供暖、散热器供暖和辐射供暖三种供暖方式，因供暖末端自身特性及其与室内的传热方式不同，适用于不同的场合。高大空间的车间和公共建筑，如大堂候车（机）室、展览厅等，采用常规对流供暖方式供暖时，室内的垂直温度梯度很大，不但能耗加大，热量的有效利用率低，还影响热环境的质量。采用辐射供暖，能减小室内竖向的温度梯度、降低上部围护结构的内表面温度，较大幅度地降低能耗（约减少 15%）。因而，宜采用辐射供暖，充分利用长波辐射的作用，以节约能源消耗，提高供暖效率和舒适性。而小面积户型住宅的地面遮蔽率较高，会影响加热管的布置，因此不宜采用地面辐射供暖。

根据供暖系统能否使供暖房间全室达到一定温度要求，供暖方式又可分为全面供暖和局部供暖。为使整个供暖房间保持一定温度要求而设置的供暖方式，称为全面供暖；为使室内局部区域或局部工作地点保持一定温度要求而设置的供暖方式，称为局部供暖。局部供暖可以满足人员热环境需求的场合，例如值班室，采用局部供暖可以减少热量消耗。

根据供暖系统能否使供暖房间全天室内平均温度均能达到设计温度要求，供暖方式还可分为连续供暖和间歇供暖。对于全天使用的建筑物，使其全天室内平均温度均能达到设计温度的供暖方式称为连续供暖。对于非全天使用的建筑，仅在使用时间内使室内平均温度达到设计温度，而在非使用时间内可自然降温的供暖方式，称为间歇供暖。间歇供暖方式根据建筑功能、使用时间以及人员舒适等要求控制供暖系统的运行，能够节约供暖系统能耗，并且具有成本低廉、操作灵活等优点，是有效的建筑节能手段。

7.4.2　温控与热计量技术

在集中供暖系统的建筑中，用户较少自行调节室温，冬季晴天及入冬和冬末相对暖和的气候条件下，室温很高时有些用户通过开启门窗来达到降低室内温度，造成能源极大浪费。另外，供暖热量按面积取费，不能激发居民的自觉节能意识，节能对住户没有经济效益这也是造成能源浪费一大因素。所以，要从根本上达到供暖系统的节能，必须实行控温和按热计费措施。

在集中供暖常见的热水供暖系统中，适合温度计量与温度控制的动态供暖系统有七种，包括并管关联式户型系统、单管跨越式户型系统等，如图7-30所示，可以通过安装温控阀的方式实现室温控制，其中散热器温控阀如图7-29所示。温控阀由恒调控制器、流量调节阀以及一对连接件组成，可以人为调节设定温度。它的核心部件是传感单元，即感温包。感温包有内置式和外置（远程）式两种，温度设定装置也有内置式和远程式两种形式，可以按照其窗口显示来设定所要求的控制温度，并加以控制。

长期以来我国大部分地区集中供暖系统实行面积收费，热用户节能的积极性不高。只有供暖按热量计费，依靠市场经济杠杆，才能使更多的人关注节能，真正落实节能措施，实现节能目标。针对我国建筑形式和供热特点，对室内供暖的分户热量分摊，可通过下列途径来实现：

1）温度法：按户设置温度传感器，结合每户建筑面积，温度采集系统将根据住户内各房间保持不同温度的持续时间进行热费分摊。同一栋建筑物内的用户，如果供暖面积相同，在相同的时间内，相同的舒适度应缴纳相同的热费。该方法不进行住户位置的修正，可用于新建建筑的热计量收费，也适合于既

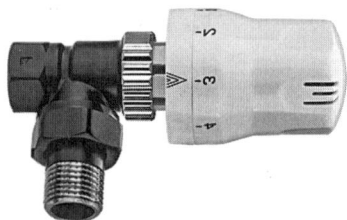

图7-29　散热器恒温阀

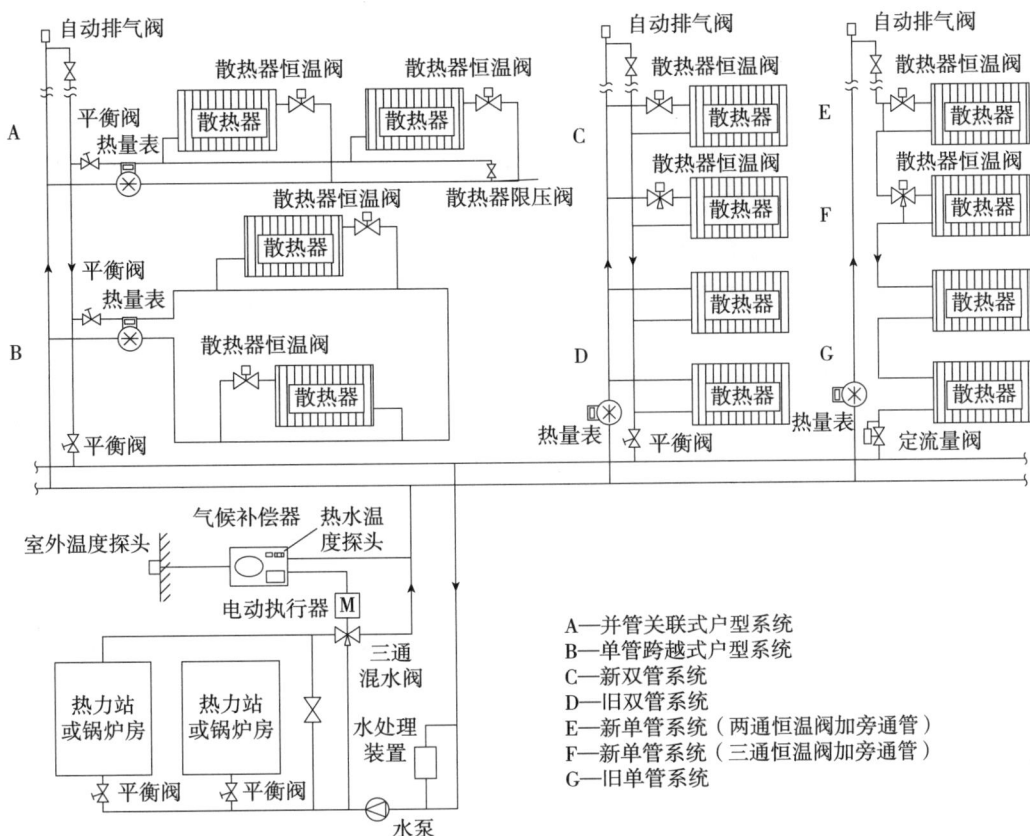

图 7-30 适合温度计量与温度控制的动态供暖系统

A—并管关联式户型系统
B—单管跨越式户型系统
C—新双管系统
D—旧双管系统
E—新单管系统（两通恒温阀加旁通管）
F—新单管系统（三通恒温阀加旁通管）
G—旧单管系统

有建筑的热计量收费改造。

2）热量分配表法：每组散热器设置蒸发式或电子式热量分配表，通过对散热器散发热量的测量，并结合楼栋热量表计量得出的供热量进行热量（费）分摊。由于每户居民在整幢建筑中所处位置不同，即使住户面积与舒适度相同，散热器热量分配表上显示的数字却不相同，所以要将散热器热量分配表获得的热量进行一些修正。采用散热器热量分配表时对既有供暖系统的热计量收费改造比较方便，比如将原有垂直单管顺流系统加装跨越管即可。

3）户用热量表法：按户设置热量表，通过测量流量和供、回水温差进行热量计量，进行热量（费）分摊。实际应用时我国原有的、传统的垂直室内供暖系统需要改为每一户的水平系统。另外，这种方法与散热器热量分配表一样，需要将各个住户的热量表显示的数据进行修正。所以这种方法在既有建筑中应用垂直的供暖管路系统进行"热改"时，不太适用。

7.4.3 智慧供热技术

采用气候补偿控制等技术手段可有效地减少能源浪费。但是，用户室内温度通常会随着室外温度的波动而发生较大变化，表现出热力失调、冷热不均，供热效果差；设备不匹配，设计负荷大，浪费严重；运行调控技术落后；能耗较高等诸多问题。在冬季城镇传统供热工作中，用户室内温度数据往往只能靠逐户实测获得。受技术条件和经济成本等诸多因素限制，用户室内温度作为供热服务最重要的质量指标被忽视了，缺乏实时室温的反馈也使得气候补偿控制等调节技术无法发挥最大潜力。

传统热网物联系统和热网信息系统相结合的智慧供热管控一体化技术可以有效解决上述问题，如图 7-31 所示。智慧供热技术是对热源、供暖管网、换热站和房间温度、室外温度以及负荷变化等各环节的信息数据进行自动收集，可以通过分析和模拟整个热网数据，发现安全隐患和不同调控方案的优劣，辅助调控人员决策，并实时反馈调控情况；与原先调控方案进行对比，寻找产生差异的根源并不断进行优化，最终给出整个热网调控的最优调度方案。

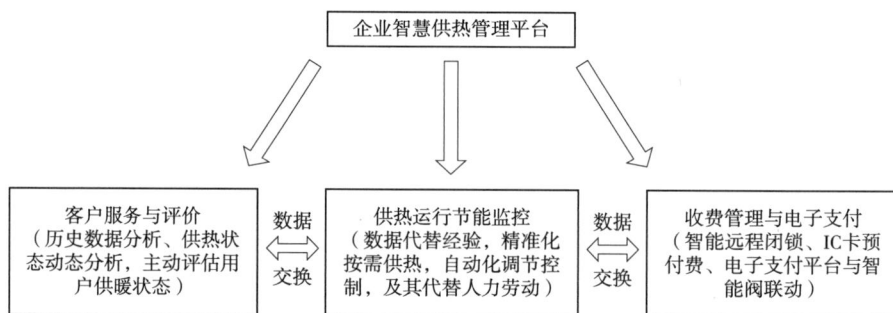

图 7-31 智慧供热系统架构

延伸阅读

[1] 陆亚俊.暖通空调[M].3 版.北京：中国建筑工业出版社，2015.
[2] 党睿.建筑节能[M].4 版.北京：中国建筑工业出版社，2022.

思考题

1）建筑供暖系统主要有哪几种供暖方式？简述它们的特点及适用场合。

2）热水集中供暖系统哪些供回水管连接方式可以调节房间温度？

3）蒸汽和热水作热媒的集中供暖系统，有何差异？

4）采用散热器作为室内散热设备，散热器面积如何确定？需要考虑哪些影响因素？

5）请举一个实际建筑例子，根据它的使用需求，设计合适的供暖系统。

第8章 建筑通风系统

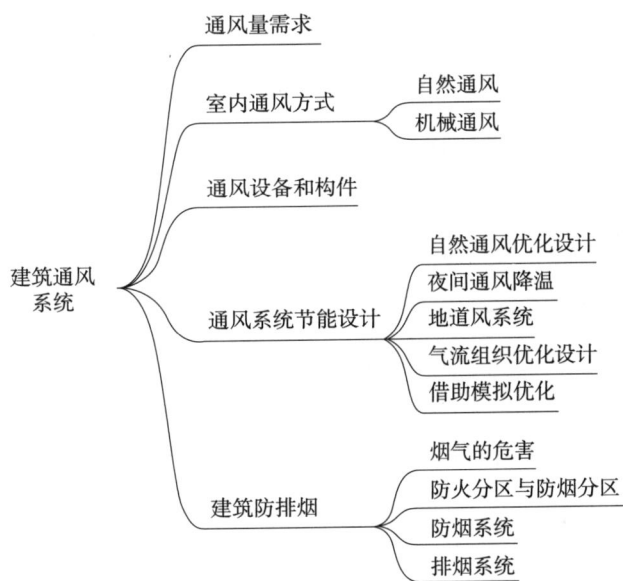

```
                              通风量需求

                                              自然通风
                              室内通风方式
                                              机械通风

                              通风设备和构件

                                              自然通风优化设计
                                              夜间通风降温
    建筑通风                    通风系统节能设计   地道风系统
    系统                                        气流组织优化设计
                                              借助模拟优化

                                              烟气的危害
                                              防火分区与防烟分区
                              建筑防排烟        防烟系统
                                              排烟系统
```

第8章知识图谱

建筑通风是用自然或机械的方法将室外空气送入室内或从室内排出空气的过程。它利用室外新鲜空气来置换建筑室内的空气，以改善空气质量、温度、湿度及流速等。通风的功能主要有：①提供人呼吸所需要的氧气；②稀释或排除室内污染物或气味；③排除室内多余的热量（称余热）或湿量（称余湿）。受室外空气状态的限制，利用自然通风去除室内余热和余湿的能力有限，有时也需要对送入室内的空气进行机械处理。

8.1 通风量需求

根据建筑室内余热量和余湿量，降温除湿所需要的通风量 G（m^3/s）可按式（8-1）计算。如果房间同时散发余热、余湿或有害气体时，通风量应分别计算，并按最大值作为所需通风量。

消除余热所需的通风量 $\quad G = \dfrac{Q}{c_p \rho\,(t_p - t_j)}$ （8-1a）

消除余湿所需的通风量 $\quad G = \dfrac{W}{\rho\,(d_p - d_j)}$ （8-1b）

式中 Q——室内余热量，kW；

$\quad\quad W$——室内余湿量，g/s；

$\quad\quad c_p$——空气定压比热，kJ/（kg·K）；

$\quad\quad \rho$——空气密度，kg/m^3；

$\quad\quad t$——进风和排风（角标分别为 j 和 p）的温度，℃；

$\quad\quad d$——进风和排风（角标分别为 j 和 p）的含湿量，g/kg。

在中庭、厂房等高大空间中，局部产热可能不进入作业区而被直接排除，进风口高度也会影响通风效果。此时，消除余热所需的通风量可按式（8-2）计算：

$$G = \frac{mQ}{c_p \rho\,(t_d - t_w)\,\beta}$$ （8-2）

式中 m——有效热量系数，进入作业区的热量与房间总余热量的比值

$\quad\quad m = \dfrac{t_d - t_w}{t_p - t_w}$，查相关资料确定或按图 8-1（a）估算；

$\quad\quad t_d$——室内作业区温度，℃；

$\quad\quad t_w$——夏季通风室外计算温度，$t_w = t_j$，℃；

$\quad\quad \beta$——进风有效系数，反映进风口高度对通风效果的影响；可查图 8-1（b），根据热源面积占地板面积的百分比及通风孔口中心距地板的高度取值。

建筑通风方式分为自然通风和机械通风，如图 8-2 所示。任何一个通风

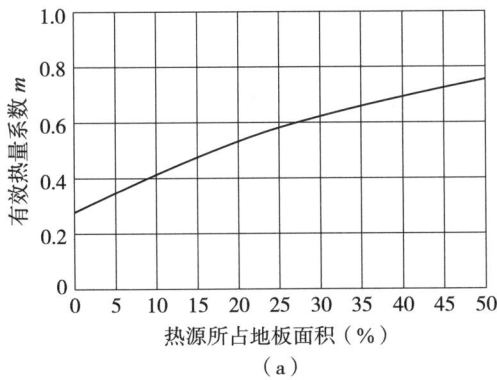

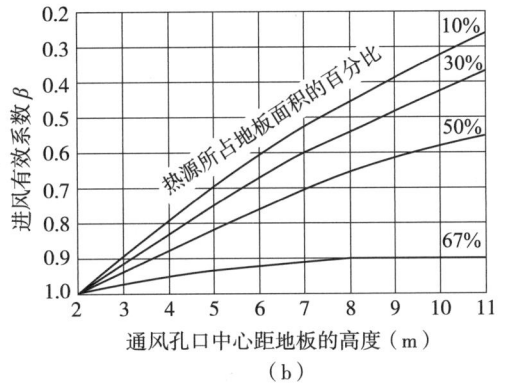

图 8-1 有效热量系数 m 和进风有效系数 β 值

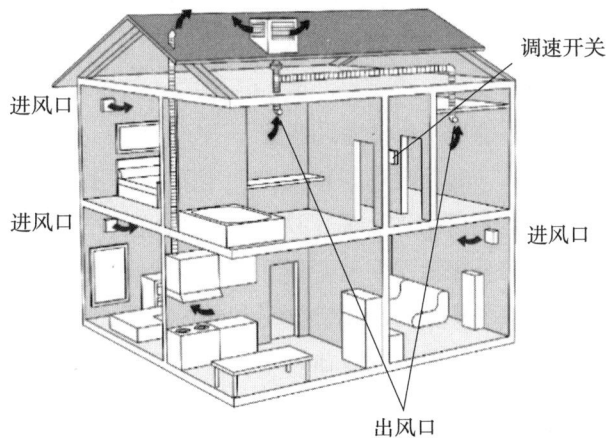

图 8-2 建筑通风示意图

系统，为了能够正常进风和排风，必须保持室内压力稳定不变。为此，进入建筑物的总风量（包括自然通风和机械通风）与排出建筑物的总风量需要保持一致，即控制建筑物内的空气质量平衡：

$$M_{zj}+M_{jj} = M_{zp}+M_{jp} \qquad (8-3)$$

式中 M——空气的质量流量，kg/s；角标：zj 为自然进风，jj 为机械进风，zp 为自然排风，jp 为机械排风。

当机械进风量与排风量不等时，室内空气压力改变，使得一部分空气从门窗或其他缝隙处渗入或溢出，以达到新的室内外空气压力平衡。在实际工程中，为保证通风的卫生效果，对空气污染物浓度较高或污染源所在的房间，机械排风量常大于进风量（例如 M_{jp} 是 M_{jj} 的 1.1~1.2 倍），使室内形成一定的负压，以防止空气污染物向邻室扩散，不足的进风量由邻室空气自然渗透弥补。反之，对于洁净度要求较高的房间，常使机械进风量大于总排风量（M_{jj} 比 M_{jp} 多 5%~10%），以保持室内正压，阻止外界的空气渗入室内，而室内多余的风量可以通过缝隙渗出或通过泄压风阀排出。

建筑通风系统设计计算时，还需要兼顾通风对室内热环境的影响。例如，在寒冷的冬季或炎热的夏季，机械排风造成的建筑物室内负压会引起室外低温或高温空气的渗透，进而使室内供暖空调设备的冷/热负荷大幅增加。

建筑通风方式按驱动力不同，分为自然通风和机械通风。自然通风是利用室内外温度差所造成的热压差或室外风力所造成的风压来实现通风换气的。其优点在于不需要借助动力设备进而消耗额外的能量，而对于自然条件受限的情况，就需要借助机械通风手段来满足实际的通风量需求。机械通风则是指依靠风机设备强制产生压力差，借助通风系统来完成空气输送的途径。相比于自然通风，这种通风手段可以精准地将新鲜空气送至室内任何工作场所，或将局部受到污染的空气及时排出。建筑中常见的排风扇、新风机等都属于机械通风装置。

建筑通风按作用范围不同，还可分为全面通风和局部通风。全面通风是整个房间进行通风换气，用新鲜空气把整个房间内的污染物浓度进行稀释，使有害物浓度降低到卫生标准要求的最高容许值以下，同时把污浊空气不断排至室外，所以全面通风也称稀释通风。全面通风有自然通风、机械通风、自然和机械联合通风等多种方式。局部通风是利用局部气流改善室内某一污染程度严重的或是工作人员经常活动的局部空间的空气条件，一般为机械通风方式，分为局部送风和局部排风。

8.2.1 自然通风

自然通风利用室外风力引起的室内外"风压"或室内外空气温度差异引起的"热压"实现空气流动。两者可作为独立驱动力，也可共同作用于建筑通风。其原理分别如下：

（1）风压作用下的自然通风

室外气流与建筑物相遇时，将发生绕流，如图 8-3 所示。由于建筑物的阻挡，建筑物四周室外气流的压力发生变化：室外气流首先冲击到建筑物的迎风面，此时，动压降低，静压升高，侧面和背风面产生涡流，静压降低。与远处未受干扰的气流相比，这种静压的升高或降低统称为"风压"。静压升高，风压为正，称为正压；静压降低，风压为负，称为负压。

建筑物四周的风压分布，与该建筑物的几何形状以及室外的风向有关。风向一定时，建筑物外围护结构上各点的风压值可按式（8-4）计算：

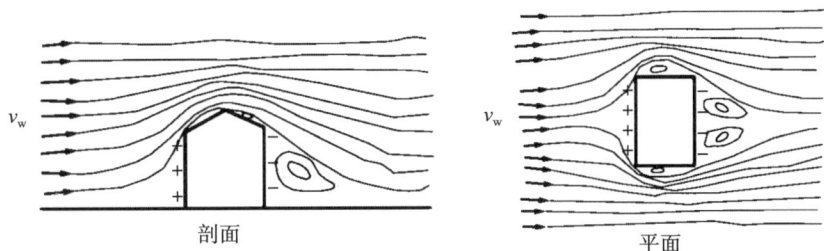

剖面   平面

图 8-3　建筑物四周的风压分布图

$$P_{\mathrm{f}} = K \cdot \frac{\rho_{\mathrm{w}} v_{\mathrm{w}}^2}{2} \tag{8-4}$$

式中　v_{w}——室外空气流速，m/s；

ρ_{w}——室外空气密度，kg/m³；

K——空气动力系数，风压与风速的动压力之比，一般由模型实验求得；

K 值为正，说明该点的风压为正值；K 值为负，该点风压为负值。

不同形状的建筑物在不同方向的风力作用下，空气动力系数的分布是不同的。如果在建筑外围护结构上风压值不同的两个部位开设窗孔，处于 $K > 0$ 位置的窗孔将进风，而处于 $K < 0$ 位置上的窗孔则排风，由此，风压作用下的建筑物便实现了自然通风。这种风压作用下的自然通风，由 $K > 0$ 位置上的窗孔进风量等于由 $K < 0$ 位置上的窗孔排风量，此时，室内静压保持为某个稳定值，即 $K=0$。

（2）热压作用下的自然通风

当室内空气温度高于室外时，其对应的空气密度就更低。在建筑物下部，由室外空气柱形成的压力要比室内空气柱形成的压力大。这种因温度差形成的压力差促使室外温度较低的空气从建筑物下部门窗孔隙处进入室内。同时，室内温度较高的空气被置换抬升后从建筑物上部窗孔缝隙处排出。这种因室内外空气温度差而形成的空气自然交换形式就是热压自然通风，如图 8-4 所示。

热压的大小取决于室内外空气温差所形成的密度差以及进出风口的净高度差，各开口间压力差的计算公式如下：

$$\Delta P_{\mathrm{a,b}} = \Delta P_{\mathrm{b}} - \Delta P_{\mathrm{a}} = (\rho_{\mathrm{w}} - \rho_{\mathrm{n}}) gh_{\mathrm{b}} - (\rho_{\mathrm{n}} - \rho_{\mathrm{w}}) gh_{\mathrm{a}} = (\rho_{\mathrm{w}} - \rho_{\mathrm{n}}) gH$$

$$= 3461.2 \left(\frac{1}{273.15 + t_{\mathrm{w}}} - \frac{1}{273.15 + t_{\mathrm{n}}} \right) H \tag{8-5}$$

式中　$\Delta P_{\mathrm{a,b}}$——窗口间压力差，Pa；

ΔP_{a}——窗口 a 室内外压力差，Pa；

ΔP_{b}——窗口 b 室内外压力差，Pa；

H——窗口中心线的净高差，m；

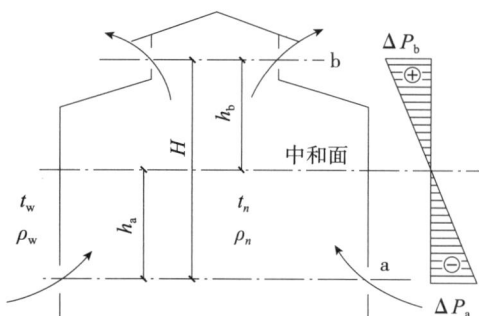

图 8-4 热压作用下的自然通风

ρ_{w}——室外空气密度，kg/m^3；

ρ_{n}——室内空气密度，kg/m^3；

t_{w}——室外空气温度，℃；

t_{n}——室内空气温度，℃。

如图 8-4 所示，室内空间在建筑较低位置呈现"负压"而在较高位置呈现"正压"，在高度为 h_a 处室内外压差为零，该高度即为"压力中和面"。一般情况下，冬季室外气温较室内更低时，在中和面以下的开口会呈现进风，而在其上的开口则会呈现排风，夏季则反之。

（3）热压和风压同时作用的自然通风

在大多数情况下，建筑物是在热压和风压共同作用下进行自然通风换气的。一般说来，热压作用甚微，变化较小，而风压作用的变化较大。显然，当热压和风压共同作用时，窗孔 a 和 b 的内外压力差可以表示为：

$$\Delta P_{a} = \Delta P_{r,a} - \frac{K_{a}\rho_{w}v_{w}^{2}}{2} \quad （8\text{-}6a）$$

$$\Delta P_{b} = \Delta P_{r,b} - \frac{K_{b}\rho_{w}v_{w}^{2}}{2} = \Delta P_{r,a} + gH(\rho_{w}-\rho_{n}) - \frac{K_{b}\rho_{w}v_{w}^{2}}{2} \quad （8\text{-}6b）$$

式中　$\Delta P_{r,a}$——窗孔 a 余压，Pa；

　　　$\Delta P_{r,b}$——窗孔 b 余压，Pa；

　　　K_{a}——窗孔 a 的空气动力系数；

　　　K_{b}——窗孔 b 的空气动力系数；

　　　H——窗孔之间的高差，m。

根据上式，当热压和风压的作用方向是一致时，风压对热压引起的自然通风起促进作用；反之则抑制热压通风，此时若风压大于热压，则会引发气流"倒灌"现象，不利于满足自然通风需求。

（4）自然通风量

当建筑物外墙上的窗孔两侧存在压力差 ΔP 时，压力较高一侧的空气将通过窗孔向压力较低一侧的方向流动。若空气流过窗孔的阻力正好与窗孔两侧存在的压力差相等，则下式成立：

$$\Delta P = \zeta \cdot \frac{\rho v^{2}}{2} \quad （8\text{-}7）$$

此时，通过窗孔的通风量 G（m^3/s）可表示为：

$$G = vF = F\sqrt{\frac{2\Delta P}{\zeta \cdot \rho}} \quad （8\text{-}8）$$

式中 ΔP——窗孔内外侧的压力差，Pa；

　　　v——窗孔界面的空气流速，m/s；

　　　ρ——空气密度，kg/m³；

　　　F——窗孔界面面积，m²；

　　　ζ——窗孔局部阻力系数，与窗口类型、构造有关，可查设计技术手册。

　　由式（8-8），当已知热压和风压引起的窗孔内外侧压力差 ΔP（Pa）、空气密度 ρ（kg/m³）、窗孔界面面积 F（m²）和窗孔局部阻力系数 ζ 时，即可求得通过该窗孔的通风量 G（m³/s）。对于某实际工程案例，若窗孔的 ζ 与 F 为定值，则通风量随 ΔP 的增大而增大。因此，分析产生 ΔP 的原因和提高该值的途径是建筑自然通风的关键。

　　自然通风设计时，首先确定进风、排风口的位置以及所分配的进风量、排风量，然后计算各窗孔的内外压差和窗孔面积。在热压作用下，通风量 G 所需的进、排风口面积分别可表示为：

$$F_\mathrm{a}=\frac{G_\mathrm{a}}{\sqrt{\dfrac{2|\Delta P_\mathrm{a}|}{\zeta_\mathrm{a}\cdot\rho_\mathrm{w}}}}=\frac{G_\mathrm{a}}{\sqrt{\dfrac{2h_\mathrm{a}g\left(\rho_\mathrm{w}-\rho_\mathrm{n}\right)}{\zeta_\mathrm{a}\cdot\rho_\mathrm{w}}}}\ ,\quad F_\mathrm{b}=\frac{G_\mathrm{b}}{\sqrt{\dfrac{2|\Delta P_\mathrm{b}|}{\zeta_\mathrm{b}\cdot\rho_\mathrm{w}}}}=\frac{G_\mathrm{b}}{\sqrt{\dfrac{2h_\mathrm{b}g\left(\rho_\mathrm{w}-\rho_\mathrm{n}\right)}{\zeta_\mathrm{b}\cdot\rho_\mathrm{w}}}} \quad (8\text{-}9)$$

式中 G_a、G_b——窗孔 a、b 的空气流量，m³/s；

　　　ζ_a、ζ_b——窗孔 a、b 的局部阻力系数；

　　　ρ_w——室外空气密度，kg/m³；

　　　ρ_n——室内空气密度，kg/m³，根据室内平均温度 t_n 确定。

　　若近似认为 $\zeta_\mathrm{a}=\zeta_\mathrm{b}$，$\rho_\mathrm{n}=\rho_\mathrm{w}$，根据空气量平衡方程（$G_\mathrm{a}=G_\mathrm{b}$），可得：

$$\left(\frac{F_\mathrm{a}}{F_\mathrm{b}}\right)^2=\frac{h_\mathrm{b}}{h_\mathrm{a}} \quad (8\text{-}10)$$

　　由此可见，适宜的进、排风窗孔的面积之比是随中和面位置的变化而变化的。中和面上移上部排风窗孔面积增大，进风窗孔面积减小；中和面下移，进风窗孔面积增大，排风窗孔面积减小。

　　对于实际建筑，还需要进行校核计算，即在工艺、土建、窗孔位置和面积都已确定的情况下，计算所能达到的最大自然通风量，校核工作区温度是否满足标准要求。

8.2.2　机械通风

　　建筑的机械通风是通过风机设备促进室内空气流通，以改善室内空气质量的一种通风方式。相比于自然通风，这种通风方式可以根据不同的需求和应用场景精确可控地选择适宜的通风模式和通风范围。

（1）全面通风

在民用建筑中，当需要进行机械通风以改善室内环境，或在工业建筑中，生产作业条件空气污染物过于分散、流动时，均应采用全面通风置换室内空气。它对整个房间进行通风换气，以调节室内温湿度、稀释室内有害物质，相比于局部通风，这种方式所需风量大，相应设备也比较庞大。

全面通风根据进排风的不同方式可分为三种形式，如图 8-5 所示。

1）机械排风系统：排风机将室内污浊空气排出到室外，同时，室外新鲜空气在排风机抽吸造成的室内负压作用下，通过房间围护结构的墙缝、门窗缝隙等流通通道进入室内。机械排风、自然进风的通风方式，可以维持室内负压，防止室内有害物质向邻室扩散，一般用于污染严重的房间。

2）机械送风系统：室外新鲜空气经过空气处理装置，达到要求的送风状态之后由风机送入室内。空气不断送入使得房间处于正压状态，室内污浊空气在正压作用下通过门、窗孔洞或缝隙排出室外。该方式机械送风可保证新风来源的清洁，适用于邻室有污染源不宜直接自然进风的情况，但因其为自然排风，在邻室卫生要求较高、可能受本房间污染物扩散影响的情况下不宜使用。

3）机械送排风系统：在送风机的作用下，室外新鲜空气在经过处理后进入室内，同时由排风机抽吸排除室内排气。这种机械送排风的方式可以根据室内的工艺及大气污染物散发情况灵活、合理地进行气流组织，以达到全室全面通风的预期效果；这种系统的投资及运行成本较前两种模式更高，适用于周围环境空气卫生条件差、室内空气污染严重等不可直接进风和排风的情况。

通风设计时，应当根据污染源位置、房间卫生要求等实际情况，并结合机械通风与自然通风的各自特点和优缺点确定全面通风的形式。例如，厨房、餐厅、打印复印室、卫生间、地下车库等区域都是建筑室内的污染源空间，如不进行合理设计，会导致污染物串通至其他空间，影响人的

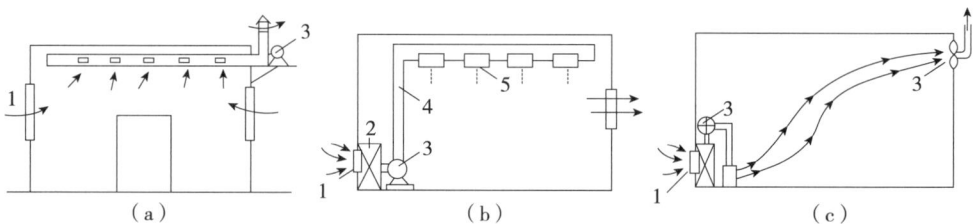

图 8-5　全面通风系统形式
（a）机械排风（自然进风）；（b）机械送风（自然排风）；（c）机械送排风
1- 进风口；2- 空气处理设备；3- 风机；4- 风道；5- 送风口

健康。因此，不仅要对这些污染源空间与其他空间之间进行合理隔断，还要采取合理的排风措施保证合理的气流组织，避免污染物扩散。居住建筑中，可将厨房和卫生间设置于建筑户型自然通风的负压侧并保证一定的压差，防止污染源空间的气味和污染物进入室内而影响室内空气质量。同时，对不同功能房间保持一定压差，避免气味或污染物串通到室内其他空间，如设置机械排风保证负压，还应注意其取风口和排风口的位置，避免短路或污染。

（2）局部通风

局部通风指向建筑物内的指定工作场输送局部气流，或将该场所小范围内散发的热、湿、空气污染物排出建筑物的机械通风方式。显然，这种通风系统需要的风量小，可以根据空气污染物的特性和散发情况，用合理的局部气流方式予以捕集，依靠风机的作用，送到治理装置进行净化处理，达到环保排放标准后才予排放，设计时应优先考虑。局部通风可分为局部送风和局部排风。

局部送风是将符合要求的空气输送、分配给局部工作区，如图 8-6（a）所示，获得局部安全工作环境的通风方式，主要用于有毒物质浓度超标、作业空间有限的工作场所，新鲜空气往往直接送到人的呼吸带，以防止作业人员中毒、缺氧，给工作人员创造适宜的工作环境。对于既需要维持作业场地总体环境，又对局部工作区空气品质有要求的情况，可以采用全面通风和局部通风配合的混合通风方式。

局部排风是在产生的有害物质的地点设置局部排风罩，利用局部排风气流捕集有害物质并排至室外，如图 8-6（b）所示，使有害物质不致扩散到作业人员的工作地点。局部排风装置排风量较小、能耗较低、效果好，是最常用的通风排除有害物的方法。它通常由局部排风罩、风道、空气净化处理设备（常见的有除尘器和有害气体净化装置两类）和风机组成。

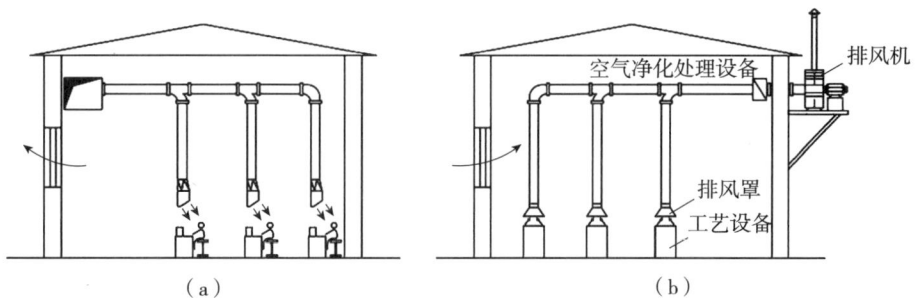

（a）　　　　　　　　　　　　　　　（b）

图 8-6　局部通风系统示意图
（a）局部送风；（b）局部排风

建筑的自然通风一般依靠门窗系统结合平面布局加以组织，而机械通风系统则由较多的构件和设备所组成，除了风机、风道、风阀、室外进、排风口等设备与附件外，一般还包括如下一些组成部分：全面排风系统有室内排风口和室外排风装置；局部排风系统有局部排风罩、净化和除尘设备以及室外排风装置等；进风系统有室外进风装置、进风处理设备以及室内送风口等。

（1）室内送风、排风口

室内送风口是送风系统中的风道末端装置，由送风道输送来的空气通过送风口以适当的速度分配到各个指定的送风地点。图 8-7 是构造最简单的两种送风口，风口直接开设在风道上，用于侧向或下向送风，图 8-7（a）中是风管侧送风口；图 8-7（b）是插板式送风口，它设有插板，这种风口可调节风量。图 8-8 是常用的一种性能较好的百叶式风口，可以安装在风管上也可以安装在墙上。其中双层百叶式风口不仅可以调节出风口气流速度，而且可以调节气流角度。

在工业建筑中，往往需要向一些工作地点供应大量空气，但又要求送风口附近的气流速度迅速降低，以避免在工作区产生强烈的"吹风感"。这种大型送风口称为空气分布器。送风口及空气分布器的类型很多，图 8-9 列举了部分常见的形式。

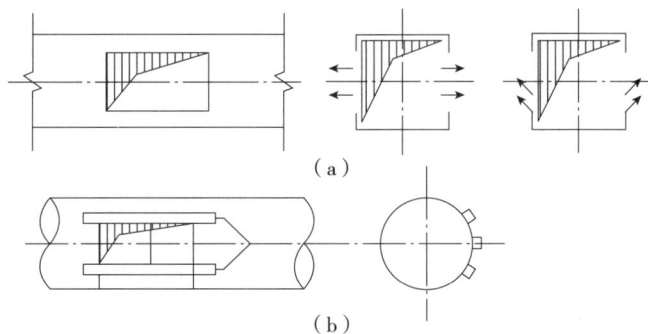

（a）

（b）

图 8-7　两种简单的送风口形式

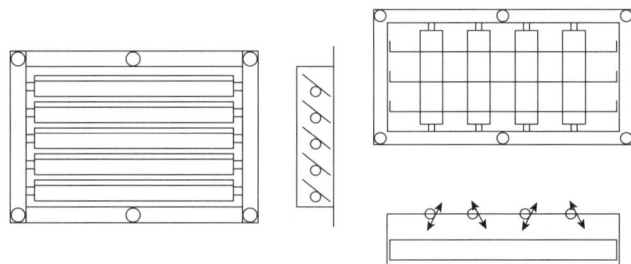

图 8-8　百叶式风口

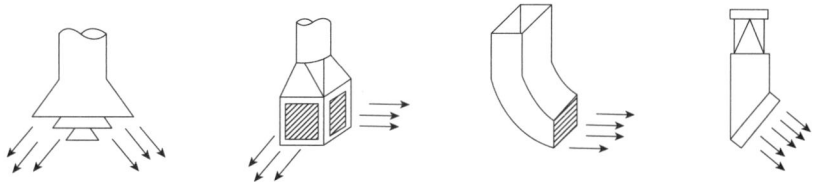

图 8-9　常见的空气分布器类型

室内排风口是全面排风系统的一个组成部分，室内被污染的空气由排风口进入排风管道。排风口的种类较少，通常采用单层百叶式风口作为排风口。室内送、排风口的布置情况，是决定通风气流方向的一个重要因素，而气流的方向是否合理，将直接影响通风的效果。

（2）风道

风道的材料很多，一般工业通风系统常使用薄钢板制作风道，有时也采用铝板或不锈钢板制作。输送腐蚀性气体的通风系统，往往采用硬质聚氯乙烯塑料板或玻璃钢制作；埋在地坪下的风道，通常用混凝土板做底，两边砌砖，内表面抹光，上面再用预制的钢筋混凝土板做顶板，如地下水位较高，还需做防水层。在部分民居住宅和公共建筑中，也存在将风道和建筑物本身的构造结合起来的布置方法，如砌筑在建筑物的墙体抹光内的垂直砖砌风道，若墙壁厚度受限时，则可选择在外墙设不锈钢贴附风道，如图 8-10 所示。

风道截面积可按式（8-11）计算：

$$F_{fd} = \frac{G_{fd}}{3600v} \tag{8-11}$$

式中　F_{fd}——风道截面积，m^2；

　　　G_{fd}——通过风道的风量，m^3/h；

　　　v——风道的平均风速，m/s。

确定风道截面积，必须先定风速，对于机械通风系统，如果流速取得较大，则可以减少风道的截面积，从而降低通风系统的造价和减少风道占用的空间；但却增大了空气流动的阻力，增加风机消耗的动能，并且随着气流速度的增加，风机等机械设备因气流作用产生的噪声衰减能力逐渐减弱，气流流动所引发的再生噪声则会相应增大。如果流速取得偏低，则与上述情况相反，将增加系统的造价和降低运行费用。因此，对流速的选定应该进行技术经济比较，其原则是使通风系统的初投资和运行费

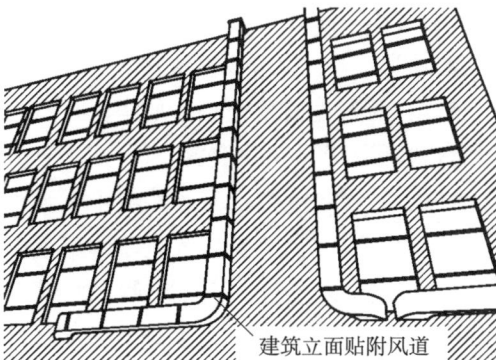

建筑立面贴附风道

图 8-10　建筑外墙的风道布置和安装

用的总和最经济，同时也要兼顾噪声和风管布置方面的一些因素。选定风道内的空气流速可参考表 8-1 的数据。

风道内的空气流速 v（单位：m/s） 表 8-1

风道部位		住宅	公共建筑
干管	推荐流速	3.5~4.5	5.0~6.5
	最大流速	6.0	8.0
支管	推荐流速	3.0	3.0~4.5
	最大流速	5.0	6.5
从支管上接出的风道	推荐流速	2.5	3.0~3.5
	最大流速	4.0	6.0
通风机入口	推荐流速	3.5	4.0
	最大流速	4.5	5.0
通风机出口	推荐流速	5.0~8.0	6.5~10
	最大流速	8.5	11.0

风道的布置应服从整个通风系统的布局，在确定送风口、排风口、风机的位置后进行，并与土建、生产工艺和给水排水等专业互相协调、配合，风道布置应尽量避免穿越沉降缝、伸缩缝和防火墙等，对于埋地风道应尽量避开建筑物基础及生产设备基础。如果风道井壁较薄时，应设内衬风管以避免通过井壁渗漏。工业通风系统在地面以上的风道通常采用明装，风道用支架支承，沿墙壁及柱子敷设，或者用吊架吊在楼板或桁架的下面。风道布置时应力求缩短风道的长度，但不能影响生产过程，及与各种工艺设备相冲突，并尽可能美观。

（3）室外进风、排风装置

机械送风系统和管道式自然通风系统的室外进风装置应设在室外空气较清洁区域，在水平和垂直方向上均应尽量远离和避开污染源。

室外进风装置的进风口是通风系统采集新鲜空气的入口。根据建筑设计要求的不同，室外进风装置可以设置在地面上，也可以设置在外墙或屋顶上。图 8-11（a）是塔式室外进风装置，以远离建筑物而独立的塔式构造物为主。图 8-11（b）是贴附在建筑物的外墙和屋顶的进风装置。

自然通风的进风口，夏季开启部分其下缘距室内地面的高度不宜大于1.2m，进风口应远离污染源3m以上；冬季开启的进风口，当其下缘距室内地面的高度小于4m时，最好采取防止冷风吹向人员活动区的措施。

机械通风的室外进风装置进风口应设在室外空气较清洁的地点，尽量远离污染源并避免在其下风向，底部距室外地坪高度不宜小于 2.0m；当布置在

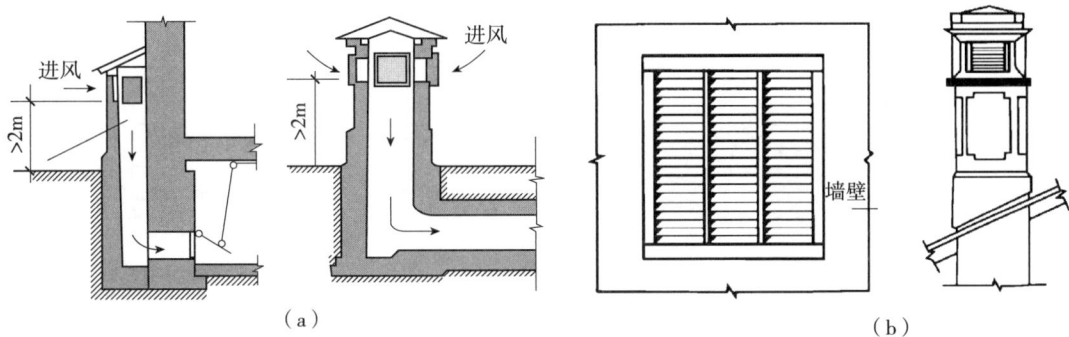

图 8-11　常见的室外进、排风装置
（a）塔式室外进风装置；（b）墙壁式和屋顶式进风装置

绿化地带时，不宜低于 1.0m。进风口应设置百叶窗，避免吸入地面的粉尘和污物，同时还可避免雨雪侵入。进风装置若设置在屋顶上时，进风口应高出屋面 0.5~1.0m，以免吸入屋面上的灰尘或在冬季被积雪堵塞。

　　机械送风系统的进风室常设置在建筑物的地下室或底层，在工业厂房里为减少占地面积也可设在平台上。图 8-12 为设置在地下室的机械送风系统示意图。

　　室外排风装置的任务是将室内被污染的空气由排风口、排风管通过排风装置直接排至室外大气。排风系统的排风口一般设置在屋顶上，为保证排风效果，往往在排风口上加设一个风帽或百叶风口，若从屋顶排风不便时，也可以从侧墙上排出。一般而言，排风口应高出屋面 1.0m 以上。若附近设有进风装置，则应比进风口至少高出 2.0m。

（4）风机

　　风机为通风系统中的空气流动提供动力，它可分为离心式风机和轴流式风机两种类型。根据输送气体的组成和特性，制造风机的材料可以是钢、塑料和玻璃钢，离心式风机适合输送类似空气一类性质的气体，轴流式风机适合输送具有腐蚀性质的各类废气。当输送具有爆炸危险的气体时，还可以用不同金属分别制成机壳和叶轮，以确保当叶轮和机壳摩擦时无任何火花产生，这类风机称为防爆风机。

　　1）离心式风机

　　离心式风机主要由叶轮、机轴、机壳、集流器（吸气口）、排气口等组成，其叶轮的转动由电动机通过机轴带动，如图 8-13 所示。

　　离心式风机的进风口与出风口方向成 90° 角。进风口可以是单侧吸入，也可以是双侧吸入，但

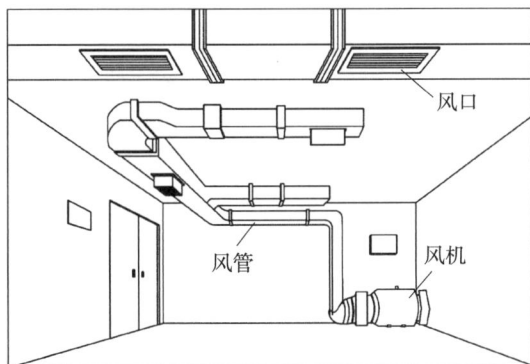

图 8-12　地下室的机械送风系统示意图

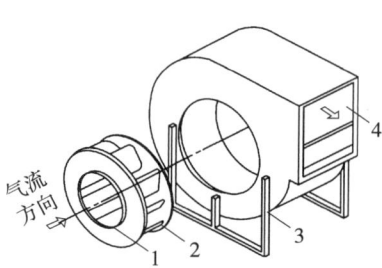

图 8-13 离心式风机结构示意图
1- 吸入口；2- 叶轮；3- 机壳；4- 出口

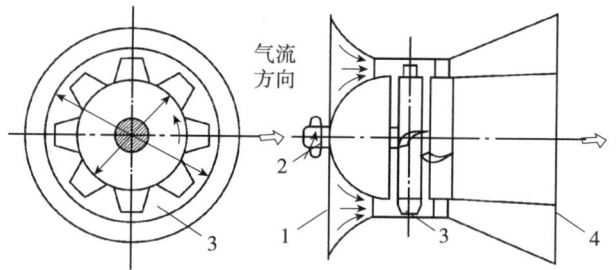

图 8-14 轴流式风机结构示意图
1- 吸入口；2- 轴；3- 叶轮；4- 扩散器

出风口只有一个。工作时，叶轮作旋转运动，叶片间的空气随叶轮旋转获得离心力，从叶轮中心高速抛出，压入蜗形机壳中，并随机壳断面的逐渐增大，气流动压减小、静压增大，最后以较高的压力从风机排气口流出。因叶片间的空气被高速抛出，叶轮中心形成负压，从而再把风机外的空气吸入叶轮，由此形成连续的空气流动。

2）轴流式风机

图 8-14 为轴流式风机结构示意图。轴流式风机的叶轮安装在圆筒形的机壳内，当叶轮在电动机带动下旋转时，空气从吸风口进入，轴向流过叶轮和扩压管，静压升高，最后从排气口流出。轴流式风机结构比较简单，能够提供的风压较低，一般用于阻力较小的通风换气系统中。

轴流风机同样有风量、全压、轴功率、效率和转数等各项性能参数，并且这些参数之间也有一定的内在联系，可用性能曲线来表示。此外，机号也用叶轮直径的分米数表示。

轴流式风机与离心式风机在性能上最主要的差别，是前者产生的全压较小，后者产生的全压较大。因此轴流式风机只能用于无需设置管道的场合以及管道阻力较小的系统，而离心式风机则往往用在阻力较大的系统中。在选择风机时，应根据通风系统所需的风量和风压进行运行工况分析，然后确定所选风机的风量和风压。为了节约能源，通风系统有条件时，应尽量选用变速风机。

一般决定风机主要性能的参数包括：风机在标准状态下单位时间输送的空气量 L（m^3/h）；标准状态下单位体积空气通过风机后所获得的动压和静压之和 P（Pa）；电动机加在风机轴上的轴功率 N（kW）；空气通过风机后实际得到的有效功率 N_x（kW）；叶轮每分钟旋转的转数 n（r/min）；风机有效功率与轴功率的比值 η（%）。

其中风机的有效功率 N_x 可表示为：

$$N_x = \frac{LH}{3600} \tag{8-12}$$

风机有效功率与轴功率的比值 η 可表示为：

$$\eta = \frac{N_x}{N} \times 100\% \qquad (8-13)$$

（5）局部排风系统的部件

局部排风系统是由局部排风罩、净化和除尘设备等组成。

1）局部排风罩

局部排风罩是用于捕收有害物的装置，其性能对局部排风系统的技术经济效果有着直接影响。排风罩形式多种多样，需根据室内有害物的特性及其散发规律，工艺设备的结构和操作情况确定，按其作用原理有以下几种类型：

①密闭式：如图8-15（a）所示，密闭式排风罩将工艺设备及其散发的有害污染物密闭起来，通过排风在罩内形成负压，防止有害物外逸，是防止有害物向室内扩散的最有效措施。这种排风罩不受周围气流的干扰，所需风量较小，排风效果好，但存在检修不便的问题。

②柜式（通风柜）：柜式排风罩是密闭罩的特殊形式，柜的一侧设有可开启的操作孔和观察孔。根据车间内散发有害气体的密度大小，或是室内空气温度高低，可以将排风口布置在不同的位置，如上部排风、下部排风或是上、下部同时排风等。图8-15（b）为上部排风形式。

③外部吸入式：对于生产设备不能封闭的车间，一般把排风罩直接安置在有害物产生地点，借助于风机在排风罩吸入口处造成的负压作用，将有害物吸入排风系统。这类排风罩所需的风量较大，称为外部吸气排风罩，如图8-15（c）所示。

2）净化和除尘设备

对通风过程中不可避免散发的有害或污染环境的物质，排放前必须采取通风净化措施，并达到国家有关大气环境质量标准和各种污染物排放标准的要求。除尘器用于分离机械排风系统所排出的空气中的粉尘，目的是防止大气污染并回收空气中的有用物质。根据其除尘机理可分为沉降式除尘器、惯性除尘器、旋风除尘器、冲激式除尘器和喷淋式除尘器等，如图8-16所示。

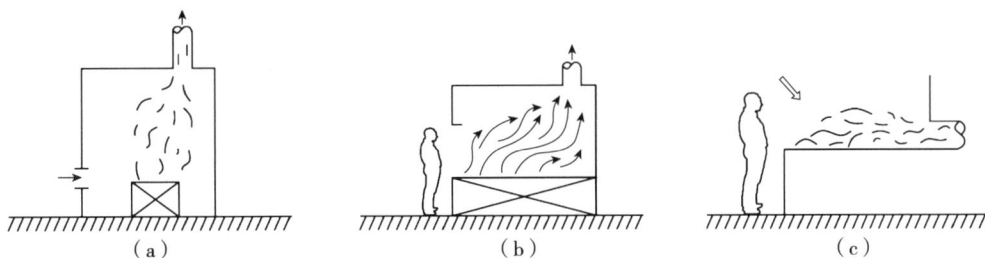

（a）　　　　　　　　　　（b）　　　　　　　　　　（c）

图8-15　局部排风罩
（a）密闭式排风罩；（b）柜式排风罩；（c）外部吸气排风罩

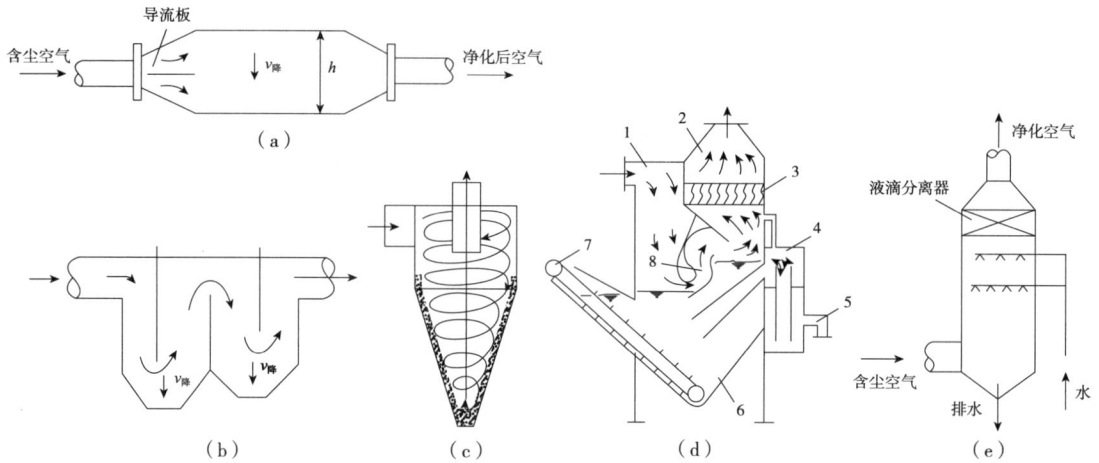

图 8-16 几种常见的除尘设备
（a）沉降式除尘器；（b）惯性除尘器；（c）旋风除尘器；（d）冲激式除尘器；（e）喷淋式除尘器
1- 尘气入口；2- 净气出口；3- 挡水板；4- 溢流箱；5- 溢流口；6- 泥斗；7- 运输机；8-S 形通道

沉降式除尘器利用粉尘颗粒在气流中飞行时受到的空气阻力和重力的作用，使粉尘颗粒沉降至底部以达到除尘目的；惯性除尘器利用气流急速转向或冲击在挡板或叶片上再急速转向，借助惯性效应使粉尘从含尘气流中分离出来；旋风除尘器利用气流旋转时作用在尘粒上的离心力使尘粒从气流中分离出来；冲激式除尘器与喷淋式除尘器属于湿式除尘，通过含尘气体与液体接触使尘粒从气流中分离。

8.4 通风系统节能设计

建筑通风设计时一般应从节约投资和能源出发尽量采用自然通风，若自然通风不能满足房间空气质量或降温要求时，再考虑采用机械通风方式。在某些情况下两者联合的通风方式可以达到较好的使用效果。

8.4.1 自然通风优化设计

（1）结合自然通风的建筑设计

对于以风压为主驱动自然通风的建筑物，应根据主要进风面和建筑物形式确定建筑方位与朝向。例如，我国气候炎热地区许多传统民居的设计使居室面向夏季主导风向，利用风压营造"穿堂风"，并以此来促进室内自然通风，在炎热的夏季有效缓解室内闷热状况。一些工业建筑中的热加工车间也广泛采用"穿堂风"，甚至将其作为车间的主要降温措施。如果迎风面和背风面的外墙开孔面占外墙总面积 25% 以上，在风力作用下，室外气流能横贯整个室内空间，这种设计手段充分体现了利用风压形成室内自然通风的思

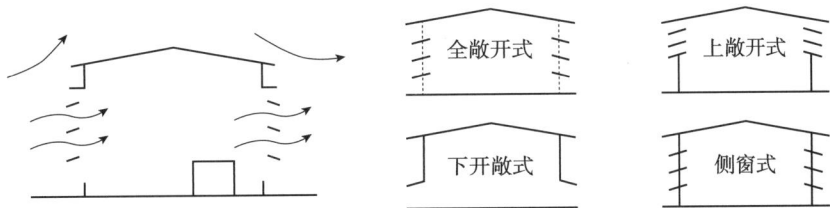

图 8-17 建筑中的"穿堂风"

维。图 8-17 展示了几种典型的穿堂风建筑形式,包括:全敞开式、上敞开式、下敞开式和侧窗式。

热压作用产生的通风效应也称为"烟囱效应",烟囱效应的强度与建筑室内高度、室内外空气温差密切相关。利用热压驱动自然通风应考虑建筑内部的构造形式及功能布局。建筑物室内净高越高,烟囱效应越强烈,中东地区传统建筑常用的建筑构造形式——"风塔"就是运用烟囱效应促进室内外通风,类似的设计手段也被运用于一些低碳建筑以促进室内自然通风(图 8-18)。德国国会大厦中庭(图 8-19)、我国安徽传统民居的庭院或天井(图 8-20)等,也都利用室内外热压差引导自然通风,很好地解决了夏季室内炎热的问题。

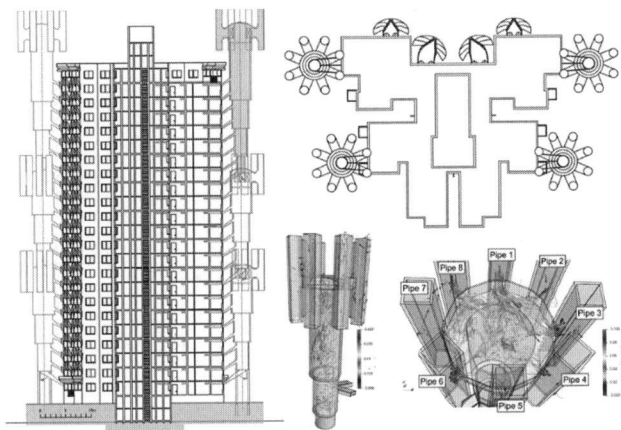

图 8-18 某低碳高层住宅的"风塔"

图 8-19 德国国会大厦中庭竖井通风

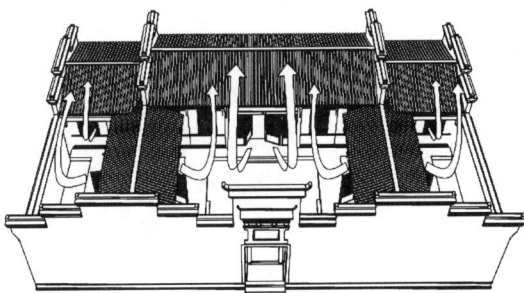

图 8-20 安徽传统民居天井通风

161

当因场地或建筑物体量受限而不能很好的利用风压或者热压不足以提供所需风量的时候，可采用太阳能诱导通风方式。它依靠太阳辐射给建筑结构的一部分加热，从而产生较大的温差以促进自然通风。太阳能诱导装置与建筑设计巧妙结合的典型形式有特朗勃墙、太阳能烟囱和太阳能屋顶等，如图 8-21 所示。

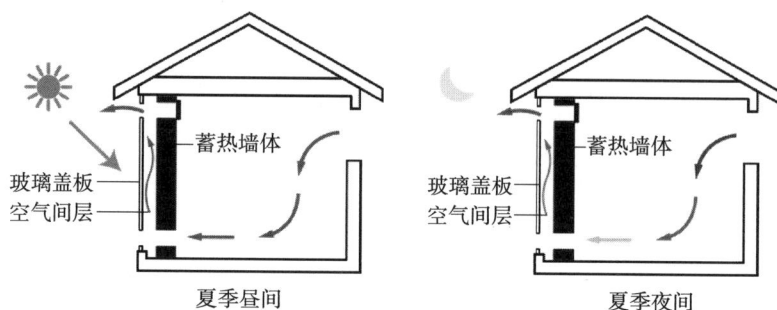

夏季昼间　　　　　　　　　　夏季夜间

图 8-21　特朗勃墙促进自然通风示意图

对于一些设有高温车间的工业建筑群，设备运行不断地散发大量热量，使车间内空气温度不断升高，扩大了内外的空气温差及其形成的热压差。这时，室内热成了热压通风的主要动力。对于多跨厂房中，由于外围护结构的减少，进风窗孔面积往往不足，这种情况多采用冷、热跨间隔布置的形式，从某个跨间天窗引入新鲜空气，可有效解决这一问题，如图 8-22 所示。

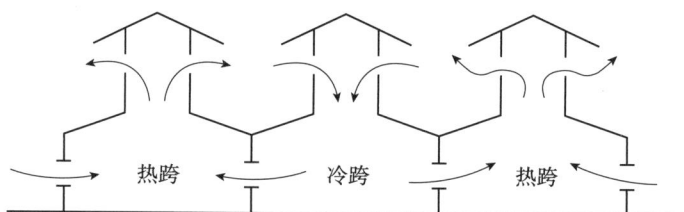

热跨　　　　　　　　冷跨　　　　　　　　热跨

图 8-22　多跨车间的热压通风

（2）窗扇选型与设计

为了提高自然通风的效果，自然通风应采用阻力系数小、噪声低、易于操作和维修的进排风口或窗扇，例如，在工程设计中常采用的性能较好的门、洞、平开窗、上悬窗、中悬窗及隔板或垂直转动窗、板等（图 8-23）。严寒和寒冷地区的进排风口还应考虑保温措施。伴随季节的变换，上述供自然通风用的进排风口或窗扇需应对气候变化进行调节。对于不便于人员开关或需要经常调节的进排风口或窗扇，应考虑设置机械开关装置，否则自然通风效果难以满足设计要求。

夏季，为使室外新鲜空气直接进入人员活动区以消除余热，自然通风进风口的位置应尽可能低，其下缘距室内地面的高度不应大于 1.2m；冬季则反

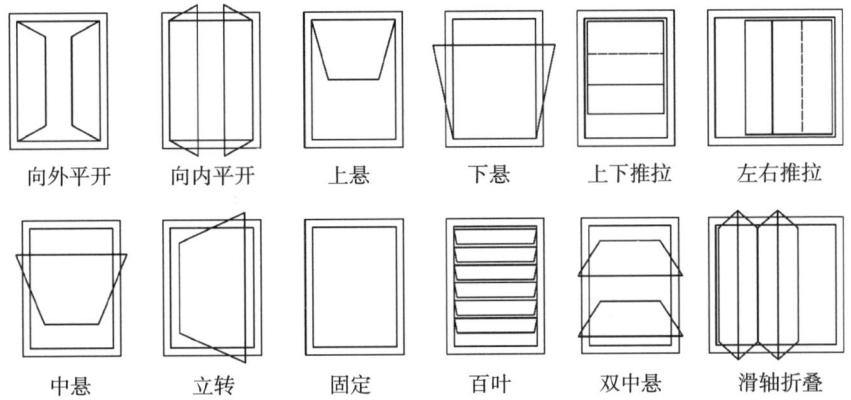

| 向外平开 | 向内平开 | 上悬 | 下悬 | 上下推拉 | 左右推拉 |

| 中悬 | 立转 | 固定 | 百叶 | 双中悬 | 滑轴折叠 |

图 8-23 窗的开启方式

之，自然通风进风口下缘不宜低于 4m，冷空气经上部侧窗进入，以避免室外低温空气直接进入活动区域使环境过冷。

建筑室内自然通风区域与外墙开口或屋顶天窗的距离不宜过大。通风开口面积不应过小，其中：生活、工作的房间的通风开口有效面积不应小于该房间地板面积的 5%；厨房的通风开口有效面积不应小于该房间地板面积的 10%，并不得小于 $0.60m^2$。建筑内房间若通过邻接房间进行自然通风，其通风开口面积与房间地板面积的比例应在上述基础上提高。各地应按当地相关标准执行，例如，对于夏热冬暖气候区绿色居住建筑通风开口面积与房间地板面积比例需达到 12%，对于夏热冬冷地区为 8%，其他地区则为 5%。

对于工业厂房，为保证作业区不受干扰，一般采用天窗排风，但不稳定的风向易使普通天窗往往在迎风面上发生气流倒灌现象，阻碍污染物浓度较高厂区的通风换气效率。为避免这种问题，需要采用有特殊构造形式的避风天窗，或在天窗附近加设挡风板，使天窗的出口在任何风向时都处于负压区。挡风板除应沿厂房纵轴方向满布外，还应在端部加以封闭。如果天窗较长，还应每隔一段距离用横向隔板隔开，防止沿厂房轴向吹来的风影响天窗的排风效果（图 8-24）。

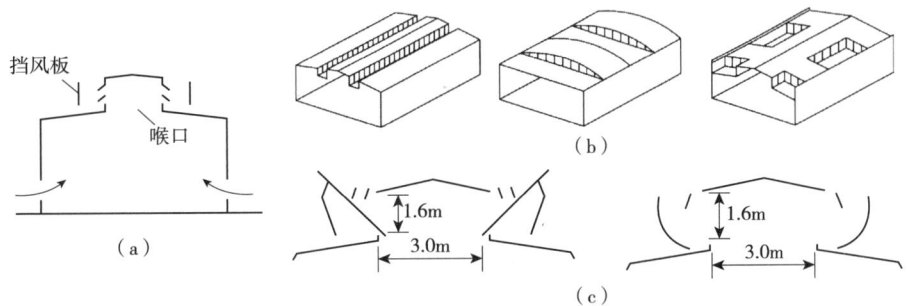

图 8-24 工业厂房的天窗设计
（a）矩形避风天窗；（b）下沉式天窗；（c）曲、折线型天窗

163

（3）捕风装置与无动力风帽

当采用常规自然通风所提供的通风量不足以排除建筑内的余热、余湿或污染物时，宜结合建筑设计，合理利用各种被动式通风技术强化自然通风。常见的手段是采用捕风装置或无动力风帽加强自然通风（图 8-25、图 8-26）。

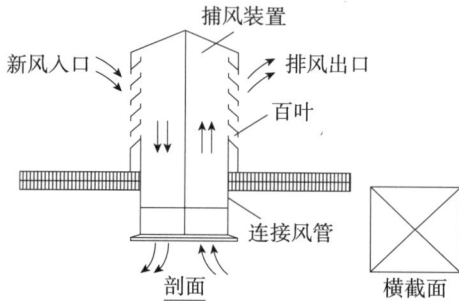

图 8-25 捕风装置

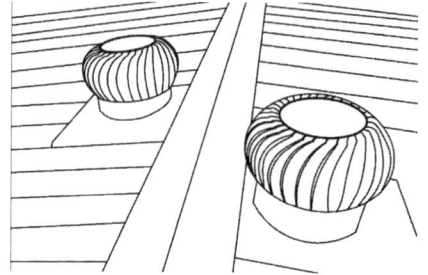

图 8-26 无动力风帽

捕风装置是一种自然风捕集装置，是利用对自然风的阻挡在捕风装置迎风面形成正压、背风面形成负压，与室内的压力形成一定的压力梯度，将新鲜空气引入室内，并将室内的浑浊空气抽吸出来，从而加强自然通风换气的能力。为保持捕风系统的通风效果，捕风装置内部用隔板将其分为两个或四个垂直风道。每个风道随外界风向改变轮流充当送风口或排风口。捕风装置可以适用于大部分的气候条件，即使在风速比较小的情况下也可以将大部分经过捕风装置的自然风导入室内，该装置一般安装在建筑物的顶部，其通风口设置在此屋顶高出 2~20m 的位置，常见的结构形式和通风原理如图 8-25 所示。

如图 8-26 所示，屋顶无动力风帽装置的接口直径宜与其连接的风管管径相同，该装置通过自身叶轮的旋转，将任何平行方向的空气流动，加速并转变为由下而上垂直的空气流动，从而将下方建筑物内的污浊气体置换并排出，以提高室内通风换气效果。该装置因可在不耗能的前提下长期运转且噪声较低的优势，近年来在国内外工业厂房中予以广泛使用。

8.4.2 夜间通风降温

一些地区室外空气温度的昼夜交替变化幅度大，日间温度最高温度 35℃以上，夜间温度则低于 25~28℃。在我国 294 个典型城市中，夏季室外气温平均日较差大于 8℃的城市达到 184 个，占 60% 以上，其中有 75 个城市的平均日较差大于 10℃。这意味着，利用通风的手段，用夜间空气的自然冷量对室内降温，使房间蓄存一些冷量，可以有效减少白天空调能耗，如图 8-27 所

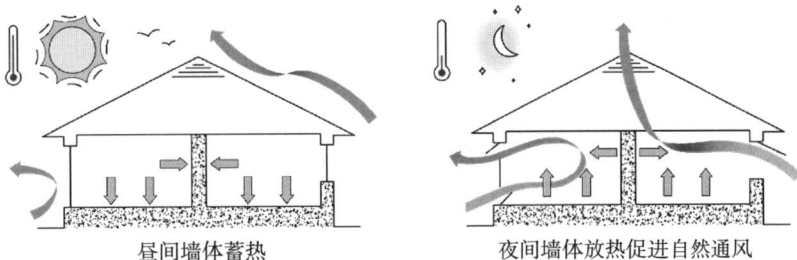

| 昼间墙体蓄热 | 夜间墙体放热促进自然通风 |

图 8-27　夜间通风示意图

示。尤其在北方地区，夏季夜间的气温经常在 20℃左右。对于没有空调的建筑，可以利用夜间通风进行降温。实测表明，即使在长江流域，夏季利用夜间机械通风后，可使日间室内平均温度比室外气温低 1~2.5℃。当室外气温日较差越大或墙体越厚，则获得的降温幅度越大。

8.4.3　地道风系统

地道风包括地下隧道、人防地道、天然隧洞，由于夏季地道壁面温度远低于室外空气温度，因此，在有条件利用时，使空气通过一定长度的地道，可实现冷却或减湿冷却的处理过程。

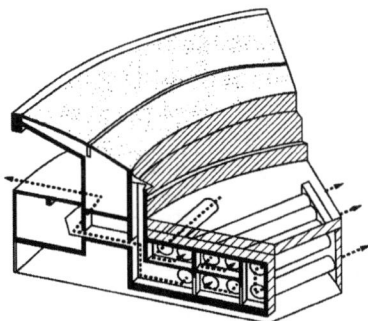

图 8-28　地道风示意图

2019 年中国北京世界园艺博览会是我国承办的国际级别最高的 A1 类世界园艺盛会，作为世园会标志性建筑——中国馆，采用建筑覆土的手法，将主要展厅覆盖于梯田之下，在梯田内环中设有埋深 9m、管径 2m 的大型地道风系统，将场馆与地下的几十个风口及通道相连。该系统利用地表浅层土壤温度变化幅度小、蓄热能力强等特点，达到自然换热、防污染、高效利用能源的效果。室外空气经地道降温、过滤送入室内，促进内外空气流动形成回路，让室内人员呼吸到新鲜空气，并使空调开启时间大幅缩短，有效降低了能耗（图 8-28）。

8.4.4　气流组织优化设计

对于主要依靠机械通风方式完成空气置换的建筑，通风房间内的气流组织形式对通风效果的好坏也起着非常重要的作用。合理选择、设置送排风系统的风口、数量和位置，形成合理的气流组织，对提高通风效果而言事半功倍，甚至起到决定性作用。图 8-29 为几种常见的全面通风气流组织形式。

在通风房间的气流组织中，送风系统的送风口应设置在工作场所的邻近区域，送风机的进风口应远离排风口以避免"短路"，进风口与空气处理

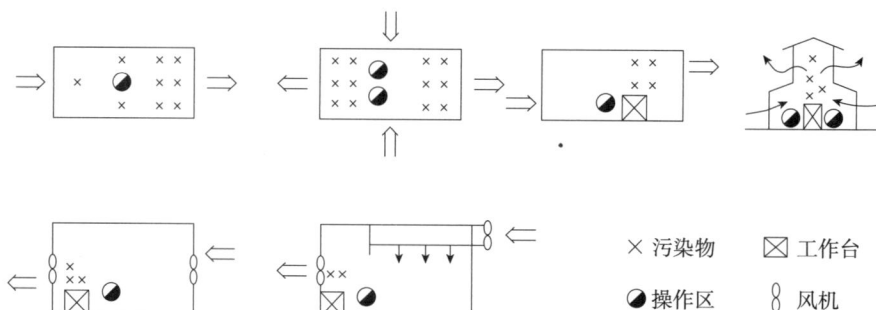

图 8-29 几种常见的全面通风气流组织形式

装置宜单独设置以避免二次污染。排风系统的吸风口应当设置在污染物的产生处或污染物浓度较高处，达到有效而迅速地排除被污染的空气的目的。若污染气体的密度小于空气密度，吸风口应布置在污染源上部，送风口可设置在中下部；反之，当被污染气体的密度大于空气的密度时，吸风口可布置在污染源下部，而送风口则布置在上部，但必须确保送风口与吸风口相隔足够的距离。当被污染气体的温度高于周围空气的温度，或房间内有上升热羽流时，排风系统的吸风口均应布置在房间上部，送风系统的送风口则布置在下部，此时可忽略被污染气体的密度是否比周围空气的密度大的因素。

8.4.5 借助模拟优化

在设计阶段，为了较为准确地评估和对比不同自然通风方式的效果，常常会借助计算机仿真模拟进行定量分析。在住宅和办公建筑中，考虑多个房间之间或多个楼层之间的通风，可采用网络法进行计算。网络法是从宏观角度对建筑通风进行分析，把整个建筑物作为系统，其中每个房间作为一个区（或网络节点），各个区内空气具有恒定的温度、压力和污染物浓度，利用质量、能量守恒等方程计算风压和热压作用下通风量，常用软件有 COMIS、CONTAM 等。

建筑体型复杂或室内发热量明显不均的建筑，常用计算流体力学（CFD，Computational Fluid Dynamics）软件进行模拟分析。相对于前述网络法，CFD 模拟是从微观角度，针对某一区域或房间，利用质量、能量及动量守恒等基本方程对流场模型求解。依靠这种方法，除了可以查看具体位置的机械通风效果（包含风速和风温的分布及换气次数等）并分析空气流动状况外，还能够量化气流组织方式对房间污染物扩散情况的影响效果（图 8-30）。常用软件有 Airpak、Fluent、Phoenics 等。

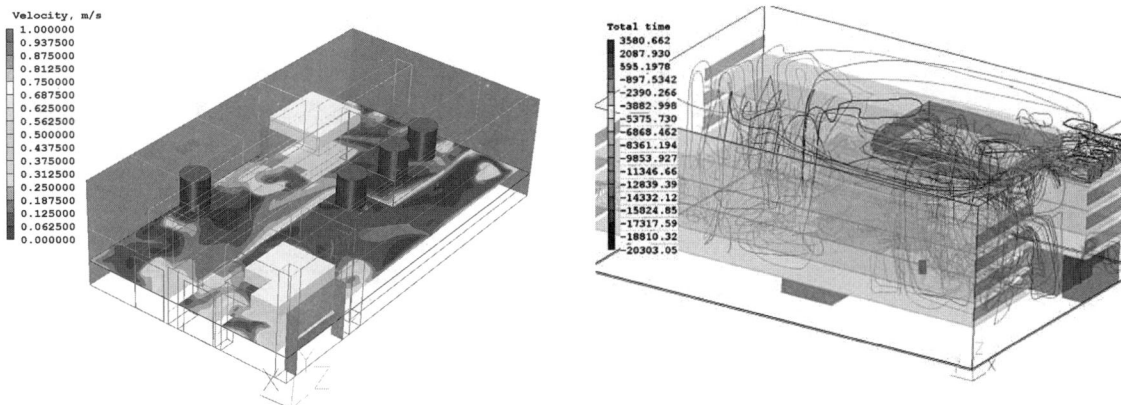

图 8-30 利用 CFD 技术仿真模拟室内自然通风和污染物扩散

8.5 建筑防排烟

建筑防排烟系统是建筑消防体系中一个重要组成部分，是防烟系统和排烟系统的总称。防烟一般采用机械加压送风方式或自然通风方式，防止烟气进入某些区域；排烟则采用机械排风方式或自然排烟方式，将烟气排至建筑物外。

8.5.1 烟气的危害

建筑火灾形成烟气的成分取决于可燃物的化学组成和燃烧条件。大部分可燃物质属于有机化合物，在不完全燃烧时，不仅会生成二氧化碳、水蒸气、二氧化硫等完全燃烧产物，还会生成一氧化碳、醇类、酮类、醛类、醚类及烟灰、烟渣等不完全燃烧产物，有继续燃烧或与空气形成爆炸性混合物的危险。此外，还可能产生少量的剧毒气体，例如氯化氢、碳酸氯（即光气）、氰化氢、氨、硫化和氧化合物等。常见的材料燃烧所产生的有害气体种类如表 8-2 所示。

各种材料燃烧产生的有害气体种类　　　　表 8-2

材料名称	产生的主要有害气体
木材	二氧化碳、一氧化碳
羊毛	二氧化碳、一氧化碳、硫化氢、氨、氰化氢
棉花、人造纤维	二氧化碳、一氧化碳
聚苯乙烯	苯、甲苯
聚氯乙烯	氢氯化物、二氧化碳、一氧化碳
酚树脂	氨、二氧化碳、一氧化碳
环氧树脂	丙酮、二氧化碳、一氧化碳

材料燃烧所产生的烟气对人体有很大危害甚至引起死亡。国内外建筑火灾死亡人数统计资料表明，火灾伤亡大部分是由于烟气中毒或是窒息引起的。烟气中的一氧化碳对人体毒害最大，一氧化碳不同浓度时对人体的影响程度如表 8-3 所示。

一氧化碳对人体的影响程度 表 8-3

一氧化碳含量（%）	对人体的影响程度
0.01	数小时对人体影响不大
0.05	1 小时对人体影响不大
0.1	超过 1 小时后头痛、不适、恶心
0.5	引起剧烈头晕，经 20~30 分钟有死亡风险
1.0	呼吸数次失去知觉，经 1~2 分钟有死亡风险

为了保证火灾初期建筑物内人员的疏散和消防人员的扑救，在建筑设计中，不仅需要设计完整的消防系统，而且必须慎重处理防排烟问题。建筑的防排烟设计应与建筑设计、防火设计和暖通空调设计同时进行，建筑与暖通专业设计人员应密切配合，根据建筑物用途、平立面组成、单元组合、可燃物数量以及室外气象条件的影响等因素综合考虑，确定经济、合理的防排烟设计方案。

8.5.2　防火分区与防烟分区

建筑物内防火分区和防烟分区的合理划分是防排烟设计的关键步骤。前者指能够在一定时间内阻止火势向同一建筑的其他区域蔓延的防火单元，后者指能够在一定时间内防止火灾烟气向同一防火分区的其余部分蔓延的局部空间。建筑内空调、通风以及防排烟系统在水平方向都是以防火单元为分界，各系统不得负担不同防火单位区域。我国《建筑防火通用规范》GB 55037—2022 规定了不同耐火等级建筑防火分区的最大允许建筑面积（表 8-4）。

不同耐火等级建筑防火分区的最大允许建筑面积 表 8-4

名称	耐火等级	防火分区最大允许建筑面积（m²）	备注
高层民用建筑	一、二级	1500	对于体育馆、剧场的观众厅，防火分区的最大允许建筑面积可适当增加
单、多层民用建筑	一、二级	2500	
	三级	1200	—
	四级	600	—

名称	耐火等级	防火分区最大允许建筑面积（m²）	备注
地下或半地下建筑（室）	一级	500	设备用房的防火分区最大允许建筑面积不应不大于1000m²

防火分区在水平方向一般采用防火墙、防火卷帘、防火门等划分；在垂直方向一般采用防火楼板等分隔物进行分区。而防烟分区可以按房间隔墙、梁或挡烟垂壁划分，其中挡烟垂壁在民用建筑中的应用非常广泛，设计时应保持垂壁下垂高度超过疏散所需的最小清晰高度，且不应影响人员正常通行（图8-31）。防烟分区是房间或走道排烟系统设计的组合单元，一个排烟系统可担负一个或多个防烟分区的排烟。对于地下汽车库，防烟分区则是一个独立的排烟单元，每个排烟系统只担负一个防烟分区排烟。防烟分区划分时应注意：①防烟分区不应跨越防火分区；②净空高度超过9m的空间，防烟分区之间可不设置挡烟设施。

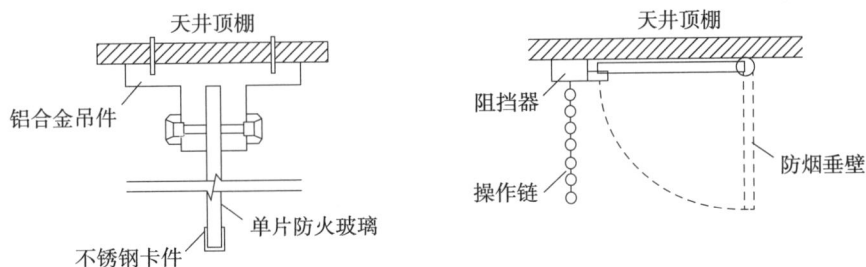

图8-31　固定式垂壁与活动式垂壁

8.5.3　防烟系统

建筑内封闭楼梯间、防烟楼梯间及其前室、消防电梯间前室或合用前室、避难层（间）、避难走道的前室、地铁工程中的避难走道等部位需设置防烟设施。目的是保证建筑内消防疏散通道和避难区域不受烟气的侵袭，确保火灾时人员安全疏散。防烟设施包括自然通风防烟设施和机械加压防烟设施。

（1）自然通风防烟设施

自然通风是利用火灾时室内热气流的浮力，通过室外相邻的阳台、凹廊、窗户将少量侵入楼梯间等疏散通道内烟气排出，如图8-32所示。

自然通风可开启外窗面积可按如下参数选择：

1）防烟楼梯前室、消防电梯前室不小于2.0m²；合用前室不小于3.0m²；

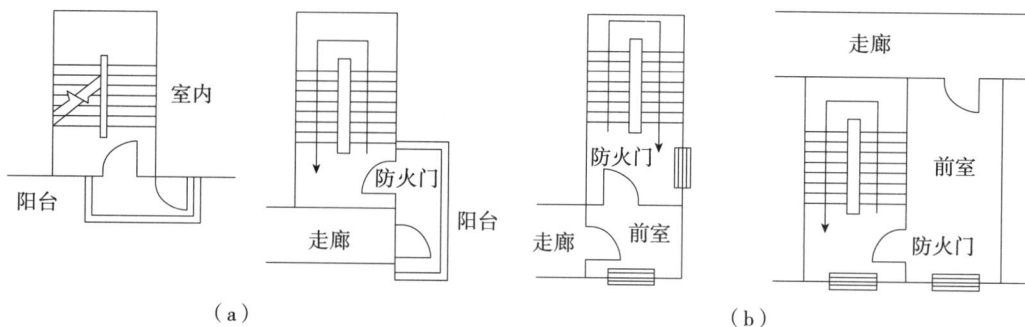

图 8-32 利用自然通风防烟的建筑构件
（a）利用室外阳台或凹廊排烟；（b）利用直接向外开启的窗排烟

2）靠外墙的封闭楼梯间、防烟楼梯间每五层可开启外窗的总面积之和不应小于 2.0m²；

3）避难层应设有不同朝向的可开启外窗，其有效面积不应小于该避难层地面面积的 2%，且每个朝向的面积不应小于 2.0m²。避难间应至少有一侧外墙具有可开启外窗，其可开启有效面积应大于或等于该避难间地面面积的 2%，且应大于或等于 2.0m²。

（2）机械加压防烟设施

建筑中不具备自然通风条件或者按规范要求不能采用自然通风防烟设施的场所必须采用机械加压防烟方式。机械加压是通过向楼梯间、前室等场所送入室外新鲜空气保持这些场所正压以防止烟气侵入，且当疏散门开启时能保持一定的向外的门洞风速以防止烟气侵入。

机械加压防烟设施由加压送风机、送风道、送风口及其自控装置等部分组成，如图 8-33 所示。设计时各部位要求的正压值为：防烟楼梯间与疏散走道之间的压差值为 40~50Pa；封闭楼梯间、前室、合用前室、消防电梯间前室、封闭避难层（间）与疏散走道之间的压差值为 25~30Pa。

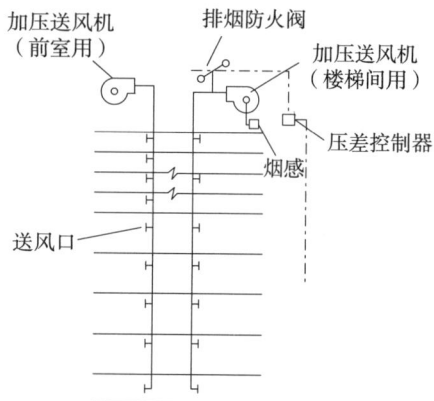

图 8-33 机械加压防烟设施

8.5.4 排烟系统

对于不同规模和类型的建筑场所或建筑部位，按照规范必须采取排烟系统等相应的烟气控制措施。

1）建筑面积大于 300m²，且经常有人停留或可燃物较多的地上丙类生产场所；

2）建筑面积大于 100m² 的地下或半地下丙类生产场所；

3）建筑面积大于 5000m² 的地上丁类生产场所（高温生产工艺除外）；

4）建筑面积大于 1000m² 的地下或半地下丁类生产场所；

5）建筑面积大于 300m² 的地上丙类库房；

6）设置在地下或半地下、地上第四层及以上楼层或房间建筑面积大于 100m² 的歌舞娱乐放映游艺场所；

7）公共建筑内建筑面积大于 100m²，且经常有人停留的地上房间；

8）公共建筑内建筑面积大于 300m²，且可燃物较多的地上房间；

9）建筑高度大于 32m 的厂房或仓库内长度大于 20m 的疏散走道，其他厂房或仓库内长度大于 40m 的疏散走道，民用建筑内长度大于 20m 的疏散走道；

10）建筑面积大于 50m² 或房间的建筑面积不大于 50m² 但总建筑面积大于 200m² 的区域，经常有人停留或可燃物较多且无可开启外窗的房间或区域；

11）建筑室内中庭。

常见的排烟设施包括自然排烟设施和机械排烟设施。

（1）自然排烟

自然排烟设施的工作原理和自然通风防烟设施一样，都是利用火灾时室内热气流的浮力，通过可开启外窗将火灾产生的烟气排出。

室内净空高度小于等于 6m 的场所，自然排烟所需外窗有效面积一般不得小于室内建筑面积的 2%。室内净空高度大于 6m 的场所，需根据场地火灾模型，计算得出所需自然排烟窗有效面积。

需要注意的是，自然排烟窗有效面积需保证处于储烟仓范围内，储烟仓的高度由设计计算确定，且必须大于室内疏散所需最小清晰高度。

（2）机械排烟

机械排烟是使用排烟风机进行强制排烟。机械排烟系统由排烟阀（口）、排烟防火阀、排烟管道、排烟风机等部位组成。

水平布置的排烟系统，每个防火分区的机械排烟系统应独立设置。当垂直竖向布置时，每段机械排烟系统负担楼层高度不能超过 50m。走道的机械排烟系统一般设计成竖向排烟系统，即在建筑物内靠近走道的适当位置设置竖向排烟管道，每层靠近顶棚的位置设置排烟口（图 8-34）。

在防排烟设计中，选择和布置排烟口、送风口、排烟竖井时，应当以保证人员安全疏散和气流组织合理为前提。排烟口宜远离安全出口，最小距离不能小于 1.5m。排烟口宜设置在防烟分区中心部位，至该防烟分区最远点的水平距离不

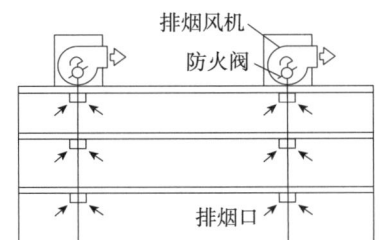

图 8-34　竖直布置的走道排烟系统

应超过30m。排烟口可以设置在顶棚上，也可以设置在靠近顶棚的墙面上，但排烟口必须设置在储烟仓以内。排烟口平时关闭，当火灾发生时仅开启着火防烟分区的排烟口，排烟口应设有手动、自动开启装置，手动开启装置的操作部位应设置在距地面1.3~1.5m处。排烟口和排烟阀应与排烟风机联锁，当任一排烟口或排烟阀开启时，排烟风机即能启动。

思考题

1）说明自然通风的设计原则和优化方法。

2）简述机械通风系统的组成。

3）利用建筑通风，可以有哪些节能设计？并分析其适用条件。

4）什么是防火分区和防烟分区？试说明建筑中各种防烟、排烟方式及适用场合。

第 9 章

建筑空调系统

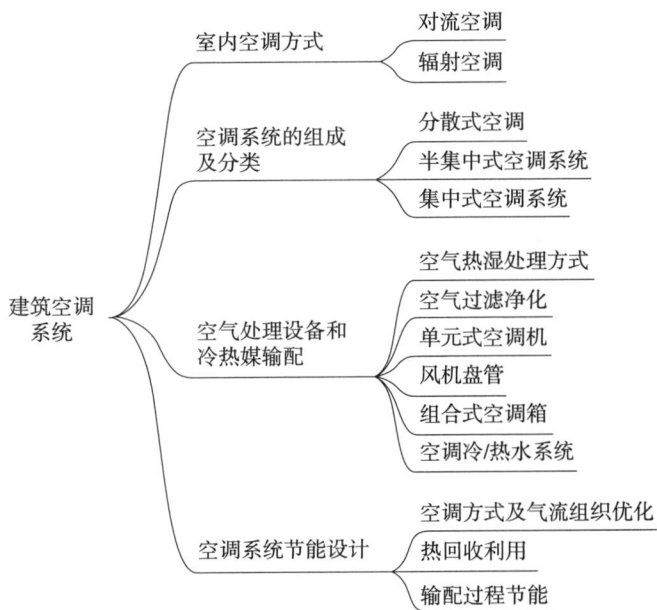

建筑空调系统
- 室内空调方式
  - 对流空调
  - 辐射空调
- 空调系统的组成及分类
  - 分散式空调
  - 半集中式空调系统
  - 集中式空调系统
- 空气处理设备和冷热媒输配
  - 空气热湿处理方式
  - 空气过滤净化
  - 单元式空调机
  - 风机盘管
  - 组合式空调箱
  - 空调冷/热水系统
- 空调系统节能设计
  - 空调方式及气流组织优化
  - 热回收利用
  - 输配过程节能

第 9 章知识图谱

空气调节（简称空调）是对建筑室内的温度、湿度、洁净度和气流速度等进行调节与控制，并提供足够的新鲜空气。空调可以实现对建筑热湿环境、空气质量和气流环境的全面控制。

根据室内环境需求和服务对象不同，空调系统可分为舒适性空调和工艺性空调。前者以室内人员为服务对象、创造健康舒适的环境，如住宅、办公楼、商场等。后者为生产工艺过程或设备运行提供必要的环境条件，工作人员的舒适要求有条件时可兼顾，如厂房、仓库等；其中，对空气洁净度有很高要求的场所设置的空调又称洁净空调，如电子工业、生物医药实验室等。

9.1 室内空调方式

送风是现在常用的空调方式，除此之外辐射板换热也是一种末端调节方式。按照室内末端的换热方式不同，前者称为对流空调，后者称为辐射空调。

9.1.1 对流空调

对流空调，即常见的送风空调，通过向室内送入处理后的空气，使得室内温度、湿度、洁净度和气流速度等参数符合室内热环境和空气质量的要求。

房间气流组织是关系到室内工作区温湿度基数、精度及区域温差、工作区流速和清洁程度的重要因素，是对流空调的重要环节。合理地布置送风和排风位置、组织室内的气流流动，实现某种特定流型，以保证对流空调效果、减少冷/热量消耗、提高对流空调系统经济性是室内气流组织的任务。根据气流组织形式，对流空调的送风方式可分为侧送风、顶送风和下部送风三种基本形式，它们的空气流动形态与分布和适用场合有所不同。

（1）侧送风

侧送风是把送风口布置在房间侧墙或风道侧面，横向送出气流。该方式可在室内形成大的回旋涡流，工作区处于送风气流与房间空气充分混合的回流区，温度分布均匀稳定。一般房间，侧送风采用百叶风口，叶片角度可调节气流风向；常见的侧送风气流流型如图9-1所示。

上送上回方式适用于普通层高房间、仅为夏季降温服务的空调系统，上送下回方式适用于较高层高房间、冬季需要送热风的空调系统；若房间空调区跨度较大，宜双侧送风。侧送风还具有管路布置简单、施工方便等优点。

高大空间的侧送风常采用喷口作为送风口，如图9-2所示，空气以较高

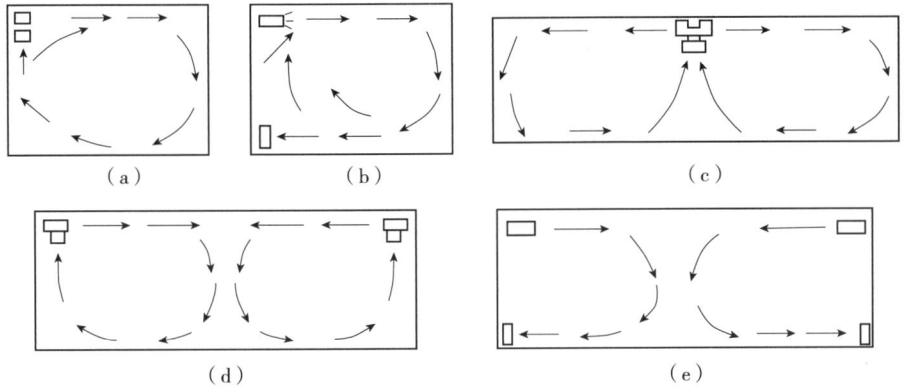

图 9-1 侧送风气流流型
（a）单侧上送上回；（b）单侧上送下回；（c）双侧外送上回；（d）双侧内送上回；（e）双侧内送下回

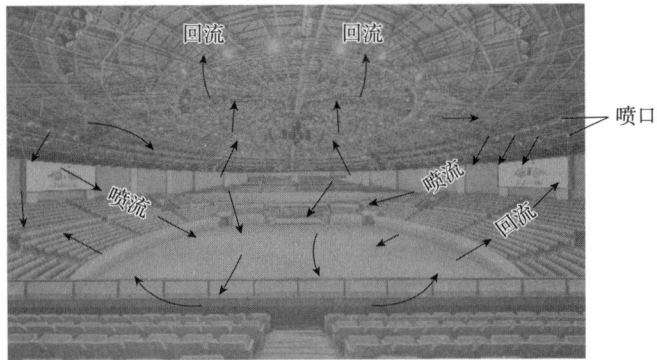

图 9-2 高大空间喷口送风示意图

的速度和较大的风量集中在喷口送风口射出，射流达到一定射程后折回，在室内形成大的漩涡。喷口送风射程远，能够满足高大空间工作区空调需求，因此常用于体育馆、礼堂、剧院、候车厅等高大空间公共建筑及工业厂房建筑空调。

（2）顶送风

顶送风是把送风口布置在房间吊顶，向空调房间送出气流。顶送风方式常用散流器作送风口，还可采用孔板送风。

散流器送风有平送、下送两种形式，如图 9-3 所示。平送风方式中，空气经散流器后呈辐射状射出，射流扩散快、射程比侧送风短，工作区处于回流区，具有较均匀的温度和速度分布，适用于对室温波动范围有要求、层高较低且有吊顶或技术夹层的空调房间。下送风方式以一定扩散角向下射流，在混合段与室内空气混合后形成稳定的下送直流流型，工作区处于射流区，温度与风速稳定均匀，适用于房间层高较高、净化要求较高的场合。

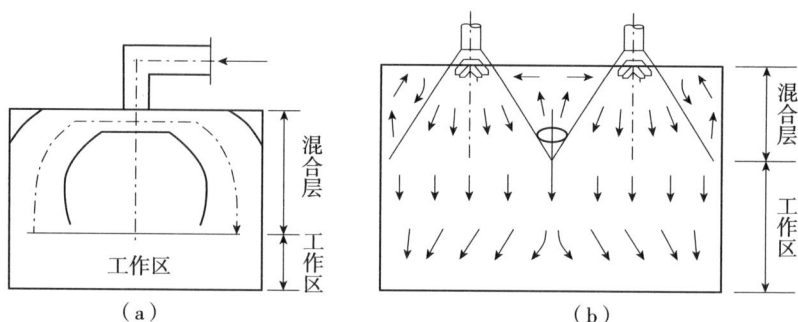

图 9-3 散流器顶送风气流流型
（a）平送流型；（b）下送流型

孔板送风先将空气送入吊顶中的稳压层，再通过孔板均匀地送入室内，在风速和送风温差较大时可形成稳定的下送直流流型，如图 9-4 所示。孔板送风的工作区温度和风速分布均匀，区域温差小，适合于室温允许波动范围较小的空调房间，也适合净化要求高的场合，如洁净室、手术室等。

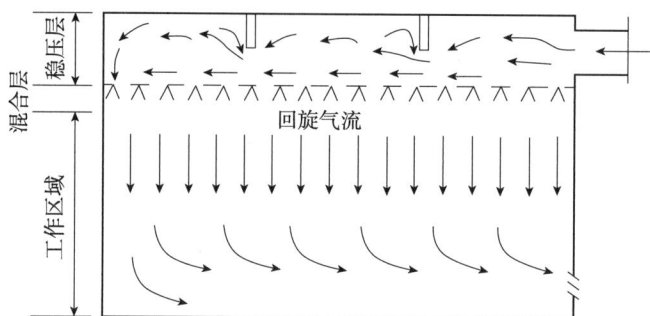

图 9-4 孔板送风气流流型

（3）下部送风

这类气流组织方式是把送风口布置在房间的下部，回风口布置在房间的上部或下部。气流以较低的风速从近地面进入工作区，室内浊热气流由于浮力作用上升，从房间上部的回风口排走。这种送回风方式具有一定的节能效果，同时也改善了工作区的空气质量。近年来，在国内外的工程中也较多使用，可以采用置换送风，也可采用地板送风、下送下回的方式，如图 9-5 所示。

9.1.2 辐射空调

与辐射供暖一样，辐射空调通过铺设于吊顶、地板、墙壁或其他表面的辐射板给室内供冷或供暖。如图 9-6 所示，冷／热媒通过导热降低或提高

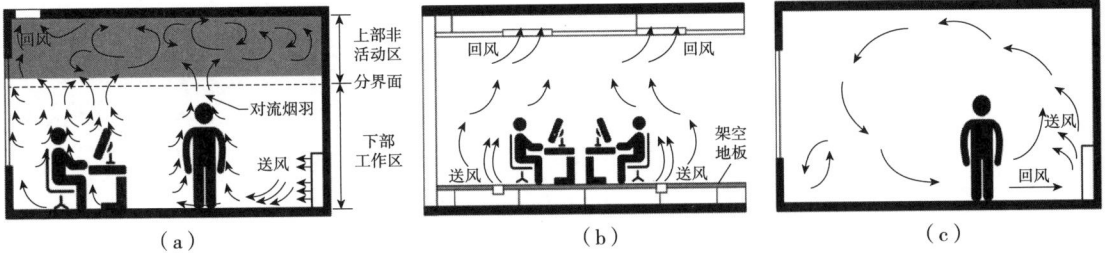

（a）

（b）

（c）

图 9-5　下部送风气流流型
（a）置换送风；（b）地板送风；（c）下送下回

辐射板表面的温度，辐射板表面与室内环境通过对流、长波辐射和短波辐射（如有太阳直射）三种方式进行换热，从室内排除或向室内提供热量；其中辐射换热量通常占总换热量的 50% 以上。与对流空调相比，辐射板供冷（供暖）时室内空气温度设定值可以提高（或降低）1~2℃。

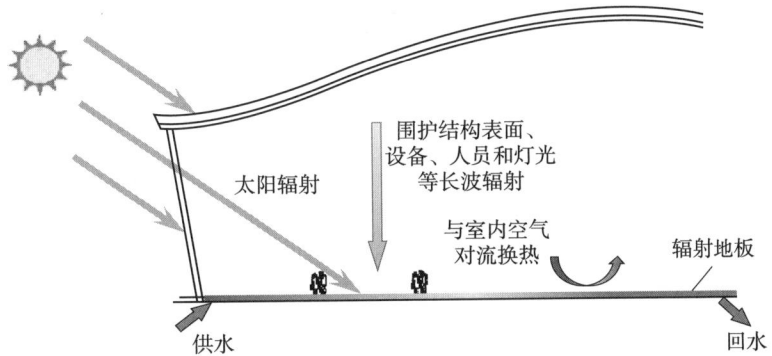

图 9-6　辐射板与室内环境的换热示意图

根据辐射板在室内布置位置不同，可以分别构成辐射顶板、辐射地板、辐射墙壁（侧板）等。辐射板与室内空间的换热情况与下列因素相关：①在空气热浮力的作用下，辐射板与室内空气的对流换热量与换热温差、空气流动情况相关，也与辐射板的布置位置密切相关。例如，辐射板与空气的温差为 5℃时，辐射地板供冷或吊顶供热的对流换热量为 $6~8W/m^2$，辐射吊顶供冷或地板供暖的对流换热量为 $16~20W/m^2$，辐射墙壁供冷或供热的对流换热量为 $12~15W/m^2$。②辐射板与房间围护结构、人体等表面的长波辐射换热和表面之间的角系数直接相关。将辐射板布置在与人员活动区角系数大的位置，例如辐射地板，可以增加与人体的直接换热量。③当辐射板布置于地面或其他受到太阳直射的区域，它可以直接吸收部分太阳辐射热（与表面材料吸收率相关）。相同构造的辐射地板在无太阳辐射和有太阳辐射时，供冷能力可以从 $30~60W/m^2$ 变化到 $100W/m^2$ 以上。

辐射空调的辐射板的构造，除了辐射供暖系统常用的混凝土结构辐射地板之外，还有金属辐射板等三类。

（1）金属辐射板

金属辐射板是由金属水管和金属板（如铝板）紧贴制成的模块化产品，如图9-7（a）所示。管内冷水或热水循环流动时将冷/热量经金属板表面传递给室内，常布置于吊顶或壁面。辐射板的背面须覆盖绝热材料，减少冷/热量的损失。

（2）毛细管型辐射板

毛细管型辐射板，是模仿植物叶脉和动物毛细血管，由塑料细管（直径2~3mm）密布成席（管间距8~20mm）、两端与进/出水管相连形成的格栅结构，如图9-7（b）所示。这一结构埋设在涂层内、石膏板内或安装在顶棚内，也可与金属板结合形成模块化产品。

（3）轻薄型辐射板

轻薄型辐射板是将冷（热）水循环管铺设在带沟槽的保温板中，如图9-7（c）所示，或者制成一体化模块，保温模板或模块上可直接铺设装

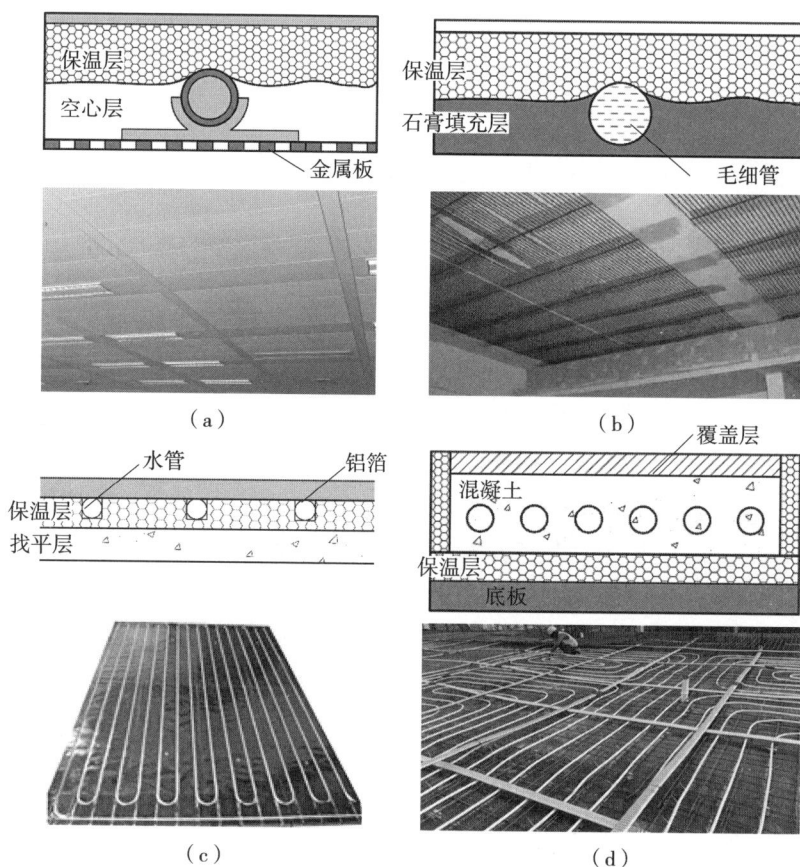

（a）

（b）

（c）

（d）

图9-7 常见的辐射板及构造
（a）金属辐射板；（b）毛细管型辐射板；（c）轻薄型辐射板；（d）混凝土结构辐射板

饰地板。它相对于混凝土填充式辐射地板，热惯性较小，占用的空间高度仅2~7cm，重量也大幅降低。

（4）混凝土结构辐射板

混凝土结构辐射板是将冷（热）水循环管埋置在建筑楼板的混凝土填充层或粉刷层内，如图9-7（d）所示。混凝土具有较好的导热性、较大的热容，因而辐射板表面温度均匀、热阻小，吸收太阳辐射热后表面温升小。

通过辐射板换热的辐射空调，具有安静、舒适、洁净、便于室内布置等优点；以水循环替代对流空调送风，可以节约冷热媒输配能耗，还具有显著的节能潜力。辐射板供冷排除室内显热，还需要配置新风除湿系统用以承担室内潜热。同时，需要注意辐射板表面防结露，有效的预防方法包括：①去除辐射板表面的露珠，如在辐射板表面进行超疏水涂层处理并增设槽道；②对辐射板易结露表面的空气进行除湿，如通过地板送风、置换通风、贴附射流等方式，降低辐射板表面附近空气的含湿量，提高空气的露点温度；③通过对辐射板供水流量、温度、送风量等控制来防止结露；④优化辐射板结构，如采用红外透明膜隔绝室内空气与辐射板空气之间的流动。

9.2 空调系统的组成及分类

空调系统主要由冷热源、冷/热媒管道、空气处理设备和室内末端调节装置（如9.1节中所述的风口和辐射板）四部分组成，用于冷/热媒制备、输配、空气处理和利用。按空气处理设备的设置情况，空调系统可分为分散式空调、半集中式空调系统和集中式空调系统，如表9-1所示。

空调系统按空气处理设备设置情况的分类   表9-1

空调系统分类	特征	举例
分散式空调	每个房间的空气处理分别由各自的整体式（或分体式）空调器承担	房间空调器 多联式空调（热泵） 单元式空调机
半集中式空调系统	集中的空气处理设备，将处理后的空气送入各房间；同时，各个房间内也有空气处理装置或辐射板	风机盘管+新风系统 辐射板+新风系统 多联机+新风系统
集中式空调系统	空气处理设备集中在机房内，空气经处理后，由风管送入各房间	全空气系统

9.2.1 分散式空调

分散式空调是将冷/热媒制备、空气处理和送风装置等集成于一两个或一拖多个箱体内形成的空调系统，可按照需要，灵活而分散地就近布置于空调房间。分散式空调常用上送上回的侧送风方式。对于较大空间，如开敞办公间、餐厅、教室等可采用多台独立设置的空调机组，有利于调节容量；也可以将多台机组并联安装，连接总送风管后送风，集中回风再由各机组分别吸入。

分散式空调的特点是结构紧凑、体积较小，占地面积小，不需要集中机房，使用灵活；输配系统小，能耗小；但它一般不设置新风，无法保障新风供应，当数量较多时设备系统维护的工作量也会相应较大。当建筑仅有少数房间需要空调、需要空调的房间比较分散或旧建筑改建加装空调设备等情况，采用分散式空调比较经济、合理。

常见的分散式空调包括房间空调器、多联式空调（热泵）和其他单元式空气调节机。

（1）房间空调器

其分为整体式的窗式机与分体式的分体机两类，见图9-8。前者将空调系统的部件组装在同一箱体内，直接安装在房间外墙或外窗上。后者的室外机内设置了压缩机、冷凝器和膨胀阀等冷热源部件，其制备的冷／热媒（如氟利昂）被输送至室内机内的蒸发换热器，用于处理室内空气。分体机常见的室内机形式有壁挂式、吊顶式和柜式等。

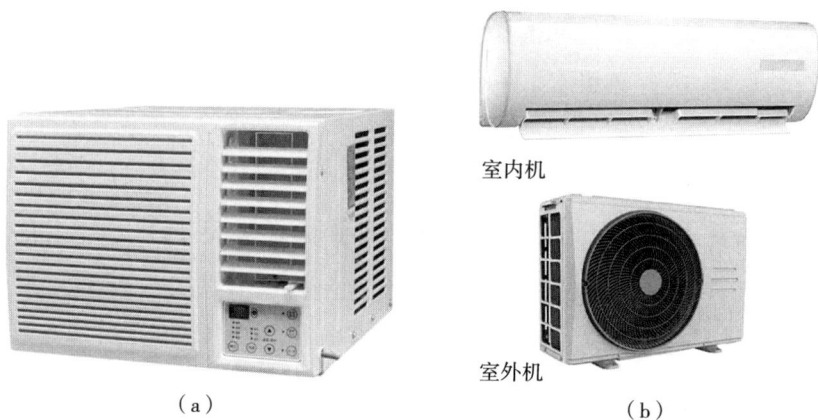

室内机

室外机

（a）　　　　　　　　　　　（b）

图 9-8　分散式空调
（a）窗式机；（b）分体机

（2）多联式空调（热泵）

其简称多联机，如图9-9所示。一台室外机连接多台室内机，利用变制冷剂容量（Variable Refrigerant Volume，缩写VRV）技术，各台室内机根据房间设定运行或由群组控制运行。在单台室外机运行的基础上，发展出了多台室外机并联系统，可以连接更多的室内机。多联机适用于中小型办公楼、

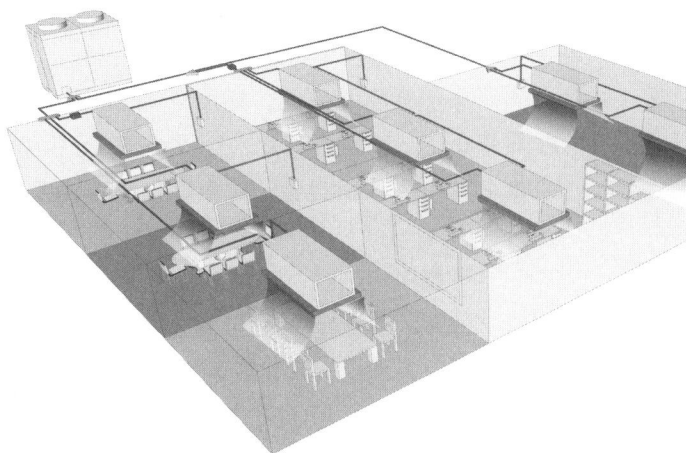

图 9-9 多联机示意图

宾馆、学校、高档住宅等房间数量多、区域划分细致的建筑，各房间空调的同时使用率和负荷比例比较低，通过该系统可在灵活使用的基础上，减小冷热源的容量并提高设备能效。

（3）其他单元式空气调节机

其简称单元式空调机，是一种带有压缩机、冷凝器、直接膨胀式蒸发器、空气过滤器、通风机和自控系统等整套装置的空气处理机组。根据结构形式、冷凝器的冷却方式和使用功能的不同，可分成很多类型，详见第 9.3 节。如图 9-10 所示为恒温恒湿机，不仅能对空调区域进行供冷或供暖、调节湿度，还能控制空气的温度和相对湿度恒定在某一区间内。如图 9-11 所示为满足某些特定环境如电子计算机房、通信机房等室内环境控制要求而专门设计的定型空调机。

图 9-10 恒温恒湿机

图 9-11 计算机房专用空调

9.2.2　半集中式空调系统

半集中式空调系统，如图 9-12 所示，是指在空调机房集中制备冷 / 热水等媒介，一部分用于新风处理，一部分供给分散在各房间内的空气处理和末端装置（如风机盘管、辐射板）对室内空气和表面进行热湿处理的空调系统。

当有集中冷热源、建筑规模大、空调房间多、各房间空间较小而具体使用要求各异、不宜布置大风管且室内温湿度要求一般或层高较低时，可选择半集中式空调系统，如宾馆客房、办公用房等民用建筑。这类系统只需设较小的集中机房或利用吊顶空间，与集中式空调系统相比，其优点是输配冷 / 热水的水管所占空间和水泵能耗较小；局限在于有限的新风供给无法满足过渡季全新风运行需求，各房间末端装置分散、检修较麻烦。按照室内末端装置类型，半集中式空调系统常见形式有：

（1）风机盘管加新风方式

风机盘管在空调工程中的应用大多是和经单独处理的新风系统相结合的。新风由新风机组集中处理，分别送入各个房间；房间回风由设在其内的风机盘管处理，风机盘管如图 9-13（a）所示，它的结构和形式详见 9.3 节。应用风机盘管时，室内气流组织与风机盘管风口安装位置相关，例如，可将卧式机吊挂于房间上部侧送风，也可将机组安装在吊顶上方，送风口接一段风管，其上接若干个散流器向下送风；立式机组采用下送下回方式。这类系

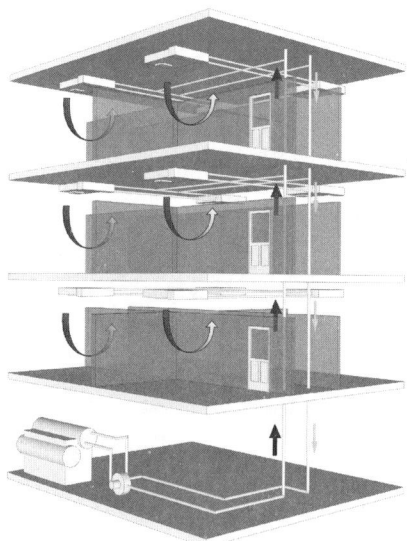

图 9-12　半集中式空调系统示意图

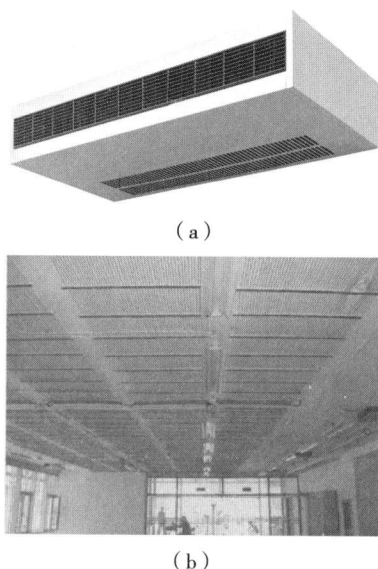

（a）

（b）

图 9-13　半集中式空调系统末端
（a）风机盘管；（b）辐射板末端

统广泛用于办公、酒店和医院等公共建筑。风机盘管的设置易与建筑布局、装修产生矛盾，因此选型与布置应和建筑协调配合。

（2）辐射板加新风方式

室内末端采用图 9-13（b）所示的辐射板形成冷/热表面，通过对流和辐射，并以辐射为主的方式与室内环境进行换热。辐射板换热原理、布置位置和结构形式详见第 9.1 节。该系统中，辐射板换热主要承担室内显热负荷，经处理后的干燥新风承担室内潜热负荷。辐射板作为主要室内末端，其优点为无吹风感，温度分布均匀，舒适性较好。辐射板的选型与安装应和建筑紧密配合。

9.2.3 集中式空调系统

集中式空调系统如图 9-14 所示，是指在空调机房集中制备冷/热水和处理空气，通过风机将集中处理后的空气送往各个房间的空调系统。集中式空调系统的冷热源、空气处理设备及输配用的水泵和风机等设备都集中设置在空调机房中，易于管理和维护，易于实现全年多工况自动控制，使用寿命长；但其机房和送回风道占用空间和面积大，风机能耗高。

集中式空调系统全部由处理后送往各个房间的空气负担室内空调负荷，也称全空气系统；其风管和室内送/回风口如图 9-15 所示。全空气系统可根据房间功能需求和空间特点，按需布置送、回风口位置和送风口形式。根据

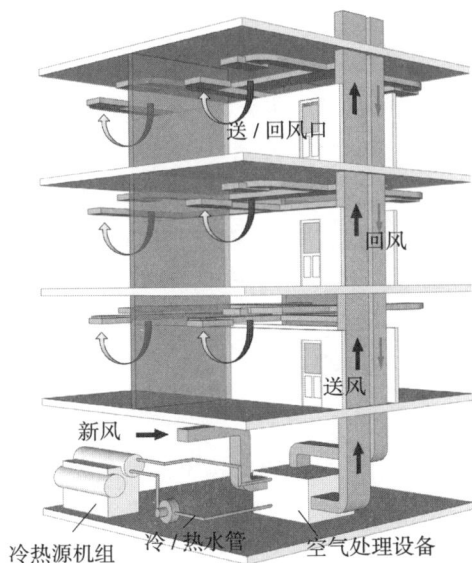

图 9-14 集中式空调系统示意图

（a）

（b）

图 9-15 集中式空调系统送风末端
（a）室内送/回风口；（b）风管

室内温湿度精度要求和负荷变化情况，全空气系统可采用定风量和变风量输送方式。全空气定风量系统适用于温湿度允许波动范围小、噪声和洁净度标准要求高的场合，如净化房间、手术室、电视台、播音室等；也可用于空调区大或居留人员多，且各空调区温湿度参数、洁净度要求、使用时间等基本一致的场所，如商场、影剧院、展览厅、餐厅、多功能厅、体育馆等。全空气变风量系统可用于各空调区需要分别调节温湿度，但温度和湿度控制精度不高的场所，如高档办公楼和一些用途多变的建筑物；特别适用于全年都需要供冷的大型建筑物的内区，在过渡季和冬季利用室外新风供冷。

空气处理设备是空调系统中对空气进行各种热湿和净化等处理的装置，它是空调系统的重要组成部分。本节首先介绍各种空气热湿处理和过滤净化的基本方式，在此基础上介绍常用的空气处理设备以及空调系统的冷热媒输配。

9.3.1 空气热湿处理方式

空气热湿处理过程包括对空气的加热、冷却、加湿或减湿。按照与空气进行热湿交换的介质与被处理的空气是否直接接触可分为表面式热湿交换和接触式热湿交换，前者如表面式换热器和电加热器，后者如喷水室、加湿器、固体或溶液除湿器。

（1）表面式换热器

表面式换热器，如图 9-16 所示，冷媒或热媒不直接与被处理的空气接触，而是通过换热器的金属表面与空气进行热湿交换。在表面式换热器中通入热水、蒸汽或高温制冷剂，可以实现空气的等湿加热过程；通入冷水或低温制冷剂，可以实现空气的冷却过程；若冷媒的温度低于空气露点温度，空气在冷却过程中同时还会被除湿。

表面式换热器有结构简单紧凑、占地面积少、水质要求不高和阻力不大等优点，在空调系统中广泛使用。为了增强传热效果，表面式换热器通常采用肋片管制作。表面式换热器的下部应装设集水盘，以接收和排除从空气中冷凝出来的水。

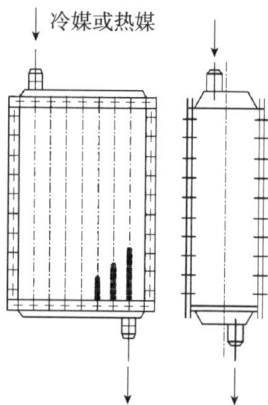

↓冷媒或热媒

图 9-16　表面式换热器

（2）电加热器

电加热器是通过电阻丝发热来加热空气的设备。它具有结构紧凑、加热均匀、热量稳定和控制方便等优点。但电加热器直接耗费电能，一次能源利用率低，通常只在加热量较小、恒温精度要求较高的空调系统中使用，常安装在空调房间的送风支管上作为调节加热器。

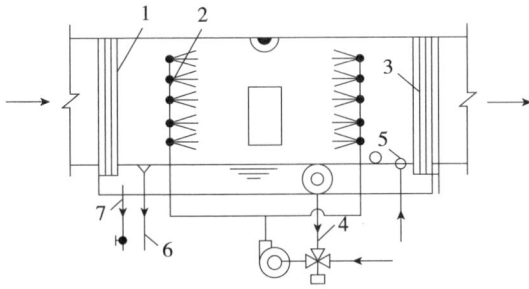

图 9-17　喷水室构造
1- 前挡水板；2- 喷嘴和排管；3- 后挡水板；4- 循环水管；
5- 浮球阀；6- 溢水管；7- 泄水管

（3）喷水室

在喷水室中喷入不同温度的水（图 9-17），被处理空气与水接触进行热湿交换，可以实现冷却加湿、等温加湿、加热加湿等多种空气加湿过程。当水温低于空气的露点温度时，还可实现冷却减湿。同时，它还具有一定的净化空气能力。

喷水室金属耗量小，造价低，加工方便；但占地面积大，水系统复杂、耗水和耗电较多，大多在纺织厂、卷烟厂等工艺性空调系统中应用。

（4）加湿器

加湿器是用于对空气进行加湿处理的设备。除上述喷水室外，常用的加湿器有干蒸汽加湿器、电加湿器和超声波加湿器。干蒸汽加湿器和电加湿器分别是使用锅炉等加热设备、电热或电极原件产生的蒸汽对空气进行等温加湿处理，常用于空调箱中冬季空气加湿。超声波加湿器是将水雾化后散入空气中蒸发，加湿的过程会冷却空气，通常用作小型的房间加湿器。

（5）除湿器

在气候潮湿的地区、地下建筑及生产工艺要求空气干燥的场合，需要对空气进行减湿处理。常用的空气减湿方法有：

①加热通风法减湿：将空气加热后，虽然含湿量没有变化，但相对湿度降低，这是一种简单经济的方法，但不是根本的减湿方法。

②利用冷凝减湿机减湿：潮湿空气通过制冷系统的蒸发器时，由于蒸发器表面温度低于空气露点温度，使得空气冷却到露点温度以下，析出部分凝结水，达到减湿目的。经过冷却减湿的空气通过制冷系统的冷凝器时，又被加热升温，从而降低了相对湿度。冷冻减湿机性能可靠，可连续工作，但投资和运行费用较高。

③利用固体减湿剂减湿：可实现加热减湿。固体吸湿剂有两种类型，一种是具有吸附多孔性能的材料（如硅胶），吸湿后材料的固体形态不变。另一种是具有吸湿性能的固体材料（如氯化钙），吸湿后，由固态逐渐变为

液态，失去吸湿能力。

④利用液体减湿系统减湿：可实现加热减湿、等温减湿、冷却减湿等过程。液体减湿系统的构造与喷水室类似，但多了一套液体吸湿剂的再生系统。其工作原理是一些盐水溶液（如 LiCl、LiBr、CaCl 溶液）表面的饱和水蒸气分压力低于同温度下的水表面饱和水蒸气分压力，因此当空气中的水蒸气分压力高于盐水表面的水蒸气分压力时，空气中的水蒸气将会析出被盐水吸收。这类盐水溶液称为液体吸湿剂。盐水溶液吸收了空气中的水分后浓度下降，吸湿能力减弱，因此需要加热浓缩进行再生。

9.3.2　空气过滤净化

大气污染物包含粒径不等的粉尘、烟尘、烟雾、气溶胶、细菌、真菌、病毒等颗粒。空调系统的过滤器通过重力、惯性、扩散、接触阻留和静电等作用对大气污染物进行过滤，起到净化、除臭和消毒的作用。

过滤器应用的滤料主要有玻璃纤维、合成纤维及纤维制成的滤纸（布）等。过滤效率（η）是衡量过滤器捕集颗粒能力的指标，如式（9-1）所示。根据过滤效率，空气过滤器分为粗效、中效、亚高效和高效过滤器，如表 9-2 所示。

$$\eta = \frac{c_1 - c_2}{c_1} \times 100\% \qquad (9-1)$$

式中　c_1——过滤前空气含尘浓度；
　　　c_2——过滤后空气含尘浓度。

空气过滤器的分类 表 9-2

类别	有效捕集尘粒直径（μm）	适应的含尘浓度（mg/m^3）	过滤效率与测定方法
粗效	>5	<10	$<60\%$（大气尘计重法）
中效	>1	<1	$60\%\sim90\%$（大气尘计重法）
亚高效	<1	<0.3	$90\%\sim99.9\%$（对粒径为 $0.3\mu m$ 的尘粒计数法）
高效	<1	<0.3	$\geqslant99.99\%$（对粒径为 $0.3\mu m$ 的尘粒计数法）

通常根据空调房间的净化要求和室外空气的污染情况选用空气过滤器。一般空调系统，通常只在空气处理入口设置粗效过滤器；有净化要求的可设粗效和中效两级过滤器，其中中效过滤器应设在风机的出口段。有超级净化要求的系统才采用三级过滤，高效过滤器应尽量靠近送风口。

空气中的某些有毒、有异味的气体，可以采用活性炭过滤器进行吸附处理。活性炭一般由有机物如木材、果核、椰子壳等加工而成。成品活性炭内部有许多极细的孔隙，每1g（约合2cm³）活性炭的有效接触面积接近1000m²，每立方分米活性炭的质量为485g，在正常条件下，它所能吸附的物质重量，约为它自身重量的15%~20%，当吸附量达到这种程度时应该进行更换。为了防止活性炭过滤器的过滤层被堵塞，活性炭过滤器的入口前应设置其他类型空气过滤器。

9.3.3　单元式空调机

单元式空调机是一种带有压缩机、冷凝器、直接膨胀式蒸发器、空气过滤器、通风机和自控系统等整套装置的空气处理机组，如图9-18所示。它采用表面式换热器作为直接膨胀式蒸发器。供冷时，液态制冷剂在蒸发器的管内直接蒸发实现对盘管外的空气吸热而冷却除湿；通过阀门转换为供暖工况时，高温气态制冷剂通过盘管传热对空气进行加热。除专用机之外，单元式空调机一般只设置粗效过滤器。

根据结构形式，其可以分为整体式、分体式、多联式、组合式、移动式和屋顶式，如表9-3所示。

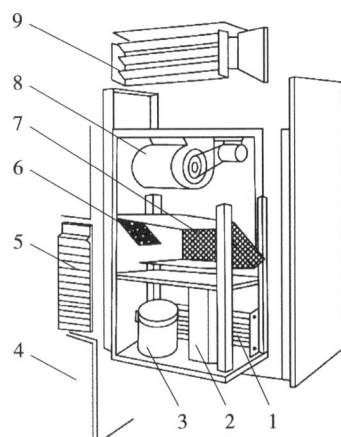

图9-18　单元式空调机结构示意
1– 冷凝器；2– 电气筒；3– 压缩机；
4– 前门板；5– 回风箱；6– 过滤网；
7– 直接膨胀式蒸发器；8– 通风机；
9– 出风栅

单元式空调机按结构形式的分类　　　　　　　　表9-3

形式	特征
整体式	压缩机、冷凝器、蒸发器、通风机、空气过滤器及自动控制仪表等所有部件组合在一起
分体式	压缩机、冷凝器和蒸发器、通风机、空气过滤器分别组成相互独立的室外机和室内机两部分，各自独立安装
多联式	属于分体式范畴，不同之处在于制冷剂流量可变；作用半径较大，可以连接多台室内机；室外机与室内机之间允许有较大的高差
组合式	压缩机和冷凝器单独组成压缩冷凝机组；蒸发器、通风机和加热器单独组成空调机组。两套机组可以安装在同一个房间里，也可以分别安装在两个房间里
移动式	与整体式空调机基本相同，特点是容量较小，使用时可以自由移动，但需要带一条排气软管，用以向室外排除冷凝器的热量
屋顶式	由压缩冷凝机组和空调机组组合成一个整体的空调机组，其特点是容量较大，风冷，卧式，能露天安装在屋顶上

9.3.4　风机盘管

风机盘管由风机、表面式热交换器（盘管）和过滤器等组成。盘管管内流入冷冻水或热水时，与管外空气换热，使空气冷却、除湿或加热，以调节室内的空气参数。其形式主要有卧式、立式、壁挂式、吊顶嵌入式等，如图9-19所示。风机盘管应根据房间的具体情况和装饰要求选择明装或暗装，确定安装位置、形式。卧式机组吊挂于房间的上部；立式机组一般放在外墙窗台下；壁挂式机组挂在墙的上方；吊顶嵌入式镶嵌于天花板上。风机盘管承担室内和新风湿负荷时，盘管为湿工况工作，需在盘管下方设置凝水盘，并布置冷凝水管排除凝水。

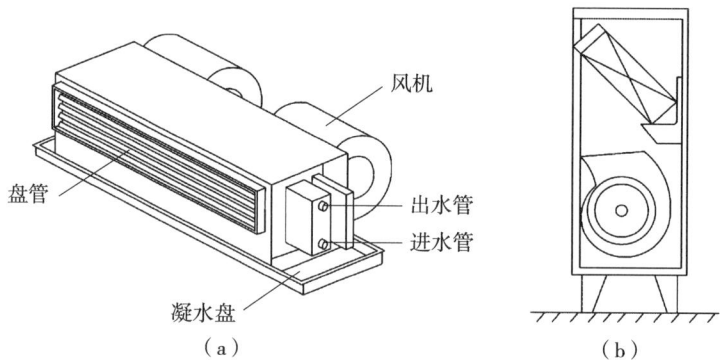

图 9-19　风机盘管结构示意图
（a）卧式；（b）立式

风机盘管机组应该具有一定的冷、热量调控能力，既便于调节与控制室内温湿度，满足个性化的要求，也更有利于节能。在水流量不可调节的系统中，采用温控器控制风机的转速来调节换热量；在水流量可调节的系统中，还应在冷/热水侧根据室内温度调节水流速，实现"按需供水"，节约整个冷/热水输配系统的耗能和提升冷热源能效。

9.3.5　组合式空调箱

组合式空调箱是把各种空气处理设备、风机、消声装置、能量回收装置等分别做成箱式的单元，按空气处理过程的需要进行选择和组合成的空调器。图9-20是一种组合式空调箱结构示意图，常用于集中式空调系统中。

组合式空调箱通常包括新回风混合段、过滤段、热湿处理段（如表冷器、加热器等）和风机送风段等。来自室内外的回风和新风在混合段混合、粗效过滤段过滤后，进入热湿处理段进行热湿处理，常采用表面式换热器（也称表冷器）对空气进行冷却（或冷却减湿）处理，冬季也可将其作为加

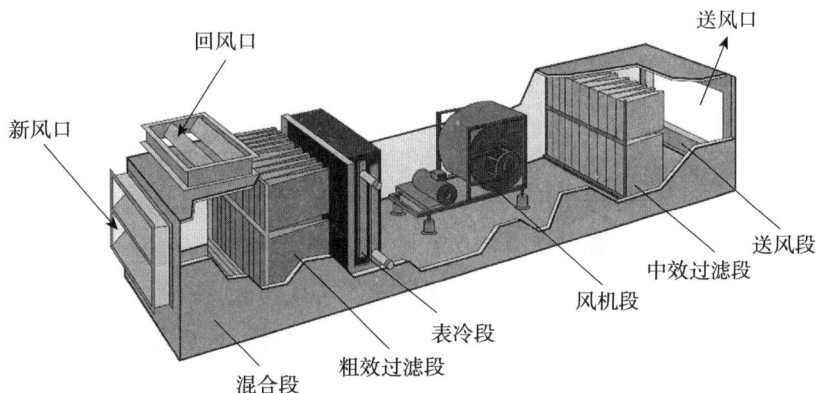

图 9-20　组合式空调箱结构示意图

热器使用，以满足送风要求。送风机克服送风管、风口和空气处理设备等的
阻力，将空气送入房间；中效过滤器是进一步对空气进行过滤，以达到洁净
度的要求。此外，回风机前和送风机后还需设置消减气流噪声的消声器，消
减通过风管进入房间的噪声。由于处理过程不同、风量不同，空调设备的配
置、空调箱的尺寸结构等都不相同，视具体情况而定。空调箱除需配备冷热
源、水管、风管、消声减振设备、自控系统外，还需设置专门的空调机房。

9.3.6　空调冷 / 热水系统

半集中式和集中式空调系统的冷热源制取的冷 / 热媒，通常为冷水或热
水，由管道输送到风机盘管、辐射板、组合式空调箱等空气处理设备和室内
末端处；输送冷 / 热水的系统称为空调冷 / 热水系统。按系统中流水是否与
大气接触分为闭式系统与开式系统，如图 9-21 所示。闭式系统的系统管路
不与大气接触，腐蚀较少，仅在最高点设膨胀水箱，并且不需要克服静水压

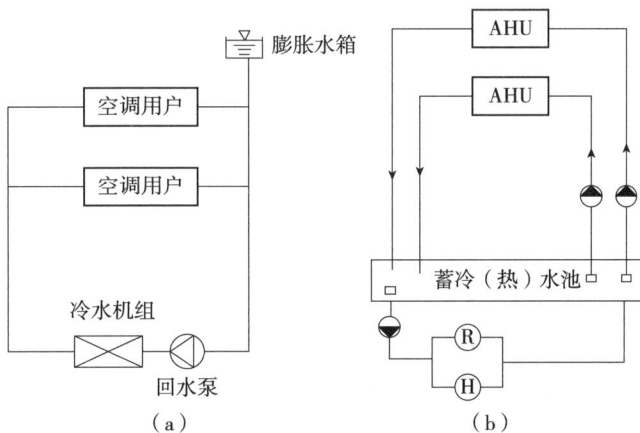

图 9-21　空调冷 / 热水系统示意图
（a）闭式系统；（b）开式系统

力，输送能耗较少；开式系统的水泵功耗高，与大气接触，水中含氧量高，腐蚀较多，水泵需要高扬程克服静水压力，耗电多，但其与蓄冷（热）水池连接工艺较简单。

按系统供回水管数分为双管制、三管制及四管制（图9-22）。双管制系统夏季供应冷水、冬季供应热水，无法同时供冷、供热，但其管路简单，节省初始投资。四管制系统具有冷、热两套独立系统，但系统管路复杂、占用空间较大、投资高，对同一空间同时供冷供热造成极大的能源浪费，一般情况不宜采用。按水流途径、路程，水系统也可以分为同程式、异程式及混合式，同程式系统水量分配、调节和水力平衡方便，但其管道长度增加，投资稍高；异程式系统管道长度较短，投资稍低，但系统水量分配、调节和水力平衡较麻烦；混合式系统宜布置于高层建筑。

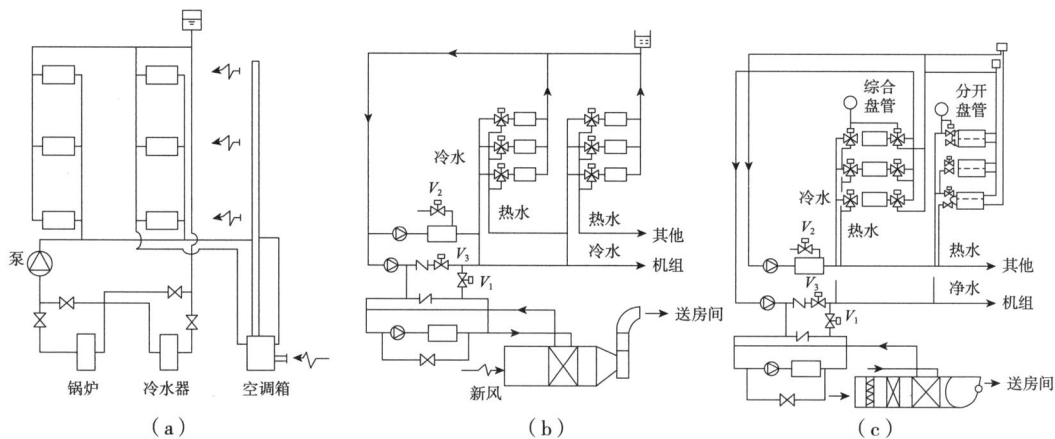

图 9-22　按系统供回水管数分类空调冷/热水系统示意图
（a）双管制；（b）三管制；（c）四管制

9.4.1　空调方式及气流组织优化

对流空调有侧送风、顶送风和下部送风多种送风形式，可快速调节室内温度，也能通过较强的空气流动满足空间较大场所的空调需求，在居住和公共建筑中广泛应用。当春秋季或夜间室外空气温度较低时，建筑内仍有供冷需求的房间，应充分地利用新风的自然冷却能力，实现"免费供冷"，大量节省空气处理的能耗和运行费用，获得最大的节能效益、经济效益和环境效益。

辐射空调适用于对室内热环境的舒适性以及无风感、无噪声、外观和空间利用有特别要求的场合，如高端住宅、医院病房等。建筑中一些太阳辐射强的区域，例如具有较大面积玻璃幕墙和天窗的交通场站大空间、商场和办公楼中庭中，利用辐射地板等直接吸收太阳辐射热，可以大幅提高室内热环境舒适性且更为节能。

通风空调系统的气流分布模式也是影响能耗的主要因素。常规对流型末端／风口舒适性较差，夏天冷吹感强烈，冬季垂直温差大，且调节不方便，可通过优化送风口设计、确定合理的送风参数、集成空气射流技术等提高人员舒适性，在建筑末端选择时宜选用送风具备导流、可调节功能的舒适末端／风口，并结合流场分析论证对于空调环境局部不舒适性的改善作用。下送风、置换通风、个性化空调（空气直接送到工作点，可根据个人要求调节）和背景空调（可降低区域或房间的空调对温湿度控制的要求）相结合的气流分布模式，能在满足热舒适需求的基础上减少冷／热量，具有节能优点。在有室温允许波动范围和洁净度要求较高以及高大空间的建筑中，合理的气流组织具有更重要的作用。以下几种空调方式有利于减少冷热量、降低输配能耗。

（1）分层空调

在一些高大的建筑物或空间，例如交通场站的大厅、办公楼和商场的中庭等，空间高度大于 10m、体积大于 $10000m^3$，而人员活动区域分布于近地面。这类空间中，不必将整个空间作为热环境控制调节的对象。分层空调是指仅对高大空间的下部区域进行空调，保持一定的温湿度，而对上部区域不要求空调的空调方式，如图 9-23 所示。与全室空调相比，夏季可节省冷量 30% 左右，因而节省投资和运行能耗。冬季分层空调供暖时，需要注意热空气受浮力作用上升，可能使得人员活动区域温度过低；此时可以用辐射地板供暖与置换通风结合的分层空调方式。

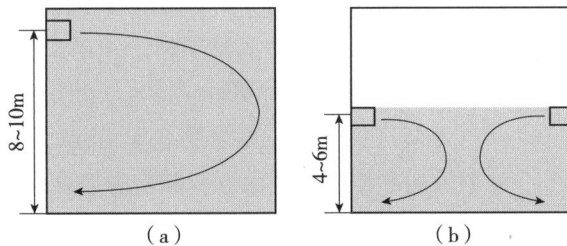

图 9-23　全空间空调和分层空调示意图
（a）全空间空调；（b）分层空调

（2）辐射与置换通风复合空调系统

采用辐射板供冷供暖与置换通风联合的空调方式，既可发挥辐射板供冷供暖时舒适性好、安静、输配能耗低的优势，又可利用低速送风的置换通风满足新风供应的需求，如图 9-24 所示；相比单独采用辐射地板或者置换送风，对室内冷／热负荷的处理能力也大幅提升。以夏季供冷为例，房间大部分冷负荷（尤其是照射到辐射板表面的太阳辐射热和围护结构的长波辐射

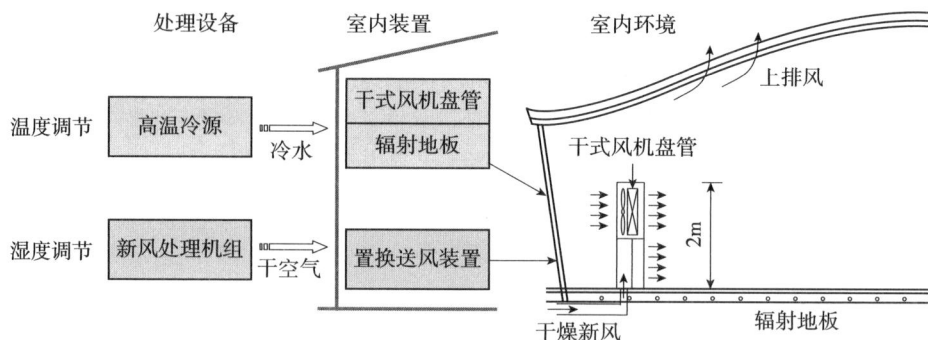

图 9-24　辐射与置换通风复合空调系统示意图

换热）可由辐射板来排除，而置换通风的送风主要用于保障室内人员活动区的空气品质并进行除湿，满足卫生要求以及人员所需最少新风量的要求。下送风时，特别是置换通风型送风模式，具有送风效率高、空气龄短、送风温度高等特点，大幅度节省了风机耗能，制冷能耗费用比混合式通风低20%~50%。此外，辐射板内冷水温度（一般 16~18℃）高于对流空调同时除热和除湿所需的 5~7℃，为采用自然冷源或提高制冷机的制冷效率提供了可能，节能潜力大。

（3）温湿度独立控制空调系统

由于排除室内人员呼气产生余湿与排除二氧化碳、异味所需要的新风量与变化趋势一致，因此，通过新风供给可以同时满足排除余湿、二氧化碳与异味的要求；排除余热的任务则可通过其他换热方式实现。在条件合适时，可采用温度与湿度独立控制空调系统（采用温度与湿度两套独立的空调系统，分别控制、调节室内的温度与湿度），可以避免常规空调系统中温度、湿度联合处理带来的能量损失，并能充分利用和发挥高温冷水、天然冷源、"免费"供冷等节能优势。

温湿度独立控制系统的基本组成如图 9-24 所示，处理显热的系统与处理湿度的系统，分别独立控制室内的温度与湿度。处理显热的系统包括高温冷源、消除余热的末端装置，以水为媒介。由于不承担除湿任务，供水温度可提高至 16~18℃，使得制冷机的能效大幅提升。处理余湿的系统（同时承担去除二氧化碳与异味）由新风处理机和送风末端装置组成，以新风作为输送能量的媒介。典型应用方式如辐射板加新风系统，在办公建筑、高大空间中均有应用。

9.4.2　热回收利用

新风能耗在空调系统中占了较大的比例，如办公建筑空调能耗中大约

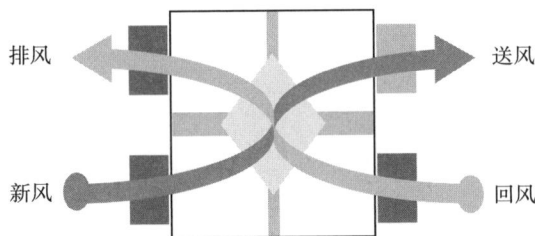

图 9-25　新风 – 排风热回收设备运行示意图

20%~30% 甚至更多比例的能耗用于新风处理。随着新风供给，建筑中也有相应体量的室内空气排出。这些排风相对于新风来说，含有热量（冬季）或冷量（夏季），可以通过热回收方式进行利用。如图 9-25 所示，将建筑要排出的室内空气（回风）组织起来，从中回收热量或冷量用以新风的预处理，可以减少新风的能耗。一般当符合下列条件时，宜设计排风热回收装置：①送风量大于等于 3000m³/h 的直流式空调系统，且新风与排风的温度差大于等于 8℃；②新风量大于等于 4000m³/h 的空调系统，且新风与排风的温度差大于等于 8℃；③设有独立新风与排风的系统。

排风热回收装置分为全热型和显热型，二者区别在于新风、排风之间是否有湿量交换。全热型热回收效果由室内外温差和含湿量差共同决定，显热型的热回收效果则由室内外的温差决定。相比之下，全热型设备的热回收效率较显热型更高。按构造不同，热回收装置主要包括板翅式热交换器、热管式热交换器和转轮式全热交换器等。

如图 9-26 所示为板翅式热交换器及排风热回收系统。板翅式热交换器由若干个波纹板交叉叠置而成，波纹板的波峰与隔板连接在一起。如果换热元件采用特殊加工的纸（如浸氯化锂的石棉纸、牛皮纸等），既能传热又能传湿，但不透气，从而可以使传热面两侧的新风和排风既有热交换，又有湿交换。

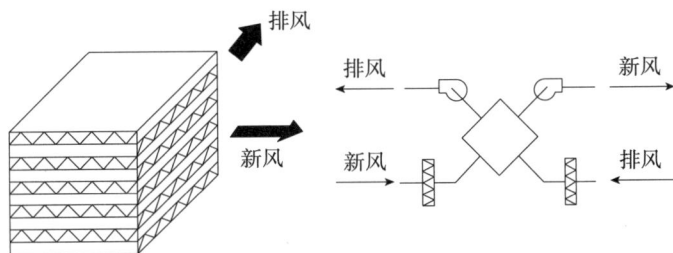

图 9-26　板翅式热交换器及排风热回收系统

热管式热交换器是利用热管作为主要的热传导元件，通过热管内部工作液体的相变过程来实现热量的传递和回收。

图 9-27 为转轮式全热交换器及排风热回收系统，它有三个通道——新风区、排风区和净化扇形区，转轮以 10r/min 左右的速度缓慢转动。净化扇形区的夹角为 10°，使少量新风通过该区，在转轮从排风区过渡到新风区时，对转轮净化。冬季，转轮在排风区从排风中吸热吸湿，转到新风区时，对新风加热加湿；夏季则相反，从而在排风与新风之间转移热量和湿量。

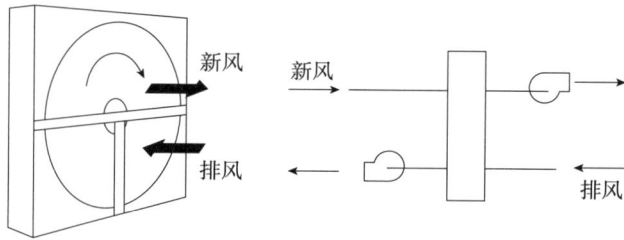

图 9-27 转轮式全热交换器及排风热回收系统

除了新风－排风之间热交换的热回收利用，建筑内若有内区排热、数据机房排热或者制冷机的冷凝热，也可以通过热回收方式进行利用，以减少建筑耗能。

9.4.3 输配过程节能

在空调系统中，空气与水通常是冷量和热量载体，输送空气的风机和输送水的水泵也消耗能量。输送过程能耗包括流动阻力损失和传热的冷热量损失。减少输送过程的能耗可从以下方面着手：

1）选择适合的输配媒介。例如空气的比热容较小，为消除余热所需的送风量大，送风风道的断面尺寸大，需要占有较多的建筑空间，且风机能耗很大。水的比热容大于空气的比热容，利用水、空气共同作为承担热湿负荷的媒介，减小送风风量和风压，可以降低输配能耗。

2）选择合适的供回水和送回风温差。常规空调的冷水温差为 5℃，大温差系统冷水温差可增加到 8~10℃。常规的空调送风温差一般在 6~10℃，最大不超过 15℃，大温差系统的送风温差为 14~20℃。增大冷／热水和送风的温差，可以减少水流量和送风量，降低输送能耗，同时减小管路的断面及系统的投资。但是大温差也会影响空调设备的性能，如冷水大温差会导致风机盘管、表冷器冷却能力和除湿能力下降。为弥补这种不利的影响，可以降低冷水的供水温度，但会使冷水机组的性能系数降低和能耗增加。因此，确定温差时必须对利弊充分估计，应综合考虑系统总能耗（包括输送能耗和冷水机组能耗）、经济性、环境控制质量等来选择合理的温差。

3）精心设计、正确计算系统阻力，选择合适型号、规格的泵与风机，切忌选择流量、扬程或全压过大的泵与风机，避免不必要的能量损失。

4）采用水泵和风机变频技术。变频技术是通过改变电机供电频率来调整设备运行速度，避免了通过阀门控制流量导致的能耗浪费。例如，当室内冷／热负荷因室外气候或者室内空间利用需求的变化而减小时，所需的冷／热水流量和送风量需求降低，可以通过降低水泵和风机的转速来减少能耗。

5）做好输送冷、热量的水管、风管的保温。

延伸阅读

[1]　赵荣义，等.空气调节 [M].4 版.北京：中国建筑工业出版社，2009.
[2]　刘晓华，等.辐射供冷 [M].北京：中国建筑工业出版社，2019.

思考题

1）什么是空气调节？空气调节系统通常由哪几部分组成？

2）试说明分散式、半集中式和集中式空调系统的主要特点和适用场合。

3）什么是空调房间的气流组织？影响空调房间气流组织的主要因素是什么？

4）辐射空调与对流空调的主要区别是什么？辐射板有哪些形式？

5）空调系统有哪些节能设计？试分析其适用条件。

第 10 章
建筑冷热源及储能

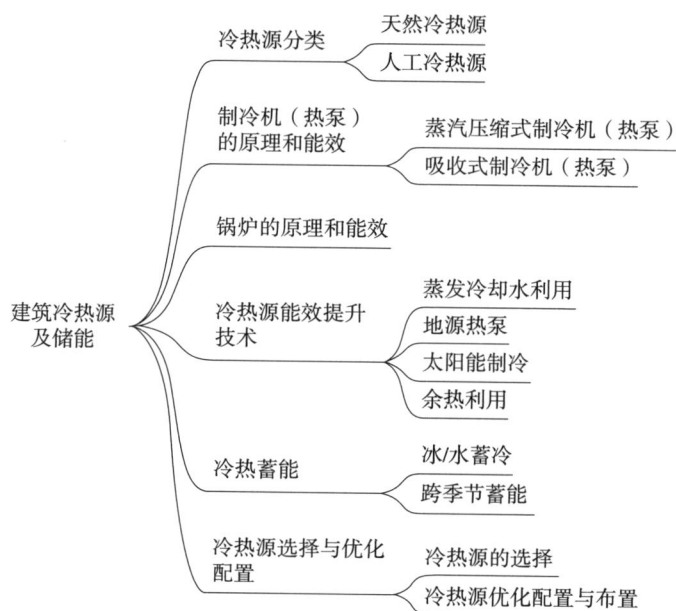

```
                                              ┌── 天然冷热源
                            冷热源分类 ────────┤
                                              └── 人工冷热源

                            制冷机（热泵）      ┌── 蒸汽压缩式制冷机（热泵）
                            的原理和能效 ──────┤
                                              └── 吸收式制冷机（热泵）

                            锅炉的原理和能效

                                              ┌── 蒸发冷却水利用
                            冷热源能效提升      ├── 地源热泵
   建筑冷热源 ──────────────  技术 ────────────┤
   及储能                                     ├── 太阳能制冷
                                              └── 余热利用

                                              ┌── 冰/水蓄冷
                            冷热蓄能 ─────────┤
                                              └── 跨季节蓄能

                            冷热源选择与优化    ┌── 冷热源的选择
                            配置 ─────────────┤
                                              └── 冷热源优化配置与布置
```

第 10 章知识图谱

暖通空调系统在调节建筑室内热环境的过程中，有时需要将建筑内多余的热和湿移除，有时需要向建筑输入热和湿。实现上述过程中，冷热源就是为暖通空调系统提供低温介质以排除室内多余的热和湿或提供高温介质向室内供给热量的重要组成部分。冷热源也是暖通空调系统中消耗能源占比最大的部分，其性能直接影响整个系统的能效水平。随着经济发展和生活水平的提高，建筑暖通空调能耗总量大幅增长，导致能源需求急剧增加，也对气候变化产生重大影响。为应对该问题，一方面，需要提高暖通空调系统的能源利用效率，包括冷热源制备效率和利用效率；另一方面，推动可再生能源利用并结合蓄能技术调节能源的供需，实现能量的峰谷调配，降低暖通空调系统用能的碳排放，促进城市能源的可持续发展。

10.1 冷热源分类

暖通空调的冷热源可以分为天然冷热源和人工冷热源。天然冷热源是指自然界中可以直接利用的低温或高温介质，例如江河湖海水、地下水和地热能等。受地理、气候等因素的限制，天然冷热源的利用有一定的局限性。建筑中普遍应用的热介质是人工制备的。人工冷热源由各种制冷和制热设备生成，它们消耗一定量的机械功、热能或其他高品位能量来制得建筑供暖或空调所需的冷量或热量。

10.1.1 天然冷热源

通常建筑室内温度为 18~26℃，理论上低于室温的介质可以用作冷源，高于室温的介质可用作热源。天然冷源有天然冰、江、河、湖泊的深层水、海水、地下水等。天然热源有太阳能、地热能等。暖通空调系统的冷热源应首先考虑天然冷热源，天然冷热源的利用潜力取决于可利用的冷热量及输配的经济性。下面以江、河、湖泊的深层水和地热能为例，介绍天然冷热源的利用。

（1）江、河、湖泊的深层水

太阳辐射穿透水的深度与波长有关，红外线的热辐射透射能力极弱，几乎全被水表面吸收和反射。因此，江、河、湖泊和水库的深层水即使在七、八月的酷暑季节温度也较低，有些深湖 30m 深水处的水温约 5℃（图 10-1），是可以直接利用的天然冷源。

利用江水为建筑进行冷却的技术应用历史悠久，1978 年巴黎世界博览会以五月广场为中心，充分利用塞纳河的供水之便，将河水经过 23km 长的管道输送到博览会各个场馆，用于降低室内温度。浙江省千岛湖附近某数据

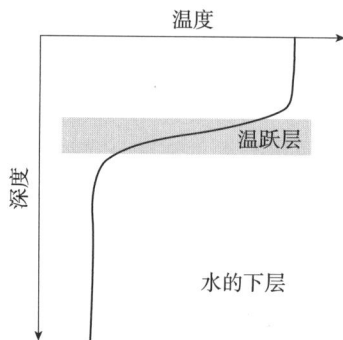

图 10-1 夏季湖水温度分布

中心也利用湖水作为自然冷源。千岛湖湖区水位高达 108m，库容量为 178.4 亿 m³。湖底滞温层水温常年保持在 12℃左右，其中上半年滞温层为 25m 以下，下半年为 35m 以下。某数据中心直接从水下 35m 处取湖水送至数据中心，用于供冷，节能效果显著。但应注意，深层水作为天然冷源使用时，需在工程设计阶段充分评估热量排入水体带来的环境影响。

（2）地热能

地球内部蕴藏着巨大的能量。地核内部的温度高达 2000~5000℃，地幔（从地下 33km 到 2900km）的温度可达 1000~2000℃。因此，地球的最外层——地壳（平均厚度 33km）中蕴藏着巨大的热能。地表水沿岩石和土壤的空隙、裂缝等渗入地壳深处，这些水被周围的热岩加热，形成地热水。据推算约有 1 亿 km³ 地热水，相当于地球海水总量的十分之一。如果地壳深处有较大的空隙层，就可能形成具有开采价值的地热水层。地热水有的储存在地下深处，但也有的地热水因地质结构特点及内部压力的作用，升到地壳表面附近，甚至露出地面成为温泉，这些地热水就容易开采和应用。我国地热水资源很丰富，著名的地下温泉有 2000 多处，台湾省屏东地区的温泉温度高达 140℃。

地热水在建筑中的应用主要是供暖和热水供应，应用形式主要有直接供热和间接供热两类。直接供热是将地热水直接用于建筑供暖和空调系统中，以加热空气；间接供热是将地热水的热量通过换热器传递给供暖或空调系统中的循环热水，再用于房间供热。采用何种系统形式与地下热水的水质有关，例如，当地热水中含有害物时宜采用间接供热方式；也与地热水温度有关，温度较低的地热水可用于地板辐射供暖（一般需要 30~40℃），更高温度的地热水则可用作热风、散热器、热风供暖或空调的热源。

10.1.2 人工冷热源

人工冷热源可以通过各种技术实现，主要包括制冷机（用作供热时，称为热泵）、锅炉、太阳能集热器等。它们利用不同的工作原理和能量转换传递形式，消耗一定量的高品位能量（如电能、化学能、热能）制得建筑供暖或空调所需的冷量或热量。

（1）人工冷源

人工冷源（也称制冷机）是由各种设备组成，消耗一定量的高品位能量将热量由低温热源传递到高温热源的装置，用以制取建筑空调系统供冷所需的冷量。目前常用的空调人工冷源设备，按消耗的能量分主要有蒸汽压缩式制冷机和吸收式制冷机两类：

1）消耗机械功实现制冷的冷源——蒸汽压缩式制冷机：机械功一般由电机提供，消耗电能，也称为电动压缩式制冷机。分散式房间空调器、多联机等箱体内置的冷热源和集中空调系统等采用冷水机组等，其都是采用蒸汽压缩制冷原理的制冷机。按制冷机给空调系统的供冷方式不同，可分为两类：①冷水机组——制冷机制取冷水，通过冷水把冷量传递给空调系统的空气处理设备，如集中空调系统的制冷机；②直膨式空调机——制冷机的冷量直接用于对室内空气进行冷却、除湿处理，如多联机。

2）消耗热能实现制冷的冷源——吸收式制冷机：按携带热能的介质不同，分为蒸汽型、热水型、直燃型（燃料燃烧获得的热量）和烟气型（工业中高温废气）等。

（2）人工热源

建筑供暖和空调系统需要的大量热源是由化学能等其他能源转换或由热泵通过制冷方法获取的热能，这称为人工热源。按获取热能的原理不同，建筑供暖和空调所用的人工热源设备可分为以下几类：

1）通过燃烧将化学能转换为热能的热源——锅炉：按消耗燃料的品种可分为燃煤型、燃油型和燃气型锅炉。

2）太阳能热源——太阳能集热器：收集太阳的辐射热能作为建筑供暖、热水供应和用热制冷设备的热源。

3）利用低位能量的热源——热泵：制冷机从被冷却物体中吸取热量，并得到了机械功或者驱动用的热能，按热力学第一定律就会有等量的能量排出。利用该原理为建筑提供热量的设备，称为热泵。热泵在机械功或热能等高品位能量的驱动下，从低温环境（如室外空气、江、河、湖水、土壤等）中取热，制得建筑供暖和空调所需的热量。与制冷机一样，热泵按工作原理不同分为蒸汽压缩式热泵和吸收式热泵。

4）电能直接转换为热能的热源——电热设备：目前主要应用的电热设备有电锅炉、电热水器、电热风器、电暖气（散热器）等。电能是高品位能量，一般不宜直接转换为热能。

5）余热热源——余热：又称废热，是指生产过程被废弃掉的热能，如烟气、废热水、废蒸汽等。除了直接利用之外，大部分的余热需要采用余热锅炉等换热设备进行热回收后作为热源应用。

制冷机（热泵）是一种利用机械能或热能作驱动，将热量从低温物体传递到高温物体的能源利用装置。制冷机（热泵）按消耗的能量分为蒸汽压缩式和吸收式两类。

10.2.1 蒸汽压缩式制冷机（热泵）

（1）工作原理及分类

蒸汽压缩式制冷机（热泵）主要由制冷压缩机、冷凝器、膨胀阀和蒸发器四个部件组成。制冷机中循环的工质称为制冷剂。蒸汽压缩式制冷机（热泵）原理如图10-2所示。在蒸发器中，低温低压的液态制冷剂吸取被冷却介质（如空调系统的回水、回风）的热量，蒸发成为低温低压气体；经过压缩机压缩增压，成为高温高压气体；接着进入冷凝器中被冷却介质冷却（释放热量）液化，成为高压液体；再经节流膨胀减压后，成为低温低压的液体，在蒸发器中再次吸收冷却介质的热量而汽化。如此不断地经过蒸发、压缩、冷凝、膨胀四个热力过程，液态制冷剂不断从蒸发器中吸热而制取冷空气或冷冻水，向冷凝器排出热量，也可以用于制取热空气或热水。

由于冷凝器中所用冷却介质的温度比蒸发器中被冷却介质的温度更高，上述制冷过程可以理解为通过消耗一定的机械能作为补偿，从低温物质吸热、向高温物质传热的过程。仅用作制冷用的主机，称为制冷机；通过四通阀和管路切换，改变制冷剂的流动方向，既可用作制冷也可用作制热的主机，称为热泵。

蒸汽压缩式制冷机（热泵）的压缩机在电能的驱动下做功以提高气态制冷剂的压力。如图10-3所示，压缩机按做功方式可以分为容积型和速度型两类。容积型压缩机通过工作容积的变化实现吸汽、压缩和排汽过程，常用结构形式有往复式、回转式。速度型压缩机是利用高速旋转的工作叶轮使吸入的蒸汽获得高速动能，再转化为压力能，常用结构形式有离心式和轴流式。

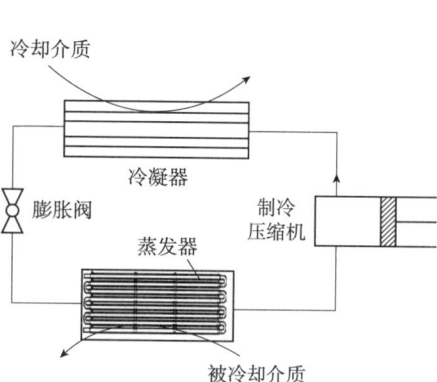

图 10-2 蒸汽压缩式制冷机（热泵）原理

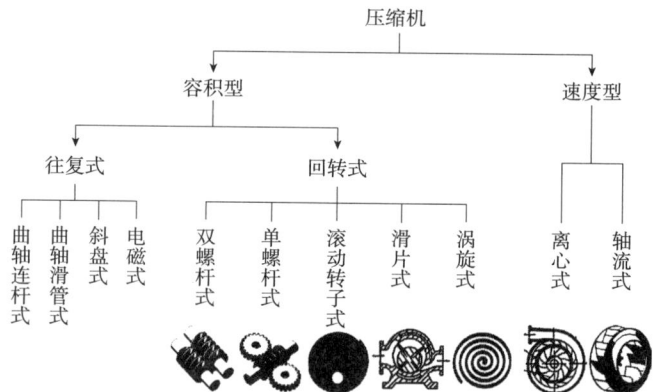

图 10-3 压缩机分类及主要机种结构示意图

制冷剂是制冷或热泵系统中完成制冷或制热循环的工作流体，也称制冷工质。制冷剂的性质影响了系统的制冷、制热效果、能耗、经济性和安全性。制冷剂种类可分为无机化合物（如氨、水、二氧化碳）、卤代烃（常称为氟利昂）、碳氢化合物（如丙烷）等。常用的制冷剂有氨、氟利昂等。氨的单位容积制冷能力强，蒸发压力和冷凝适中，吸水性好，不溶于油，且价格低廉，来源广泛；但氨的毒性较大，且有强烈的刺激气味和爆炸的危险，所以其使用受到限制。氨作为制冷剂仅用于工业生产中，不宜在民用空调系统中应用。氟利昂是饱和碳氢化合物的卤族衍生物的总称，种类很多。与氨相比，氟利昂无毒无味，不燃烧，使用安全，对金属无腐蚀作用，广泛应用于空调制冷系统中。从环境友好、全球可持续发展的角度，《蒙特利尔议定书》要求逐步淘汰臭氧消耗潜能值（Ozone Depletion Potentiality，ODP）和全球变暖潜能值（Global Warming Potentiality，GWP）较高的氟利昂制冷剂，如 R22、R123 等。目前逐步推行的氟利昂为 R134a、R410A 等不破坏臭氧层的种类。未来，还需要研制和应用更多新型绿色无毒制冷剂。

按照冷凝器和蒸发器换热介质，制冷机（热泵）可分为冷/热水机或直膨机，如表 10-1 所示。分散式空调常用的房间空调器、多联机等，夏季利用室外空气排热、冬季从室外空气中取热，用以冷却或加热室内空气，属于风冷直膨机；也有的多联机或者其他形式的单元式空调机采用水作为冷却介质，属于水冷式。半集中式或集中式空调系统常用冷水（热泵）机组，制备冷水或热水供给风机盘管、辐射板或空调箱。

制冷机（热泵）按冷却方式和换热介质分类　　　　　表 10-1

分类依据	形式	特征	举例
冷却方式	风冷式	冷凝器的冷却介质是空气，如室外空气	房间空调器、风冷多联机、空气源热泵
	水冷式	冷凝器的冷却介质是水，如冷却塔制得的冷却水	水冷多联机、水冷机组、水源热泵
换热介质	直膨机	直接冷却或加热空气	房间空调器、多联机、直膨机
	冷/热水机	制备冷水或热水	冷水（热泵）机组

（2）电驱动冷热源的能效评价

电驱动的制冷机（热泵）消耗电能，为建筑制备冷量或热量。它单位时间内消耗的电能称为消耗功率，用 E 表示；单位时间内蒸发器或冷凝器向供暖空调系统的冷/热媒提供的冷/热量称为制冷/热量，用 Q 表示。性能系数（COP）是衡量制冷机（热泵）能效的重要指标，它的定义如式（10-1）所示。例如，COP 值为 5.0 表示耗费 1 份电能可以制得 5 份冷量。COP 值越大，表明制冷机（热泵）的性能越优。

$$COP = \frac{Q}{E} \qquad\qquad (10\text{-}1)$$

式中　　Q——制冷机（热泵）的制冷 / 热量，W；

E——电驱动制冷机（热泵）消耗的电功率，W。

制冷机（热泵）性能系数取决于压缩机工作状态，受冷凝器侧冷凝温度和蒸发器侧蒸发温度影响。在通常运行范围内，制冷时冷却水 / 空气的温度越低、制得冷源的温度越高，COP 值越高。例如，夏季空气源热泵（房间空调器）制冷，室外空气温度越低，COP 越高；房间供冷温度越高，COP 越高。同理，制热时制得热源的温度越低、被冷却介质的温度越高，COP 值越高。仍以房间空调器为例，冬季供暖房间供暖温度越低，COP 越高；室外空气温度越高，COP 值越高。由此可见，暖通空调系统设计时提高制备的冷源温度或降低制备的热源温度，有利于提高制冷机（热泵）性能系数；常采用可降低制冷时冷却介质温度或提高制热时被冷却介质温度的技术来提高制冷机（热泵）性能，如利用地下水或地表水作冷却 / 被冷却介质的地源热泵技术（见第 10.4 节）。

考虑到制冷机（热泵）在实际使用中并非始终都工作在额定制冷 / 热量的满负荷工况，而是经常工作在部分负荷工况，其模拟综合能效或制冷季、全年的综合能效比更能反映设备系统的能效。在性能系数（COP）的基础上，提出了综合部分负荷性能系数（$IPLV$）、制冷季节能效比（$SEER$）和全年性能系数（APF）等能效评价指标，它们的定义如表 10-2 所示。

电驱动冷热源机组的能效评价指标　　　　　　　　　　表 10-2

能效指标	符号	定义	举例
性能系数	COP	名义制冷或制热工况下，机组以同一单位表示的制冷（热）量除以总输入电功率得出的比值	冷水（热泵）机组
综合部分负荷性能系数	$IPLV$	基于冷水（热泵）机组或空调（热泵）机组部分负荷时的性能系数值，经加权计算获得的表示该机组部分负荷效率的单一数值	冷水（热泵）机组、多联机
制冷季节能效比	$SEER$	在制冷季中，空调机（组）进行制冷运行时从室内除去的热量总和与消耗的电量总和之比	单元式空调机、房间空调器
全年性能系数	APF	在制冷季节及制热季节中，机组进行制冷（热）运行时从室内除去的热量及向室内送入的热量总和与同一期间内消耗的电量总和之比	多联机、单元式空调机、房间空调器

集中式或半集中式空调系统冷热源常采用冷水（热泵）机组，常以 COP 或 $IPLV$ 指标衡量其能效；分散式空调，如多联机、单元式空调机、房间空调器等，随着负荷变化性能差异大，常以 $IPLV$、$SEER$ 或 APF 指标衡量其能效。机组在额定制冷工况况条件下，能效比的最小允许值，称为能源效率限

定值，简称能效限定值。根据《建筑节能与可再生能源利用通用规范》GB 55015—2021，电驱动的冷热源机组的能效评价指标如表 10-3 所示，工程中各类机组能效比的实测值应大于等于能效限定值。与恒速离心式冷水机组相比，变频离心式冷水机组在实际应用中运行性能好，节能效果显著。变频离心式冷水机组采用双级压缩机离心叶轮，结合数字变频技术，可实现更高的 COP 及 $IPLV$，达到节能减排的目的。智能控制系统依据负荷以及压比，自动控制压缩机转速，确保压缩机在避开喘振点、堵塞点的同时，运行在最高能效点，实现节能。过渡季节冷却水温度比较低的工况下，可以通过变频技术，降低压缩机转速，适应小压比工况，运行范围更广。

电驱动冷热源机组的能效评价指标   表 10-3

冷热源机组类型		制冷 COP	$IPLV$	$SEER$	APF
冷水（热泵）机组	水冷定频	5.3~6.3	5.05~6.02		
	水冷变频	4.2~5.49	6.3~8.06		
	风冷定频	3.0~3.2	3.2~3.3		
	风冷变频	2.51~2.79	3.6~3.7		
多联机	水冷		5.9~5.7		
	风冷				4.4~3.8
单元式空调机	水冷		3.7~4.3		
	风冷			3.8~3.0	3.1~3.0
房间空调器	单冷式			5.0~4.0	
	热泵型				4.0~3.3

由表 10-3 可知，同一类设备（如冷水机组），冷凝侧水冷比风冷的冷却效果好，有利于提高设备能效；压缩机采用变频技术，根据实际需要灵活调整输出容积，可以提高设备能效。

10.2.2 吸收式制冷机（热泵）

吸收式制冷机（热泵）和蒸汽压缩式制冷机（热泵）的机理相同，都是利用液态制冷剂在一定低温低压状态下吸热汽化而制冷。但在吸收式制冷机（热泵）中是利用二元溶液在不同压力和温度下能够吸收和释放制冷剂的原理来进行循环的。

吸收式制冷机（热泵）主要由吸收器、发生器、冷凝器、节流阀和蒸发器等部件组成，工作循环如图 10-4 所示。它的工质由两种沸点不同的物质组成（如氨－水、水－溴化锂），其中低沸点的是制冷剂，高沸点的是吸收剂。在整个吸收过程中，图 10-4 中虚线内的吸收器、溶液泵、发生器和调压阀的

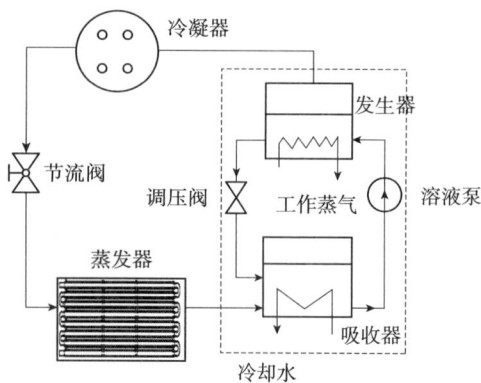

图 10-4 吸收式制冷机（热泵）原理

作用相当于压缩式制冷中的压缩机。在吸收器中，来自蒸发器的低沸点制冷剂溶于吸收剂，由溶液泵输送至发生器中；在发生器中，可利用蒸汽或热水加热浓溶液，低沸点的制冷剂汽化成高压高温气体进入冷凝器，而高沸点的吸收剂溶液降压后回到吸收器。二元溶液经吸汽—提高压力—排汽（排入冷凝器中）的过程，使制冷剂蒸气完成从低温低压状态到高温高压状态的转变，实现了类似压缩机的功能。暖通空调常用的水 – 溴化锂工质对，实现 0℃以上制冷，称为溴化锂吸收式制冷机。

吸收式制冷机（热泵）以发生器中消耗热能（用 Q_g 表示）作驱动力，制备冷量或热量，其性能系数（又称热力系数）如式（10-2）所示，例如溴化锂吸收机制冷的 COP 值可以达到 1.3。吸收式制冷机的优点是可利用低温热源，在有废热、低位热源或者可再生能源（如太阳能热量）的场所应用更经济。

$$COP = \frac{Q}{Q_g}$$ （10-2）

式中　Q——吸收式制冷机（热泵）的制冷 / 热量，W；

　　　Q_g——吸收式制冷机（热泵）消耗的热量，W。

10.3 锅炉的原理和能效

锅炉是集中式供暖系统常用的热源设备。它将燃料的化学能或者电能转换为热能，向供暖系统输出具有一定热能的高温水、蒸汽或有机热载体。从能源利用的角度看，锅炉是一种能源转换设备。在锅炉中，一次能源（燃料）的化学能通过燃烧过程转化为燃烧产物（烟气和灰渣）所载有的热能，然后又通过传热过程将热量传递给热媒（例如水和蒸汽），依靠热媒将热量输运到用热端。

（1）锅炉的组成和分类

锅炉由锅、炉、保证锅炉安全运行所必需的附件仪表三部分组成。锅是指锅炉中盛水和蒸汽的密封受压部分，它的作用是吸收炉放出的热量，从而使低温水变成高温水（热水锅炉），或变成具有一定压力和温度的蒸汽（蒸汽锅炉）。工质在管内流动、循环、传热、锅筒内汽水分配及分离、热化学等属于锅内过程。炉是指锅炉中使燃料进行燃烧产生热源的部分，它的作用是将燃料燃烧释放出的热量供给锅吸收。

保证锅炉安全运行所必需的附件仪表，是指安装在锅炉受压部件上的一些附件和仪表装置，用于控制锅炉安全运行。其主要包括安全阀、压力表、水位计、排污装置、给水系统、锅炉的汽水管道、常用阀门和有关仪表等。随着机械化和自动化技术发展，锅炉配置机械操作和自动控制的附件及仪表也越来越多，如给水自动调节装置、燃烧自动调节装置、自动点火熄火保护装置等。

根据供热的方式，锅炉可分为燃煤、燃油、燃气、余热、垃圾焚烧和电热锅炉；根据"锅"内被加热物质的性质，锅炉又可分为热水锅炉、蒸汽锅炉、有机载体锅炉；根据被加热物质加热方式，锅炉又可分为火管锅炉和水管锅炉。

（2）典型的供热锅炉

供热系统常见燃气蒸汽锅炉的原理图和外观如图 10-5 所示。空气与燃料混合后喷入炉胆中燃烧，炉胆内侧墙、前墙、后墙布有排管，管内循环水吸收炉膛火焰、烟气的热量，并遮挡炉墙，起到保护炉墙的作用。高温烟气从炉胆的上部排出，横向冲刷对流管束，充分回收烟气尾部热量，提高锅炉热效率。

由燃料产生的热能无法全部被有效利用，有一部分会通过各种途径损失。对于以燃料热量制取蒸汽或热水的锅炉通常用热效率 η 来表示燃料燃烧转换成有效利用热量的百分数，定义为

$$\eta = \frac{Q_1}{Q_f} \qquad (10-3)$$

式中　Q_f——单位燃料在炉内燃烧的发热量，又称支配热，kJ/kg（固体、液体燃料）或 kJ/Nm^3（气体燃料）；

Q_1——有效利用热量，kJ/kg 或 kJ/Nm^3。

区域锅炉房的大型供热锅炉热效率一般为 90%。

图 10-6 为家用壁挂式燃气热水锅炉（也称燃气热水器）的示意图。燃

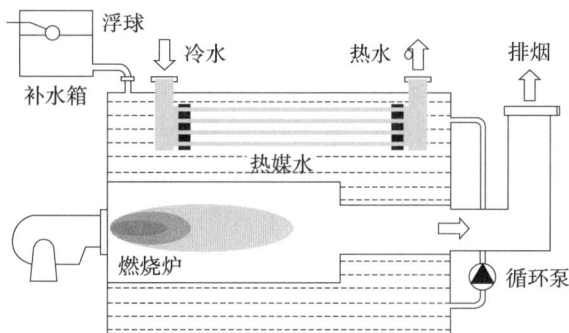

图 10-5　燃气蒸汽锅炉原理图及外观

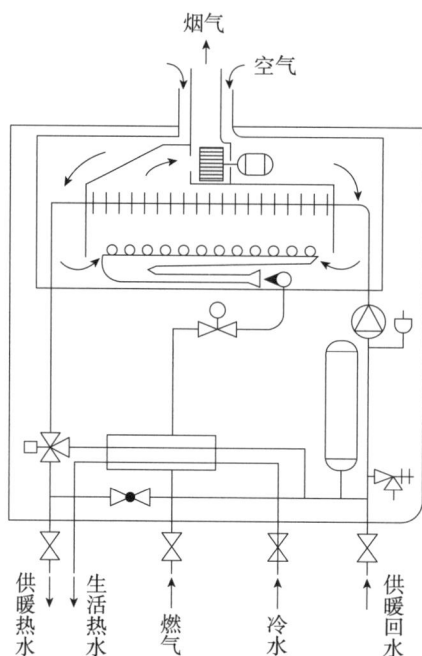

图 10-6 家用壁挂式燃气热水锅炉示意图

气经燃气调节阀进入燃烧器，由脉冲电子点火电极点火燃烧。燃烧后的烟气由风机强制排到室外，在燃烧室中产生一定负压，从而吸入燃烧所需的空气。采用套管结构的平衡式排烟进气口，即烟气直接排到室外，而空气也从室外吸入，不消耗室内空气。因此，该设备可挂在密闭的房间中使用。家用的燃气锅炉，自动化程度很高，且有多重保护，如水泵电机过载保护、防冻保护、油气保护等。壁挂式燃气锅炉可以用燃气或液化气。热效率一般在 85%~93%，冷凝式的可达 96%。大部分产品的供热量小于等于 35kW，可满足建筑面积 300 多平方米的供暖与热水供应。

10.4 冷热源能效提升技术

冷热源系统效率的提升对于能源可持续利用和环境保护至关重要。从制冷机（热泵）、锅炉等人工冷热源的工作原理和能效影响规律可以看出，充分利用自然资源（如干燥的空气、江水和土壤）、可再生能源（如太阳能）和余热回收、能量梯级利用等可以大幅提高人工冷热源制备的能效水平。下面是建筑暖通空调系统常用的一些高效冷热源制备技术。

10.4.1 蒸发冷却水利用

冷却塔（图 10-7）是利用蒸发冷却原理对水进行冷却，冷却所能达到的温度比当地室外空气的湿球温度高 3~5℃。夏季供冷时，半集中式或集中式空调系统的电动压缩式制冷机或吸收式制冷机一般都采用冷却塔制得的冷水作为冷凝器的冷却水，来自建筑以及冷源设备的热量经冷却水向室外排放。随着室外干球温度和湿球温度下降，冷却塔出水温度也将下降。因此，当冷却水降到一定温度时，就有可能直接利用冷却塔制得的冷却水作为空调系统的冷媒，为建筑提供所需冷量。

蒸发冷却制取冷水主要有直接蒸发冷却 [开式冷却塔，图 10-7 (a)] 和间接蒸发冷却技术 [闭式冷却塔，图 10-7 (b)]，可以用于直接供冷，也可

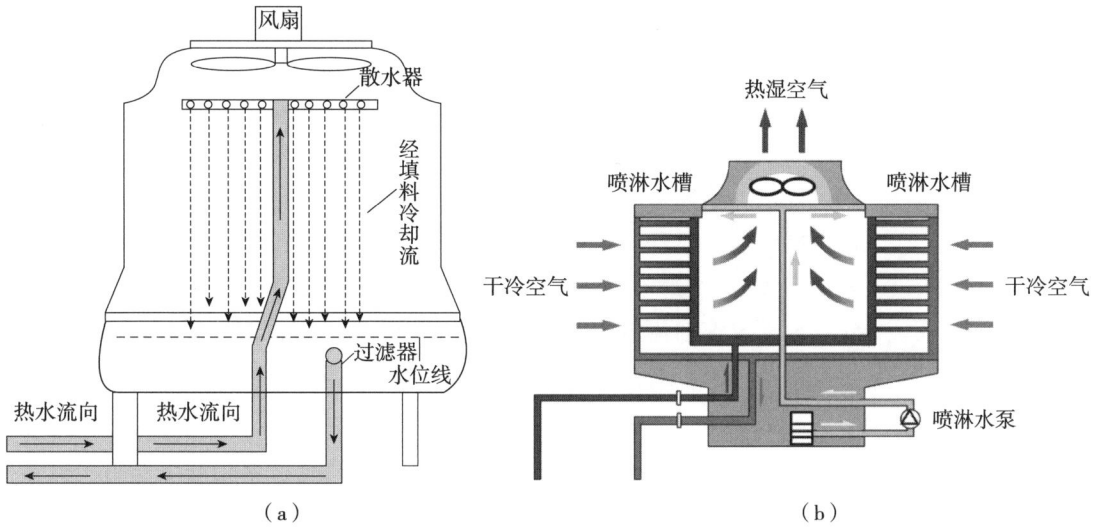

图 10-7 冷却塔原理图
（a）开式冷却塔；（b）闭式冷却塔

以作为制冷机的预冷。例如，敦煌机场 T3 航站楼采用间接蒸发冷却塔制取 16℃左右的高温冷水，用于地板辐射供冷；同时，另选用两台螺杆式冷水机组，制备低温冷冻水用于处理新风负荷与潜热负荷。

通常，利用冷却塔的冷却水进行供冷的可行性及条件如下：

1）当空调建筑中有较大的内区，在室外气温较低时仍有冷负荷。对具有需要全年供冷内区的风机盘管加新风空调系统，在室外空气的焓值低于室内空气设计焓值的时段里，利用冷却塔为空调系统提供冷水，提前停运冷水机组。在长江以北地区利用冷却塔供冷，节能效果十分明显，节能率可达到 10%~25%。

2）如果要求室内含湿量在 15g/kg 以下，其露点约为 20℃。当室外的湿球温度在 10℃以下时，冷却水温在 15℃以下时有一定的除湿能力，能对室内进行冷却去湿。

10.4.2 地源热泵

地热能是来自地球深处的可再生热能，中低温地热能一般可直接利用，如供热、温室、洗浴等。地源热泵是以岩土体、地下水或地表水为低温热源，由水源热泵机组和地热能交换系统组成的冷热源。作为可再生能源主要应用方向之一，地源热泵系统可利用浅层地热能进行供热与空调，具有良好的节能与环境效益，近年来在国内得到了日益广泛的应用。根据地热能交换系统形式的不同，地源热泵系统分为地埋管地源热泵（也称土壤源热泵）系统、地下水地源热泵系统和地表水地源热泵（也称水源热泵）系统。

（1）地埋管地源热泵（土壤源热泵）系统

土壤中蕴藏着大量的低位热能。土壤的温度与深度有关，深度在 1.5m 以内的土壤温度受太阳辐射和大气温度的影响而随季节变化较大；深度大于 15m 的土壤温度基本保持不变。如图 10-8 所示，地源热泵通过在地下竖直或水平地埋入换热管，利用水泵驱动水经过管道循环与周围的土壤换热，从土壤中提取热量或释放热量。当热泵运行时，埋地盘管从土壤中汲取热量，该处土壤温度下降；在太阳辐射、地下水流动和土壤导热等的作用下，埋地盘管处的土壤得到热量补充，使该处土壤温度维持在某一范围内。当热泵在夏季制冷运行时，通过埋地盘管，将冷凝热量输入土壤内，盘管处土壤温度升高；在地下水流动和土壤导热作用下热量向外迁移，该处的温度维持在一定范围内。热泵冬、夏制热和制冷交替运行，由于土壤的蓄热作用，夏季制冷运行时有温度较低的冷却介质，冬季热泵运行时有温度较高的低温热源，提高了热泵冬、夏季运行的性能。

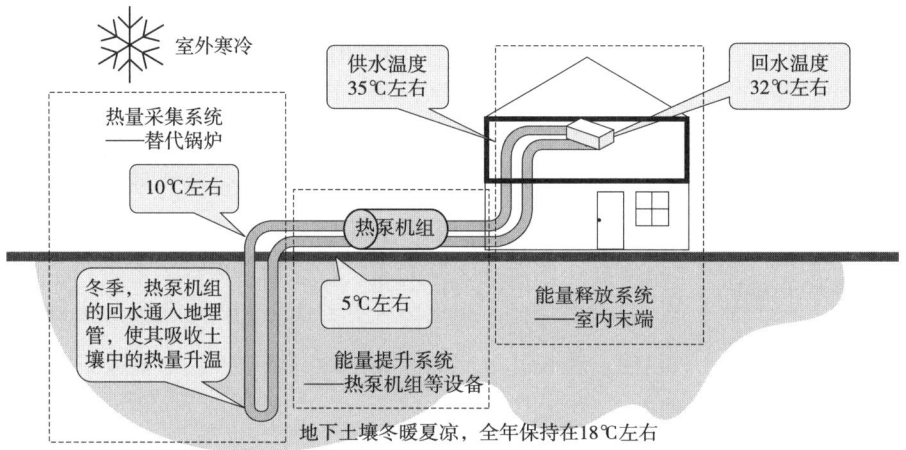

图 10-8 地源热泵的原理图

土壤热源的优点是土壤的温度对热泵冬、夏季运行均适宜，温度比较稳定。应用地埋管地源热泵系统需要有足够的埋管空地；埋地盘管需要较大的换热面积，投资大。水平式埋管改变周围浅层土壤温度，影响植物的生长。此外，需注意全年的冷热平衡问题，经年累积的不平衡热量会导致土壤温度逐年升高或降低，为此应设置补充手段，例如增设冷却塔以排除多余的热量，或采用辅助锅炉补充热量的不足。

（2）地下水地源热泵系统

地下水地源热泵系统是抽取浅层地下水（100m 以内），经过热泵提取热量或冷量，再将其回灌到地下。冬季换热器得到的热量经热泵提升温度后成为供暖热源，夏季则为空调冷却水。由于取水和回水过程中仅通过冷凝器或中间换热器，属全封闭方式，因此不使用任何水资源也不会污染地下水源。由于地下水温常年稳定，采用这种方式整个冬季气候条件都可以提高热泵制热效率，运行成本低于锅炉供热；夏季还可使空调效率提高，降低30%~40%的制冷电耗。

地质条件对系统的效能产生较大影响，即所用的含水层深度、含水层厚度、含水层砂层粒度、地下水埋深、水力坡度和水质情况等。含水层太深会影响整个地下系统的造价。但是含水层的厚度太小，会影响单井出水量从而影响系统的经济性。因此通常希望含水层深度在80~150m。当含水层的砂层粒度大、含水层的渗透系数大时，此系统具有更大的优势。原因是一方面单井的出水量大，另一方面灌抽比大，地下水容易回灌。

目前普遍采用的有同井回灌和异井回灌两种技术。所谓同井回灌，是利用一口井，在深处含水层取水，返回到浅处回灌含水层。回灌的水依靠两个含水层间的压差，经过渗透，穿过两个含水层间的固体介质，返回到取水层。异井回灌是在与取水井有一定距离处单独设回灌井，把提取了热量（冷量）的水加压回灌，一般是回灌到同一层，以维持地下水状况。地下水地源热泵系统需把水全部回灌到原来取水的地下含水层，才能不影响地下水资源状况。此外，还要设法避免灌到地下的水很快被重新抽回，否则水温就会越来越低（冬季）或越来越高（夏季），使系统性能恶化。

（3）地表水地源热泵（水源热泵）系统

采用湖水、河水、海水以及污水处理厂处理后的中水作为水源热泵的热源可以实现冬季供热和夏季供冷。与空气源热泵相比，源侧由空气改为水，夏季水温低于空气温度、冬季水温高于空气温度，有利于提高热泵能效。在工程应用时，需要具体分析水源热泵在冬季供热的可行性、夏季供冷的经济性以及长途取水的经济性三个问题。冬季供热从水源中提取热量，就会使水温降低。当冬季从湖水或流量很小的河水中提水时，需要正确估算水源的温度保持能力，防止由于连续取水和提取热量，导致温度逐渐下降，最终产生冻结。夏季采用地表水源作为空调制冷的冷却水时，还要与冷却塔比较。有些浅层湖水温度可能会高于当时空气的湿球温度。从湖水中取水的循环输送水泵能耗如果高于冷却塔，则不如在夏季继续采用冷却塔，只是冬季从水中取热。

设计合理的水源热泵系统可显著提高冷热源的能效。冬季水体温度（10~22℃）高于环境空气温度，热泵循环的蒸发温度提高，能效比也提高；夏季水体温度（18~35℃）低于环境空气温度，制冷的冷凝温度降低，使得冷却效果好于风冷式和水冷式制冷机组，从而提高机组运行效率。与空气源热泵相比，水源热泵的运行效率要高出20%~60%。例如，杭州奥体中心体育场

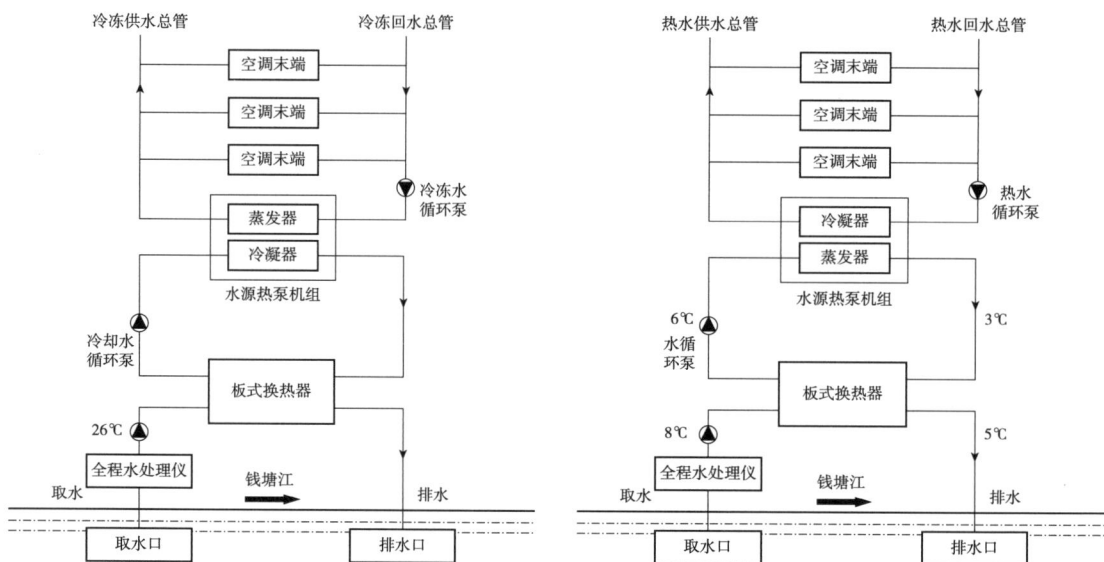

图 10-9　江水源热泵系统夏季 / 冬季运行原理图

利用坐落于钱塘江边的这一独特的地理优势，夏季供冷采用"江水源热泵"，冬季供热采用"江水源热泵 + 燃气锅炉辅助供热的节能技术"。通过合理利用江水源热泵，大幅降低了冷却塔的使用量，缓解了城市局部区域的"热岛"效应，避免或减少温室气体的排放。图 10-9 为杭州奥体中心体育场的江水源热泵系统夏季 / 冬季运行原理图。

江水源热泵的能源利用效率要高于传统的空调冷热源系统，这是由于以下几点：

1）夏季江水源热泵的冷却效率较高。江水温度最不利情况为 28~30℃，但大多数情况低于 26℃，比传统的冷却塔水温低 6~8℃。由于冷却温度每降低 1℃机组效率约可提高 1.5%，因此热泵机组制冷效率和能源利用率均高于传统冷却塔冷却的冷水机组。

2）冬季大型水源热泵机组制热效率和能源利用效率均远高于空气源热泵，更比燃气锅炉能源利用效率高。

3）大型江水源热泵系统可以方便地利用热回收技术全年提供生活热水。

4）空调排热利用江水带走，可以避免常规空调系统冷却塔向空气散热造成周围局部高温。

10.4.3　太阳能制冷

太阳辐射越强、气温越高，冷量需求也越大。通过适当的机械、化学反应手段将太阳能热量转化为冷量，减少对非可再生能源的需求。太阳能吸收式制冷系统（图 10-10）是利用太阳能提供的热能驱动吸收式制冷机制冷。

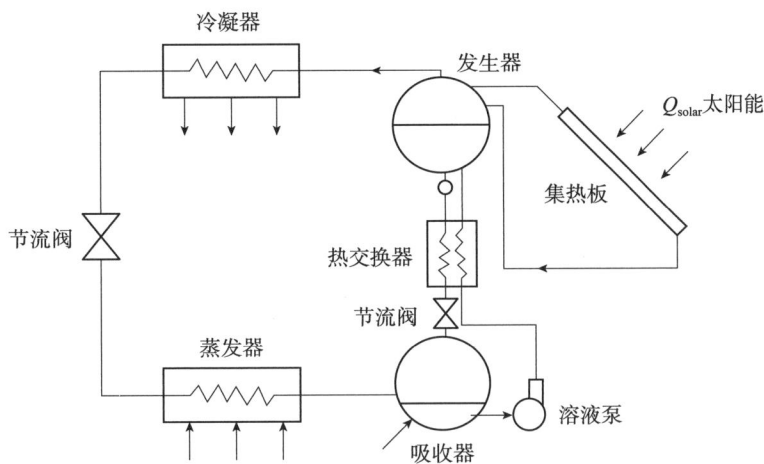

图 10-10　太阳能吸收式制冷系统原理图

用太阳能集热器收集太阳能来驱动吸收式制冷系统，利用储存液态冷剂的相变潜热来储存能量，利用其在低压低温下气化而制冷。目前为止应用最多的太阳能空调方式多为溴化锂—水系统，也有的采用氨—水系统，也有太阳能半导体制冷、太阳能吸附式制冷，但技术尚未成熟应用。

10.4.4　余热利用

余热利用是一个范围比较广泛的节能概念，余热包括工业生产中产生的废热、民用建筑中生活产生的废热、制冷主机的冷凝热等。这些余热通过合理的系统设置均可以转化成为建筑空调系统的冷热源。典型的就是北方热电厂的废热作为城市供热热源，另外利用生产过程中的气体或废气、废液，以及某些动力机械排出的热量作能源，驱动蒸汽压缩式或吸收式制冷机来制冷，以及冷热电三联供系统中利用内燃机发电机组的高温烟气和高温缸套水驱动吸收式制冷机等都是余热利用的典型方式。利用建筑自身产生的余热为建筑供热也是余热利用的一种。

当建筑中有较大的稳定废热产生时，比如数据中心，常年需要供冷以消除服务器产生的热量，此时通过水环热泵空调系统将余热转移到建筑其他需要供热的区域，同时实现数据中心免费供冷和其他区域免费供热。例如，杭州白马湖华数数字产业园项目采用的就是数据中心余热利用系统。其地下室机房采用水冷离心机组全年供冷，地上办公部分采用水环热泵空调系统。夏季通过冷却塔散热，冬季通过板式换热器接入机房冷冻水系统，将机房的余热作为水环热泵空调系统的热源。

大连市公共资源交易市场项目采用的城市污水源空调系统也是一种废热利用的方案。该项目为大型综合一类高层办公楼，主体建筑地上十五层，地下二层，建筑高度 68.10m，总建筑面积 130890m²。夏季原生污水取退水温度 23.5℃/30.2℃，冬季原生污水取退水温度 11℃/6.7℃。污水源热泵机组同时配套污水专用的疏导式换热器、空调系统循环泵、中介水系统循环泵、污水潜水泵以及补水定压装置、水处理设备等。较常规的电制冷加市政供热的方案节能效果显著，实际运行节约费用约 40%。图 10-11 为该污水源热泵空调系统原理图。

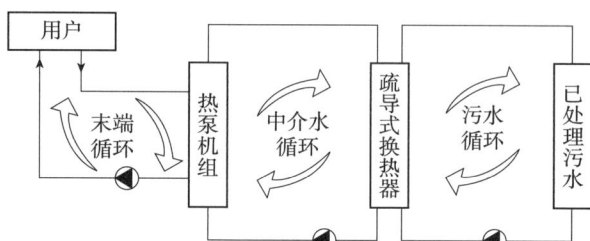

图 10-11　污水源热泵空调系统原理图

冷热电联产或冷热电联供顾名思义是指同时生产冷、热、电。实际生产过程中在发电的同时，伴随着余热产生，如同时利用余热，这就是热电联产或热电联供（图 10-12）；而热可以通过吸收式制冷机制冷，因此可以实现冷电联产或冷热电联产。

实际上，最早发展起来的是热电联产，而后才出现冷热电联产。在火力发电基础上发展起来的热电联产相对于热电分产（凝汽式火力发电＋分散锅炉供热）的优点有：①能源实现了合理的梯级利用，即把热能的高温段用于生产电能，低温段用于供热而分产的热能是用高品位的生化燃料转换得来的；②能源综合利用率高；③热电联产比分产减少了温室气体（二氧化碳）、

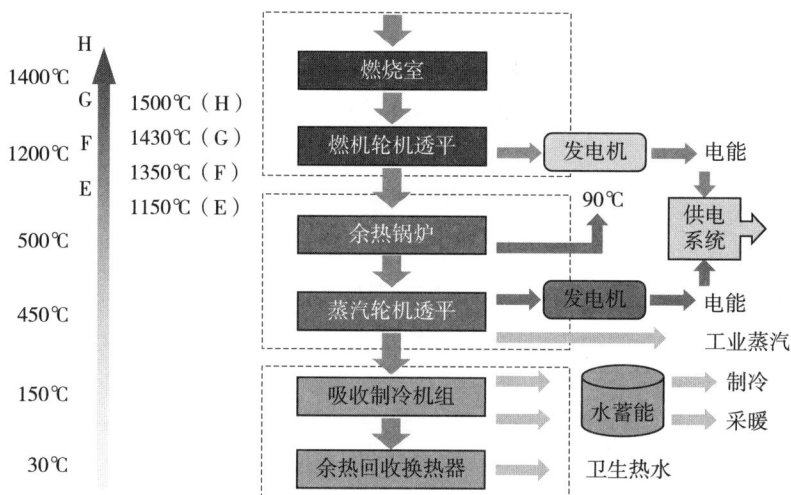

图 10-12　热电联产原理示意图

二氧化硫等污染物的排放；④供热质量高。分散的供热锅炉经常采用间断供热，供热温度低，稳定性差；⑤热电厂集中供热减少了城市占地，分散小型的供热锅炉不仅锅炉房占地，煤场、灰场也占地。

10.5 冷热蓄能

蓄能的应用古时就有，古人把冬天的冰储存起来，在夏季应用。现代空调蓄冷技术最早出现在 20 世纪 30 年代。当时机械制造业尚不发达，制冷设备很贵，在教堂、剧场等冷负荷很大且间歇使用的空调系统中，采用蓄冷技术就可以大大减少制冷机的装机容量，减少初投资。但随制造业的发展，设备价格大幅下降，为减小装机容量而采用蓄冷系统意义减弱。20世纪 70~80 年代，电网调峰促使了空调蓄冷技术的发展。空调用电通常在电网负荷的高峰时段，如上海夏季用能高峰，制冷空调用电可占城市总用电量的 50%~60%。利用蓄冷技术把高峰时段的负荷转移到低谷时段，这样有利于电网负荷均衡。为此，早在 1978 年美国的电力公司出台了分时电价政策，鼓励在电网低谷时段用电；随后又实施了对采用蓄冷技术的空调系统进行奖励。随着电网中可再生能源比例增加、建筑分布式可再生能源推进，电力供应关系产生了显著变化。通过蓄能技术，响应电网调节需求，将电力运行曲线的"山峰"削去一点，把"山谷"填上一点，提高电网的运行效率，提高风电、光伏此类间歇、波动产能可再生能源的利用效率，也称之为"削峰填谷"。

10.5.1 冰 / 水蓄冷

冰 / 水蓄冷技术是利用夜间电网低谷时间，将冷量储存在水或冰中，白天用电高峰期释放冷量。这种蓄能措施能够有效地利用峰谷电价差，在满足终端供冷（热）需要的前提下降低运行成本，同时对电网的供需平衡起一定的调节作用。蓄冷按蓄冷介质分，有水蓄冷、冰蓄冷。水蓄冷是利用水温差蓄冷，即显热蓄冷；冰蓄冷是利用潜热蓄冷及少量的显热蓄冷。水蓄冷与冰蓄冷相比，单位体积的蓄冷量小。例如 1kg 水，温差 10℃（5~15℃）可储存 41.87kJ 的冷量；而 1kg 冰，使用后的水温也为 15℃，则可储存 $335+15 \times 4.187=397.805$kJ 的冷量，相当于水的 9.5 倍。冰蓄冷比水蓄冷的水槽要小得多，但是冰蓄冷系统制冰时蒸发温度低，制冷机的性能系数较小，需多耗一些功率。图 10-13 为冰 / 水蓄冷系统原理图。

冰蓄冷空调系统组成部分主要包括制冷机组、蓄冰装置、乙二醇循环系统和自动控制系统。制冷机组用于制冰和提供空调冷源，分双工况制冷机

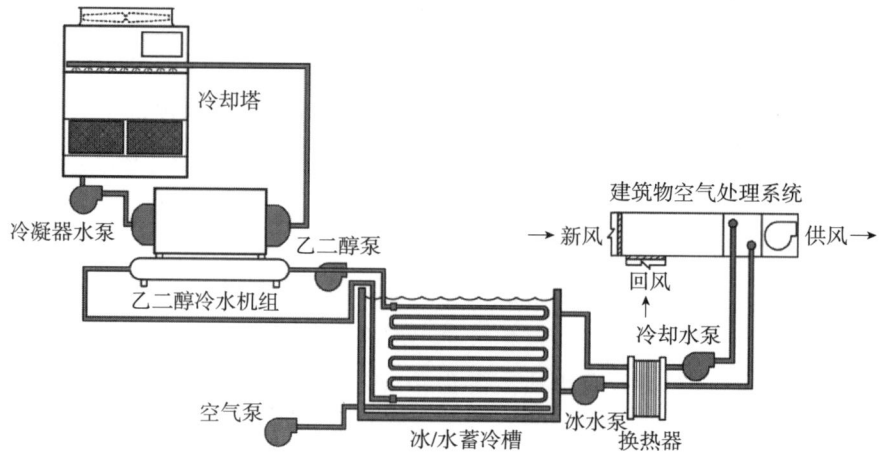

图 10-13 冰/水蓄冷系统原理图

组、基载制冷机组，在夜间蓄冰时，若存在一定空调负荷即需设置基载制冷机组制冷；蓄冰装置用于储存冷量，通常采用冰盘管或冰球等形式；乙二醇循环系统用于输送和分配冷量；自动控制系统用于控制整个冰蓄冷空调系统的运行。

随着经济发展和人们生活水平的提高，建筑物能耗逐年增加，其中空调系统的能耗所占比例较大。为了降低空调系统的能耗，提高电力系统负荷平衡，减少环境污染，冰蓄冷空调技术得到了越来越广泛的应用。冰蓄冷空调技术应用优势主要在于以下几个方面：

1）节能效果显著。在实行峰谷电价的地方，冰蓄冷空调技术通过利用夜间低谷电价，可以有效降低空调系统的运行成本，从而达到节能目的；

2）提高电力系统负荷平衡。冰蓄冷空调技术可以在电力高峰时段减少电力需求，从而有助于提高电力系统负荷平衡，极大减少了用电容量和电力成本；

3）减少环境污染。冰蓄冷空调技术可以降低空调系统的能耗，从而减少碳排放，减轻环境污染；

4）投资回收短。冰蓄冷空调技术虽然初期投资较高，但投资回收期通常较短。

设计蓄能空调系统前，需分析建筑物的空调负荷特性、系统运行时间和运行特点等，并调查当地电力供应条件和分时电价情况。以电力制冷的空调工程为例，当符合下列条件之一且经技术经济分析合理时，宜采用蓄冷空调系统：

1）执行分时电价，且空调冷负荷峰值的发生时刻与电力峰值的发生时刻接近、电网低谷时段的冷负荷较小；

2）空调峰谷负荷相差悬殊且峰值负荷出现时段较短，采用常规空调系统时装机容量过大，且大部分时间处于低负荷运行；

　　3）电力容量或电力供应受到限制，采用蓄冷系统才能满足负荷要求；

　　4）执行分时电价，且需要较低的冷水供水温度；

　　5）要求部分时段有备用冷量，或有应急冷源需求。

　　除一些特殊的工业空调系统以外，一般建筑用空调通常每天只需运行10h左右，且空调负荷逐日、逐时不均匀。若采用常规空调系统，制冷机组的制冷量须根据设计日尖峰负荷需求来确定。冰蓄冷系统有全量蓄冰与分量蓄冰两种蓄冰模式，如图10-14所示。全量蓄冰系统在设计日非低谷电时段负荷由蓄冰装置提供，不需开启制冷机。其优点是最大限度转移了电力高峰期的用电量，全天融冰供冷运行成本低。其缺点是蓄冰容量、制冷主机及相应设备容量较大，设备占地面积较大，初期投资较高。分量蓄冰系统在设计日非低谷电时段负荷由制冷机和蓄冰装置共同提供。与全量蓄冰相比，该模式减少了蓄冰装置及制冷主机的容量，初期投资减少，回收周期缩短，占地面积减少。随着建筑物负荷的变化，分量蓄冰系统可以通过调整运行策略，节省运行费用。

　　蓄冷空调系统全年运行策略应根据冷热负荷特点、系统特性及电力供应状况等因素经技术经济比较确定，并应制定相应的操作标准。在日常运行中，应根据日冷热负荷变化选择运行模式。蓄冷空调系统应利用电网低谷时段电力蓄冷，并应根据负荷变化情况调整和优化平价时段的运行模式。蓄冷空调系统在用电低谷时段，应利用基载制冷（热泵）机组直接供冷；在用电高峰时段，宜少开或停止制冷（热泵）机组的直接供冷。每个供暖空调季应监测和分析设备能效、系统综合效率、移峰电量、单位供冷运行费用等指标，并应据此调整蓄冷系统运行策略。

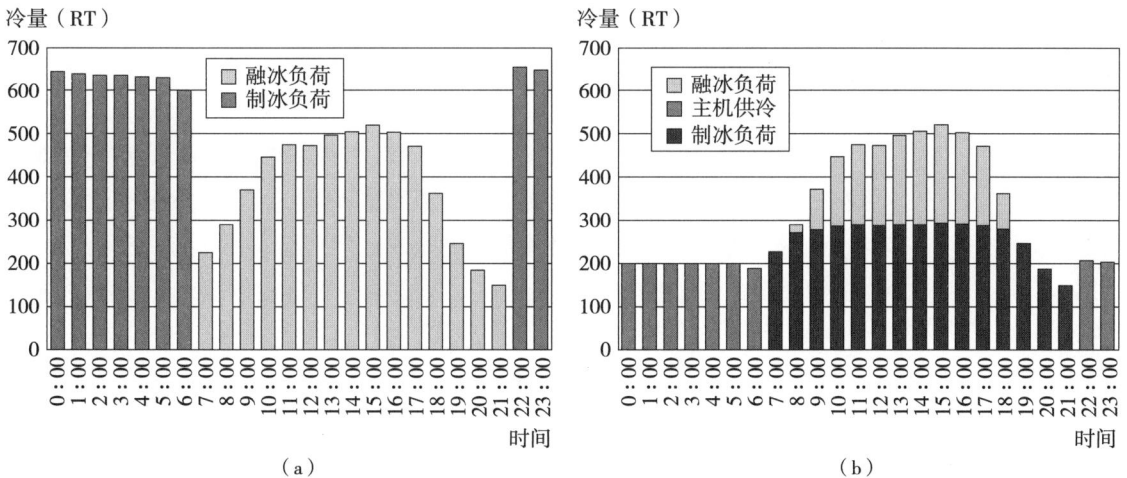

图 10-14　蓄冰示意图
（a）全量蓄冰；（b）分量蓄冰

10.5.2 跨季节蓄能

在可再生能源的利用中，不可回避的是可再生能源的季节波动性和不稳定性。随着风电、光电等可再生能源的推广和普及，两大矛盾日益突出：一是可再生能源供给的不稳定性和需求稳定性之间的矛盾；二是太阳能季节分布和能耗需求季节分布之间不匹配的矛盾。利用太阳能进行供热，太阳能资源冬天少，夏天盈余，能源需求则相反，供暖需求在冬天比较旺盛。为了解决这种不匹配的矛盾，就产生了一种新的能源的储存方式，也就是跨季节蓄热，它正是解决上述两大矛盾的关键技术。

在图 10-15 中，通过太阳能集热器给季节蓄热水体加热，热电联产的余热也可以储存在季节蓄热水体中，通过热泵可以实现蓄热水体的热量充分回收和利用，实现可再生能源供热的目标，同时提高系统经济性。丹麦科技大学非常重视高性能蓄热技术的研究与示范，早在 1983 年就建立了世界首例 500m³ 大型蓄热水体。通过大容量蓄热技术，可以实现：热电解耦，增加热电厂灵活性；季节蓄热，将风电、光电、光热、热泵等多种能源有机耦合，实现能源的长期高效存储，达到最优化清洁供热供电的目的。

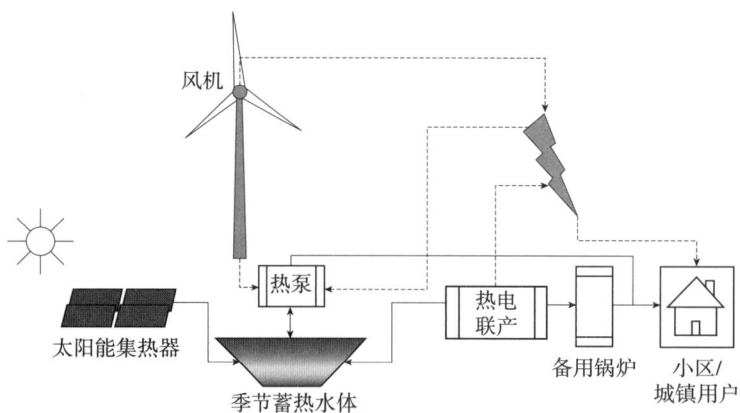

图 10-15 跨季节蓄能系统示意图

10.6 冷热源选择与优化配置

10.6.1 冷热源的选择

暖通空调系统在冷热源制备过程中消耗大量的能源，合理选择冷热源对整个系统的能效提升至关重要。冷热源的选择需要综合考虑服务建筑的负荷特点、当地能源结构、冷热源系统的能效水平、经济性（初投资和运行费用）、使用寿命、维护管理难易程度、安全性、可靠性以及对环境的影响等因素。

从节约能源、减少碳排放的角度，暖通空调系统的冷热源应首选可利用的天然冷热源、可再生能源、余热等，尽量选用能量利用效率高的人工热源和冷源设备系统。例如，热电厂供应的热量大部分利用了汽轮机动力循环中排出的热量，能量利用效率高，在有条件时，应优先采用；又如，选用燃气、燃油锅炉时，应选用带节能器的锅炉。空调冷源的种类很多，性能各异，应充分比较，从中选优。

集中供热系统的热源形式，在城市集中供热范围内时优先采用城市热网提供的热源，有条件时宜采用冷热电联供系统，在工厂区附近时优先利用工业余热和废热，有条件时积极利用可再生能源，如太阳能、地热能等。

合理利用能源、提高能源利用率、节约能源是我国的基本国策，用高品位的电能直接转换为低品位的热能进行供暖或空调，不仅热效率低，而且运行费用高，是不合理的。

除了符合下列情况之一外，不得采用电热锅炉电热水器作为直接供暖与空调系统的热源：电力充足、供电政策支持和电价优惠地区的建筑；以供冷为主，供暖负荷较小，且无法利用热泵提供热源的建筑；无集中供热与燃气源，用煤、油等燃料受到环保或消防严格限制的建筑；夜间可利用低谷电进行蓄热，且电锅炉不在日间用电高峰和平段时间启用的建筑；利用可再生能源发电地区的建筑；内、外区合一的变风量系统中需要对局部外区进行加热的建筑。

10.6.2　冷热源优化配置与布置

不同季节或在同一天中不同的使用情况下，建筑物的供暖或空调负荷是变化的。冷热源所提供的冷热量在大多数时间都小于负荷的80%，工作效率一般要小于满负荷运行效率。所以，在选择冷热源方案时，要重视其部分负荷效率性能。此外，冷热源设备机组工作的环境热工状况也对其运行效率有一定的影响。例如，风冷热泵冷热水机组在夏季夜间工作时，因空气温度比白天低，其性能也要好于白天；水冷式冷水机组主要受空气湿球温度影响，而风冷机组主要受干球温度的影响，一般情况下，风冷机组在夜间工作就更为有利。

根据建筑物负荷的变化合理地配置机组的台数及容量大小，可以使设备尽可能满负荷高效工作。例如，某建筑的负荷在设计负荷的60%~70%时出现的频率最高，如果选用两台同型号的机组，就不如选三台同型号机组，或一台70%、一台30%一大一小两台机组，因为后两种方案可以让两台或一台机组满负荷运行来满足该建筑物大多数时候的负荷需求。这样既有利于节能运行，还可提高系统的安全性与可靠性。

风冷式热泵的能效除与热泵的性能有关外，还与室外机的合理布置有很大关系。为了保证室外机功能和能力的发挥，应将它设置在通风良好的地方，能通畅地向室外排放空气和自室外吸入空气，在排出空气与吸入空气之间不会发生明显的气流短路，可方便地对室外机的换热器进行清扫，同时对周围环境不造成热污染和噪声污染；不应设置在通风不良的建筑竖井或封闭的或接近封闭的空间内。如果室外机放置在阳光直射的地方，或有墙壁等障碍物使进、排风不畅和短路，都会影响室外机运行，使空调器的能效降低。

延伸阅读

［1］ 姚杨.建筑冷热源 [M]. 北京：中国建筑工业出版社，2023.
［2］ 全贞花.可再生能源在建筑中的应用 [M]. 北京：中国建筑工业出版社，2021.

思考题

1）自然界有哪些天然冷热源可供暖通空调系统使用？

2）蒸汽压缩式制冷的制冷循环由哪几部分组成？它们的主要作用是什么？它的制冷和制热性能如何衡量？

3）简述热电联产提高能源综合利用率的原理。

4）提升冷热源效率有哪些方式？试分析适用条件。

5）冷热蓄能的作用是什么？适用于哪些情况？

第3篇 建筑电气

第11章 绿色电气系统概述

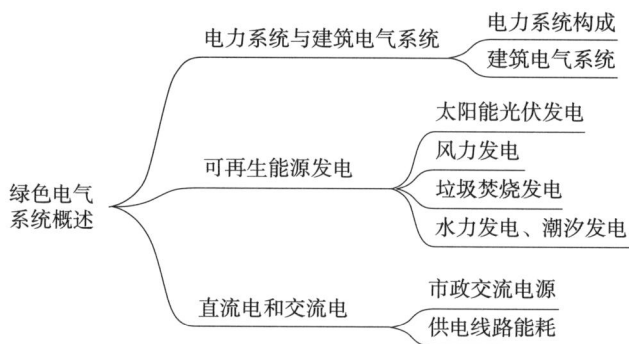

电力系统与建筑电气系统 ┬ 电力系统构成
　　　　　　　　　　　└ 建筑电气系统

可再生能源发电 ┬ 太阳能光伏发电
　　　　　　　├ 风力发电
　　　　　　　├ 垃圾焚烧发电
　　　　　　　└ 水力发电、潮汐发电

绿色电气系统概述

直流电和交流电 ┬ 市政交流电源
　　　　　　　└ 供电线路能耗

第 11 章知识图谱

电能由其他形式的能量转换而来，通过电力系统的转换、传输、分配和控制，最终应用于日常生产、生活。建筑电气系统在电力系统中位于用户端，属于用电环节。建筑电气系统的绿色环保致力于提高能源利用率，充分利用可再生能源，并减小对环境的影响。

建筑接入的市政电源使用交流电，有时还使用高压交流电，这是历史和技术原因造成的。本章的最后简要介绍相关的基础知识，为学习后续章节做准备。

11.1 电力系统与建筑电气系统

11.1.1 电力系统构成

电力系统是由发电、供电（输电、变电、配电）、用电设施等构成的统一整体（图 11-1），它把安全、优质的电能从不同类型的发电厂（站）经各种电压等级的电力网供应到广大的电力用户，对于保障国家能源安全、促进社会经济可持续发展具有极其重要的意义。

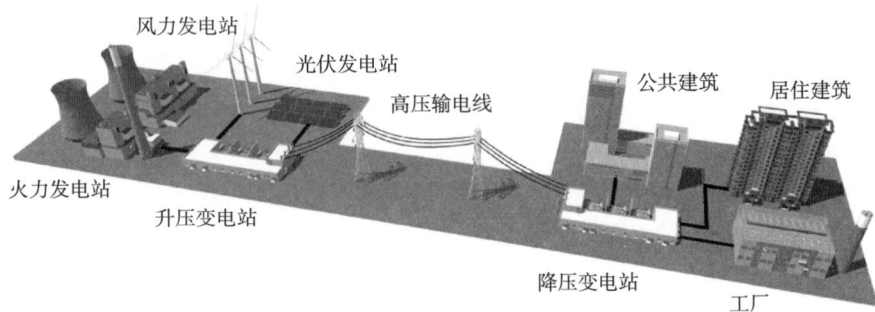

图 11-1 电力系统示意图

（1）发电

发电是指将其他形式的能量转换成电能的过程。常见的发电方式有火力发电、核能发电、水力发电、风力发电以及太阳能发电等。

火力发电是利用燃烧燃料产生的热能来生产电能的发电方式，具有技术成熟、选址灵活、稳定可靠等优点，在我国及全球的发电结构中均占据主要地位。但火力发电的缺点也十分明显：燃料多为煤炭、石油、天然气等化石能源，储量有限且不可再生；会产生大量的二氧化碳等气体，是目前我国及全球碳排放的主要组成部分；排放的废渣、废水、废气、粉尘等会产生环境污染问题，比如废气中的硫氧化物是引起酸雨的主要原因，故此火力发电站通常会采取脱硫、除尘等措施来控制污染物的排放。

核能发电是利用核反应堆中链式核裂变反应所释放的能量来生产电能的发电方式。与火力发电相比，核能发电具有核资源丰富、碳排放量低、排放污染物少等优点。为了防止发生核泄漏事故，核电站在规划选址、设计建造、运行维护、核废料处理时均需严格遵循"安全第一"的原则。

太阳能光伏发电、风力发电、水力发电等属于可再生能源发电，将在第 11.2 节介绍。

（2）输电、变电、配电

输电是指从发电厂向用电地区输送电能。输电线路输送的功率越大、距离越长，线路采用的电压等级就越高。交流 1000kV、直流 ±800kV 及以上的特高压输电技术在我国已实现了规模化应用。

变电是指通过变压器或整流站进行电能传递的过程，电力系统通过变电将不同电压等级、不同电压类型的线路联系起来。为了减少远距离输电线路上的损耗及电压降，通过变电将线路的电压等级升高；为了满足用户使用，通过变电将线路电压降为适用的电压。电力系统的变电环节一般在变电站（所）内实现。

配电是指在一个用电区域内向用户分配电能、向用户供电。配电的主要功能是从输电网接受电能，组成多层次的配电网，逐级分配或就地消费电能。配电是电力系统中直接与用户相连并向其分配电能的环节。

11.1.2 建筑电气系统

建筑电气系统位于电力系统的末端（也称为用户端）。配电网的电能进入建筑后，通过建筑供配电系统接受电能、变换电压并分配电能送至每一个用电设备。建筑供配电系统根据需要也会有发电、供电、变电、配电、用电等环节，它既是电力系统的用户，有时其本身又像"微小的电力系统"，如图 11-2 所示。

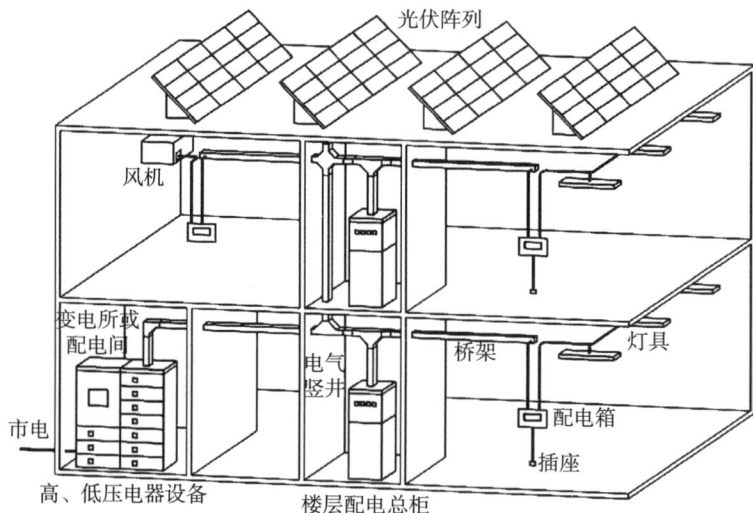

图 11-2　建筑供配电系统示意图

建筑电气系统是人们日常生活接触到的电气系统，应当安全可靠、经济合理、维护方便，并实现绿色环保的目标。本篇后续章节将着重介绍建筑电气工程及其绿色节能的技术要点。

11.2 可再生能源发电

利用传统的化石能源发电会污染环境，并释放以二氧化碳为代表的温室气体，导致全球气候变暖。为了可持续发展，利用二氧化碳排放量更低的可再生能源发电是当前世界各国的共识。可再生能源是指从自然界获取的、可以再生的非石化能源，包括太阳能、风能、水能、生物质能、潮汐能、地热能、海洋能和空气能等。可再生能源转化成的电能称为绿色电能。目前利用可再生能源发电的种类主要有：太阳能光伏发电、风力发电、水力发电、潮汐发电、垃圾焚烧发电等。

11.2.1 太阳能光伏发电

（1）太阳能光伏发电原理

光伏发电利用光伏效应，将太阳辐射能直接转换成电能。当太阳光照射到太阳能电池上时，一部分光能被吸收，这些光能激发被束缚的电子，使太阳能电池的一面有大量电子积累，而另一面有大量正电荷积累。若在电池两端接上负载，负载上就有电流流过，当光线一直照射时，电流将持续不断。太阳能电池是光－电转换的基本单元，一片或多片太阳能电池按技术要求封装后成为光伏组件。

（2）我国太阳能资源及其分布的状况

我国陆地上太阳能资源分布的总体状况为：西部多于东部、西南部少于北部。或者说，除了西藏和新疆以外，纬度低的地区比纬度高的地区太阳能少。根据太阳能辐射总量的大小，一般将我国大陆划分为四个太阳辐射资源带，表3-1给出了各类地区的年日照时数、水平面上年太阳辐照量，是应用、设置太阳能光伏发电系统的基本依据。

（3）太阳能光伏发电的特点

太阳能是洁净的可再生能源，利用太阳能发电不会污染环境、不会产生温室效应。与传统能源发电相比，它具有以下特点：

①太阳能资源遍及全球，理论上随处都可以建设太阳能光伏电站。

②太阳能是一种低密度的间歇性、不连续能源。因此，太阳能发电系统

占用面积较大，产生的电能也是间歇性、不连续的。

③太阳能发电受气候、昼夜的影响很大，发电功率不稳定。若要获得稳定的电能，需配置相应的储能装置。

太阳能发电在技术上、经济上还有很多课题需要研究探索。随着科学技术的发展，太阳能将成为一种取之不尽且廉价的能源，为人类可持续发展作出巨大贡献。

光伏发电广泛应用于沙漠、山地、平地、海上、农田、鱼塘等处，在建筑领域的应用前景也非常广泛，本书将在第 12.6 节具体介绍建筑光伏系统。

11.2.2 风力发电

风力发电把风的动能转变成机械能，再把机械能转化为电能。首先利用风力带动风车叶片旋转，再通过增速机将旋转的速度提升，带动发电机发电。风能是洁净的可再生能源，本质上也属于太阳能。风力发电站的建设周期短、装机规模灵活。但风力发电比光伏发电需占用更大面积的土地，目前成本仍然较高，寿命较短（一般不超过 20 年），风力发电还有噪声和视觉影响，同时影响鸟类的生存。

风力发电站通常建在风能资源丰富的陆地或海上（图 11-3a），建筑屋面也可设置小型风力发电机（图 11-3b），但受条件所限，容量小、成本高，因此实际应用案例比较少。

（a）　　　　　　　　　　（b）

图 11-3　风力发电
（a）陆地风力发电；（b）屋顶风力发电

11.2.3　垃圾焚烧发电

垃圾焚烧发电与火力发电相似，将生活垃圾中适于燃烧的垃圾进行焚烧，将水加热生成高温、高压的蒸汽，推动汽轮机转动，再带动发电机产生电能。垃圾焚烧发电具有减少垃圾堆放空间、降低环境污染、实现发电和资源循环利用等优点。从环保和可持续发展的角度出发，垃圾焚烧发电已成为一种趋势，将发展成一个重要的新型环保产业。

虽然建筑中不会设置垃圾焚烧发电站，但垃圾焚烧发电的先决条件是垃圾分拣到位，因此在建筑中实施垃圾分类的节能环保意义重大。

11.2.4　水力发电、潮汐发电

水力发电、潮汐发电都是利用位于高处的水流至低处，将其势能转换成水轮机的动能，再由水轮机带动发电机产生电能。因难以在建筑中应用，不再详细介绍。

11.3 直流电和交流电

直流电是发明家爱迪生发明的，交流电是法拉第等人发明的，特斯拉成功地将交流电推向商业化应用。

直流电是指电荷单向流动，方向不变的电流，如果大小也不变，就称为恒定电流。交流电是指大小、方向随时间作周期性变化的电流。交流电的波形有很多，例如三角形波、方形波等，最常用的交流电波形为正弦曲线。

11.3.1　市政交流电源

建筑需要从市政电网接入电源，我国使用的市电是220V/380V、50Hz、正弦波形的交流电，有些国家使用110V（100V）/190V、60Hz的交流电。

（1）单相交流电、三相交流电

单相交流电是指电路中只有单一的交流电压，在电路中产生单一的交流电流，如图11-4（a）所示。电压的表达式为：$u = U_m \sin(\omega t)$。这里，电压不是定值，而是随时间变化的，用小写的 u 表示。U_m 表示电压最大值（也称峰值）。ω 是角速度（也称角频率），对于50Hz的交流电，它等于 $2\pi f = 100\pi$。

单相交流电路如图11-4（b）所示。在实际应用中，常将电源的一极与大地连接，使其与大地的电位相同，并将与该极连接的线称为中性线（俗称零

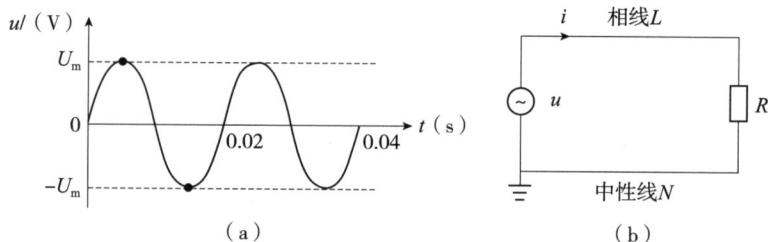

图 11-4 单相交流电压波形和单相交流电路

线），常用字母 N 表示；电源的另一极称为相线（俗称火线），常用字母 L 表示，相线与中性线之间的电压就等于电源电压，也有不将电源接地的情况。

三相交流电由三个单相交流电组成，这三个单相交流电的电压大小相等、频率相同、相位角相差 120°，如图 11-5（a）所示。三相电压的表达式为：

$$\begin{cases} u_a = U_m \sin (\omega t) \\ u_b = U_m \sin (\omega t - 120°) \\ u_c = U_m \sin (\omega t - 240°) \end{cases} \qquad (11-1)$$

三相交流电路如图 11-5（b）所示。在实际应用中，常将三个单相回路的中性线合并，共用一条中性线并与大地连接。三个单相回路的相线称为 A 相、B 相、C 相（也有称 U 相、V 相、W 相的），并规定 B 相电压落后 A 相 120°，C 相电压落后 B 相 120°。三相电路有两个电压指标：相电压、线电压。相电压指相线与中性点之间的电压；线电压指三根相线彼此之间的电压。根据式（11-1）可求得线电压是相电压的 $\sqrt{3}$ 倍。我国使用的三相市电的相电压为 220V、线电压为 380V。

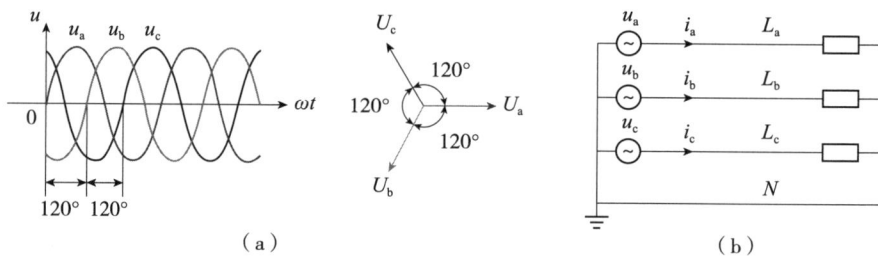

图 11-5 三相交流电压波形和三相交流电路
（a）三相交流电压波形；（b）三相交流电路

当交流电路中只有电阻元件时，电流有着与电压相同波形：$i = I_m \sin (\omega t)$。当交流电路中有电容、电感元件时，回路阻抗由电阻 R 和电抗 X 组成，为复数（$R+jX$）。此时，电流和电压的相位角会不同，两者的差值常用希腊字母 φ 表示：$i = I_m \sin (\omega t - \varphi)$，$\varphi$ 也称为阻抗角、功率因数角。

（2）交流电的有效值、功率

1）交流电的有效值

交流电的电压、电流大小是变化的，为了方便并从做功的角度表示它，引入"有效值"的概念。在仅有电阻负载的电路中，交流电的电压、电流的有效值等于一个周期内与之功率相同的直流电的电压、电流的值，常用 U、I 表示。以仅有电阻负载的电路为例，有效值的数学表达为：

$$UI = \frac{1}{2\pi}\int_0^{2\pi} U_m \sin(\omega t)\, I_m \sin(\omega t)\, d(\omega t)$$

可见，有效值是恒定的，不做周期性变化。不难解得电压、电流的有效值与最大值的关系：

$$U_m = \sqrt{2}\, U;\ I_m = \sqrt{2}\, I$$

生活中使用的市电电压为220V/380V，指的就是有效值。

2）交流电的功率

当交流回路中有电容、电感元件时，电路的功率有三种：有功功率、无功功率、视在功率。$\cos\varphi$ 称为功率因数。

有功功率（常用 P 表示）是指单位时间内实际发出、传输或消耗的电能，是一个周期内的平均功率，单位为 W 或 kW。单相电路的有功功率等于 $UI\cos\varphi$。无功功率（常用 Q 表示）是指交流电路中的电容、电感在一周期内的一部分时间从电源吸收能量，另一部分时间则释放能量，但整个周期内的平均功率是零。这部分能量并没有真正被消耗，只是在电源和电容、电感之间不停地交换。无功功率的单位为"乏"（var）或"千乏"（kvar）。单相电路的无功功率等于 $UI\sin\varphi$。

单相电路的视在功率（常用 S 表示）为电压有效值和电流有效值的乘积 UI，单位为"伏安"（VA）或"千伏安"（kVA）。三种功率的表达式和关系如下：

$$P = UI\cos\varphi;\ Q = UI\sin\varphi;\ S = UI; \quad\quad (11\text{-}2)$$
$$P = S\cos\varphi;\ Q = S\sin\varphi;\ S^2 = P^2 + Q^2$$

三相电路总的有功功率、无功功率等于各单相的有功功率、无功功率之和，但视在功率不能直接相加求得。只能先求出三相电路总的有功功率、无功功率，再通过式（11-2）求得总的视在功率。当三相电路平衡时，三相的各种总功率等于单相功率的3倍。

图11-6是一台三相异步电机的铭牌，其输出有功功率（也称为额定功率）为18.5kW；输入视在功率：$S = 25\text{kVA}$，输入有功功率：

三相异步电动机（3 PHASE INDUCTION MOTOR）			
型号（Model） YTTD180TVF4-6			
功率（Power）	18.5　kW	标准（Standard）	GB/T 12974-91
频率（Frequency）	50　Hz	连接方式（Connect）	Y
电压（Voltage）	380　V	功率因数（P.F）	0.82
电流（Current）	38　A	防护等级（Prot. Class）	IP21
转速（Speed）	950　r/min	绝缘等级（Ins. Class）	F
工作制（Rating）	S4-40%	质量（App. W.）	260　kg
编号（Serial No.）	12WP000744	日期（Date）	2021.12.4
×××有限公司			

图 11-6　三相异步电动机铭牌

$P = 20.5\text{kW}$，输入无功功率：$Q = 14.3\text{kvar}$；电动机效率：0.90。读者可以自行验证。

（3）为什么要采用交流电

如上所述，交流电比直流电更加复杂，那为什么还要使用它？这是历史原因造成的。在直流电和交流电推广应用的初期，以当时的技术条件，交流电可以方便地使用变压器进行升压、降压，满足电能大容量、远距离输送和使用的需求，而直流电则很难变压，这是直流电难以推广的主要原因。

相比单相交流电，三相交流电可以在交流电动机的定子绕组中产生旋转磁场，而且这个磁场是稳定的，具有固定的旋转方向，从而带动电动机的转子平稳地旋转。另外，三相交流供电系统还有很多优点，例如相同尺寸的三相发电机比单相发电机的功率大、三相系统比单相系统传输效率高、三相变压器比单相变压器更经济等，故为世界各国广泛采用。

今天，随着电力电子技术的发展，直流变压已有解决方案。同时，直流电比交流电有诸多优点，人们开始重新关注直流电，出现了研究直流供电和直流电气设备的热潮。直流供电在建筑电气系统中的应用也在积极探索中。

11.3.2 供电线路能耗

（1）导体与绝缘体

某种材料的电阻率定义为单位长度、单位横截面积的该材料的电阻。电阻率通常用希腊字母 ρ 表示：

$$\rho = R \cdot S/L \quad （\Omega\text{m}） \tag{11-3}$$

R、L、S 分别表示一段材料的电阻、长度和横截面积。式（11-3）可以变形为 $R = \rho L/S$，故一段材料的电阻跟它的电阻率、长度成正比，跟它的横截面积成反比。电阻率不仅与材料本身有关，还受外界的温度、压力和磁场等因素影响。

导体指电阻率小且易于传导电流的材料。金属是最常见的一类导体，银是最好的天然导体，其次是铜、金、铝。银的价格较贵，通常使用在开关触头等关键部位；铝早期曾被大量使用，后因其机械性能不佳逐渐弃用。铜是最常用的导体材料，日常生活中用到的电线、电缆几乎都是用铜做导体的。需注意，导体的电阻率不为零，电线、电缆也是有电阻的。

不容易传导电流的材料称为绝缘体，常见的有橡胶、纸张、玻璃、塑料、木材等。绝缘体不是"绝对的绝缘"，完全不导电，只是它们的电阻率很高而已。

半导体指导电性能介于导体与绝缘体之间的材料。半导体有很多特殊的性质，在集成电路、电力电子、通信、光伏发电、照明等领域有着广泛的应用。

超导体指导电性能极佳、电阻率为零或接近零的材料。超导体的应用价值巨大，例如医学检查使用的核磁共振，就是应用超导材料获得大电流和超强的磁场。各种材料的电阻率一般随温度降低而减小，在极低温度下，某些金属、合金、化合物的电阻会突然接近于消失，转化为超导体。

综上所述，绝缘体和导体没有绝对的、明确的界限，并且在特定条件下它们可以互相转化。

（2）串联、并联电路

电路是由电气设备和元器件按一定方式连接起来，为电流提供通路的总体，也称为电气回路。提供电能的设备称为电源，消耗电能的设备，称为用电设备，也称为负载、负荷。电路接通时称为闭合回路，电路断开时称为开路，建筑中有着众多不同种类的电路在运行。

电路元件的串联、并联如图 11-7 所示。串联时电流只有一条路径，任何一处断开都会出现开路。并联时电流有多条路径，一处开路时其他支路照常工作。

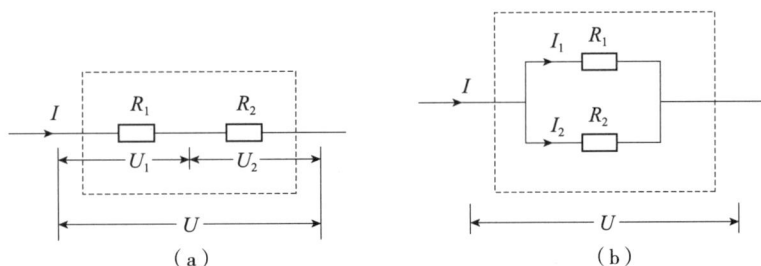

图 11-7 串联与并联电路
（a）串联电路；（b）并联电路

根据电荷守恒原理，串联电路中各处的电流（I）相等；并联电路的总电流等于各支路电流之和。根据电压的定义，串联电路两端的总电压（U）等于各元件两端电压之和；并联电路两端的总电压与各支路两端的电压相同。

设电路的总电阻为 R，根据欧姆定律，对串联电路有：

$$R = U/I = (U_1+U_2)/I = U_1/I + U_2/I = R_1+R_2$$

对并联电路有：

$$1/R = I/U = (I_1+I_2)/U = I_1/U + I_2/U = 1/R_1+1/R_2$$

以上是两个元件的串联、并联，任意数量的元件串联、并联仍然符合这个规律，读者可自行证明。故有：串联电路的总电阻等于各元件电阻之和；并联电路总电阻的倒数等于各支路电阻的倒数之和。

（3）线路的能耗

根据前文所述，导体是有电阻的。在工程计算中，当线路的电阻远远小于负荷的电阻时，常常忽略线路的电阻。但在分析线路的能耗时，必须考虑线路的电阻。图 11-8 是分析线路能耗的等效电路，R 表示用电设备的电阻，r 表示线路的电阻。

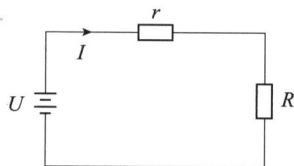

图 11-8　分析线路能耗的等效电路

线路电阻 r、用电设备 R 消耗的电功率分别为：

$$P_r = I^2 r \qquad P_R = I^2 R$$

当 r 远小于 R 时，线路的能耗占用电量的比重很小。随着用电设备增多、用电量增大，意味着 R 变小、I 增大，线路能耗也随之增大。所以，输送的功率越大，线路能耗就越大。根据串联电路的分压原理，用电设备得到的电压会小于电源电压，严重时会导致用电设备不能正常工作。为了减少线路能耗，通常有两个方法：

方法 1：减小线路的电阻。根据式（11-3），减小线路长度、加大导体截面可减小线路电阻。因此，在建筑设计中合理安排线路的路径、走向，尽量减小线路长度，可减小能耗又节省投资。加大导体截面意味着增加投资，并且电线电缆不是可以无限制地加粗的，此时可运用方法 2。

方法 2：提高电压等级。当电源输送的功率、用电设备获得的功率不变时，采用更高的电压可使电流等比例减小，而线路能耗按平方关系减小。因此，更高的电压有更高的效率，输送的电能可以更多、更远，这也是电力系统采用高压输电的原因。

延伸阅读

邱关源，罗先觉 . 电路 [M]. 5 版 . 北京：高等教育出版社，2006.

习题

1）请列举常见的化石能源、可再生能源。

2）为什么市政电网使用交流电供电，不用直流电？简述使用高压输电的原因。

3）某公寓开水间中，有一台单相电开水炉，额定电压、额定功率分别为 220V、1610W。由配电间给开水炉供电的线路长 71.4m，采用截面积为 2.5mm² 的铜导体。已知：铜的电阻率为 $1.75 \times 10^{-2}\Omega mm^2/m$；配电间供出的电源为单相 220V；开水炉的电表装在配电间。求（答案取整）：

①开水炉的等效电阻、供电线路的电阻；

②电表处测得的用电功率、开水炉的实际功率、线路损耗的功率；

③假设开水炉每天的总加热时间为 4h，该开水炉每天消耗的电能、线路损耗的电能分别是多少？

4）某大楼的供电电源为相电压 220V、线电压 380V 的三相交流电，在其总配电间内测得：

A 相：电压 222V、电流 498A、功率因数角为 25.84°；

B 相：电压 219V、电流 507A、功率因数角为 36.87°；

C 相：电压 215V、电流 521A、功率因数角为 45.57°；

求（答案取整）：

① A 相、B 相、C 相的有功功率、无功功率、视在功率；

②三相总的有功功率、无功功率、视在功率。

第12章 建筑供配电系统

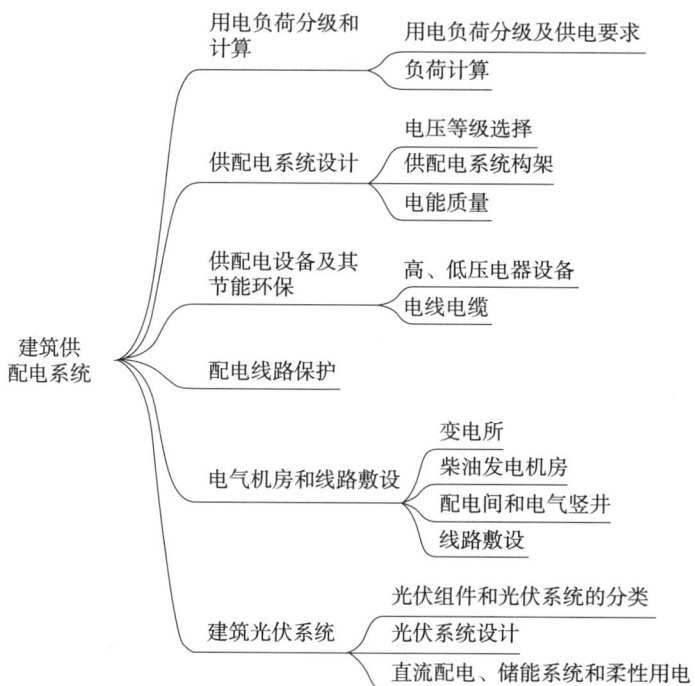

用电负荷分级和计算
- 用电负荷分级及供电要求
- 负荷计算

供配电系统设计
- 电压等级选择
- 供配电系统构架
- 电能质量

供配电设备及其节能环保
- 高、低压电器设备
- 电线电缆

配电线路保护

建筑供配电系统

电气机房和线路敷设
- 变电所
- 柴油发电机房
- 配电间和电气竖井
- 线路敷设

建筑光伏系统
- 光伏组件和光伏系统的分类
- 光伏系统设计
- 直流配电、储能系统和柔性用电

第 12 章知识图谱

建筑供配电系统是建筑电气基本的整体框架，需根据负荷等级及用电容量，合理确定电源、系统构架、供配电设备、电气机房及线路通道等，确保建筑内的电能有效、可靠地供给，并采取节能环保措施，提升建筑的绿色低碳水平。

12.1 用电负荷分级和计算

12.1.1 用电负荷分级及供电要求

（1）用电负荷分级

用电负荷根据供电可靠性的要求及中断供电对人身安全、经济损失的影响程度，分为特级、一级、二级和三级负荷。用电负荷等级越高，中断供电的损失或影响越大，对供电可靠性的要求也越高。

用电负荷分级的意义在于准确反映负荷对供电可靠性要求的界限，以便根据负荷等级采取相应的供电方式，避免系统配置不合理和浪费，提高投资的经济效益和社会效益。

各类建筑物的用电负荷分级根据相关规范、标准确定，表12-1列出了高层民用建筑主要用电负荷的分级。

高层民用建筑主要用电负荷分级　　　　　　表 12-1

用电负荷级别	用电负荷分级依据	适用建筑物示例	用电负荷名称
特级	1）中断供电将危害人身安全、造成人身重大伤亡； 2）中断供电将在经济上造成特别重大损失； 3）在建筑中具有特别重要作用及重要场所中不允许中断供电的负荷	高度150m及以上的一类高层公共建筑	消防用电、安全防范系统、航空障碍照明等
一级	1）中断供电将造成人身伤害； 2）中断供电将在经济上造成重大损失； 3）中断供电将影响重要用电单位的正常工作，或造成人员密集的公共场所秩序严重混乱	一类高层建筑	消防用电、安全防范系统、航空障碍照明、值班照明、警卫照明、客梯、排水泵、生活给水泵等
二级	1）中断供电将在经济上造成较大损失； 2）中断供电将影响较重要用电单位的正常工作或造成公共场所秩序混乱	二类高层建筑	消防用电、安全防范系统、客梯、排水泵、生活给水泵等
二级		一类和二类高层建筑	主要通道、走道及楼梯间照明等
三级	不属于特级、一级和二级的用电负荷	—	—

其他民用建筑物的用电负荷分级举例如下：三甲医院的急诊抢救室、重症监护室、手术室等场所中涉及患者生命安全的设备及其照明用电、重症呼吸道感染区的通风系统用电，国家及省、市、自治区电视台直接播出的电视演播厅用电，大型国际比赛场馆的计时记分、现场影像采集及回放、升旗控制等系统用电等为特级负荷；四星级及以上旅游饭店的宴会厅照明，大型剧场的舞台照明等属于一级负荷；大型商场的门厅、公共楼梯、主要通道照明、空调及乘客电梯、自动扶梯用电，学校教学楼、学生宿舍的主要通道照明用电等为二级负荷。

（2）各级负荷的供电要求

一级用电负荷需要两个电源供电。两个电源可以是从城市电网引接的双重电源，也可以是一个城市电网电源和一个自备电源（如柴油发电机）。

特级用电负荷除由满足一级负荷要求的两个电源供电外，还需增设应急电源。应急电源可以是独立于正常工作电源的由专用馈电线路输送的城市电网电源、柴油发电机、蓄电池等。

二级用电负荷通常由双回线路供电。双回线路与双重电源略有不同，两者都要求线路有两个独立部分，但后者更强调电源的相对独立。当负荷较小或地区供电条件困难时，二级用电负荷可由一回 10kV 及以上专用的架空线路供电。

三级用电负荷为一般性负荷，只需一路电源供电。

12.1.2　负荷计算

负荷计算是依据建筑用电设备的各项数据，统计、计算用电的负荷量，并根据由此得到的计算负荷、计算电流等来选择和校验供配电系统的导体、电器、设备、保护装置和补偿装置等。计算负荷一般采用 30min 的最大平均负荷，其热效应与同一时间内实际变动负荷产生的最大热效应相等；计算电流是计算负荷在额定电压下的电流值。

合理、准确的负荷计算是绿色电气设计的基础。若负荷计算不准确，会导致系统设备选择不合理，造成材料浪费、运行效率降低，影响系统的安全运行。

常用的负荷计算方法有单位指标法、需要系数法等。单位指标法适用于用电设备尚不够具体或明确的方案设计阶段的负荷估算，需要系数法适用于设备功率已明确的初步设计及施工图设计阶段。

（1）单位指标法

采用相应的指标直接求出结果称为单位指标法。常用的单位指标法有负荷密度指标法、综合单位指标法、单位产品耗电法等。式（12-1）为采用负荷密度指标法求取计算有功功率的公式：

$$P_c = \frac{p_a A}{1000} \qquad (12\text{-}1)$$

式中　P_c——计算有功功率，kW；

　　　p_a——负荷密度，W/m²，可参考表12-2；

　　　A——建筑面积，m²。

各类建筑物的用电指标　　　　　　　　　　　　　表 12-2

建筑类别	负荷密度（W/m²）	建筑类别	负荷密度（W/m²）
公寓	30~50	医院	30~70
旅馆	40~70	高等学校	30~70
办公	30~70	中小学	12~20
商业	一般：40~80；大中型：60~120	剧场	50~80

（2）需要系数法

需要系数法采用设备功率乘以需要系数得出需要功率，多组负荷的需要功率相加后再逐级乘以同时系数求出结果。需要系数是同类用电设备（组）的计算有功功率与（全组）设备功率之比，它综合考虑了同类用电设备（组）在实际运行中可能出现的情况，如用电设备（组）的设备数量、可能不会同时或满负荷工作、设备及配电线路产生的功率损耗等。同时系数包括有功功率同时系数和无功功率同时系数，是不同种类多组用电设备同时运行时的系数。通常，用电设备数量越多，同时系数越小。表12-3列出了按需要系数法求用电设备（组）、配电干线或变电所的计算负荷的公式，表12-4列举了部分用电负荷的需要系数及自然功率因数。

需要系数法求计算负荷的公式　　　　　　　　　　表 12-3

计算内容	计算公式	符号说明
用电设备（组）的计算负荷	$P_c = K_x P_e$ $Q_c = P_c \tan\varphi$	P_c——计算有功功率，kW； Q_c——计算无功功率，kvar； S_c——计算视在功率，kVA； I_c——计算电流，A；
配电干线或变电所的计算负荷	$P_c = K_{\Sigma p}(K_x P_e)$ $Q_c = K_{\Sigma q}\Sigma(K_x P_e \tan\varphi)$	P_e——用电设备组的安装功率，kW； K_x——需要系数，可按表12-4选取； $\cos\varphi$——自然功率因数，可按表12-4选取； $\tan\varphi$——计算负荷功率因数角的正切值；
视在功率和计算电流	$S_c = \sqrt{P_c^2 + Q_c^2} = \dfrac{P_c}{\cos\varphi}$ $I_c = \dfrac{S_c}{\sqrt{3}U_e}$	U_e——系统额定电压（线电压），kV； $K_{\Sigma p}$——有功功率同时系数； $K_{\Sigma q}$——无功功率同时系数

负荷名称	规模（台数）		需要系数（K_x）	自然功率因数（$\cos\varphi$）
照明	面积	$< 500\text{m}^2$	1~0.9	0.5~1
		$500~3000\text{m}^2$	0.9~0.7	0.5~0.9
		$3000~15000\text{m}^2$	0.75~0.55	
		$> 15000\text{m}^2$	0.7~0.4	
电梯	—		0.5~0.2	—
厨房	$\leq 100\text{kW}$		0.4~0.5	0.8~0.9
	$> 100\text{kW}$		0.3~0.4	
家用空调	4~10 台		0.8~0.6	0.8
	10~50 台		0.6~0.4	
	50 台以上		0.4~0.3	

（3）供配电系统损耗

供配电线路、变压器、开关以及电表等设备在运行时都会消耗电能，供配电系统的电能损耗是这些设备消耗电能的总和，简称系统损耗。线路损耗和变压器损耗在系统损耗中占比最大。

1）线路损耗

线路的功率损耗包括有功功率损耗和无功功率损耗。三相线路的有功功率损耗、无功功率损耗和年有功电能损耗按式（12-2）~ 式（12-4）计算：

$$\Delta P_L = 3I_c^2 R \times 10^{-3} \qquad （12-2）$$

$$\Delta Q_L = 3I_c^2 X \times 10^{-3} \qquad （12-3）$$

$$\Delta W_L = \Delta P_L \tau \qquad （12-4）$$

式中 ΔP_L——三相线路中的有功功率损耗，kW；

      ΔQ_L——三相线路中的无功功率损耗，kvar；

      I_c——计算相电流，A；

      R——每相线路电阻，$R = rl$，Ω；

      X——每相线路电抗，$X = xl$，Ω；

   r、x——分别为线路单位长度的交流电阻及电抗，Ω/km；

      l——线路计算长度，km；

     ΔW_L——三相线路的年有功电能损耗，kWh；

      τ——年最大负荷损耗小时，h。

2）变压器损耗

变压器损耗主要由空载损耗和负载损耗构成。空载损耗主要由铁芯中的磁通变化而产生的，也称为铁损，与负载无关。负载损耗为负载电流通过绕组时在导线上产生的损耗，也称为铜损，与变压器负载率的平方成正比。空载损耗和负载损耗均包括了有功功率损耗和无功功率损耗。双绕组变压器的有功（无功）功率损耗、年有功电能损耗按式（12-5）~式（12-7）计算：

$$\Delta P_{\mathrm{b}} = \Delta P_0 + \Delta P_{\mathrm{k}} \left(\frac{S_{\mathrm{js}}}{S_{\mathrm{e}}} \right)^2 \qquad （12-5）$$

$$\Delta Q_{\mathrm{b}} = \Delta Q_0 + \Delta Q_{\mathrm{k}} \left(\frac{S_{\mathrm{js}}}{S_{\mathrm{e}}} \right)^2 = \frac{I_0\% S_{\mathrm{e}}}{100} + \frac{u_{\mathrm{k}}\% S_{\mathrm{e}}}{100} \left(\frac{S_{\mathrm{js}}}{S_{\mathrm{e}}} \right)^2 \qquad （12-6）$$

$$\Delta W_{\mathrm{T}} = \Delta P_0 t + \Delta P_{\mathrm{k}} \left(\frac{S_{\mathrm{js}}}{S_{\mathrm{e}}} \right)^2 \tau \qquad （12-7）$$

式中　ΔP_{b}——变压器的有功功率损耗，kW；

ΔP_0——变压器额定空载有功损耗，kW；

S_{js}——变压器计算负荷，kVA；

S_{e}——变压器额定容量，kVA；

ΔP_{k}——变压器额定负载有功损耗，kW；

ΔQ_{b}——变压器的无功功率损耗，kvar；

ΔQ_0——变压器额定空载无功损耗，kvar；

ΔQ_{k}——变压器额定负载无功损耗，kvar；

$I_0\%$——变压器空载电流百分数；

$u_{\mathrm{k}}\%$——变压器阻抗电压占额定电压的百分数；

ΔW_{T}——双绕组变压器的年有功电能损耗，kWh；

t——变压器全年投入运行小时数，h，全年投入运行时取 8760h；

τ——年最大负荷损耗小时，h。

其中，ΔP_0、ΔP_{k}、$I_0\%$、$u_{\mathrm{k}}\%$ 的数值由变压器生产厂家提供。

（4）无功功率补偿

建筑供配电系统的功率因数需达到电力部门的要求。通常可通过提高系统的自然功率因数或装设人工补偿装置等方式来提高功率因数，降低系统的无功功率，采用后者时称为无功功率补偿，其为：

$$Q_{\mathrm{d}} = P_{\mathrm{c}} \left(\tan\varphi_1 - \tan\varphi_2 \right) \qquad （12-8）$$

式中　Q_{d}——无功功率补偿，kvar；

P_{c}——计算有功功率，kW；

$\tan\varphi_1$——补偿前计算负荷功率因数角的正切值；

$\tan\varphi_2$——要求达到的功率因数角的正切值。

提高功率因数对电气节能有着重要意义。

1）提高功率因数可提高变压器、线路等的供电能力。视在功率反映了电气设备的最大可利用量，系统的有功功率越接近视在功率，变压器、线路的容量越能得到充分利用。由表 12-3 中计算视在功率和计算电流的公式可见，提高了功率因数，供给同一用电负荷所需的视在功率及负荷电流均减少，由此可减小线路截面及变压器容量，节约设备投资。

2）提高功率因数可减少线路及变压器损耗。由式（12-2）、式（12-5）推导得：

$$\Delta P_L = 3I_c^2 R \times 10^{-3} = \left(\frac{P_c}{U_e \cos\varphi}\right)^2 R \times 10^{-3} \qquad (12-9)$$

$$\Delta P_b = \Delta P_0 + \Delta P_k \left(\frac{S_{js}}{S_e}\right)^2 = \Delta P_0 + \Delta P_k \left(\frac{P_c}{\cos\varphi S_e}\right)^2 \qquad (12-10)$$

由式（12-9）、式（12-10）可知，在有功功率 P_c 一定的情况下，线路的有功功率损耗 ΔP_b、变压器的有功功率损耗 ΔP_b 的第二项（铜损）与功率因数 $\cos\varphi$ 的平方成反比。同理可得线路、变压器的无功功率损耗与功率因数有相似的关系。

3）提高功率因数可减少线路的电压损失。线路的电压降按式（12-11）计算：

$$\Delta u = \frac{PR + QX}{10U_n^2} \times 100\% \qquad (12-11)$$

式中　Δu——电压降，%；

　　　R——线路的电阻，Ω；

　　　X——线路的电抗，Ω；

　　　U_n——配电网标称电压，kV；

　　　P——线路的有功功率，kW；

　　　Q——线路的无功功率，kvar。

由式（12-11）可知，减少线路的无功功率可减小线路的电压损失。

【例12-1】已知某办公楼的用电设备的负荷数据（表12-5），采用需要系数法求该楼的计算负荷；设目标功率因数为 0.945，进行无功功率补偿计算。

某办公楼的负荷数据　　　　　　　　　　表 12-5

设备名称	设备功率 P_e（kW）	需要系数 K_x	$\cos\varphi$	$\tan\varphi$
正常照明、插座	280	0.75	0.9	0.48
空调	350	0.7	0.8	0.75
电梯	40	0.3	0.5	1.73
电开水器	36	0.4	1	0

设备名称	设备功率 P_e（kW）	需要系数 K_x	$\cos\varphi$	$\tan\varphi$
疏散指示标志	5	1	0.9	0.48
同时系数：$K_{\Sigma p}=0.85$，$K_{\Sigma q}=0.95$				

解：根据表 12-3 中相关公式，先计算每个用电设备组的计算有功功率和计算无功功率：

正常照明、插座：$P_c = K_x P_e = 280 \times 0.75 = 210\text{kW}$

$$Q_c = P_c \tan\varphi = 210 \times 0.48 = 100.8\text{kvar}$$

……

然后计算总的计算有功功率、计算无功功率及计算视在功率，计算结果见表 12-6。

例 12-1 的负荷计算表　　　　　　　表 12-6

设备名称	设备功率 P_e（kW）	需要系数 K_x	$\cos\varphi$	$\tan\varphi$	计算负荷		
					P_c（kW）	Q_c（kvar）	S_c（kVA）
正常照明、插座	280	0.75	0.9	0.48	210	100.8	
空调	350	0.7	0.8	0.75	245	183.8	
电梯	40	0.3	0.5	1.73	12	20.8	
电开水器	36	0.4	1	0	14.4	0	
疏散指示标志	5	1	0.9	0.48	5	2.4	
合计	711				486.4	307.8	
同时系数	$K_{\Sigma p}=0.85$ $K_{\Sigma q}=0.95$				413.4	292.4	506.4
无功功率补偿						150	
补偿后					413.4	142.4	437.2

总的计算视在功率在无功功率补偿前为 506.4kVA，功率因数为 0.816。若将功率因数提高到 0.945，按式（12-8）计算，无功功率补偿为：

$$Q_d = P_c (\tan\varphi_1 - \tan\varphi_2) = 413.4 \times (0.7084 - 0.3461) = 150\text{kvar}$$

故需装设 150kvar 的无功功率补偿装置。

由例 12-1 的解答结果可知，补偿后计算视在功率为 437.2kVA，设置一台 500kVA 的变压器即能满足该楼的供电要求。

12.2.1 电压等级选择

交流电压等级中，50V 及以下为特低压，50V~1kV 为低压，1kV~220kV 为高压，330kV~750kV 为超高压，1000kV 及以上为特高压。直流电压等级中，120V 及以下为特低压，120V~1.5kV 为低压，1.5kV~800kV 为高压，800kV 及以上为特高压。

建筑的供电电压选择需要综合考虑用电性质、用电容量、电源点到建筑的距离、供电线路的回路数以及电网可能供给的电压等因素，通常采用交流 35kV、20kV、10kV、220V/380V 等。用电设备总容量在 250kW 以下时可采用 220V/380V 供电，否则采用 10kV 及以上供电。建筑内的配电电压取决于供电电压、用电设备的工作电压以及供电范围、负荷大小和分布情况等因素，高压通常采用 10kV，低压则普遍为 220V/380V。

高电压等级比低电压等级在远距离、大容量输送电能，以及减少线路损耗、降低电压降等方面具有显著优势。

（1）线路的输电容量按式（12-12）计算。

$$S = \sqrt{3}\, U_\mathrm{n} I_\mathrm{r} \qquad (12\text{-}12)$$

式中　S——输电容量，kVA；

　　　U_n——配电网标称电压，kV；

　　　I_r——线路导线持续载流量，A。

由式（12-12）可知，如果其他条件不变，线路升压后其输电容量成正比增加。

（2）线路的电压降按式（12-11）计算，如果其他条件不变，线路电压降与电压的平方成反比。

（3）由式（12-11）推导得：

$$10\Delta u U_\mathrm{n}^2 = PR + QX = (r_0 \sqrt{3}\, U_\mathrm{n} I_\mathrm{n}\cos\varphi + x_0 \sqrt{3}\, U_\mathrm{n} I_\mathrm{n}\sin\varphi)\, L \qquad (12\text{-}13)$$

$$L = 10\Delta u U_\mathrm{n} / [\sqrt{3}\, I_\mathrm{n} (r_0 + x_0\tan\varphi)\, \cos\varphi] \qquad (12\text{-}14)$$

式中　I_n——线路电流，A；

　　　r_0——导体单位长度电阻，Ω；

　　　x_0——导体单位长度电抗，Ω；

　　　L——线路长度，km。

由式（12-14）可知，如果其他条件不变，线路升压后其供电距离成正比增加。

（4）线路的功率损耗按式（12-2）、式（12-3）计算，在其他条件相同的情况下，采用更高的电压可减小电流，使线路的功率损耗按平方关系减小。

表 12-7 列举了常用电压等级三相交流电缆线路的输电能力。

常用电压等级三相交流电缆线路输电能力 表 12-7

额定线电压（kV）	输电容量（kW）	供电距离（km）
0.38	175	0.35 以下
10	5000	6 以下
20	10000	12 以下
35	15000	20 以下

12.2.2 供配电系统构架

供配电系统根据建筑中的用电负荷等级、用电容量及供电条件等因素确定供电方案。例如，用电负荷等级为三级的多层办公楼采用一个电源供电，建筑高度不超过 150m 的一类高层公共建筑采用两个电源供电。

规模不大的建筑，可设置一个变电所为整个建筑供电。规模大、功能多样、建筑高度高的建筑，如商业综合体、大学校园、超高层建筑等，往往有多个负荷中心，因此需要设置多个分变电所，高压电源由高压配电所分配至各负荷中心的分变电所，在分变电所内降压至 220V/380V 使用，从而减少线路投资、降低线路损耗。

变压器的台数、容量及运行方式需根据建筑物的性质、负荷情况等确定，合理的变压器配置可保证供电可靠性、避免浪费。建筑内有一、二级负荷时，通常设置两台及以上变压器。民用建筑中的负荷变化较大，变压器的负载率在 70%~85% 时可保证变压器的经济运行和使用寿命。对于容量较大的冷水机组等季节性负荷，采用专用变压器供电，不用时可退出运行，以达到节能的目的。

图 12-1 为双路 10kV 市电供电的供配电系统接线示意图，适用于有一、二级负荷的供配电系统。正常情况下，主断路器 QF1、QF2 闭合，联络断路器 QF3 断开，两台变压器同时工作，为所有负荷供电；当一个 10kV 电源故障或一台变压器停运时，断开对应的主断路器 QF1 或 QF2，并断开非重要负荷，闭合联络断路器 QF3，由另一台变压器保障一、二级用电负荷。

低压配电系统根据各类用电设备的容量、负荷等级等因素确定接线方案。对于用电设备容量不大且无特殊要求时，可采用树干式配电；当用电设备容量较大或负荷性质重要时，通常采用放射式配电；对于一、二级负荷还需由双电源供电。图 12-2 为某高层办公楼的低压配电系统示意图，各楼层配电总柜、走道照明箱、消防电源箱采用树干式配电，消防控制室、消防梯、客梯、屋顶空调主机采用放射式配电。

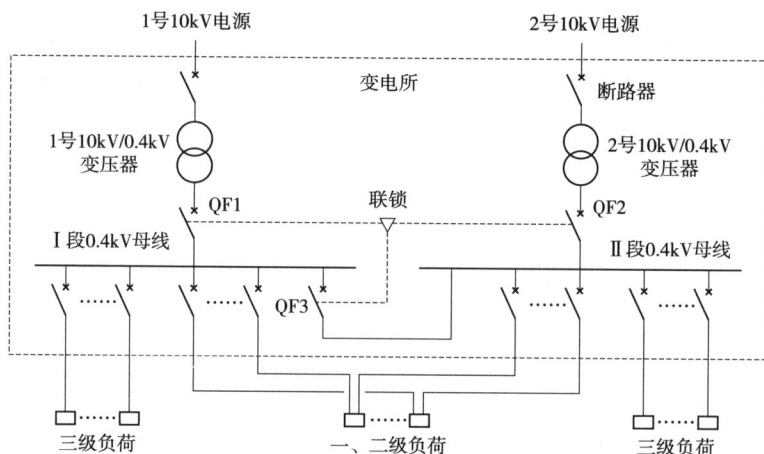

图 12-1　双路 10kV 市电供电的供配电系统接线图

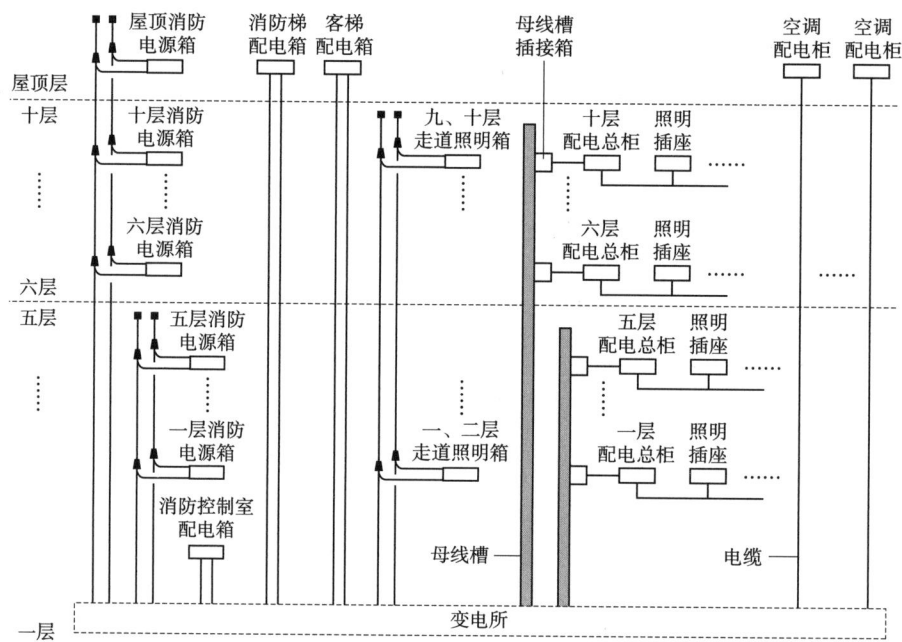

图 12-2　某高层办公楼低压配电系统示意图

12.2.3　电能质量

电能质量主要指电压的质量，包括电压偏差、电压波动与闪变、三相电压不平衡、波形畸变、频率偏差、供电连续性等。质量不合格的电能会降低系统效率、影响设备正常工作或导致设备损坏，造成经济损失。本节主要介绍电压偏差和谐波。

（1）电压偏差

电压偏差 δ_u 是指供配电系统在正常运行时，运行电压（U）对系统标称电压（U_n）的偏差相对值，以百分数表示，即：

$$\delta_u = \frac{U - U_n}{U_n} \times 100\% \tag{12-15}$$

电压偏差是电能质量最主要的指标之一，它对电气设备的正常运行、使用寿命等都有直接影响。例如：灯具的电压偏差超过允许值时，将使其寿命降低或光通量降低；电动机的电压偏差超过允许值时，将导致电动机输出功率偏离额定值、停转或性能变劣、寿命降低等。

电压偏差越小越有利于设备安全和经济节能运行，用电设备端子处的电压偏差允许值（以设备的额定电压的百分数表示）需符合相关规定，例如：室内照明为 ±5%，一般电动机为 ±5%，电梯电动机为 ±7%。采用优化供配电系统构架、缩短配电线路长度等措施，可降低电压偏差。

（2）谐波

由于各种变频设备（如变频空调、变频电梯等）、整流设备、LED 大屏等非线性用电设备日益增多，交流电网中的电压、电流呈现不同程度畸变的非正弦波。对非正弦波交流电量进行傅里叶级数分解，得到的频率与工频（50Hz）相同的分量称为基波，频率为基波频率 2 倍及以上整数倍的分量称为谐波。

谐波的危害有很多，如使变压器、配电线路、电动机等产生附加损耗，引起设备额外的温升，加大变压器、电动机的运行噪声，造成危险的过电压或过电流，影响各类开关电器及继电保护设备的正常工作等。治理谐波的措施包括使用谐波电流较小的用电设备，加装滤波装置，选用 D/Yn-11 接线组别的变压器，加装串联电抗器，减小三相不平衡度等。

12.3 节能环保供配电设备及其

12.3.1　高、低压电器设备

（1）变压器

变压器是一种电能变换器，用于改变交流电的电压、电流而不改变其频率。由电网引入的高压电源，通常需经变压器降压至 220V/380V，才能为建筑内的各种设备供电。按绕组绝缘及冷却方式，常用的变压器分为干式变压器、油浸式变压器等。干式变压器具有安全可靠、易维护、体积小、重量轻、噪声低等优点，在民用建筑内广泛使用。油浸式变压器主要用于户外或独立建造的变电所。图 12-3 为带金属保护外壳的干式变压器。

图 12-3 带金属保护外壳的干式变压器

国家标准《电力变压器能效限定值及能效等级》GB 20052—2024 采用空载损耗、负载损耗作为变压器能效的评价参数，规定变压器能效等级分为 3 级，1 级损耗最低，3 级损耗最高。表 12-8 摘录了部分 10/0.4kV 干式变压器的能效等级参数。

部分 10/0.4kV 干式变压器的能效等级参数　　　　表 12-8

额定容量（kVA）	1 级				2 级				3 级			
	电工钢带		非晶合金		电工钢带		非晶合金		电工钢带		非晶合金	
	空载损耗（W）	负载损耗（W）	空载损耗（W）	负载损耗（W）	空载损耗（W）	负载损耗（W）	空载损耗（W）	负载损耗（W）	空载损耗（W）	负载损耗（W）	空载损耗（W）	负载损耗（W）
800	875	6265	335	6265	1035	6265	410	6265	1215	6960	480	6960
1000	1020	7315	385	7315	1205	7315	470	7315	1415	8130	550	8130
1250	1205	8720	455	8720	1420	8720	550	8720	1670	9690	650	9690

注：1. 电工钢带、非晶合金为变压器铁芯材质；
　　2. 表中负载损耗为绝缘等级为 F 级的变压器参数。

【例 12-2】已知某变电所内设有一台常年运行的 10/0.4kV 干式变压器，容量为 1000kVA，负载率为 80%，年最大负荷损耗小时数为 2750h。请分别计算该变压器采用 3 级能效的电工钢带干式变压器的年有功电能损耗 ΔW_{T1}，以及 2 级能效的非晶合金干式变压器的年有功电能损耗 ΔW_{T2}。

【解】查阅表 12-8，3 级能效的电工钢带 10/0.4kV 干式变压器的空载损耗为 1415W，负载损耗为 8130W；2 级能效的非晶合金 10/0.4kV 干式变压器的空载损耗为 470W，负载损耗为 7315W。根据式（12-7），计算得：

$$\Delta W_{T1} = \Delta P_0 t + \Delta P_k \left(\frac{S_{js}}{S_e} \right)^2 \tau = 1.415 \times 8760 + 8.13 \times 0.8^2 \times 2750 = 26704.2 \text{ kWh}$$

$$\Delta W_{T2} = \Delta P_0 t + \Delta P_k \left(\frac{S_{js}}{S_e} \right)^2 \tau = 0.47 \times 8760 + 7.315 \times 0.8^2 \times 2750 = 16991.6 \text{ kWh}$$

后者每年减少电能损耗 $\Delta W_{T1} - \Delta W_{T2} = 9712.6$ kWh。可见，选用低损耗的变压器，节电量十分可观。

（2）柴油发电机组

当电网电源无法满足用电负荷的供电可靠性要求时，用户需要设置自备电源。柴油发电机组是以柴油机为动力，拖动同步发电机组成的发电设备，能提供持续的大功率电能，是一种较为经济、安全可靠的自备电源，如图 12-4 所示为固定式柴油发电机组。

图 12-4　固定式柴油发电机组

柴油发电机组运行时会产生较大的振动和噪声，因此需对机组或其机房采取消声、隔声、减振等措施，如选用低噪声水平的发电机组，安装专用消声器、减振器或减振垫，对发电机房进行隔声处理等。柴油机会排放烟气，选用低排放的柴油发电机组或安装专用的烟尘净化器，可减少对大气的污染。选用高能效的柴油发电机组，可消耗较少的燃料产生相同的电能。

（3）成套开关和控制设备

成套开关和控制设备，是由一个或多个开关器件和与之相关的控制、测量、信号、保护、调节等设备，以及所有内部的电气和机械的连接及结构部件构成的组合体。

高压成套开关和控制设备主要用于控制、测量、保护高压用电设备和线路，一般安装在高压配电所、变电所内。图 12-5 为常用的 10kV 手车式高压开关柜。

低压成套开关和控制设备包括低压开关柜、配电箱和控制箱等。低压开关柜（图 12-6 为固定分隔式低压开关柜）电气性能较高，通常在变电所内落地安装，用于将电能分配到下级配电设备。低压配电箱（图 12-7 为挂墙明装的低压配电箱）包括动力配电箱、照明配电箱及插座箱等，其电气性能低于低压开关柜，一般应用于低压配电系统的末端，为动力设备、照明、插座配电。体积较大的动力配电箱可采用落地安装，体积较小的低压配电箱可挂墙明装、嵌墙暗装。

图 12-5　10kV 手车式高压开关柜　图 12-6　固定分隔式低压开关柜　图 12-7　挂墙明装低压配电箱

（4）开关电器

开关电器在电路中起保护、控制、调节、转换和通断作用，一般安装在成套开关设备中。常用的开关电器包括断路器、自动转换开关、接触器等。

1）断路器：断路器是应用最多的保护电器，能够接通和断开正常运行的电路，也能够按设定的条件自动断开发生过载、短路等故障的电路。以低压断路器为例，通常可分为框架式断路器（图12-8）、塑料外壳式断路器（图12-9）、微型断路器（图12-10）。框架式断路器的性能最高、规格最大、价格最贵，也称为万能式断路器，常用在低压总进线及大电流的线路上；塑料外壳式断路器的各项性能参数一般低于框架式断路器，常用在框架式断路器的下级配电线路上；微型断路器的规格最小、价格最低，其性能也适合安装在配电系统的最末端，如照明、插座等的配电线路上。低压断路器还可配合安装各种脱扣器、剩余电流保护器等，满足不同的功能要求。

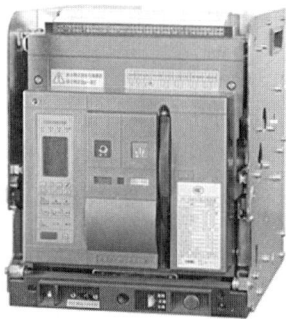

图12-8　框架式断路器　　　　图12-9　塑料外壳式断路器　　　　图12-10　微型断路器

2）自动转换开关：主要用于对供电连续性有要求的重要负荷的供电。当一路电源故障时，自动转换开关可以自行动作，将负荷从故障电源断开并连接至另一路电源，保证供电的连续性。常用的低压自动转换开关的转换时间一般为100ms左右，对于供电允许中断时间很短的设备（如电子信息设备），则需要配置不间断电源系统（UPS）。

3）接触器：接触器能够自动接通和断开正常运行的电路，是电力拖动及自动控制系统中应用最广的低压控制电器，主要用于控制电动机的启动与停止，也可用于控制照明灯具等其他用电设备。接触器在工作时会产生功耗，我国装设的接触器数以亿计，采用高能效接触器的节能效果较为明显。

（5）智能型电器设备

随着数字化、物联网、云计算等技术的发展，传统的电器设备正朝着智能化方向发展。智能型变压器、成套开关设备、开关电器等对系统电压、电流、温度、功率因数等运行数据进行测量、采集、存储和通信，并具备配电监测、控制、保护、管理等功能。

智能型电器设备与智能电力监控管理系统协同工作，实现远程操作及运维、及时发现并提前预警潜在故障、供配电系统数字孪生与仿真、灵活调度和控制建筑用电负荷等功

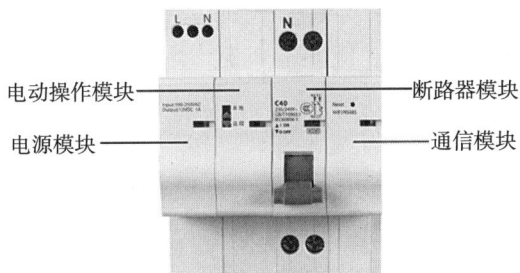

图 12-11　智能微型断路器

能，提高供配电系统的安全性、可靠性和运行效率，提升建筑的智慧管理水平和绿色低碳水平。

图 12-11 为一款智能微型断路器，通过不同模块的组合，具备线路保护、电能计量、高温预警、数据上传等功能，并可通过 PC 终端或手机 App 实现远程控制和管理。

12.3.2　电线电缆

电线电缆在供配电系统中主要用于传输、分配电能。电缆的可靠性高，多用于高、低压干线、分支干线线路，电线主要用于照明、插座等低压末端配电线路。母线槽可认为是一种特殊形式的电线电缆，主要用于传输、分配大容量电流，其外形如图 12-12 所示。

（1）电线电缆的结构

电线电缆的基本结构由导体、绝缘层和护套层等组成。

导体是电线电缆的导电部分，可采用铜、铝以及铝合金等材料。由于铜导体的导电、安全等性能较高，建筑中通常采用铜导体的电线电缆。需要说明的是，大多数电线、电缆的线芯都由多根导体组成，只有小规格的电线电缆的线芯才可能由一根导体组成。绝缘层包覆在单相导体的外表面，其作用是把电线电缆中的相邻导体、导体与周围环境相互绝缘，一旦绝缘层损坏失效，将会发生触电、短路等事故。护套层在电线电缆的外层，主要起保护作用，如防潮、防腐蚀、防外力损伤、增加机械强度等，普通的电线没有护套层。

以铜芯交联聚乙烯绝缘聚乙烯护套电缆（YJV）为例，图 12-13 为其结构图。根据不同的性能要求及使用场合，各类电缆还会增加填充物、屏蔽层及铠装层等。相似的，母线槽是由导体（母线）、绝缘层、金属外壳及相关附件组成的封闭设备，这里不再详细介绍。

新型智能型电线电缆在绝缘层或护套层内装有传感器，可实时监测线路温度、通断等使用状态，出现故障隐患时可提前报警。

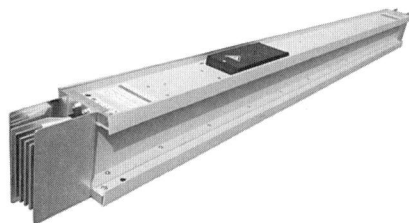

图12-12 封闭式母线槽

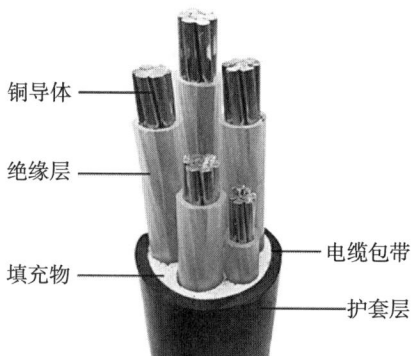

图12-13 电缆结构图

（2）导体截面选择

选择电线电缆的导体截面时，要满足温升、允许电压降、线路保护、机械强度等条件，还可按经济电流选择。下面介绍按温升及经济电流选择导体截面。

1）按温升选择

在大多数情况下，电线电缆的允许传输电流是由它的最高允许工作温度确定的。线缆的最高允许工作温度，主要取决于绝缘材料的热老化性能，若工作温度过高，绝缘材料老化会加速，寿命会大大缩短。在规定的条件下，导体能够连续承载而不致使其稳态温度超过允许值的最大电流称为导体的允许载流量。按温升条件选择导体截面时，要求导体的允许载流量不小于线路的工作电流，此时电线电缆可以长期安全工作。表12-9列举了2种常用电缆的最高允许温度。

常用电缆的最高允许温度　　　　　　　　表12-9

电线电缆种类		最高允许温度（℃）	
类别	电压	持续工作	短路暂态
聚氯乙烯绝缘电缆	1kV	70	160（140）
交联聚乙烯绝缘电缆	1~10kV	90	250

注：括号内数值适用于截面大于 $300mm^2$ 的聚氯乙烯绝缘电缆。

电线电缆的敷设方式决定其散热条件，并直接影响其载流量的大小，选用散热条件较好的敷设方式，更有利于节省线路投资。表12-10为0.6/1kV铜芯交联聚乙烯绝缘电缆的持续允许载流量（三芯）。可以看到，由于散热条件不同，同规格的电缆敷设在空气中的允许载流量较敷设在隔热墙中高出约50%。其他常见的敷设方式有沿桥架、在导管内、埋在土壤中等，相应的允许载流量可查阅相关标准、设计手册。

敷设方式	敷设在隔热墙中的导管内				敷设在空气中			
环境温度（℃）	25	30	35	40	25	30	35	40
标称截面积（mm²）	持续载流量（A）							
2.5	22	22	21	20	33	32	30	29
4	31	30	28	27	43	42	40	38
6	39	38	36	34	56	54	51	49
10	53	51	48	46	78	75	72	68
16	70	68	65	61	104	100	96	91
25	92	89	85	80	132	127	121	115
35	113	109	104	99	164	158	151	143
50	135	130	124	118	199	192	184	174
70	170	164	157	149	255	246	236	223
95	204	197	189	179	309	298	286	271
120	236	227	217	206	359	346	332	314
150	269	259	248	235	414	399	383	363
185	306	295	283	268	474	456	437	414
240	359	346	332	314	559	538	516	489

2）按经济电流选择

当增大导体截面积时，线路损耗减少，但初始投资增加；反之，初始投资减少，但线路损耗增加。从经济方面考虑，在某一导体截面区间内，二者之和最少，即为经济电流截面。对于年工作时间长、负荷稳定、电价高的场所，选取比温升要求更大的导体截面积所增加的初始投资，将从线缆在使用寿命期内降低的电能损耗费累积值中得到补偿。

图 12-14 中，曲线 2 为线缆的初始投资费用，曲线 3 为线路寿命期内累积的电能损耗费用，曲线 1 是两者之和。曲线 1 的最低点的总费用最低，在该点横坐标附近范围内选取的导体截面积最经济。

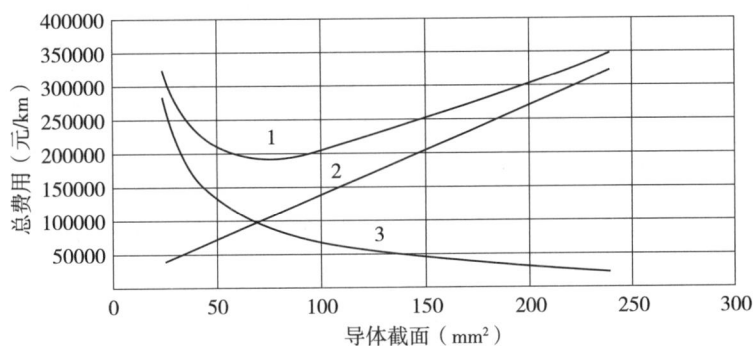

图 12-14 按经济电流选择导体截面

实践经验表明：按经济电流选择的导体截面一般比按温升选择的大1~2级。

（3）电线电缆的防火性能

电线电缆按绝缘及护套材料的防火性能分为普通型、阻燃型和耐火型电线电缆。电线电缆的阻燃性能和耐火性能的选择与建筑防火要求密切相关。

阻燃性能是电线电缆在燃烧时具有阻止或延缓火焰发生或蔓延的能力，阻燃电线电缆可有效阻止火灾时火焰沿电线电缆蔓延。

耐火性能是要求电线电缆在被燃烧的状况下仍能维持一定时间的运行能力，高性能的耐火电缆可在950℃的火焰中维持3h的通电运行。耐火电线电缆常用于消防水泵、消防电梯、防排烟风机、火灾自动报警系统、消防应急照明和疏散指示标志等消防用电设备的供电和控制线路，是消防用电设备在火灾中仍能坚持工作的重要保障。

按照燃烧时产生的烟气和毒气的多少，电线电缆分为普通型和低烟无（低）毒型。普通型电线电缆燃烧时会产生浓烟、散发有毒气体，使用低烟无（低）毒型电线电缆可减少火灾时因烟熏、中毒导致的人员伤亡。

12.4 配电线路保护

配电线路在建筑中分布广、数量多，当它发生故障时，会导致电气安全事故。配电线路必须装设过负荷保护、短路保护和接地故障防护电器，用以断开故障电流或发出故障报警信号，保障人身和财产安全。

（1）过负荷保护

当配电线路连接的用电设备过多或所供设备过载（如电动机负载过大）时，会产生大于导体允许载流量的过负荷电流。短时间、小量的过负荷电流不会产生不良影响，长时间的过负荷电流会使线路温度超过允许工作温度，加速绝缘老化甚至使其失效，缩短线路使用寿命。线路温度过高会引起邻近可燃物燃烧，引发火灾；绝缘失效会进一步引发短路和触电事故。图12-15表示铜芯聚氯乙烯绝缘电线由过负荷转化为短路引起火灾的过程。

为避免线路过负荷，线路的计算电流不能大于线路的允许持续载流量，同时，保护电器在过负荷电流引起的导体温升对绝缘造成损害前，及时切断故障电流。对于一些因过负荷保护断电会造成更大损失的配电线路，如消防水泵等，保护电器在过负荷时只报警而不切断线路。

绝缘温度70℃ （额定载流量）	过负荷保护 动作	绝缘温度约160℃ 时绝缘熔化	短路保护 动作	绝缘温度超过355℃ 绝缘本身自燃

可保证绝缘寿命　　　　　　　绝缘加速劣化　　　　　　　　　　　　线芯高温烤燃可燃物

── 正常负载 ──┼── 过负荷 ──┼── 短路 ──

├────────── 过电流 ──────────┤

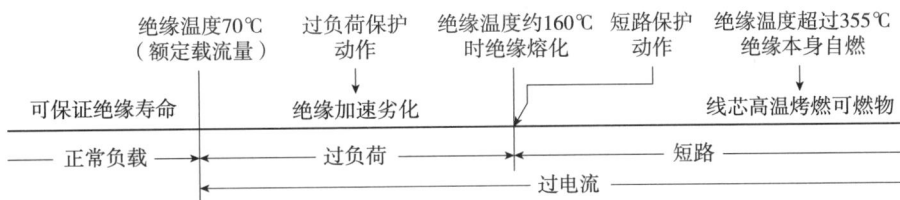

图12-15　铜芯聚氯乙烯绝缘电线由过负荷转化为短路引起火灾的过程

（2）短路保护

当配电线路的绝缘损坏，电位不相等的带电导体经阻抗可忽略不计的故障点导通，称为短路。由于短路线路的回路阻抗很小，短路电流很大，造成的危害也较为严重。短路电流产生大量热量，在很短的时间里使线路温度迅速上升，造成线路过热、产生电弧、燃烧甚至爆炸，并引起邻近可燃物燃烧。流过短路电流的带电导体间还会产生很大的电磁力，使相关设备变形、松动、断裂而损坏。短路保护电器应在短路电流产生的热效应和机械效应造成危害之前切断故障电流。

（3）接地故障防护

带电导体和大地之间意外出现导电通路称为接地故障，如绝缘损坏的相导体和大地、保护接地（PE）导体、电气设备的金属外壳、建筑物金属构件、金属管道等之间形成导电通路。建筑内低压配电系统的接地形式通常采用TN-S系统，系统发生接地故障时，故障电流通过回路的PE导体返回电源，因此故障电流较大，产生的热效应和机械效应所造成的危害与短路故障类似。接地故障还可能引发电击事故，危害人身安全。为防止接地故障造成上述危害，保护电器应在规定时间内切断故障电流。

通常在每段配电线路设置一台或多台保护电器实现以上三项保护，常用的保护电器有断路器、熔断器、漏电保护器等。

12.5 电气机房和线路敷设

12.5.1　变电所

变电所是电能供应的中心，是把高压电能转换为低压电能并进行分配的专门场所，通常在变电所内布置、安装变压器、高/低压配电装置及附属设备。

（1）变电所的选址

变电所在选址时遵循以下原则：

1）按照建筑功能、业态布局、产权划分、物业管理范围进行配置；

2）深入或靠近负荷中心，减少线路敷设长度，降低电能损耗；

3）方便高压进线、低压出线，并考虑分布式能源等接入的需要；

4）设备运输方便，满足运行及维护要求；当变配电所设在二层及以上时，留有二次运输条件；

5）避免设在多尘、水雾或有腐蚀性气体的场所；

6）不应设在对防电磁辐射干扰有较高要求的场所；

7）不应设在经常有水并可能漏水场所的正下方，如厕所、浴室、厨房等，并避免与上述场所贴邻；

8）优先设在地面一层或以上，当设置在地下层，需采取预防洪水、消防水或积水浸渍的措施；独立建造的变电所避免设在地势低洼和可能积水的场所。

（2）变电所的形式和布置

常见的变电所形式包括设在独立建筑物内的独立式变电所、设在建筑物内的附设式变电所及室外预装式变电所（也称为箱式变电所）等。独立式变电所、附设式变电所均为户内型变电所，预装式变电所是一种把高/低压配电装置、变压器组合在一个或数个箱体内的成套设备，可直接布置在室外。

变电所的布置需紧凑合理，便于操作、巡视、检修和设备运输。35kV及以下的配电装置和干式变压器可设置在同一房间内，电气装置的间距及通道宽度需满足安全净距的要求，并适当预留空间以备今后发展。图12-16、图12-17为某实际工程室内变电所布置的平面图、剖面图。

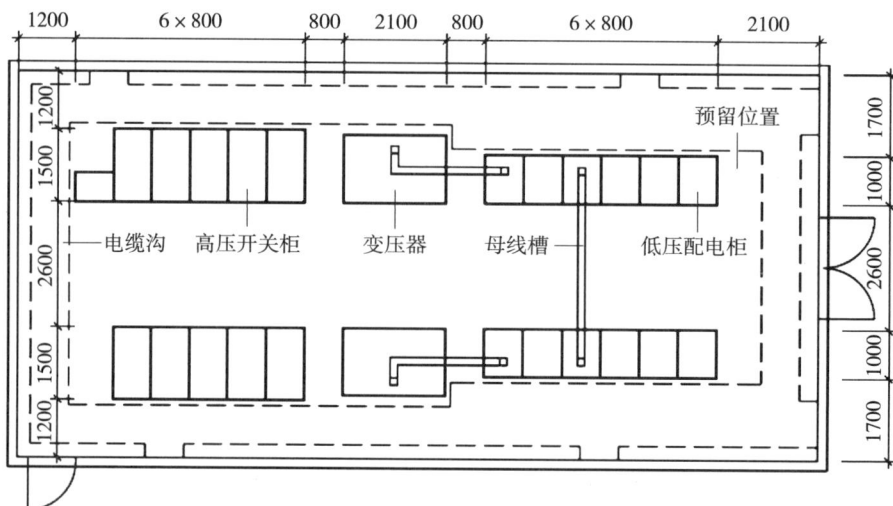

图 12-16 变电所布置平面图（mm）

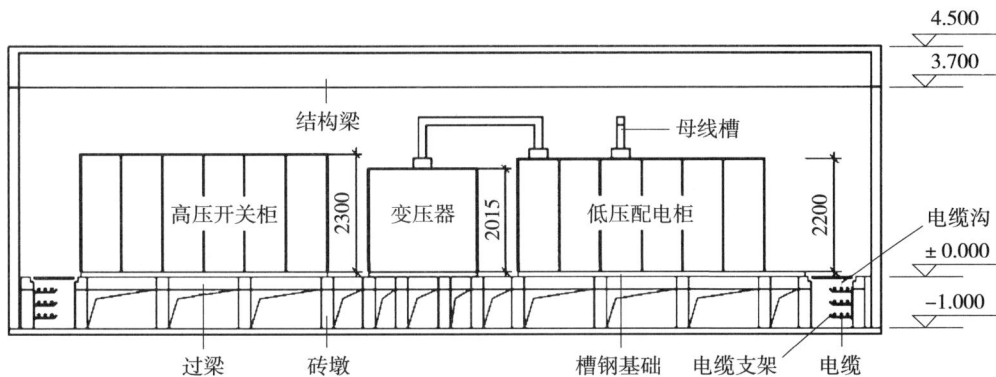

图 12-17 变电所布置剖面图（mm）

12.5.2 柴油发电机房

柴油发电机房是安装和布置柴油发电机组及相关附属设施的专用机房。

（1）柴油发电机房的选址
柴油发电机房的选址遵循以下原则：

1）优先布置在建筑的地面一层、地下室或裙房屋面；

2）不应布置在人员密集场所的上一层、下一层或贴邻；

3）尽量靠近负荷中心或变电所设置，缩短供电距离；

4）远离要求安静的工作区和生活区；

5）靠近外墙布置，采取通风、防潮以及机组的排烟、消声和减振等措施，并满足环保要求；

6）不应设在经常有水并可能漏水场所的正下方，并避免与其贴邻。

（2）机房布置
柴油发电机房内通常设有发电机间、控制室及配电间、储油间等，机组容量较大、台数较多时设置独立的控制室，机组容量不大、台数不多时，发电机间、控制室及配电间可合并设置。柴油发电机房的布置除符合机组运行工艺要求外，还需满足操作、巡视、维修、搬运等要求，并考虑长远的设备更新。图 12-18、图 12-19 为某实际工程柴油发电机房布置的平面图、剖面图。

12.5.3 配电间和电气竖井

配电间是用来安装供配电系统末端配电箱、柜的专用房间。电气竖井是建筑内用于敷设垂直电气干线的每层均有楼板隔开的专用井道，通常可兼作

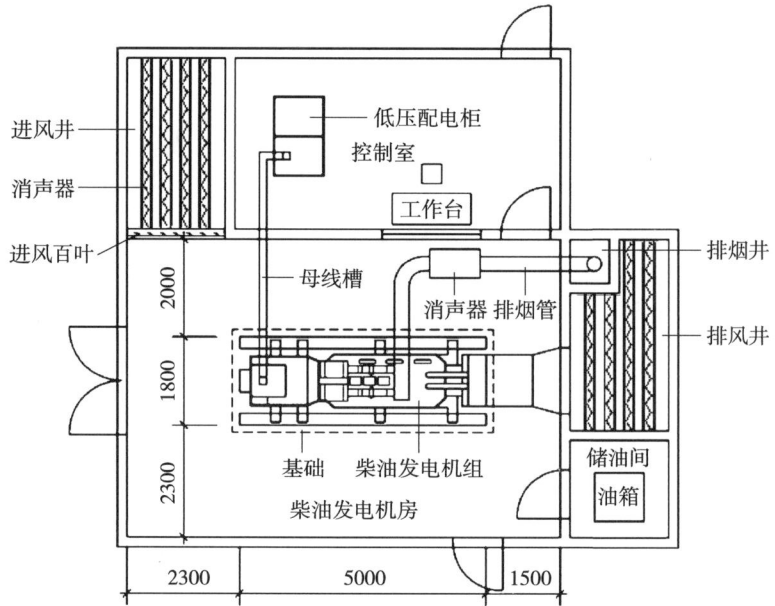

图 12-18 柴油发电机房布置平面图（mm）

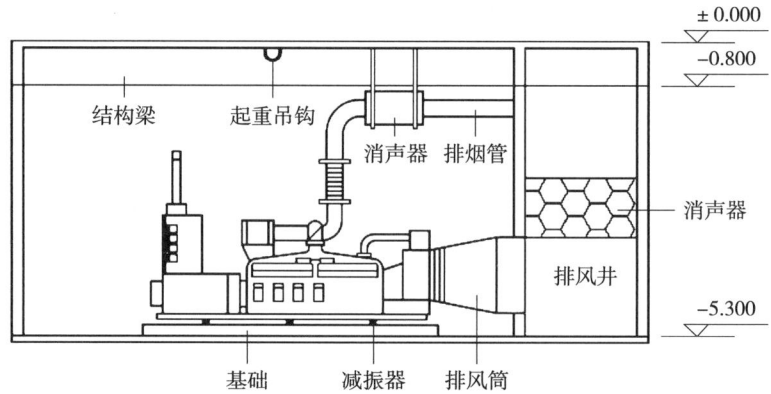

图 12-19 柴油发电机房布置剖面图

配电间。配电间和电气竖井的位置和数量根据建筑规模、负荷容量和性质、供电范围、防火分区等情况确定。

配电间和电气竖井的选址遵循以下原则：

1）尽量靠近负荷中心，并与变电所位置协调，使供电距离尽量短；

2）避免邻近烟囱、热力管道及其他散热量大或潮湿的设施；

3）不和电梯、其他管道共用竖井；

4）强电与弱电尽量分别设置竖井。

配电间和电气竖井的大小除满足布线间隔及配电箱、柜布置所需的空间外，还需考虑操作、维护距离。图 12-20、图 12-21 为某实际工程的电气竖井设备布置平面图、剖面图。

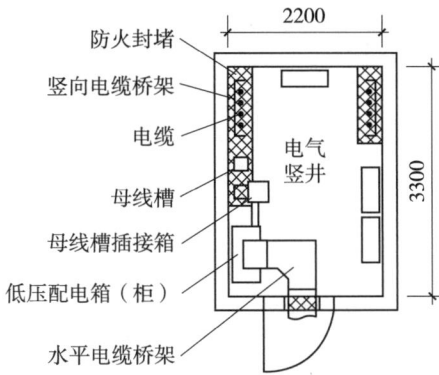

图 12-20 电气竖井设备布置平面图（mm）

防火封堵
竖向电缆桥架
电缆
母线槽
母线槽插接箱
低压配电箱（柜）
水平电缆桥架

电气竖井

2200
3300

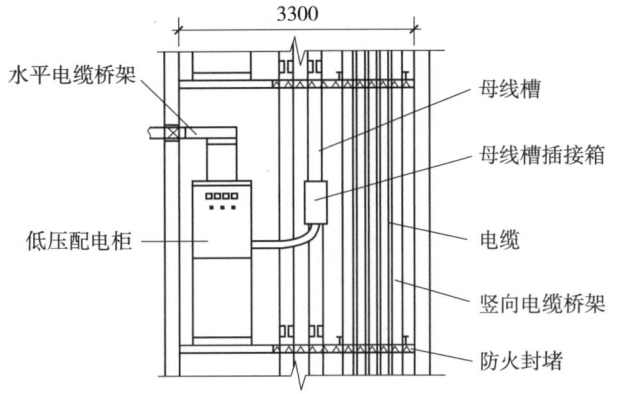

图 12-21 电气竖井设备布置剖面图（mm）

3300

水平电缆桥架
低压配电柜

母线槽
母线槽插接箱
电缆
竖向电缆桥架
防火封堵

12.5.4　线路敷设

建筑室内外的线缆敷设方式，根据建筑物结构、环境特征、使用要求、用电设备分布及所选用导体的类型等因素综合确定，避免因环境温度、外部热源以及非电气管道等因素对线缆带来的损害，并防止在敷设过程中因撞击、振动、线缆自重和建筑物变形等各种机械应力带来损伤。

室外工作环境相对恶劣，室外埋地敷设的线路一般采用电缆，并采取相应的保护措施，如穿保护管或在电缆沟、管廊内敷设。为使电缆不受车辆碾压等损伤，其埋设要有一定的深度；为使电缆不受其他电缆及设施（建筑物基础、热力管沟、燃气管道及水管等）的影响，电缆与各种设施的距离需符合相关标准的规定。

室内布线方式（图 12-22）主要有穿管（金属管或塑料管）在楼板、墙壁或地坪内暗敷设，穿管明敷设，沿电缆桥架等在墙壁、顶棚及地坪的表面或电气竖井内明敷设。在有可燃物的闷顶和封闭吊顶内敷设的线路，消防设备的配电、控制和联动信号线路，采用金属导管或金属槽盒保护。各种电缆、导管、电缆桥架及母线槽在穿越防火分区的地方（楼板、隔墙及防火卷帘上方的防火隔板等），其空隙必须用不低于该处建筑构件耐火极限的防火材料封堵密实。

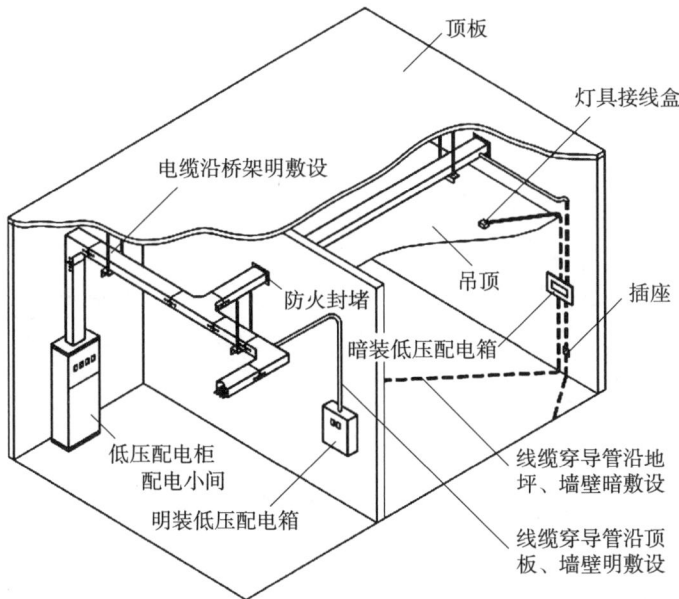

顶板
灯具接线盒
电缆沿桥架明敷设
防火封堵
吊顶
插座
暗装低压配电箱
低压配电柜
配电小间
明装低压配电箱
线缆穿导管沿地坪、墙壁暗敷设
线缆穿导管沿顶板、墙壁明敷设

图 12-22 室内布线示意图

线缆弯曲超过限度时会对导体、绝缘层造成损伤，因此敷设时需充分考虑线路敷设空间并采用合理的敷设方式，使弯曲部位满足允许弯曲半径的要求。以无铠装的铜芯交联聚乙烯绝缘电缆为例，其最小允许弯曲半径为 15d（d 为电缆外径）。表 12-11 为 0.6/1kV 铜芯交联聚乙烯绝缘电缆（5 芯）的外径与导体截面积关系，当导体截面积为 240mm^2 时，电缆外径为 68.2mm，最小允许弯曲半径达到 1.023m。

0.6/1kV 铜芯交联聚乙烯绝缘电缆（5 芯）的外径与导体截面积关系　　表 12-11

导体标称截面积（mm^2）	2.5	4	6	10	16	25	35
参考外径（mm）	13.5	14.8	16.1	19.6	22.4	26.2	28.5
导体标称截面积（mm^2）	50	70	95	120	150	185	240
参考外径（mm）	33.4	38.4	44.1	49.5	54.1	60.5	68.2

12.6 建筑光伏系统

太阳能光伏发电系统在建筑领域有非常广泛的应用前景，建筑光伏发电系统的应用技术是目前的研究热点，也是应对化石能源危机、保护环境、实现"双碳"目标的重要手段。

12.6.1　光伏组件和光伏系统的分类

光伏组件和光伏系统的分类方法有很多种，这里介绍几种常用的分类。

（1）光伏组件的分类

1）按光伏电池的种类不同，常用的光伏组件有晶体硅（单晶、多晶硅）、碲化镉、铜铟镓硒、钙钛矿等组件，图 12-23 为常见的光伏组件类型。

表 12-12 是常见光伏组件的光电转换效率。

常见的光伏组件的光电转换效率　　表 12-12

组件类型	单晶硅	碲化镉	铜铟镓硒	钙钛矿
光电转换效率（%）	21	15	16	16

注：表中数据根据 2022 年市场调研得到。

2）按照光伏组件的功能分类，有光伏组件和光伏构件两种。光伏组件仅有发电功能，光伏构件指具有建筑构件功能的光伏组件。图 12-24 中工程使用了光伏组件，图 12-25 中工程使用了光伏构件。

| 晶体硅 | 碲化镉 | 铜铟镓硒 | 钙钛矿 |

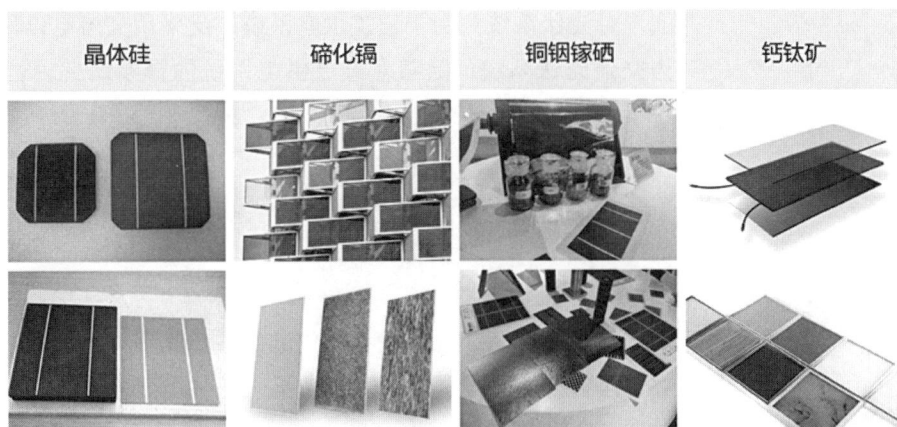

图 12-23　常见的光伏组件

3）按照光伏组件或构件的形态和用途分，有光伏板、光伏瓦、光伏玻璃、光伏幕墙、光伏地砖等，不一而足。

不同组件的物理性能不同，适用场合也会不同，图 12-24 为采用单晶硅光伏组件的工程实景，图 12-25 为采用碲化镉光伏（玻璃）构件的工程实景。

（2）光伏系统的分类

1）建筑光伏系统按是否接入公共电网，分为并网型光伏系统和独立型光伏系统。绝大多数建筑光伏系统都采用并网光伏系统，只有难以从公共电网获取电源的地区采用独立光伏系统，如偏远的山区、海岛。独立光伏系统为了获得稳定的功率输出，需配置储能装置，增加了投资。

2）按照光伏组件的功能，分为建筑集成光伏系统（BIPV，也称光伏建筑一体化系统）和建筑附加光伏系统（BAPV）。BIPV 指光伏发电设备作为建筑材料或构件在建筑上应用的形式，能更好地与建筑融为一体，更符合建筑师对造型的要求。BAPV 的组件仅有发电功能，不作为建筑材料或构件，是附着在建筑上安装的形式。图 12-24 中的光伏系统为 BAPV，图 12-25 中的光伏系统为 BIPV。

3）按所带用电负荷的类型，分为交流光伏系统、直流光伏系统和交直

图 12-24　杭州南站光伏工程　图 12-25　2019 年中国北京世界园艺博览会中国馆光伏工程

流混合光伏系统。由于建筑供电系统广泛采用交流电，目前大多数光伏系统为交流光伏系统，随着对直流供电系统的探索研究，也开始有直流光伏系统了。

12.6.2 光伏系统设计

（1）系统组成

图 12-26 表示光伏发电系统的组成。其中，直流配线箱、蓄电池等一些部件可选配，不同类型的系统由不同部件组成，控制器和并网变换器通常合并成一台设备。

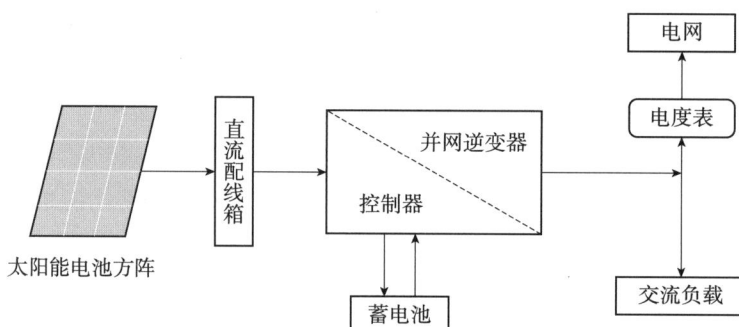

图 12-26　光伏发电系统组成

控制器是控制光伏系统发电的核心设备，具有监测、保护、充／放电控制及最大功率点跟踪等功能。并网变换器是并网型光伏系统接入电网的核心控制设备，其输出可以是交流或直流，当为交流时，称为并网逆变器。并网逆变器监测并跟踪电网的电压、频率、相位，将太阳能电池方阵输出的电能进行逆变、变压并接入电网，同时还有运行控制、状态监测与保护等功能。

图 12-27　光伏组件可能的安装部位
1- 平屋顶安装光伏组件；2- 坡屋面安装光伏组件；3- 光伏采光顶；4- 光伏护栏；5- 阳台安装光伏组件；6- 光伏幕墙；7- 光伏遮阳雨篷；8- 墙面光伏组件或构件；9- 光伏遮阳板

（2）太阳能电池方阵

太阳能电池方阵是为满足一定的输出电压、功率要求，由若干光伏组件串联、并联组成的发电单元。图 12-27 表示光伏组件在建筑物上可能的安装部位，各部位既可做成 BIPV 也可做成 BAPV。

（3）其他设备

配线箱（也称汇流箱）、并网逆变器、储能电池及用电负荷的配电箱等设备，按其大小可壁挂或落地安装，需按实际需求设置必要的设

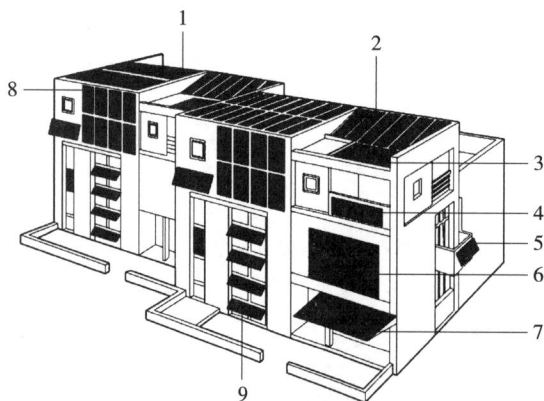

备机房。相关电气线路布置应集中、隐蔽，并做好防水和消防设计。

（4）年发电量估算

光伏系统的发电量不仅取决于组件的光电转换效率，还与日照条件、组件的倾角和方位角、工作温度等因素密切相关，工程设计时应分析、比较，综合考虑发电效益、安全、美观及维护方便等因素。光伏系统的年发电量可按式（12-16）估算。

$$E = \frac{H}{E_s} \times P \times K \qquad (12\text{-}16)$$

式中　E——光伏系统的年发电量（kWh）；

　　　H——水平面上单位面积太阳能的年总辐照量（MJ/m^2 或 kWh/m^2）；

　　　E_s——标准条件的辐照度（常数，$1kW/m^2$）；

　　　P——光伏组件的安装容量（kWP，即标准条件下的发电功率）；

　　　K——系统的综合效率，包括组件倾角和方位角、系统损耗、光照利用率、组件转换效率修正系数等各种因素的影响。

式（12-16）只是粗略的人工计算，精确的计算需借助专业模拟软件，将建筑、电池方阵及周边可能遮挡的物体建模，可精确计算任意时间段的发电量。常用的软件有瑞士的 PVsyst、加拿大的 RETScreen 等。

12.6.3　直流配电、储能系统和柔性用电

（1）直流配电

光伏组件输出的电能是直流电，需要逆变成交流电才能并网，降低了系统效率。随着电力电子技术的发展，使用直流电逐渐成为可能。相比交流，直流系统有如下优点：

1）更便于输出直流电的光伏发电等分布式电源系统的接入。

2）大多数用电设备本质上使用直流电，直流配电可减少整流环节，提高效率、简化结构、降低成本。

3）电压、电流关系简单清晰，无相位问题；只有幅值，没有频率和谐波问题，电能质量易于保证。

4）没有电抗、无功功率和集肤效应，线路传输效率更高、传输距离更远。

5）相同电压触电时危险较低，使用更加安全。

6）便于实现电源协同控制和柔性调节；便于实现数字化、智能化。

直流配电系统的设备机房和线路通道的要求和交流系统相似，不再赘述。

（2）储能系统

光伏系统的发电功率受气象条件的影响极大，具有很大的波动性、随机性，因此适于接入以传统发电厂为主的大电网。当采用不并网的独立系统或接入小系统时，需配置储能系统，借助其充、放电，才能获得稳定的电能。

建筑光伏系统的储能系统主要采用化学电池储能，图12-28为建筑储能系统的实物图片。储能系统可吸收光伏系统多余的发电量或补充其不足，还可"削峰填谷"调节整个建筑的用电功率，利用峰谷电差价以取得经济效益等。

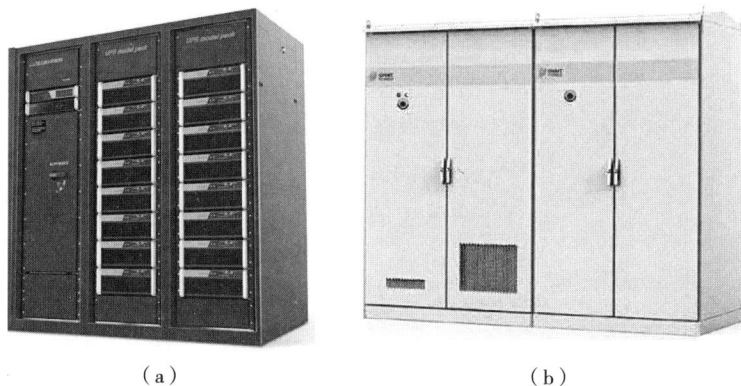

（a）

（b）

图12-28　建筑储能系统
（a）户内型；（b）户外型

电池储能系统通过电池管理系统（BMS）监控电池的各种状态，通过整个系统的能量管理系统控制充、放电。由于发热、消防等原因，大型化学电池储能系统一般设在室外。小型系统设在室内时，应设在专用的机房内，并做好通风、防潮、消防等措施。近年来，利用电动汽车作为储能系统成为研究热点，如此可节省电池系统的投资。

广义的储能还包括利用建筑材料的热惰性蓄冷（热）、冰蓄冷、水蓄冷（热）等方式，这里不再详细介绍。

（3）柔性用电

柔性用电指用电功率的实时调节，分为设备柔性用电、建筑整体柔性用电两个层面。

设备柔性用电指建筑内的某些三级负荷可中断、可迁移、可调节。可中断负荷在用电高峰时停止运行，如装饰照明等。可迁移负荷调整运行时间，避开用电高峰，如洗衣机、洗碗机、热水器等。可调节负荷根据需求调节运行功率，如空调，用电高峰时可利用建筑热惰性将室内温度保持在可接受范围内，降低空调运行功率，参与柔性调节。储能系统（含电动汽车）也可参与用电功率的调节。

建筑整体柔性用电将建筑作为市政电网的一个用户，它的总用电功率对于电网来说是可调节的。这需要设备柔性用电、储能系统、光伏系统等，按事先制定的策略协调控制，实现用电调节、削峰填谷、节能等各种目标。

近年出现了光伏发电、储能、直流配电、柔性用电四种技术及其集成的研究热潮，即所谓"光储直柔"的研究。图 12-29 为光储直柔系统示意图，可以直观地看到光伏、储能、直流配电三个系统，柔性用电指调节用电功率的控制系统。

"光储直柔"目前处于研究、试点阶段，虽然已有一些示范工程，但距离推广应用还有距离，需继续探索相关技术的适用性。

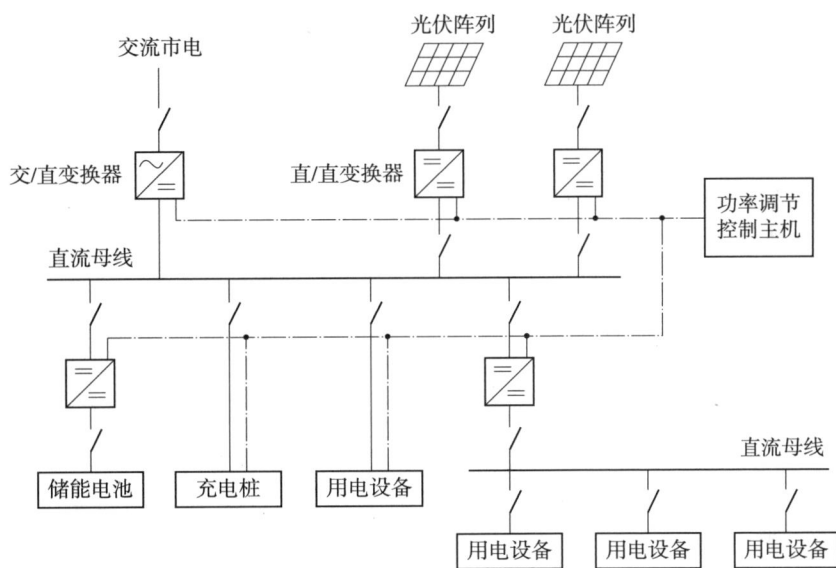

图 12-29 光储直柔系统示意图

延伸阅读

[1] 中华人民共和国住房和城乡建设部. 20kV 及以下变电所设计规范：GB 50053—2013[S]. 北京：中国计划出版社，2014.
[2] 任元会. 低压配电设计解析 [M]. 北京：中国电力出版社，2020.
[3] 李钟实. 太阳能光伏发电系统设计施工与维护 [M]. 北京：人民邮电出版社，2010.

习题

1）分别列举 3 项负荷等级为特级、一级、二级、三级的负荷，并简述一级负荷的供电方式。

2）某教学楼的负荷数据如表12-13所示，请采用需要系数法参照表12-6的格式计算该楼的各项计算负荷。

某教学楼的负荷数据 表 12-13

设备名称	设备功率 P_e（kW）	需要系数 K_x	$\cos\varphi$	$\tan\varphi$
正常照明、插座	150	0.85	0.9	0.48
空调	220	0.75	0.8	0.75
电梯	45	0.3	0.5	1.73
疏散指示标志	2	1	0.9	0.48
同时系数：$K_{\Sigma p}=0.85$，$K_{\Sigma q}=0.95$				

3）请列出建筑供配电系统中常用的交流电压等级。简述采用高压电的意义。

4）简述导体截面选择的原则。

5）简述变电所、柴油发电机房的选址原则。

6）列举三种以上常用的线路敷设方式。

7）简述可以设置光伏组件的建筑部位。

8）某办公楼拟在屋顶设置光伏系统，采用 BAPV 的形式，单晶硅组件，水平安装。现选用某品牌的一款单晶硅组件，每块的标准条件下的发电功率为 233W_p，尺寸：1408mm×808mm，共60块。已知：当地的气象参数 H=1209kWh/m^2，系统的综合效率 K=0.8。请估算该光伏系统的年发电量。

第 13 章

常用机电设备的节能控制

常用机电
设备的
节能控制

电动机节能控制原理

常用设备的节能控制
- 通风及空气调节系统
- 给水排水系统
- 其他用电设备

电梯、自动扶梯
和自动人行道
- 电梯配置
- 电梯、自动扶梯和自动
人行道的节能控制

第 13 章知识图谱

在建筑运行过程中，通风及空气调节系统设备、给水排水系统设备、电梯以及其他动力设备的能耗在建筑总能耗中占较大比例。针对这些设备采取节能措施，在满足使用要求的前提下提高用电效率，避免电能浪费，对建筑物的节能减排有显著的效果。

13.1 电动机节能控制原理

风机、水泵和电梯是建筑中使用最广泛的机械设备，驱动上述设备通常采用电动机，而电动机的能耗与其效率、负荷率以及运行转速有着密切关系。

1）电动机效率是指电动机的输出功率与输入功率之比，即：

电动机效率 = 输出功率 / 输入功率

电动机的效率越高，在相同负载条件下的电能损耗就越低，选用效率较高的电动机是降低电动机能耗最直接的手段。

2）电动机负荷率是指实际负载功率与额定功率之比。电动机在70%~100% 负荷率工作时处于经济运行状态，其效率和功率因数均较高。若电动机额定功率过大，"大马拉小车"，其功率不能得到充分利用，效率和功率因数也会降低，这样既增加了投资又造成了电能浪费。所以，合理选择电动机的功率很重要。

3）电动机的转速与实际输出功率存在一定的关系，以风机和水泵为例，其负载特性如下：

$$n_1/n_2 = Q_1/Q_2 \tag{13-1}$$

$$(n_1/n_2)^2 = H_1/H_2 = T_1/T_2 \tag{13-2}$$

$$(n_1/n_2)^3 = P_1/P_2 = (Q_1H_1)/(Q_2H_2) \tag{13-3}$$

式中 n_1、n_2——转速（r/min）；

Q_1、Q_2——风量或流量（m^3/s），；

H_1、H_2——风压（Pa）或扬程（m）；

T_1、T_2——负载转矩（N·m）；

P_1、P_2——轴功率（kW）。

即风压、扬程不变时，风机风量、水泵流量与其转速成正比；风量、流量不变时，风机风压、水泵扬程与其转速的平方成正比；而风机、水泵的输出功率则与其转速的三次方成正比。

为满足最不利条件下的使用要求，风机、水泵的电动机功率通常按最大负荷（最大风量及风压、流量及扬程）的要求配置。以空调系统为例，设计时要考虑系统在极端天气条件下的制冷或制热要求，故风机、水泵在最大负荷的情况下运行时间不会很多，更多时段是在较低负荷下运行。因此，根据负荷的动态变化来调节电动机的转速，从而改变电动机的实际输出功率，可取得显著的节能效果。表 13-1 列举了电动机转速和实际输出功率的关系。例如，当风量、流量的需求下降到最大负荷的 60% 时，将电动机的转速也下降到额定转速的 60%，其实际输出功率将下降到额定功率的（60%）^{3}＝21.6%。

不同转速和电动机实际输出功率的关系 表 13-1

实际转速 / 额定转速	100%	90%	80%	60%	30%
实际输出功率 / 额定功率	100%	72.9%	51.2%	21.6%	2.7%

建筑动力设备的电动机通常采用交流异步电动机，其电动机转速为：

$$n = n_0（1-s）= \frac{60f_1}{p}（1-s）\tag{13-4}$$

式中　　n——电动机转速，r/min；

　　　　n_0——电动机同步转速，r/min；

　　　　p——电动机极对数；

　　　　s——转差率；

　　　　f_1——电源频率，Hz。

由式（13-4）可知，交流电动机的调速可采用改变极对数、控制电源频率以及改变转差率等方式。在各类调速方式中，变频调速变化均匀、适应性强，且效率最高、易于控制，是一种理想的调速节能方法，应用十分广泛。

13.2 常用设备的节能控制

13.2.1　通风及空气调节系统

通风及空气调节系统一般通过温度、湿度及其他传感器监测室内环境参数，与设定的目标参数进行比对后，通过控制器控制系统中的风机、水泵等设备的运行状态，使环境参数达到设定值。图 13-1 为空调器控制原理示意图。

通风及空调系统的能耗在建筑总能耗中占比很大，通过调节电动机转速、调整控制目标参数等措施可显著降低系统能耗，例如：

（1）采用变频调速的方式使风机、水泵的电动机转速按需进行实时调节；

（2）在不影响舒适度的前提下，根据昼夜、作息时间、室外温度等条件自动设定温度；

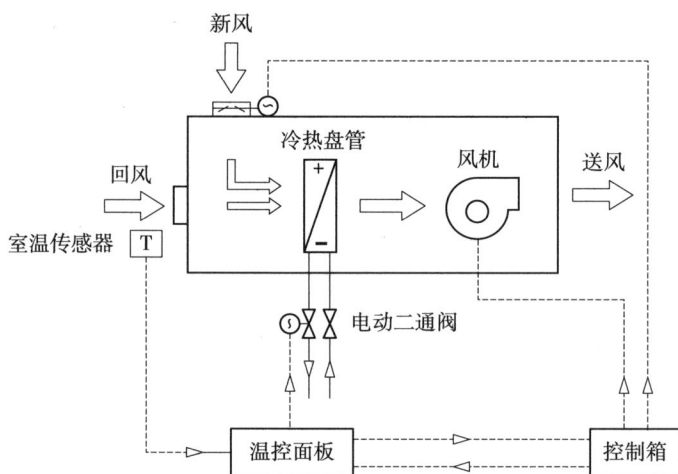

图 13-1 空调器控制原理示意图

（3）按照室内二氧化碳浓度自动调节新风量，在保证健康、舒适的前提下采用最小新风量控制；

（4）对于间歇运行的空气调节系统，设置自动启停控制装置，按预定时间表、按服务区域是否有人等模式控制设备启停。

13.2.2 给水排水系统

为实现给水排水系统的节能，可采取以下措施：①根据实际需求，采用变频调速调节水泵转速；②采用定水位控制，根据水箱、水池水位自动控制水泵的启停；③采用定时控制，按使用高峰、低谷时段调整设备运行状态，如办公楼根据工作时间表设定水泵工作状态；④集中制备饮用热水的电开水器选择适当的启停温度，并在下班时段停运，均可避免电能浪费。

图 13-2 为排水泵水位控制原理示意图，当水位高于启泵水位时，排污泵启动；当水位低于停泵水位时，水泵停止。

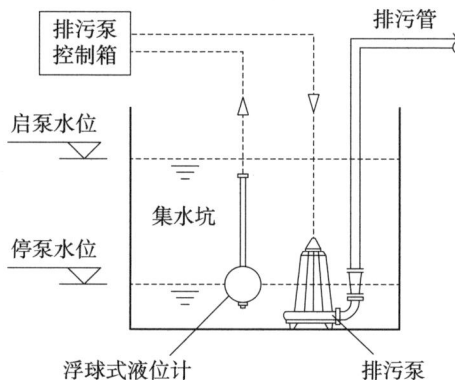

图 13-2 排水泵水位控制原理示意图

13.2.3 其他用电设备

（1）数据中心机房

数据中心是集中放置电子信息设备并提供运行环境的建筑场所，可以是一幢或几幢建筑物，也可以是一幢建筑物的一部分。数据中心的能耗由电子信息设备（包括服务器、交换机、存储设备等）的能耗、空调系统能耗、供配电系统损耗、照明及其他能耗组成。电子信息设备是数据中心的核心，需要供配电系统保障供电，空调系统帮助散热，以及其他系统的辅助才能不间断稳定运行。数据中心的能耗较大，其中电子信息设备的能耗占比最大，其次是空调系统，大型数据中心常常需要设置一个或多个专用变电所为其供电。

为提高数据中心的节能水平，电气专业通常采取以下节能措施：

① 选用高效电子信息设备，并提高其利用率，降低电子信息设备系统的能耗及发热量；

② 将变电所深入用电负荷中心，减少配电线路长度，降低线路损耗；采用高效节能型变压器，降低变压器损耗；

③ 采用高效 UPS 或直流技术供电，提高电源系统的效率；

④ 采用变频控制等措施提高空调设备的运行效率；

⑤ 减少照明系统的能耗。

（2）电动汽车充电设备

电动汽车充电设备是为电动汽车动力蓄电池提供电能的专用设备，也称为充电桩。电动汽车充电设备的节能措施主要有：

① 提高设备效率，直接减少能源浪费；

② 有序充电，在满足用车需求的前提下，优化电动汽车的充电时间和充电功率，实现用电负荷"削峰填谷"、减小系统损耗和降低充电成本的目标。

③ 电动汽车的动力蓄电池可为建筑提供蓄电能力，双向充电、放电，成为建筑储能系统的一部分。

（3）厨房用电设备

目前我国大量的厨房还在使用燃气、燃油等化石能源，这是建筑直接碳排放的重要来源。提高厨房设备电气化率，是减少建筑运行直接碳排放、减少空气污染、提高建筑用能电气化水平的重要举措。厨房采用电能作为能源，避免了可燃气体泄漏问题，无明火、无废气、安全洁净、健康环保。使用高效的电热、电磁灶具可以更精准地控制烹饪温度、速度，提高能源利用率。

13.3 电梯、自动扶梯和自动人行道

电梯、自动扶梯和自动人行道由电动机驱动，利用沿刚性导轨运行的轿厢或沿固定路线运行的梯级进行升降或者平移运送人和货物，是建筑中广泛使用的机电设备。

13.3.1 电梯配置

电梯配置是指通过电梯数量、乘客人数、服务楼层、额定速度及其他参数来描述一组电梯，合理的电梯配置能够以低成本为乘客提供良好的服务。配置电梯时，需根据建筑数据进行竖向交通分析，合理配置以满足预期的客流需求。

常用的交通分析方法包括传统的计算法、使用计算机分析的模拟法等。对于较简单的情况可使用计算法，情况较复杂时需使用模拟法，本书主要介绍采用计算法确定电梯配置的方法。电梯配置的基本步骤如图 13-3 所示，相关的符号及说明见表 13-2。

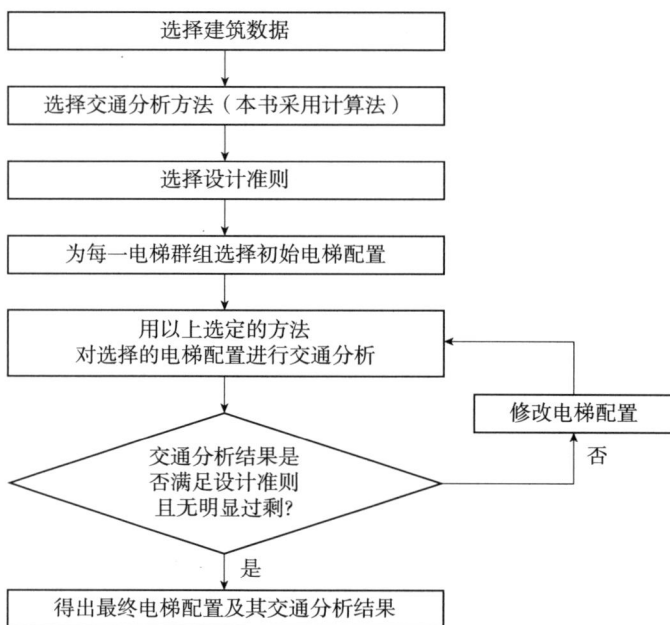

图 13-3　电梯配置基本步骤

电梯配置相关符号及说明　　　　　　　　　　　　　　　　表 13-2

符号	说明	符号	说明
$\%C_h$	输送能力，指在规定的载荷限制以及特定的客流组合下，单部电梯或电梯群组在规定的时间内能持续运输的乘客人数占总人数的百分比，通常用每 5min 送达的乘客人数占总人数的百分比表示，%	A_p	人均面积，m^2
		v_n	电梯额定速度，m/s
		D	提升高度，m
		t_{nt}	名义行程时间，电梯以额定速度从最低楼层直驶到最高楼层的运行时间，s
		L	电梯数量

符号	说明	符号	说明
$\%C_{h,req}$	上行高峰所需的输送能力，%	t_{rt}	电梯往返运行时间，s
t_{int}	上行高峰运行间隔时间，指电梯依次从主入口层连续离开的平均运行间隔时间，s	U	总人数，指目标建筑所能容纳的最大人数
		H	平均最高折返楼层数
$t_{int,req}$	上行高峰所需的运行间隔时间，s	t_v	以额定速度在标准间距的两个相邻楼层之间运行的时间，s
Q	额定载重量，kg		
P_{cale}	从主入口层出发时轿厢内的平均乘客人数，可以是一个小数	S	预期停层数
		t_s	停靠时间，s
m_p	人均体重，kg	t_p	每个乘客进（出）轿厢的平均时间，s
A_{car}	轿厢有效面积，m²		

（1）选择建筑数据：确定基础的建筑数据，包括建筑类型、服务楼层数量、入口层及其功能、楼层高度、楼层的用途和人数等数据。楼层人数可通过估算的方式获取，例如办公建筑可通过内部净面积按式（13-5）估算，旅馆建筑可根据房间数量估算，住宅建筑可根据每套住宅单位居住人数的总和估算，其他类型建筑可根据具体情况参照此法估算。

$$U_i = A_{ni_i} \times F_{u_i} / A_{wp_i} \tag{13-5}$$

式中　U_i——第 i 层的人数；

A_{ni_i}——第 i 层的内部净面积；

F_{u_i}——第 i 层的利用率，见表 13-3；

A_{wp_i}——第 i 层的人均办公面积，见表 13-3。

典型人均办公面积和利用率　　　　　　　　　　表 13-3

类型	人均办公面积 A_{wp}（m²）	利用率 F_u（%）
高档型	12~14	80
标准型	10~12	80
开放型	8~10	85
人员密集型	6~8	90

（2）选择交通分析方法：本书采用计算法。

（3）选择设计准则：设计准则应与所选择的分析方法相适应。对于计算法，设计准则为上行高峰所需的输送能力 $\%C_{h,req}$ 和上行高峰所需的运行间隔时间 $t_{int,req}$。为确保高峰时的电梯服务水平能满足客流需求，$\%C_{h,req}$ 和 $t_{int,req}$ 应选择合适的值，其典型设计准则见表 13-4。

不同建筑类型采用计算法的典型设计准则 表 13-4

建筑类型	上行高峰所需的输送能力 $\%C_{h,req}$（%）	上行高峰所需的运行间隔时间 $t_{int,req}$（s）
办公建筑	$\geqslant 12$	$\leqslant 30$
旅馆建筑	$\geqslant 12$	$\leqslant 40$
住宅建筑	$\geqslant 6$	$\leqslant 60$

（4）为每一电梯群组选择初始电梯配置：选择初始电梯配置是交通分析的起点，包括电梯的数量、额定速度、额定载重量和轿厢尺寸等。参考文献[40] 附录 C 的图表可用于初步确定电梯的数量、额定载重量及乘客人数，也可使用计算法或基于经验确定电梯的初始配置。

电梯的额定速度按式（13-6）计算，名义行程时间 t_{nt} 按表 13-5 取值。

$$v_n = D/t_{nt} \tag{13-6}$$

不同建筑类型的名义行程时间 t_{nt} 的典型值 表 13-5

建筑类型	名义行程时间（s）
办公建筑	20~30
旅馆建筑	25~35
住宅建筑	25~45

对于给定的 P_{cale}，电梯的额定载重量和轿厢有效面积按式（13-7）、式（13-8）计算：

$$Q \geqslant \frac{P_{cale}m_p}{0.8} \tag{13-7}$$

$$A_{car} \geqslant \frac{P_{cale}A_p}{0.8} \tag{13-8}$$

为确保额定载重量足以符合安全运送数量为 P_{cale} 的乘客的要求，在完成式（13-8）的计算后，应按式（13-7）检查选择是否仍然有效。

（5）对电梯配置进行交通分析：采用上行高峰公式计算输送能力 $\%C_h$ 和上行高峰运行间隔时间 t_{int}，按式（13-9）、式（13-10）计算：

$$\%C_h = \frac{300P_{cale}L}{t_{rt}U} \times 100\% \tag{13-9}$$

$$t_{int} = \frac{t_{rt}}{L} \tag{13-10}$$

上行高峰期单部电梯的往返运行时间 t_{rt} 按式（13-11）计算，其中，S、H、t_s、t_p 等的计算方式可查阅参考文献 [40]：

$$t_{rt} = 2 \times H \times t_v + (S+1) \times t_s + 2 \times P_{cale} \times t_p \qquad (13\text{-}11)$$

（6）判断交通分析结果是否满足设计准则：如果通过式（13-9）、式（13-10）得到的结果符合表 13-4 的设计准则，且无明显的过剩，可认为该电梯群组的配置是满足要求的、合适的。否则需修改配置后重新进行交通分析。

（7）得到满足要求的、合适的电梯配置及其交通分析结果。配置、分析过程可能是多次反复的。

13.3.2　电梯、自动扶梯和自动人行道的节能控制

增加电梯台数、提高运行速度可提高服务质量，但也意味着增加投资和运行成本以及占用过多建筑空间。采用先进的控制方法，如电梯群控系统，集中调度、控制多台电梯，根据乘客的目的地和等候时间选择合适的电梯运送乘客，可显著减少乘客等待时间，提高电梯的运输能力。电梯、自动扶梯和自动人行道的节能控制措施还包括：

（1）根据不同时间段和人员流量等情况调整运行模式，提高运行效率。

（2）选用配备高效电动机的电梯、自动扶梯和自动人行道。

（3）采用变频调速技术调整电动机的转速，使电梯在不同负载或速度下工作。

（4）采用能量回馈技术的电梯，把电梯在下行或制动过程中的机械能变换成电能并回送给电网。

（5）电梯处于空载且停止状态时，延时关闭轿厢内照明、风扇及显示屏，使其处于节能工作模式。

（6）自动扶梯、自动人行道在空载时暂停或低速运行。

延伸阅读

［1］　李炳华，宋镇江 . 建筑电气节能技术及设计指南 [M]. 北京：中国建筑工业出版社，2011.

［2］　国家市场监督管理总局，国家标准化管理委员会 . 安装于办公、旅馆和住宅建筑的乘客电梯的配置和选择：GB/T 42623—2023[S]. 北京：中国标准出版社，2023.

习题

1）简述电动机的能耗与其效率、负荷率以及运行转速的关系。

2）列举出几种常用机电设备的节能控制措施。

第14章

照明

照明
- 照明装置
  - 光源
  - 灯具
- 照明设计
  - 基本概念
  - 照明计算
  - 正常照明与应急照明
- 绿色照明

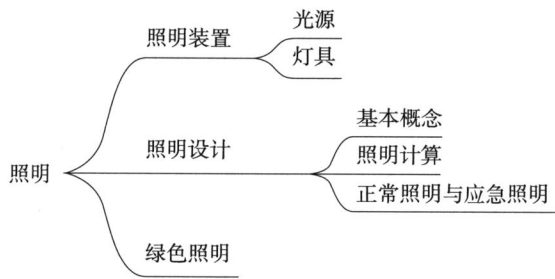

第14章知识图谱

照明按其光源的方式，分为自然照明（自然采光）和人工照明两大类。建筑电气中的照明一般指人工照明，当利用自然光时会加以说明。本章介绍常用的高效光源、灯具按配光特性的分类，阐述照明设计的相关概念和基本的设计方法，最后说明绿色照明的含义及实现途径。

照明装置是光源、灯具及其各种附件的统称。

14.1.1 光源

光是一种辐射能，以电磁波的形式传播。在电磁波的辐射谱中，光谱的分布范围如表 14-1 所示。

光谱的分布范围

表 14-1

光	红外线		波长为 780nm~1mm
	可见光	红	波长为 640~780nm
		橙	波长为 600~640nm
		黄	波长为 570~600nm（可引起人眼的最大视觉）
		绿	波长为 490~570nm（可引起人眼的最大视觉，特别是 555nm）
		青	波长为 450~490nm
		蓝	波长为 430~450nm
		紫	波长为 380~430nm
	紫外线		波长为 180~380nm

将电能转换成光能的器件，称为电光源（简称光源）。光源的发展至今经历了四代：

1879 年：第一代光源，白炽灯；

1938 年：第二代光源，荧光灯；

20 世纪 60 年代：第三代光源，高压钠灯、金属卤化物灯；

20 世纪 90 年代：第四代光源，发光二极管（LED）、微波硫灯等。

光源按照其发光物质分为热辐射光源、固态光源和气体放电光源 3 大类，具体见表 14-2。

光源	热辐射光源		白炽灯	
			卤钨灯	
	固态光源		场致发光灯（EL）	
			半导体发光二极管（LED） 有机半导体发光二极管（OLED）	
	气体放电光源	辉光放电	氖灯	
		弧光放电	低气压灯	无极灯 （无极荧光灯、微波硫灯）
				荧光灯
				低压钠灯
			高气压灯	高压钠灯
				金属卤化物灯

（1）热辐射光源

白炽灯是利用钨丝通过电流时使灯丝加热至白炽状态而发光的一种热辐射光源；填充气体内含有部分卤族元素或卤化物的充气白炽灯称为卤钨灯。卤钨灯与白炽灯相比具有体积小、寿命长、光效高、光色好和光输出稳定的特点。

（2）固态光源

1）场致发光灯（EL）

场致发光灯是利用两电极之间的固体发光材料在电场激发下发光的电光源。它是一种低照度的面光源，主要用于特殊环境的指示和照明，如影剧场、医院病房夜间照明、军事训练夜间环境模拟、飞机和车辆灯的仪表照明等。

2）半导体发光二极管（LED）

利用固体半导体芯片作为发光材料，当芯片两端加上正向电压时，半导体中的载流子发生复合放出过剩的能量，从而引起光子发射产生光。LED光源发光效率高、使用寿命长、安全可靠、发热量低、无热辐射、利于环保（不含汞）、响应时间短、耐低温、抗振动、调光方便、尺寸小、定向发光。LED光源目前存在的不足：颜色质量不如人意、表面亮度高容易导致眩光等。

（3）气体放电光源

1）辉光放电光源

氖灯是一种利用气体电离辉光放电的器件，氖灯的工作特点是高电压、小电流。氖灯可以通过电子程序控制，实现可变幻色彩的图案和文字，主要用于城市霓虹灯、试电笔等。

2）弧光放电光源

①低气压灯

无极荧光灯：主要由电源高频发生器、功率耦合器和无极荧光灯管三部分组成，高频发生器产生的高频能量通过功率耦合线圈耦合到灯管内的等离子体中，激发等离子体和通过玻璃泡壳内壁上涂有的三基色荧光粉转换发光。其特点为寿命长、节能效果显著、安全性高、绿色环保等。

微波硫灯：也称硫灯，是一种高效全光谱无极灯，其发光原理为利用 2450±50MHz 微波电磁场能量激发石英泡壳内主要成分为硫的发光物质，使其形成分子辐射而产生可见光。微波硫灯具有高光效、使用寿命更长、节能和环保效果显著、显色性能好的特点。

荧光灯：荧光灯是利用汞蒸气在外加电压作用下产生弧光放电，发出少许可见光和大量紫外线，紫外线又激励灯管内壁涂覆的荧光粉，使之辐射出大量的可见光。荧光灯是一种低气压汞蒸气弧光放电灯，具有结构简单、光效高、发光柔和、寿命长等优点。荧光灯由交流电源供电时，灯管两端电压极性不断改变，当电流过零时，光通量即为零，由此产生闪烁感（频闪）。直流供电的荧光灯管可以做到几乎无频闪效应。消除频闪效应的方法主要有：双管或三管灯具采用分相供电，采用电子镇流器使荧光灯管在高频电压下工作。

低压钠灯：是利用低压钠蒸气放电发光的电光源，特点为光效较高、光色柔和、眩光小、透雾能力极强、显色性差。其适用于公路、隧道、港口、货场和矿区等场所的照明，也可作为特技摄影和光学仪器的光源。

②高气压灯（也称为 HID 灯、高强度气体放电灯）

高压钠灯：高压钠灯主要辐射来源于分子压力为 10^4Pa 的金属钠蒸汽的激发。其特点为高光效、寿命长、色温低（光色为暖黄色）、透雾性强、显色性差。其可用于街道、广场和大厂房照明。

金属卤化物灯：金属卤化物灯是在汞和稀有金属（如铟、镝、铊、钠等）的卤化物混合蒸汽中产生电弧放电发光的气体放电灯，是在高压汞灯基础上添加各种金属卤化物制成的电源。它具有高光效、长寿命、显色性好、结构紧凑、性能稳定等特点，兼有荧光灯、高压汞灯、高压钠灯的优点。

（4）常用光源性能比较

各种常用照明光源的主要性能如表 14-3 所示。可以看出，光效较高的有高压钠灯、金属卤化物灯、LED 灯和荧光灯等；显色性较好的有白炽灯、卤钨循环白炽灯、荧光灯、金属卤化物灯等；寿命较长的光源有高压钠灯、LED 灯。

另外，能瞬时启动与再启动的光源是白炽灯、卤钨循环白炽灯、LED 灯等；输出光通量随电压波动变化最大的是高压钠灯，最小的是荧光灯；对于气体放电灯，需保证供电电压在要求的范围内，否则会引起自熄。

常用照明光源的主要性能 表 14-3

类型	功率范围（W）	光效（lm/W）	寿命（h）	显色指数	色温（K）
普通照明白炽灯	15~1000	10~15	1000	99~100	2400~2900
卤钨循环白炽灯	20~2000	15~20	1500~3000	99~100	2900~3000
三基色荧光灯	20~100	50~80	6000~8000	67~90	3000~6500
紧凑型荧光灯	5~150	50~70	6000~8000	80	2700~6500
高压钠灯	70~1000	80~120	10000~12000	25~30	2000~2400
金属卤化物灯	35~1000	60~85	4000~6000	50~80	4000~6500
陶瓷金卤灯	20~400	90~110	8000~12000	80~95	3000~6000
白色 LED 灯	1~200	80~120	> 20000	7~90	4000~6000
微波硫灯	> 1000	85~120	15000~40000	> 75	6000~7000
无极荧光灯	20~185	65~80	> 16000	> 75	2700~6500

14.1.2 灯具

灯具是透光、分配光和改变光源光分布的器具，包括除光源外的所有用于固定和保护光源所需的全部零部件及与电源连接所必需的线路附件。

灯具主要有以下作用：

1）固定光源，使电流安全地流过光源；对于气体放电灯，灯具通常提供安装镇流器、功率因数补偿电容和电子触发器的地方；对于 LED 灯，通常还包括驱动装置。

2）为光源和光源的控制装置提供机械保护，支撑全部装配件，并与建筑构件连接。

3）控制光源发出的光线的扩散程度，实现需要的配光。

4）限制直接眩光，防止反射眩光。

5）电击防护，保证用电安全。

6）保证特殊场所的照明安全，如防爆、防水、防尘等。

7）装饰和美化室内外环境，特别是在民用建筑中，达到装饰品的效果。

灯具可以按照使用光源、安装方式、使用环境及使用功能等多种方法进行分类，这里介绍两种按灯具的配光特性分类的方法。

（1）国际照明委员会（CIE）分类法

根据灯具向下和向上投射光通量的百分比，划分为 A、B、C、D、E 五种类型灯具，具体见表 14-4。可以看出，这 5 种灯具的照明效率是由高到低排列的。

（2）传统分类法

表示光源或灯具在空间各个方向的发光强度值的曲线（发光强度的定义见第 14.2 节），称为配光曲线。配光曲线上的点表示的发光强度值，通常定

国际照明委员会（CIE）的灯具分类 表 14-4

型号	名称	光通比（%）		特点	光强分布
		上半球	下半球		
A	直接型（灯罩为不透光材料）	0~10	100~90	光线集中在工作面上，最大限度地获得照度	
B	半直接型（灯罩为半透光材料）	10~40	90~60	光线大部分集中在工作面上，空间环境有适当的照度，眩光较小	
C	漫射型（直接－间接型）（灯罩为漫射透光材料）	40~60	60~40	空间各方向光通量基本一致，无眩光	
D	半间接型（灯罩为半透光材料）	60~90	40~10	增加反射光的作用，使光线均匀柔和	
E	间接型（灯罩为不透光材料）	90~100	10~0	扩散性好，光线柔和均匀，避免眩光，但光的利用率低	

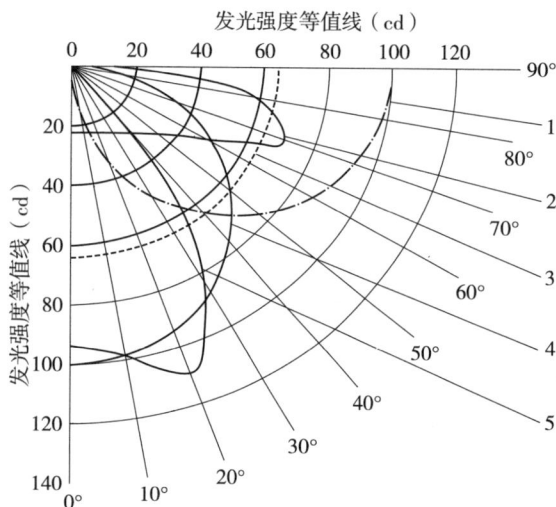

发光强度等值线（cd）

图 14-1　灯具按配光曲线分类
1– 正弦分布型；2– 广照型；3– 漫射型；4– 配照型；5– 深照型

义为光源发出 1000 lm 时的发光强度值，即它的单位为 "cd/1000 lm"。

根据灯具配光曲线的形状，将灯具分为五种类型，如图 14-1 所示。

正弦分布型：发光强度是角度的正弦函数，并且在 $\theta = 90°$ 时（水平方向）发光强度最大。

广照型：最大的发光强度分布在较大的角度上，可在较广的面积上形成较为均匀的照度。

漫射型：各个角度（方向）的发光强度基本一致。

配照型：发光强度是角度的余弦函数，并且在 $\theta = 0°$ 时（垂直向下方向）发光强度最大。

深照型：光通量和最大发光强度集中在 0°~30° 的狭小立体角内。

上述 5 种灯具的适用场合是不同的，照明设计时需按功能需求、空间形状等因素选择恰当的灯具。

14.2 照明设计

14.2.1　基本概念

（1）照明参数

光通量：为按照国际标准人眼视觉特性评价的辐（射）通量的导出量，符号为 Φ。其单位为流明（lm），1lm 等于均匀分布 1cd 发光强度的一个点光源在 1 球面度（sr）立体角内发射的光通量。

照度：用来表示被照面上光的强弱，以被照面上光通量的面积密度来表示。表面上一点的照度（E）定义为入射光通量 $\mathrm{d}\Phi$ 与该面元面积 $\mathrm{d}A$ 之比，其表达式为式（14-1）。照度的单位为勒克斯（lx），1lx=1lm/m²。

$$E = \frac{\mathrm{d}\Phi}{\mathrm{d}A} \tag{14-1}$$

发光强度：为一个光源在给定方向上立体角元内发射的光通量与该立体角元之比。发光强度的单位为坎德拉（candela），符号为 cd。发光强度以符号 I（或 I_V）表示，其公式为：

$$I = \frac{\mathrm{d}\Phi}{\mathrm{d}\Omega} \tag{14-2}$$

式中　Ω——立体角，sr。

亮度：表面上一点在给定方向上的亮度，是包含这点的面元在该方向上的发光强度 dI 与面元在垂直于给定方向上的正投影面积 $dA\cos\theta$ 之比，以符号 L（或 LV）表示，如图 14-2 所示，其表达式为式（14-3）。

$$L = \frac{dI}{dA\cos\theta} \qquad (14-3)$$

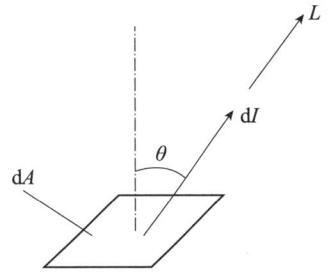

图 14-2　亮度定义图示

式中　L——亮度，cd/m^2；

　　　A——面积，m^2；

　　　θ——表面法线与给定方向之间的夹角，°。

光效：即光源的发光效能，定义为光源发出的光通量与光源功率之比，简称光源的光效，单位：lm/W。

一般照明：为照亮整个场所而设置的均匀照明。

局部照明：特定视觉工作用的、为照亮某个局部而设置的照明。

（2）照明质量指标

照明设计的优劣主要用照明质量来衡量，照明质量指标主要有照度水平、照度均匀度、眩光、色温和显色性等。

照度水平：为了创造良好的工作环境条件，各种场所或工作面上的照明必须具有足够的照度水平。照度标准值的分级为 0.5 lx、1 lx、3 lx、5 lx、10 lx、15 lx、20 lx、30 lx、50 lx、75 lx、100 lx、150 lx、200 lx、300 lx、500 lx、750 lx、1000 lx、1500 lx、2000 lx、3000 lx、5000 lx 等。国家标准及各行业标准对各种场所的照度标准值都做了具体规定。

照度均匀度：表示给定平面上照度变化的量，通常用最小照度与平均照度之比表示，有时也用最小照度与最大照度之比表示。许多场所对照度均匀度都有要求，但有些场所的照度并非越均匀越好，适当的照度变化可实现所需的明暗效果。

眩光：即在视野内由于亮度的分布或范围不适宜，或者在空间上或时间上存在着极端的亮度对比，以致引起不舒适或降低目标可见度的视觉现象。眩光值应按相应的公式计算，所有场所都应避免眩光干扰。

色温：当光源的色品与某一温度下黑体的色品相同时，该黑体的绝对温度为此光源的色温，也称"色度"，单位为开（K）。相关色温：当光源的色品点不在黑体轨迹上，且光源的色品与某一温度下的黑体的色品最接近时，该黑体的绝对温度为此光源的相关色温，单位为"K"。光源的表观颜色（色表）按相关色温分为三组，各组色表适用的场所举例见表 14-5。

光源色表特征及其适用场所 表 14-5

色表特征	相关色温（K）	适用场所
暖	< 3300	客房、卧室、病房、酒吧
中间	3300~5300	办公室、教室、阅览室、商场、诊室、检验室、实验室、控制室、机加工车间、仪表装配间
冷	> 5300	热加工车间、高照度场所

显色性：即与参考标准光源相比较时，被测光源显现物体颜色的特性。显色指数是显色性的度量，以被测光源下物体颜色和参考标准光源下物体颜色的相符合程度来表示，即被测光源真实反映被照物的颜色的能力。表 14-6 列举了一些常用房间或场所对显色指数（Ra）的最低要求。

常用房间或场所的显色指数（Ra）最低要求 表 14-6

显色指数（Ra）	适用场所
20	无棚站台、无体育转播的室外体育训练、大件仓库等
60	普通门厅、普通走道、普通卫生间、普通电梯前厅、自动扶梯、储藏室、公共车库、变电所的变压器室、动力站、车辆加油站、一般件仓库、车辆加油站等
65	无电视转播的室内体育训练、无电视转播的体育比赛等
80	高档门厅、高档走道、高档卫生间、高档电梯前厅、休息室、更衣室、餐厅、公共车库检修间、试验室、检验室、网络中心、配电装置室、发电机房、电梯机房、控制室、半成品仓库、精细件仓库、有电视转播的体育比赛、大部分室内工作场所等
90	化妆间的化妆台、重症监护室、美术教室、美术制作室、藏画修理、保护修复室、文物复制室、标本制作室等

14.2.2 照明计算

照明计算是照明设计的主要内容之一，包括照度计算、亮度计算、眩光计算及照明功率密度计算等。亮度和眩光的计算比较复杂，在实际工程设计中常常只进行照度和照明功率密度的计算，当对照明质量要求较高时，则都应计算。照度计算包括点光源、线光源、面光源的点照度计算，平均照度计算、单位容量计算、照明功率密度、平均球面照度与平均柱面照度计算等，本书仅介绍平均照度、点光源的点照度和照明功率密度的计算方法。

（1）平均照度计算

平均照度的计算通常采用利用系数法，该方法考虑了由光源直接投射到工作面上的光通量和经过室内各表面反射后再投射到工作面上的光通量。利用系数法适用于灯具均匀布置、墙和天棚反射系数较高、空间无大型设备遮挡的室内一般照明，也适用于灯具均匀布置的室外照明。

利用系数法计算平均照度的基本公式为：

$$E_{av} = \frac{N\Phi UK}{A}$$ （14-4）

式中　E_{av}——工作面上的平均照度，lx；

　　　Φ——光源光通量，lm；

　　　N——光源数量；

　　　U——利用系数；

　　　A——工作面的面积，m^2；

　　　K——灯具的维护系数，其值见表 14-7。

灯具的维护系数　　　　　　　　表 14-7

环境污染特征		房间或场所举例	灯具擦拭次数（次/年）	维护系数
室内	清洁	卧室、办公室、餐厅、阅览室、教室、病房、客房、仪器仪表装配间、电子元器件装配间、检验室等	2	0.80
	一般	商店营业厅、候车室、影剧院、机械加工车间、机械装配车间、体育馆等	2	0.70
	污染严重	厨房、锻工车间、铸工车间、水泥车间等	3	0.60
室外		雨篷、站台	2	0.65

利用系数是投射到工作面上的光通量与光源发射出的光通量之比，可由式（14-5）计算：

$$U = \frac{\Phi_1}{\Phi}$$ （14-5）

式中　Φ——光源发出的光通量，lm；

　　　Φ_1——由光源发射，最后投射到工作面上的光通量，lm。

利用系数是灯具光强分布、灯具效率、房间形状、室内各表面反射比的函数，计算比较复杂，通常按一定条件编制灯具的利用系数表供设计使用。常规房间荧光灯的利用系数在 0.4~0.8（通常在 0.5~0.6）、LED 灯的利用系数通常在 0.8~1.0。

【例 14-1】某办公楼的标准办公室，长 8.4m、宽 7.2m、高 3.2m；采用 2×36W 双管格栅荧光灯，吸顶安装。已知：灯具光源为 T8 直管荧光灯，光效 81lm/W；与 36W 灯管配套的节能电感镇流器功耗为 4W；灯具的维护系数为 0.8；已经通过计算和查表得出在工作面上该灯具的利用系数为 0.65；办公室均匀布置 6 只灯具。求工作面上的平均照度值。

【解】根据已知条件可计算出双管荧光灯总光通量为：$\Phi = 2 \times 36 \times 82 = 5904$ lm；

由式（14-4）求得工作面上平均照度值：$E_{av} = \dfrac{N\Phi UK}{A} = 6 \times 5904 \times 0.65 \times 0.8 \div (8.4 \times 7.2) = 304.6$ lx

注：本例题的数据中，节能电感镇流器的功耗用于计算照明功率密度值，房间的长、宽、高用于计算室空间比，由此可查出利用系数的值。室空间比反映房间形状的影响，本书不再赘述。

（2）点光源的点照度计算

当光源尺寸远小于光源到计算点之间的距离时，可将光源视为点光源。点光源产生的点照度遵循距离平方反比定律、余弦定律。

1）距离平方反比定律：点光源 S 在与照射方向垂直的平面 N 上的点产生的照度 E_n 与光源在该方向的光强 I_θ 成正比，与光源至被照面的距离 R 的平方成反比。也可由式（14-6）表示，空间几何关系见图14-3。

$$E_n = \frac{I_\theta}{R^2} \qquad (14\text{-}6)$$

2）余弦定律：点光源 S 照射在水平面 H 的 P 点上产生的水平照度 E_n 与光源在该方向的光强 I_θ 及被照面法线与入射光线的夹角 θ 的余弦成正比，与光源至被照面上计算点的距离 R 的二次方成反比。也可由式（14-7）表示，空间几何关系见图14-3。

$$E_h = \frac{I_\theta}{R^2} \cos\theta \qquad (14\text{-}7)$$

【例14-2】一长方形房间，长12m、宽6m、高4.5m，居中按长方向均布两盏100W金卤灯，与100W配套的镇流器功耗为8W，灯具安装高度为4m。已知金属卤化物灯光源光效为100lm/W；灯具配光曲线为规则的下半球，各方向均为400cd/100lm。将灯具视为点光源，求房间地面中央点的水平照度。

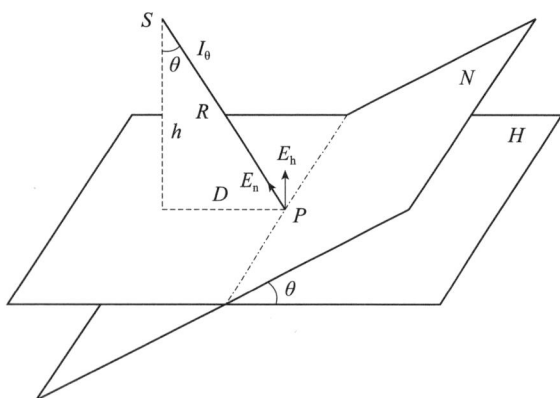

图14-3 点光源的点照度

【解】光源与房间地面中央点不垂直，故采用式（14-7）计算。如图14-4所示，两个灯具均匀布置，故房间地面中央点的照度是其中任一灯具产生的照度的2倍。

点光源 A、B 至被照面上计算点的距离 $R = \sqrt{3^2 + 4^2} = 5$m，故 $\cos\theta = 4/5 = 0.8$。

由上述条件可计算出房间地面中央点的

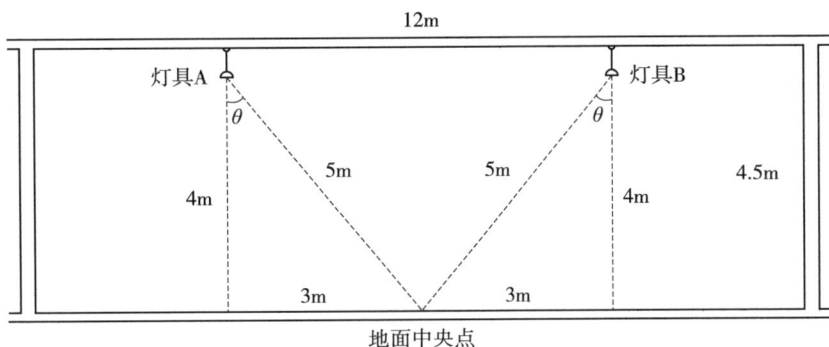

図14-4　例14-2図

水平照度：$E_h = 2 \dfrac{I_\theta}{R^2} \cos\theta = 2 \times（400/1000）\times 100 \times 100 \times 0.8/5^2 = 256$ lx。

（3）照明功率密度（LPD）

单位面积的照明安装功率（包含光源、镇流器、驱动器等所有附件）为照明功率密度，单位为"W/m²"。在规定的照度标准下的 LPD 值是照明节能评价的关键性指标。

【例 14-3】求例 14-1 和例 14-2 中房间的 LPD 值。

【解】

1）求例 14-1 中房间的 LPD 值

根据已知条件：每支荧光灯管的功率为 36W，每只镇流器功耗为 4W，故照明安装功率为：$8 \times 2 \times（36+4）= 640$W；该房间的 LPD 值为：$640 \div（8.4 \times 7.6）= 10.02$W/m²。

2）求例 14-2 中房间的 LPD 值

根据已知条件可知：每盏金卤灯的功率为 100W，每只镇流器功耗为 8W，故照明安装功率为：$2 \times（100+8）= 216$W；该房间的 LPD 值为：$216 \div（12 \times 6）= 3$W/m²。

14.2.3　正常照明与应急照明

正常照明指在正常情况下使用的照明。正常照明有多种分类方法，按性质分有工作照明、装饰照明，按功能分有值班照明、警卫照明、障碍照明等。正常照明是维持正常工作、生活的必要条件，正常照明的设计应符合照明质量的各项指标要求。

因正常照明的电源失效而启用的照明称为应急照明。当正常电源中断，特别是建筑发生火灾或其他灾害而电源中断时，应急照明对人员疏散、保证人身安全、维持继续工作或进行应急处置以防止次生事故，都极为重要。

应急照明包括疏散照明、安全照明、备用照明。

疏散照明：是用于确保疏散通道被有效地辨认和使用的应急照明。需确保人员安全疏散的出口和通道，应设置疏散照明。

安全照明：是用于确保处于潜在危险之中的人员安全的应急照明。需确保处于潜在危险之中的人员安全的场所，应设置安全照明。

备用照明：是用于确保正常活动继续或暂时继续进行的应急照明。需确保正常工作或活动继续进行的场所，应设置备用照明。

（1）消防应急照明和疏散指示

火灾时的应急照明包括疏散照明和备用照明。

疏散照明除了将疏散通道照亮外，还需设置疏散指示标志灯（图14-5），指示疏散出口、疏散方向和疏散路线。

图14-5　疏散指示标志灯

建筑中的每个防火分区都有疏散口和疏散通道，在一些大型或复杂建筑中，还会出现相邻防火分区之间借用疏散口的情况；疏散指示标志灯的布置和控制可能会比较复杂。因此，在建筑的消防设计中，需要确定每个防火分区的疏散方案，这是布置应急照明和疏散指示标志灯的前提，是非常重要的。

变配电室、消防控制室、消防水泵房、消防风机房、避难区等火灾时需坚持救援工作的场所需设置消防备用照明，保障继续工作。

（2）非消防应急照明

非消防应急照明主要是备用照明和安全照明。非火灾情况下正常电源停电后还需继续工作的场所需设置备用照明，例如大型商业、体育馆、金融营业厅、医院手术室、剧院等。有潜在危险的场所需设置安全照明，例如厨房、熨衣间设置安全照明防止割伤、烫伤，观众席设置安全照明防止人群拥挤、发生踩踏。

（3）应急照明的设置要求

国家规范、标准对应急照明的设置有具体的规定和要求。实际工程设计中，除了满足规范、标准的要求以外，还需根据实际需求确定哪些场所需要设置应急照明。

负荷等级为一、二级的应急照明需要两个电源供电，特级者需要三个电源供电。当应急照明的应急电源采用蓄电池时，应急照明装置通常由灯具、控制器、整流器、电池组等几部分组成。平时灯具由市电供电正常工作，同时整流器对电池组充电；当市电失效时，控制器控制电池组放电，继续给灯具供电。当应急照明的应急电源也采用市电时，在作为正常电源的市电失效后，由作为应急电源的市电继续供电。

除上述要求外，还包括以下几点要求。

1）照度要求：不同场所有不同的照度要求。

2）应急照明的最短持续时间：不同场所有不同的要求。

3）消防应急照明采用专用的灯具，专用回路供电；非消防应急照明可以采用正常照明或其一部分的灯具兼作应急照明，采用专用回路供电。

14.3 绿色照明

"绿色照明"是指节约能源、保护环境，有益于提高人们生产、工作、学习效率和生活质量，保护身心健康的照明。绿色照明在1991年由美国环保署提出，很快在世界范围内得到了广泛响应和积极推广。绿色照明主要包含以下内容：

（1）照明节能

照明节能是一项系统工程，需考虑提高整个照明系统的能效，包括使用高效的光源和灯具，合理控制照明用电等。实施照明节能的具体措施包括：

1）合理选择照度标准，按实际需要及相关标准确定照度水平，不盲目追求过高的照度。

2）处理好照度水平、照明质量、装饰美观、节能及投资的关系。过多的装饰照明既不节能又浪费投资。

3）为满足作业的视觉要求，按需采用一般照明、局部照明。例如厨房、手术室等场所，若只装设一般照明会大大增加总的照明安装功率；而采用混合照明，用局部照明提高作业区的照度，可显著降低总照明功率。

4）选择优质、高效的照明装置：

① 选择高效光源，淘汰或限制使用低效光源。

② 选用高效率、配光合理的灯具；合理降低灯具安装高度、提高房间各表面反射比以提高灯具的利用系数。

③ 选用能效等级高的镇流器、驱动器等灯具附件。

5）合理利用天然光。如利用侧窗、天窗或中庭采光，白天尽可能利用自然光；也可以利用各种集光装置采光，如采用反射、光导纤维、光导管等装置引入自然光。

6）采用合理的照明控制方式，避免电能浪费，例如：

① 走廊、楼梯间、门厅、电梯厅及停车库照明根据需求进行控制；大型公共建筑的公用区域采取分区、分组及调节照度的节能控制。

② 有天然采光的场所，根据采光状况和使用要求分区、分组、按照度或按时段控制人工照明。

③ 旅馆的每间（套）客房设置总的电源控制。

④ 室外照明按所在地区的地理位置和季节变化自动调节每天的开关灯时间，根据天空亮度变化进行修正；景观照明设置平时、节日、庆典等多种控制模式。

7）满足照明节能指标。相关的国家规范、标准规定：各类建筑应在满足规定的照度和照明质量要求的前提下，进行照明节能评价；照明节能应采用一般照明的照明功率密度值（LPD）作为评价指标。照明设计应严格执行标准规定的照明功率密度限值。

（2）环境保护

推广绿色照明光源和照明装置，减少有害物质（例如汞）的使用，尽量回收废旧灯管。绿色照明光源指污染小或不含有害物质的光源，如半导体发光二极管（LED）和微波硫灯都是不含汞的，无极荧光灯是采用可回收的固态汞剂的绿色环保光源。

（3）提高照明质量

优良的室内照明质量由适当的照度水平、舒适的亮度分布、优良的灯光颜色品质、没有眩光干扰、正确的投光方向与完美的造型立体感五个要素组成。照度、灯光颜色品质（色温、显色性）、眩光在前文已有介绍。

室内的亮度分布是由照度分布和表面反射比决定的，视野内亮度分布不适当会损害视觉效果，过大的亮度差别会产生眩光。控制好不同区域的照度比、物体表面的反射比有利于获得舒适的亮度分布。合理的投光方向可获得适当的垂直照度和水平照度，呈现造型立体感，完美呈现被照物。

此外，照明质量还有一个指标：光源输出光通量的波动，又称频闪。频闪会引起视觉疲劳、身体不适及头痛，对人体健康存在不良影响。而且，当频闪的频率与运动物体的速度（转速）成整数倍关系时，人对该物体的运动状态会产生静止、倒转、速度变缓等错误视觉，导致视觉疲劳、工作效率降低，甚至引发事故。为此，国际电工委员会（IEC）、国际照明委员会（CIE）和我国国家标准分别提出了闪变指数（P_{st}^{LM}，对可见频闪）、频闪效应可视度（SVM，对非可见频闪）作为频闪效应的指标，规定光源和灯具的P_{st}^{LM}不应大于1，儿童及青少年长时间学习或活动场所的光源和灯具的 *SVM* 不应大于 1.0。

（4）光生物安全

光照射在生物体上，光子携带的能量通过光化学反应与热效应作用于生物体，进而对生物体的生理与心理产生诸多影响。光化学反应的机理是一些特定波长的光会激发细胞分子中的电子，从而导致此区域化学键的断裂和重组；热效应的机理是因某些部位吸收了光，使得局部的温度上升。

光辐射对人眼的危害主要是蓝光危害，过量蓝光辐射会引起视觉疲劳，造成视网膜光损伤、眼球结构破坏。同时，过量蓝光辐射还会导致生物钟失调、肌肤衰老等损害。蓝光辐射对人体造成的危害不可逆，并且在蓝光照明强度过大或照明距离过近时更加严重。

根据国家标准《灯和灯系统的光生物安全性》GB/T 20145—2006，从光生物安全的角度可将灯分为四类：无危险类（RG0）、Ⅰ类危险（RG1）、Ⅱ类危险（RG2）和Ⅲ类危险（RG3）。《建筑环境通用规范》GB 55016—2021要求儿童及青少年长时间学习或活动的场所选用无危险类（RG0）灯具；其他人员长时间工作或停留的场所选用 RG0 或 RG1 灯具，或满足灯具标记的视看距离要求的 RG2 灯具。

延伸阅读

[1]　肖辉.电气照明技术 [M]. 3 版.北京：机械工业出版社，2015.
[2]　北京照明学会照明设计专业委员会.照明设计手册 [M]. 3 版.北京：中国电力出版社，2016.
[3]　中华人民共和国住房和城乡建设部.建筑节能与可再生能源利用通用规范：GB 55015—2021[S].北京：中国建筑工业出版社，2021.

习题

1）请列举五种常用的光源，并简要描述其特点。

2）请具体说明灯具按配光特性分类的方法。

3）照明质量指标有哪些？请分别说明它们的含义。

4）简述消防应急照明和疏散指示的组成及其设置场所。

5）绿色照明包含哪些方面？简述实现绿色照明的措施。

6）某办公室的长 9m、宽 8.1m、高 2.8m，采用 2×18W 双管格栅 LED灯吸顶布置。已知：LED 光效 100 lm/W，每个灯具的驱动器功率为 3W；灯具的维护系数为 0.8；通过计算和查表得出在 0.8m 工作面上该灯具的利用系数为 0.85，均匀布置 9 套灯具。求：工作面上的平均照度及该房间的 LPD 值。

第15章

防雷、接地与安全

```
                                    ┌─ 雷电的形成和危害
                        建筑物防雷 ──┼─ 建筑物的防雷分类
                      ┌             └─ 防雷装置及工程做法
  防雷、接地           │
  与安全    ──────────┤
                      │             ┌─ 人体触电效应与安全电压
                        接地与安全 ──┼─ 低压配电系统的接地形式
                                    ├─ 电击防护
                                    └─ 特殊场所的用电安全
```

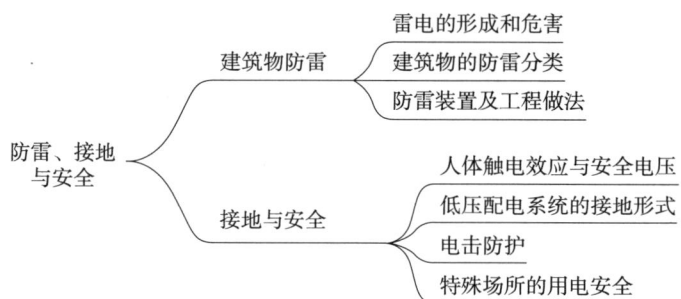

第 15 章知识图谱

防雷指防止或减少建筑物遭受雷击时产生的生命危险及物理损坏；接地是保证电气系统正常工作，保证人员和设备安全的必要措施。

15.1.1 雷电的形成和危害

（1）雷电的形成

雷电或称闪电，是大气中带有电荷的"雷云"之间放电或"雷云"对大地发生急剧放电的一种自然现象。

雷云的形成有多种理论解释，目前比较公认的说法是：在闷热、潮湿、无风的天气里，地面上的水汽蒸发上升，在高空低温影响下水汽凝结成冰晶；在上升气流的冲击下冰晶破碎分裂，一部分带正电的冰晶上升形成"正雷云"，另一部分带负电的冰晶下降形成"负雷云"。因高空气流的流动，正、负雷云是不断变化的。大量的观测统计表明，雷云对地面的雷击大多为负极性的多重雷击。

1）直击雷的形成原理

天空中的雷云与大地之间接近到一定程度时，由于静电感应作用，地面凸出物上感应出异性电荷，雷云与大地之间形成很大的雷电场，如图 15-1（a）所示。

当雷云与大地之间在某一方位的电场强度达到 25~30kV/cm 时，雷云开始向这一方位放电，如图 15-1（b）所示，放电瞬间产生闪光和轰鸣，这种现象就叫雷电。

2）感应雷（感应过电压）的形成原理

当架空线路附近出现雷电时，架空线路上极易产生感应过电压。当雷云出现在架空线路上方时，由于静电感应线路上积聚大量的异性束缚电荷；当

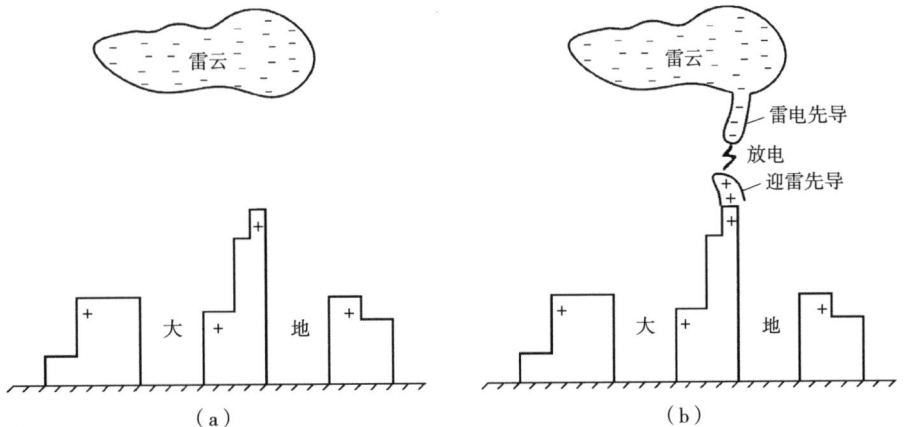

图 15-1 直击雷的形成示意图
（a）负雷云在建筑物上方；（b）雷云对建筑物放电

雷云放电后,上述束缚电荷被释放,变成自由电荷,自由电荷向线路两端泄放形成电位很高的感应过电压,即"感应雷"或"闪电电涌"。

3)除上述两种雷击形式外,还有一种是架空线路或金属管道遭受雷击引起过电压波,沿着架空线路或金属管道侵入建筑物,这种雷击过电压形式称为雷电波侵入或闪电电涌侵入。

(2)雷电的危害

1)直接雷的危害

瞬态电涌效应带来的危害:雷击瞬态过电压导致接地装置的对地电位升高,并在接地点附近地面形成电位梯度,即"跨步电压",可能导致人员触电。

热效应的危害:雷电流流经物体产生巨大热量,导致物体的温度急速升高,甚至起火、熔化。

机械效应的危害:极高的雷电流峰值通过防雷装置的导体时,会在平行导体间或角状、环状导体之间产生冲击性的电动力,可能导致建筑设施及防雷设施的损坏。

其他危害:雷电流在电弧通道中瞬间产生的声冲击波,可能使周围物体遭受损害。

2)感应雷的危害

输电线路上的静电感应过电压会导致线路的绝缘,及其所连接的电气设备的绝缘遭受损坏。在危险环境中未作等电位联结的金属管线间还可能产生火花放电而导致火灾或爆炸危险。

3)电磁感应的危害

直击雷和感应雷都会产生剧烈的电场、磁场变化,形成强烈的电磁感应。若闪电的电磁感应电压耦合到电子信息设备中,会干扰其正常工作甚至损坏电子器件。

4)雷电对建筑的危害

雷电可使建筑物或构件损坏、着火,造成严重的人身伤害;可损坏电气设备,使电力系统停电;会引发电子信息系统的损坏或错误运行。因此,防雷是现代建筑物必须设置的安全保护措施。

15.1.2 建筑物的防雷分类

建筑物即使安装了防雷装置,也不能确保不会遭受雷击,只能减少被雷击的概率和减轻雷击所造成的人身伤害与财产损失。需要将雷击的概率和损失减少到什么程度,与建筑物的重要性、使用性质、受雷击可能性的大小和雷击事故可能造成的后果有关。据此可将建筑物按防雷要求分为三类:一类防雷建筑对防雷装置的要求最高，二类次之，三类最低。需说明的是，不是所有的建筑物都属于防雷建筑，对于不属于任何一类防雷建筑的建筑物，可不设置人工防雷装置。

（1）年平均雷暴日数

年平均雷暴日数是由当地气象台、站统计的多年雷暴日的年平均值。年平均雷暴日数越多，说明该地区的雷电活动越频繁，对防雷要求也越高。

（2）年预计雷击次数

年预计雷击次数是表征建筑物可能遭受雷击的一个频率参数，根据相关公式计算。同一地区、同样的建筑物，由于所处的位置不同，年预计雷击次数也不同，其中位于山顶上或旷野孤立建筑物的年预计雷击次数最高。

（3）建筑物的防雷类别

按国家标准《建筑物防雷设计规范》GB 50057—2010 的规定，建筑物根据其重要性、使用性质、发生雷电事故的可能性和后果，按防雷要求分为三类，具体见表 15-1。

建筑物防雷分类 表 15-1

序号	建筑物类型	防雷类别		
		第一类	第二类	第三类
1	高度超过 100m 的建筑物；国家级会堂、办公建筑物、大型博展建筑物；特大型、大型铁路旅客站、国际性的航空港、通信枢纽，国宾馆、大型旅游建筑物，国际港口客运站；国家级计算中心、国家级通信枢纽等对国民经济有重要意义且装有大量电子设备的建筑物；特级和甲级体育建筑		√	
2	重点文物保护的建筑物、档案馆		国家级	省级
3	省级大型计算中心和装有重要电子设备的建筑物；高度小于等于 100m 的建筑，高度超过 54m 的住宅建筑和高度超过 50m 的公共建筑物；建筑群中最高的建筑物或位于建筑群边缘高度超过 20m 的建筑物；通过调查确认当地遭受过雷击灾害的类似建筑物，历史上雷害事故严重地区或雷害事故较多地区的较重要建筑物			√
4	部、省级办公建筑物及其他重要或人员密集的公共建筑物		$N > 0.05$ 次/a	0.05 次/a $\geqslant N \geqslant 0.01$ 次/a
5	住宅、办公楼等一般性民用建筑物		$N > 0.25$ 次/a	0.25 次/a $\geqslant N \geqslant 0.05$ 次/a
6	烟囱、水塔等孤立的高耸建筑物			$T_d > 15d/a$ 的地区，高度 $\geqslant 15m；T_d \leqslant 15d/a$ 的地区，高度 $\geqslant 20m$
7	具有爆炸危险场所的工业建筑	√		

注：1. 表中 N 表示建筑物的年预计雷击次数，T_d 为当地年平均雷暴日数。
　　2. 表中符号"√"表示适用；文字说明为适用于该防雷类别的限制条件。
　　3. 人员密集的公共建筑物是指集会、展览、博览、体育、商业、影剧院、医院、学校等建筑物。

15.1.3 防雷装置及工程做法

防雷装置用于减少雷电击于建筑物上或建筑物附近造成的物质性损害和人身伤亡，由外部防雷装置和内部防雷装置组成。

（1）外部防雷装置

建筑物外部防雷即是防直击雷，是建筑防雷的第一道防线和内部防雷的基础。外部防雷系统由接闪器、引下线和接地装置三部分组成，其构成的基本思路是引导雷电流安全地向大地泄放，从而避免雷电能量损害人员和设施。

1）接闪器：由拦截雷击的接闪杆（俗称避雷针）、接闪带、接闪线、接闪网以及金属屋面、金属构件等组成。防雷建筑物应装设接闪器，接闪器沿屋角、屋脊和屋檐等易受雷击的部位敷设，建筑物易受雷击的部位如表 15-2 所示。

建筑物易受雷击的部位　　　　　　　　　　　表 15-2

序号	屋面情况	易受雷击的部位	备 注
1	平屋面		
2	坡度不大于 1/10 的屋面		1. 图中的小圆圈表示雷击率最高的部位，实线表示易受雷击部位，虚线表示不易受雷击部位。
3	坡度大于 1/10 且小于 1/2 的屋面		2. 对序号 3、4 所示屋面，在屋脊有接闪带的情况下，当屋檐处于屋脊接闪带的保护范围内时，屋檐上可不再装设接闪带
4	坡度不小于 1/2 的屋面		

2）引下线：用于将雷电流从接闪器传导至接地装置的导体。

3）接地装置：接地体和接地线的总合，用于传导雷电流并将其散入大地。

（2）内部防雷装置

内部防雷主要指雷击电磁脉冲防护和防闪电电涌侵入。主要措施有：

1）电磁屏蔽：包括建筑空间屏蔽和电气线路的屏蔽，以减小进入室内空间的电磁能量。

2）等电位连接：将各导电装置、导电物体用导体连接起来，减小防雷空间内各系统或金属物体之间的电位差，并减弱空间磁场。

3）接地：将进出建筑物的各类金属管道接地，防止闪电电涌侵入。

4）电涌保护器：是用于限制瞬态过电压和泄放过电流的器件，用以保护电气、电子信息系统免遭过电压、过电流的损害。

（3）防雷装置的工程做法

图15-2表示某实际建筑物外部防雷装置的做法，也是最常用的典型做法。

沿屋顶女儿墙及突出屋面的风井等易受雷击的部位设置接闪杆或接闪带，并在整个屋面组成不大于规定尺寸的接闪网格。若是金属屋面或女儿墙上有金属压顶，则可利用这些金属构件作接闪器。作为接闪器的金属物之间确保电气贯通，并与防雷引下线连接。突出屋面的所有金属物体和屋顶防雷装置相连。

利用钢筋混凝土柱内钢筋或钢柱作防雷引下线，引下线全线电气贯通，上端与接闪器连接，下端与接地体连接，并与各层梁内的水平钢筋连接。

利用建筑物基础（桩基、地梁及基础底板）内钢筋作接地体，钢筋之间连接成电气通路。由于建筑基础面积较大并掩埋在土中，所以与大地有良好的电气连接。

内部防雷装置的设置与做法取决于建筑物内电气、电子信息系统的防雷要求，专业性较强，本书不再详细介绍。

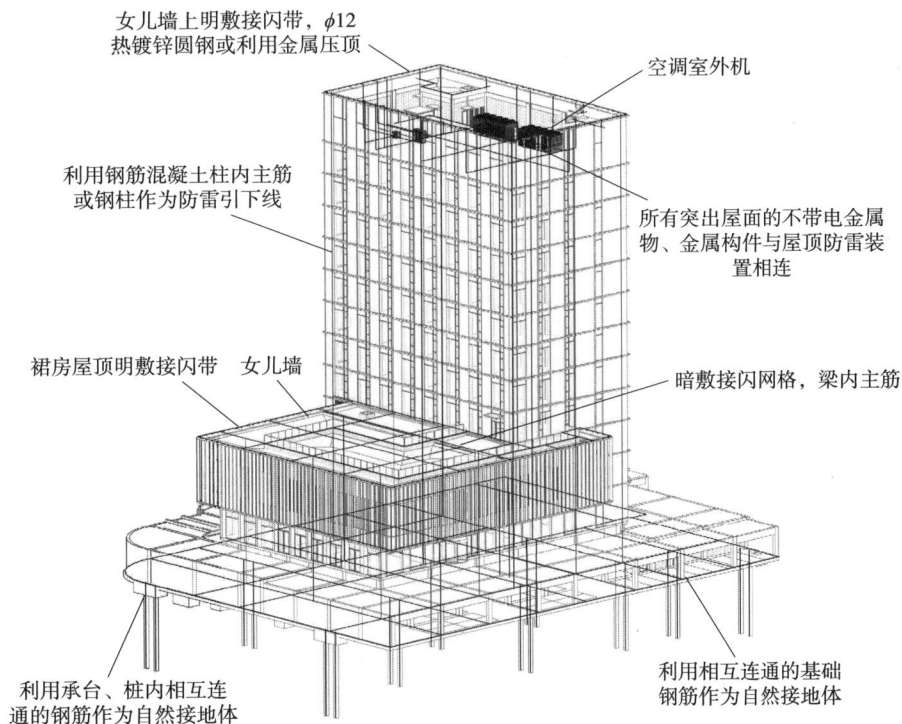

图 15-2 建筑物外部防雷的典型做法

15.2.1 人体触电效应与安全电压

（1）人体触电效应

人体总阻抗包括皮肤阻抗和人体内阻抗。发生触电时，人体总阻抗值由电流通路、接触电压、通电时间、频率、皮肤湿度、接触面积、施加压力和温度等因素决定。电流通过人体时的效应称为人体触电效应，此效应由生理参数（人体的解剖特点、心脏功能状态等）和电气参数（电流的持续时间、通路、种类等）共同决定。

图 15-3 为国际电工委员会（IEC）提出的人体触电时间和通过人体电流（50Hz）对人体效应的曲线。③区为人体触电后可产生心律不齐、血压升高、强烈痉挛等症状，但一般无器质性损伤；④区为人体触电后可发生心室纤维性颤动，严重的可导致死亡。通常将①~③区视为人身"安全区"，③~④区之间的曲线称为"安全曲线"，需要注意的是，③区不是绝对安全的。

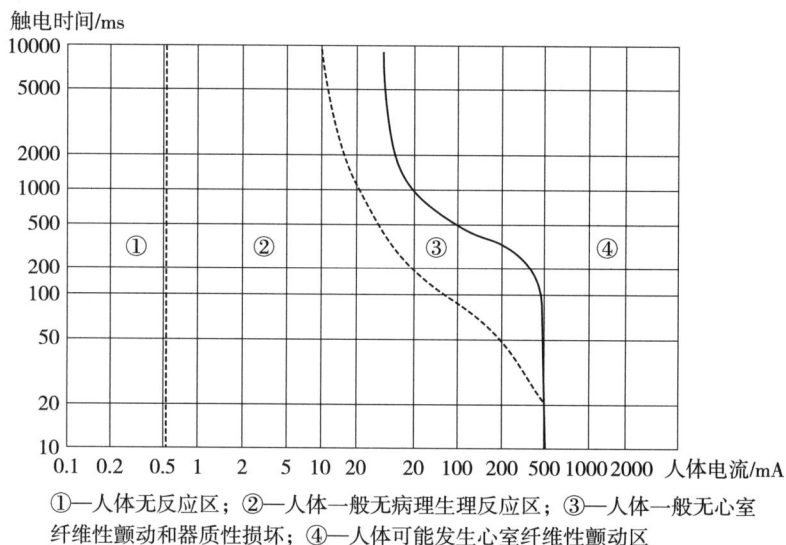

①—人体无反应区；②—人体一般无病理生理反应区；③—人体一般无心室纤维性颤动和器质性损坏；④—人体可能发生心室纤维性颤动区

图 15-3　人体触电时间和通过人体电流（50Hz）对人体效应曲线

（2）安全电压

安全电压是指不使人直接致死或致残的电压。与之对应，安全电流指人体触电后最大的可摆脱电流。

各国对安全电流值的规定并不完全一致，我国规定触电时间不超过1s 的情况下 30mA（50Hz 交流）为安全电流值。人体电阻随着皮肤表面的干湿、洁污状况及接触面积而变化，成年人在正常干燥环境下电阻值约为1700~2000Ω，从安全角度考虑，取下限值 1700Ω，由此可得人体在正常干燥环境下允许持续接触的安全电压为：

$$U_{saf} = 30\text{mA} \times 1700\,\Omega \approx 50\text{V}$$

50V（50Hz 交流有效值）称为正常环境条件下允许持续接触的"安全特低电压"；对于直流电，安全特低电压为 120V。在潮湿等特殊场所，人体电阻会下降，安全特低电压为交流 25V 或直流 60V；而在水中，如游泳池、浴室等，则为交流 12V 或直流 30V。使用安全特低电压是保证安全的措施之一。

15.2.2 低压配电系统的接地形式

低压配电系统的接地形式分为 TN、TT、IT 三种。

TN 系统：电源端有一点直接接地（通常是中性点），电气装置的外露可导电部分通过保护接地导体（PE 导体）或保护接地中性导体（PEN 导体）连接到此接地点。根据中性导体（N）和 PE 导体的组合情况，TN 系统又细分为 TN-C、TN-S 与 TN-C-S 三种形式。其中，日常生活中最常用的是 TN-S 系统，其接线如图 15-4 所示。

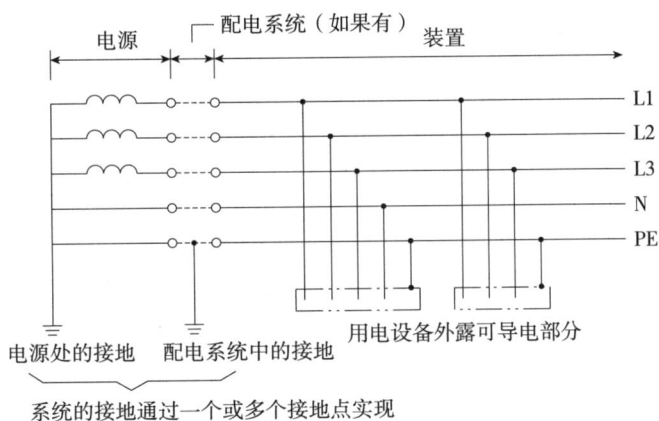

图 15-4 TN-S 系统接线图

TT 系统：电源端有一点直接接地（通常是中性点），电气装置的外露可导电部分接到独立于电源系统接地的接地极上。其接线如图 15-5 所示。

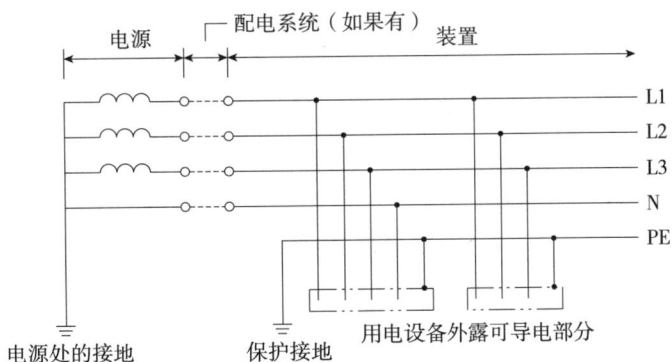

图 15-5 TT 系统接线图

IT 系统：电源端所有带电部分与地隔离，或某一点（一般为中性点）通过足够大的阻抗接地，电气装置的外露可导电部分单独或集中地接到独立于电源系统接地的接地极上。其接线如图 15-6 所示。除特殊情况外，IT 系统一般不引出中性线。

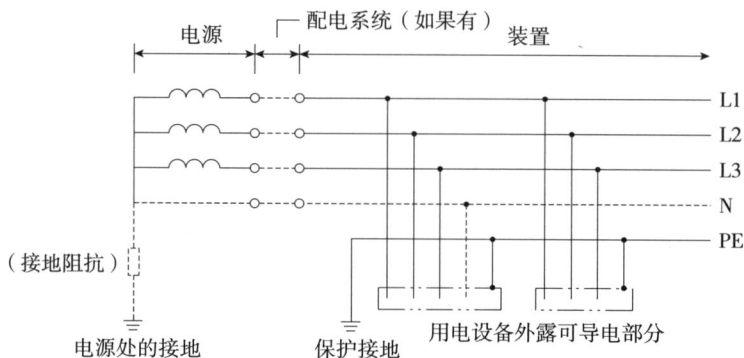

图 15-6　IT 系统接线图

15.2.3　电击防护

配电系统的电击防护包括基本防护（直接接触防护）、故障防护（间接接触防护）和特殊情况下采用的附加防护三种。

（1）基本防护（直接接触防护）

基本防护指正常情况下的电击防护，通常由以下的一个或多个措施组成：将带电部分用绝缘层覆盖、采用遮栏或外壳（外护物）防止人体与带电部分接触、通过阻挡物防止人体与带电部分接触、使带电部分置于伸臂范围之外。

（2）故障防护（间接接触防护）

故障防护指线路漏电、电气设备的金属外壳带电等故障情况下的电击防护，主要有以下 5 种措施：

1）在故障情况下自动切断电源；

2）采用双重绝缘或加强绝缘的防护措施。如果带电部分和可触及部分之间采用相当于双重绝缘的加强绝缘，可以实现基本防护兼故障防护的功能；

3）采取电气分隔的防护措施；

4）将电气设备安装在非导电场所；

5）采用 SELV（安全特低电压）或 PELV（保护特低电压）供电；

6）设置等电位联结。

（3）附加防护

附加防护包括剩余电流保护（俗称漏电保护）、辅助等电位联结（SEB）等。

基本防护容易理解，下面以生活中最常用的 TN-S 系统为例，说明故障防护、附加防护的原理。

图 15-7 为 TN-S 系统发生设备外壳带电故障（也称为接地故障）时的故障防护原理图。其中，PE 线由 PE1（室外）、PE2（室内）两段组成，虚线表示总等电位联结线，此时的故障防护措施可包括：

1）故障情况下自动切断电源。

此时的故障电流 I_d 通过 PE 导体返回电源，因此故障电流远比正常工作电流大，保护电器在规定时间内断开故障回路，如图 15-7（a）所示。

2）设置等电位联结（SEB）。

假设保护电器因故障没有动作，当未设置等电位联结，即图 15-7（a）中的虚线不存在时，等效电路如图 15-7（b）所示。图中：Z_L 表示相线的阻抗，Z_{PE1}、Z_{PE2} 表示室内、外两段 PE 线的阻抗。设人体阻抗为 Z_t、电源接地阻抗为 Z_s。因 Z_s 一般为 $1\sim10\Omega$，而（$Z_{PE1}+Z_{PE2}$）以毫欧计，远小于前者，故支路（Z_t+Z_s）对故障电流 I_d 的分流可忽略不计，此时有：

$$I_d \approx \frac{U_0}{Z_L+Z_{PE1}+Z_{PE2}}$$

则设备外壳和大地之间的电压为：

$$U_t \approx I_d\ (Z_{PE1}+Z_{PE2}) \tag{15-1}$$

若相线、保护线的阻抗相等，人体的接触电压最大约为 110V。

当按图 15-7（a）中的虚线所示做总等电位联结，即在配电箱处将 PE 线、楼板钢筋等金属构件相互连接并接地时，等效电路如图 15-7（c）所示。此时设备外壳和大地之间的电压为：

$$U_t' \approx I_d Z_{PE2} \tag{15-2}$$

比较式（15-1）和式（15-2）可知，在建筑物内做总等电位联结的情况下，当故障电流 I_d 一定时，$U_t' < U_t$，且故障点离总等电位联结点越近，即 Z_{PE2} 越小，人体的接触电压越小。

3）附加防护措施：辅助等电位联结和剩余电流保护。

如果在做了总等电位联结的同时，再将设备外壳与同房间内的楼板钢筋、人体伸臂范围内的所有金属物做等电位联结，就称为"辅助等电位联结"，如图 15-7（c）中的虚线。此时的接触电压将进一步小于式（15-2）的数值，读者可自行分析。

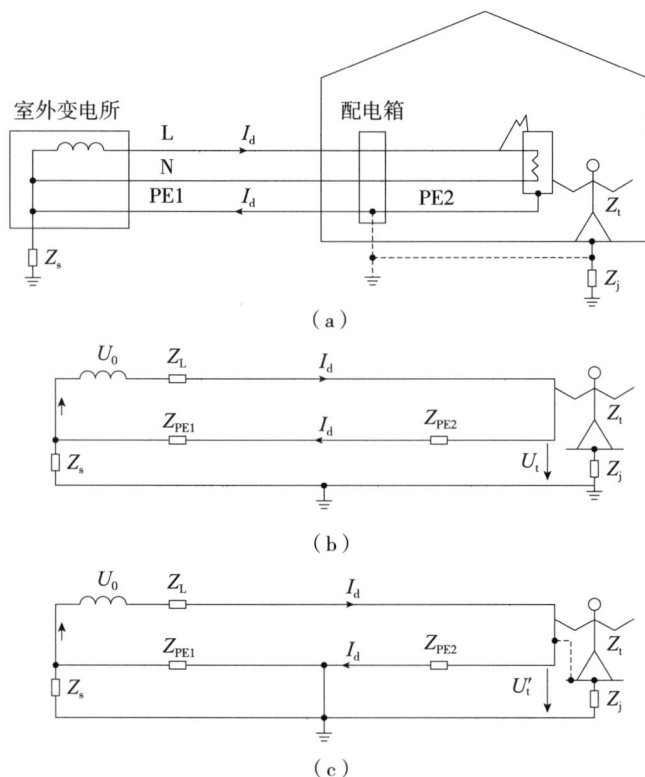

图 15-7　TN-S 系统发生设备外壳带电故障时的故障防护原理图
(a) TN-S 系统发生接地故障;(b) 未做总等电位联结时的接触电压;
(c) 做总等电位联结后的接触电压

剩余电流保护俗称"漏电保护"。系统正常工作时,流过相线 L、中性线 N 的电流大小相同、方向相反。发生接地故障时,因 PE 线的分流作用,L、N 线的电流不再相同。剩余电流保护器监测 L、N 线电流大小的差值,当这个差值大于阈值(如 30mA)时,快速切断故障电路。

15.2.4　特殊场所的用电安全

在一些特殊场所,发生电气事故的危险性较大,普通的电气安全措施可能无法保证安全,需提高防护要求或增加另外的安全措施,以下以浴室为例说明特殊场所的用电安全措施。

浴室属于特别潮湿的场所,人体阻抗因皮肤浸湿而下降,导致心室纤颤致死所需的电压较低,电击致死的危险显著增加。

(1)区域划分

浴室内区域分为 0~2 区,如图 15-8 所示。

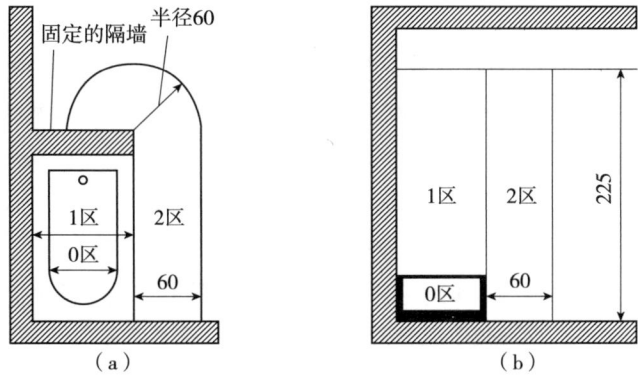

图 15-8　浴室内的区域划分（单位：cm）
（a）平面；（b）立面

（2）安全防护措施

1）在 0 区内只使用额定电压不超过交流 12V 或直流 30V 的特低电压；0~1 区内不允许装设插座。

2）在 1 区内只使用额定电压不超过交流 25V 或直流 60V 的特低电压。

3）当在 2 区内装设插座时，符合下列条件之一：由隔离变压器供电、由特低电压（SELV）供电、用额定动作电流不大于 30mA 的剩余电流保护器作接地故障保护。

4）设置辅助等电位联结，浴室内辅助等电位联结示意见图 15-9。

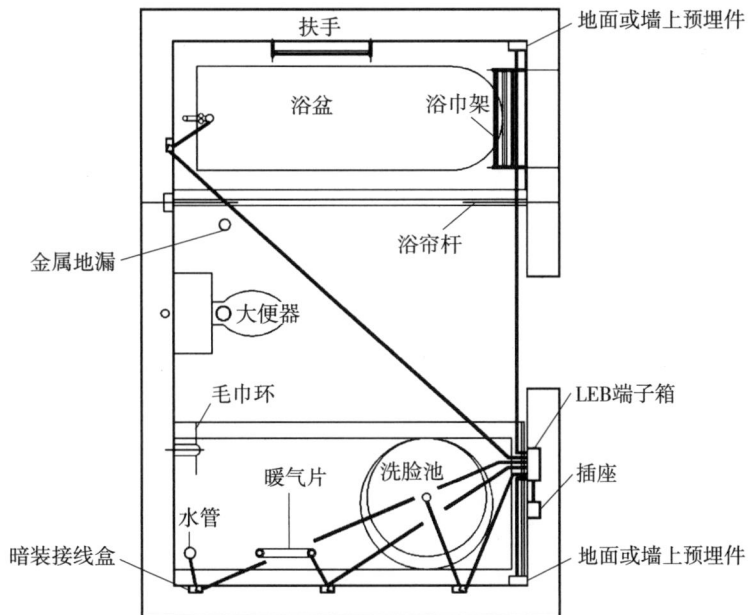

图 15-9　浴室内辅助等电位联结示意图

5）若用特低电压供电，仍需采取直接接触防护措施，且符合下列条件之一：设置不低于 IPXXB 或 IP2X 防护等级的外护物或外壳、采用能耐受方均根值为 500V 的交流电压并持续 1min 的绝缘。

（3）电气设备的选择和安装

电气设备的选择和安装具体要求如下：

1）0~2 区的电气设备满足各自条件下的防水等级；

2）明敷和暗敷的线路敷设满足各自区域的要求；

3）0~2 区的开关、控制器、附件的安装满足各自条件下的设置要求。

其他的特殊场所还包括游泳池、喷水池、桑拿房等，读者可以自行学习这些场所的用电安全措施。

延伸阅读

任元会 . 低压配电设计解析 [M]. 北京：中国电力出版社，2020.

习题

1）建筑物按防雷要求分为哪几类？外部防雷装置主要有哪些？

2）简述外部防雷装置的工程做法。

3）低压配电系统的接地形式有哪几种？生活中最常用的是哪一种？

4）请列举电击防护的具体措施。

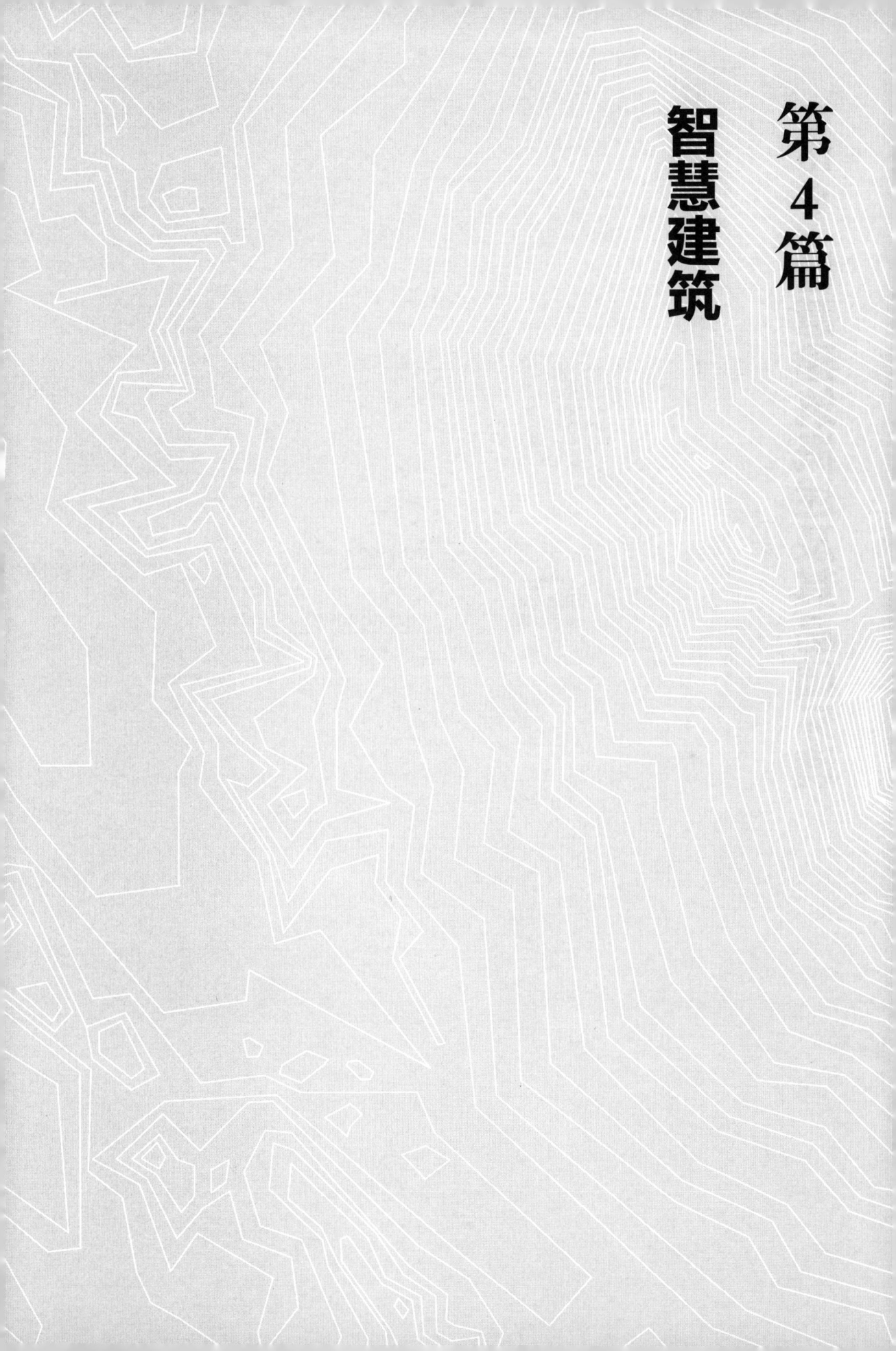

第4篇

智慧建筑

第16章 智慧建筑概述及其基础环境

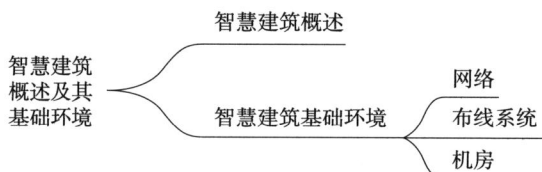

智慧建筑概述及其基础环境 ——— 智慧建筑概述

智慧建筑基础环境 ——— 网络

布线系统

机房

第16章知识图谱

智慧建筑中的各智能化系统以建筑物为载体，基于对各类智能化信息的综合应用，集架构、系统、应用、管理及优化组合为一体，具有感知、传输、记忆、推理、判断、决策和自学习等综合能力，构建人和建筑互相协调的整体，提供安全、高效、便利及可持续发展的建筑环境。各类智能化系统需有相应的基础条件才能正常运行，系统数据传输需要网络及布线提供基础的传输链路，系统设备安装需要设备机房作为基础的物理环境。

16.1 智慧建筑概述

"智慧"一词已经出现在各行各业，如智慧工厂、智慧交通、智慧医疗、智慧校园、智慧教学等。"智慧"在现代汉语词典中的解释为辨析判断、发明创造的能力。对于智慧建筑，它的意义在不同场合有不同的解释，但总的来说可以理解为：将数据、技术、经验等有价值的资源进行综合利用，通过辨析、判断进行决策，从而发明或创造出新的更有价值的资源，在这些过程中又能不断学习，提高自适应和自进化的能力，最终实现更加高效、智能、便捷的目标。

（1）智慧建筑的发展过程

狭义的智慧建筑的概念是 21 世纪才出现的，但从广义上讲，它的发展经历了半个多世纪。

20 世纪 80 年代初期，出现了"智能建筑"的概念，可以认为是智慧建筑的初级阶段，该阶段主要是在建筑中应用了计算机和自动化技术，使建筑的舒适性和管理效率得到初步提升。20 世纪 90 年代，智能建筑的技术得到了进一步发展，智能化系统逐步扩展到了自动控制系统、监控系统、能源监测系统、安全系统等，这一时期可以认为是智慧建筑的发展阶段。自 21 世纪初期以来，随着信息和数字化技术的快速发展，各智能化系统有了更深层次的发展，从基础的数据获取、处理、分析到数据分析、清洗、融合、共享，每个系统的能力都得到了极大的提升，为智慧建筑进一步发展提供了坚实的基础，可以说智慧建筑的发展进入了精进阶段。

建筑的智能化水平是不断发展的，从初级阶段到发展阶段再到精进阶段，每个阶段都有其技术特征。

初级阶段利用先进的技术和系统，实现对建筑设备的智能化管理。各系统可以根据不同的需求和环境条件，自动调整机电设备的运行状态，从而优化建筑环境的各项指标，有效地提高建筑的能源利用效率和管理水平，提高建筑环境的安全性、舒适度。

发展阶段在各系统前端数据收集的基础上，强调数据的分析、处理，同时更注重各子系统之间的整合和协同工作，通过智能交互的方式，让建筑更好地服务于人们的生活和工作。该阶段不仅提高了建筑的运行效率和节能性，还可以对设备信息、人员信息以及人员行为信息等进行分析，提供更具人性化和个性化的服务，提高人的体验感，通过建筑系统和用户之间的互动，提供精准的服务。

精进阶段则运用数字化、物联网、大数据、人工智能等技术，实现对建筑的智慧管理，创建智慧应用场景，进一步构建可自行学习、自行调节的智慧体系，实现人与建筑、建筑与环境的互动，完成从智能建筑到狭义的智慧建筑的进化。

（2）智慧建筑的特点

智慧建筑的建设是一种全流程化的过程，建筑的规划、设计、施工、运营及维护等环节，都采用数字化、智能化技术，如建筑信息模型、数据传输与存储、智能控制、先进材料运用等。这些技术的应用，可对建筑整个生命周期各阶段的各类数据进行收集、处理、分析和预测，通过数字化技术，帮助相关人员及时决策，不断优化管理，提高建设、运行维护效率，提升建筑的节能减排和环保水平。

智慧建筑是一种综合性的技术创新，它的实现需要建筑设计师、机电工程师、硬件工程师、软件开发人员和运营管理人员的共同努力，通过不断地创新和发展，实现智慧建筑技术在建筑领域广泛而有效的应用。

智慧建筑的功能特点主要为：

1）数据共享：通过物联网（IoT）、云计算、人工智能（AI）等技术手段，对各种数据进行采集和分析，实现各系统之间的数据共享，提高系统的协同性和高效性。

2）智慧管理：基于 IoT、数字孪生、云计算、AI 等技术，对设备和人员在多个层面进行管理，提升管理效率。

3）人性化体验：经过系统的 AI 深度学习，提供更智能化、个性化的服务，如智能导航、智能识别、智能语音等，提升人性化的使用体验。

4）开放性：智慧建筑更具开放性，可以实现多种不同类型的设备和应用的互联互通，消除信息孤立。

5）自学习能力：模仿人类的思维方式，具有自我学习、自我提高的功能。

（3）智慧建筑的发展趋势

建筑形式千变万化，服务人类是亘古不变的宗旨，在提升建筑环境的基础上，节能减排、绿色、智慧、可持续发展将是主要趋势，具体表现为以下几个方向。

智能化程度更高：未来会更加智能化，利用传感器、人工智能、大数据等技术，实现自动化、智能化的管理和控制。

更加绿色：更加注重环保和可持续发展，采用更多的绿色材料和技术，如利用对光伏发电、地源热泵等系统的运行控制，实现能源自给自足和节能减排。

人性化程度更高：未来的智慧建筑会更加注重人性化设计，考虑人的需求和健康，如采用室内绿植、绿色通风等方式，提高室内空气质量和舒适度。

交互性更强：通过虚拟现实、增强现实等技术，实现建筑与人的互动，可能会出现智能家居机器人等更加智能化的交互设备。

多功能化：未来的智慧建筑可能会更加多功能化，不仅是一个建筑，还可能会是一个生态系统、社交平台、文化中心等多种功能的综合体。

自学习、自调节能力：基于大数据的人工智能技术，智能化系统模仿人类的思维，将具有自我学习的能力，并根据学习成果自我进化、调节运行。

总之，未来的智慧建筑将利用各种先进技术实现对建筑物的智能控制，提高运行效率、降低能源消耗、绿色环保、持续提升人们的生活质量，实现人与建筑、建筑与环境的和谐共生。

16.2 智慧建筑基础环境

各类智能系统均需要相应的硬件和软件才能正常运行，数据传输需要网络和布线，系统设备需要安装在机房中。因此，由网络、布线系统、机房构成的基础环境是建设智慧建筑最基本的条件。

16.2.1 网络

网络是由若干台计算机和相关设备通过通信线路互相连接，实现数据交换和共享资源的系统，它由硬件、操作系统软件、协议等部分组成。计算机网络系统可以按照不同的地理范围划分为局域网（LAN）、城域网（MAN）、广域网（WAN）等，在建筑应用中通常指的是局域网。

常见的局域网主要有两类，以太网和无源光网；以太网根据组网方式，又可以分为传统以太网和以太全光网。

（1）以太网

1）传统以太网：如图 16-1（a）所示，传统以太网采用交换机设备组网。交换机分为核心交换机、汇聚交换机、接入交换机。常规系统中，核心交换机设置在网络机房；汇聚交换机设置在大楼设备间；接入交换机设置在各楼层的电信间，并用多根网线接入各末端点位。交换机之间通过光缆联网，形成基础的数据联网通路。该形式是目前现有各类建筑最常用的组网形式。

2）以太全光网：如图16-1（b）所示，以太全光网在传统以太网模式上升级而成，核心交换机与汇聚交换机的形式基本不变，主要是将各楼层电信间内设置的接入交换机部署到每个末端用户房间中，通过一根光缆实现房间的接入，便于房间内网络后期扩展。该网络形式需考虑房间内交换机的散热、噪声等问题。

（2）无源光网（Passive Optical Network，简称PON）

如图16-1（c）所示，无源光网络由光线路终端（OLT）、光分配网络（ODN）和光网络单元（ONU）三大部分组成。OLT为ODN提供网络接口并连接一个或多个ODN；ODN为OLT和ONU提供传输；ONU提供用户侧接口并与ODN相连。网络中间链路由光分路器（分光器）、光缆等无源器件组成，不包含任何有源节点。该网络形式也是通过一根光缆实现房间的接入，以便于房间内网络以后的扩展。

在建筑单体或园区系统的设计过程中，根据最终业务的使用场景，选择合理的网络系统架构，再以此为基础，规划各机房、设备间的位置及大小。

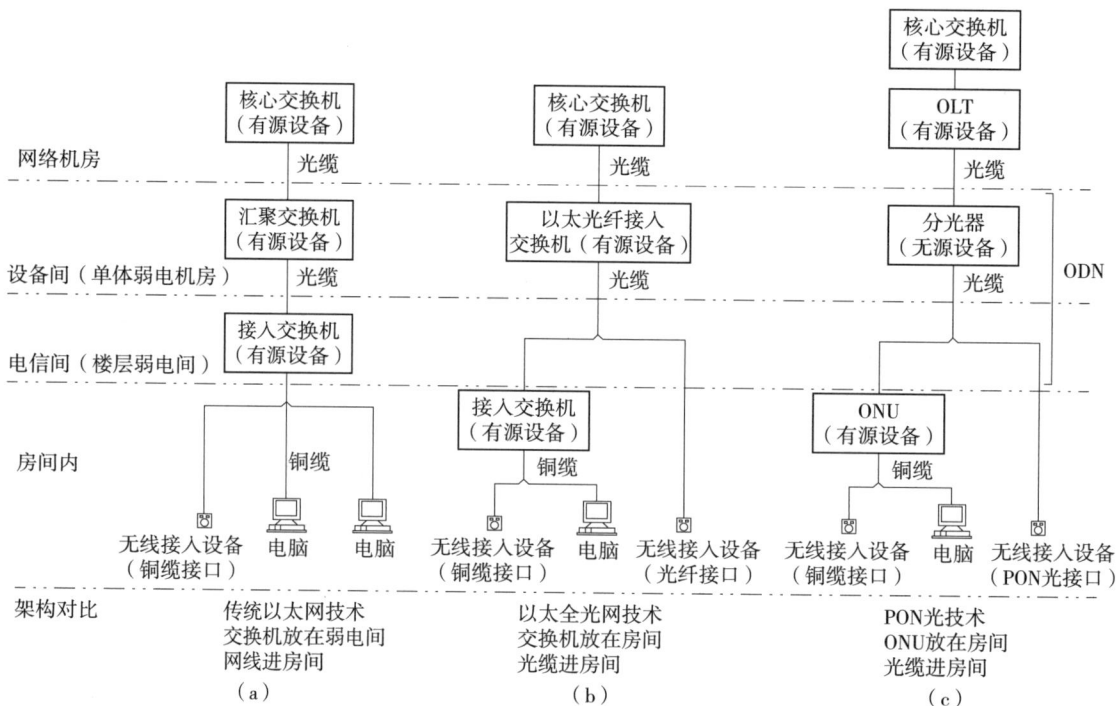

图16-1 网络架构示意图
（a）传统以太网；（b）以太全光网；（c）无源光网

各种网络系统都可以支持多种方式实现智能化系统的功能，如：

1）通过 Wi-Fi、蓝牙等无线网络技术，实现建筑物内各种设备之间的联网和互联互通。

2）通过物联网技术，实现建筑物内部各种传感器和设备之间的连接，实现全面感知和自动控制。

3）通过云计算技术，实现大数据的存储、处理和分析，为建筑提供更加智能、高效的管理和服务。

4）通过网络安全技术，保障网络和智能系统的安全和可靠。

16.2.2 布线系统

布线系统是数据传输最基础的条件，它们就像人体内的神经系统，将信息传输到身体各个部位。智能化系统布线有各种类型，包括网络布线（光缆、网线）、有线电视布线（光缆、同轴电缆）、电话布线（网线、电话线）、监控布线（网线）、电源（DC36 以下）布线等，本节主要介绍建筑内最常见的计算机、电话网络布线。根据前文所述计算机网络的不同架构，系统布线架构也有所差别。

（1）传统以太网布线系统

传统以太网采用综合布线系统，将所有语音、数据布线进行统一规划，采用光纤和铜缆组合形成的结构化布线系统。其基本构成主要包括建筑群子系统、干线子系统、配线子系统。建筑群子系统、干线子系统通常采用光纤布线，配线子系统通常采用铜缆布线。综合布线系统基本构成如图 16-2 所示。

基于传统以太网本身的特点，每个终端设备均需要单独跟楼层配线设备相连。配线子系统的信号通道由不长于 90m 的水平线缆、10m 的跳线和设备线缆及不超过 4 个连接器件组成。

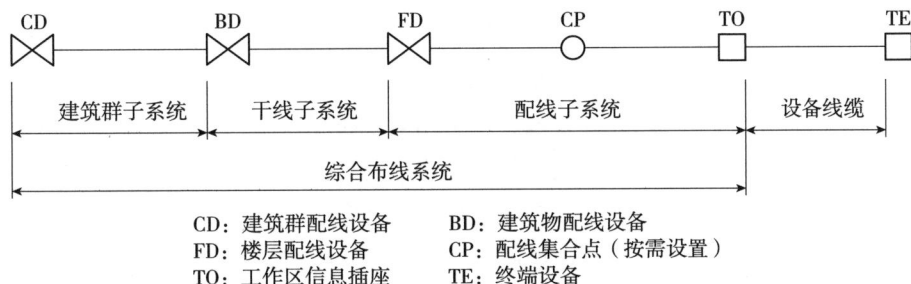

CD：建筑群配线设备　　BD：建筑物配线设备
FD：楼层配线设备　　　CP：配线集合点（按需设置）
TO：工作区信息插座　　TE：终端设备

图 16-2　综合布线系统基本构成图

楼层电信间内的配线设备、网络设备均需要安装在落地式机柜或壁挂式机柜中，落地式机柜的尺寸通常为 $600\sim800mm$（L）$\times 600\sim800mm$（W）$\times 2000mm$（H），壁挂式机柜的尺寸通常为 $600mm$（L）$\times 450mm$（W）$\times 600\sim1000mm$（H）。当末端点位数量达到一定规模时，机柜数量和楼层电信间的空间需要相应增加。图 16-3 为标准机柜及机柜背面、正面配线。

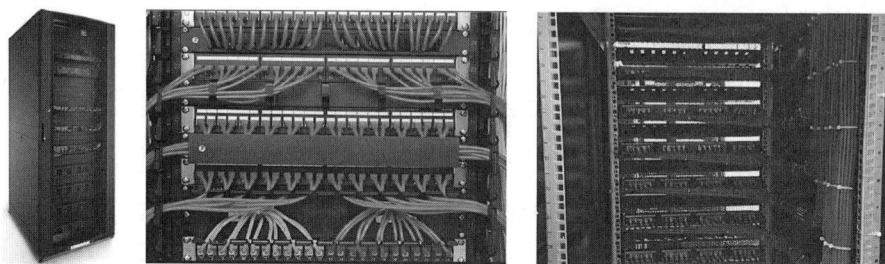

图 16-3　标准机柜及机柜背面、正面配线

（2）以太全光网布线系统

以太全光网采用全光布线系统，将所有数据布线进行统一规划，采用光纤敷设至用户各房间，其信道的基本构成如图 16-4 所示。

图 16-4　以太全光网布线系统信道基本构成图

该布线系统的特点在于：楼层电信间内可不安装网络设备，仅在建筑设备间及末端用户房间安装网络设备，因此从建筑的设备间至每个末端用户房间仅需要一根光缆，就可满足房间内所有网络数据的传输，从而大大降低了链路中铜缆的使用量，相应大幅降低了所需的桥架空间，降低了桥架及线缆的整体重量。楼层电信间（弱电间）内不需要集中设置有源设备，避免了狭小空间内的设备散热问题和空调、通风设备的使用，节能效果明显。

（3）无源光网络布线系统

无源光网络也采用全光布线系统，将所有数据布线（部分系统也可以包括语音布线）进行统一规划，采用光纤敷设至用户房间，甚至可以直接敷设至末端工位信息插座。无源全光网布线系统信道基本构成如图 16-5 所示。

该系统的布线特点与以太全光网系统相似。除了在中心机房及末端房间内有相应有源设备，中间链路均为光缆和无源设备，避免了大楼设备间（弱

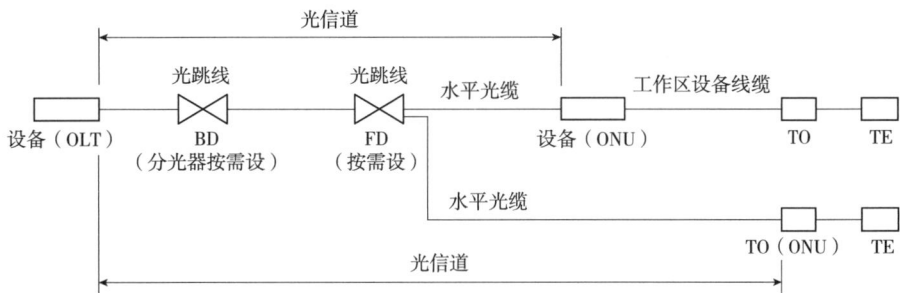

图 16-5　无源全光网布线系统信道基本构成图

电机房）、楼层电信间（弱电间）的设备散热问题和空调、通风设备的使用。

对以上三种布线系统所需的布线空间进行比较，并以单个楼层中的水平线路和桥架为例。假设某楼层中有 20 个办公室，每个办公室配有 10 个网络插座。第一种系统采用铜芯网线，第二、三种系统采用光缆，其对比如图 16-6 所示，三种布线系统所需的线缆及桥架的差别很大：

1）传统以太网布线：每个插座需要一根铜芯网线，单根网线的平均长度按 40m 计，该楼层的桥架内需要网线 200 根，总长度约 8000m。

2）以太全光网布线：每个房间一根光纤，单根光纤的平均长度按 40m 计，该楼层的桥架内需要光纤 20 根，总长度约 800m。

3）无源光网络布线：每个房间内的每个工位需要一根光纤，单根光纤的平均长度按 40m 计，该楼层的桥架内需要光纤 200 根，总长度约 8000m。

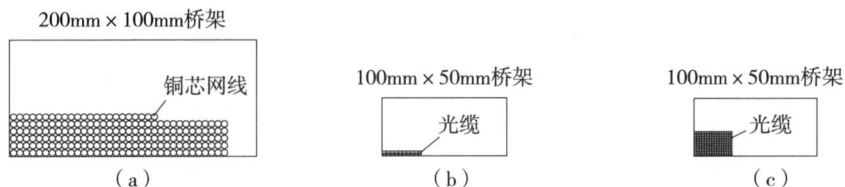

图 16-6　铜缆布线、光纤布线在桥架中的对比
（a）传统以太网布线；（b）以太全光网布线；（c）无源光网络布线

从以上对比可以看出，为满足同样的需求，铜线、光纤布线所需要的线缆用材和布线空间都相差很大。在传输距离、带宽、信号屏蔽等方面，光纤也有明显的优势，而"光进铜退"的理念也符合绿色低碳的发展方向，故全光网布线系统在实际工程中的应用正在快速增长。

16.2.3　机房

智能化系统机房主要包括信息接入机房、有线电视机房、信息网络机房、5G 基站机房、消防控制室、安防监控机房、智能化总控室、设备间（弱电机房）、电信间（弱电间）等，各机房可结合工程大小等具体情况独立设置或合并设置。

机房位置的选择遵循以下原则：

1）设在建筑物的首层或以上楼层；当有多层地下室时，可以设置在地下一层。

2）不设在卫生间、淋浴间或其他潮湿、易积水场所的正下方或与其贴邻。

3）远离强振动源和强噪声源。无法避免时，采取有效的隔振、消声隔声措施。

4）远离强电磁干扰场所。无法避免时，采取有效的电磁屏蔽措施。

典型设备机房分布示意图如图 16-7 所示。

（1）信息接入机房

信息接入机房指外部信息接入园区或建筑单体的机房。该机房主要用于安装运营商的接入设备，包括电源、交换、传输、光纤配线等设备。为满足各运营商的使用需求，保证各系统的可靠运行和后期维护的界面，各运营商的机房宜独立配置。机房净面积一般不小于 $15m^2$，梁下净高不低于 2.2m。

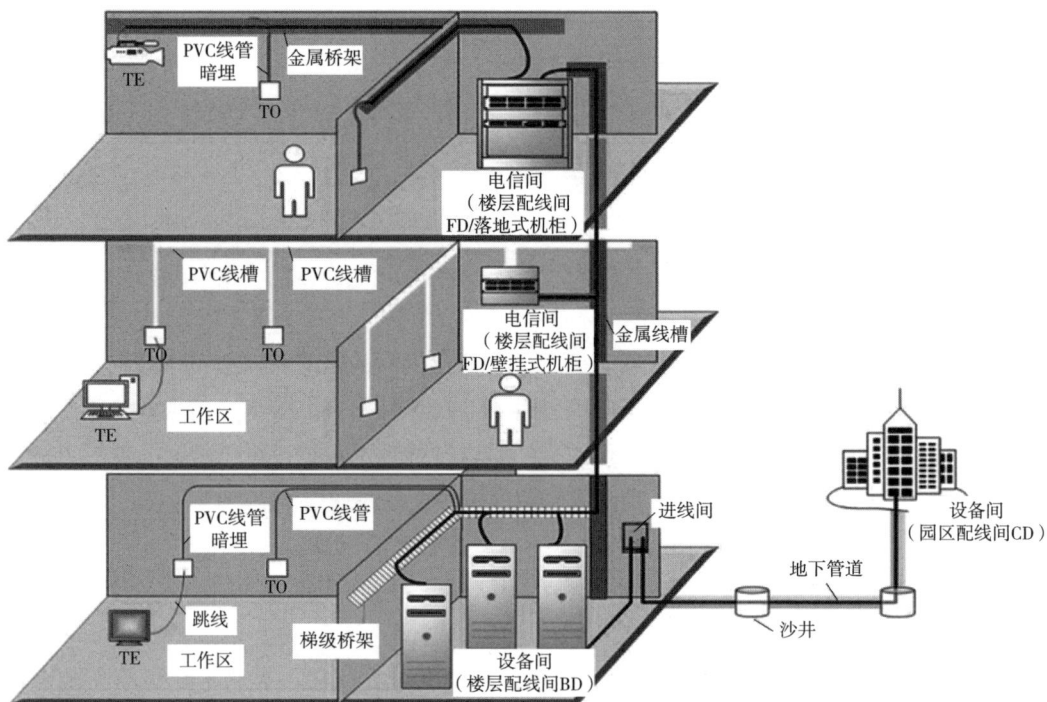

图 16-7　典型设备机房分布示意图

接入机房通常设于首层或地下一层，靠近外墙，便于外线的引入。接入机房内的机柜通常为 600~800mm 宽的标准机柜，机房采用外开门，门净高、净宽满足设备搬运要求。

（2）有线电视机房

有线电视系统是独立于三大运营商之外、由当地广播电视部门专门管理的系统。有线电视信号源由广播电视部门通过广播方式统一广播至末端用户，其机房也属于接入机房的一种，机房净面积一般不小于 15m²，机房的梁下净高不小于 2.5m。

（3）信息网络机房

信息网络机房按整体规模大小，分为普通网络机房和数据中心机房。普通网络机房用于安装少量的网络核心设备、总配线设备和少量的服务器设备等；数据中心机房是为集中放置的电子信息设备提供运行环境的建筑场所，包括主机房、辅助区（进线间、总控室、拆包区、备件库、维修室等）、支持区（变配电室、柴油发电机房、精密空调冷热源机房、精密空调外机安装位置、UPS 配电间、电池间、气体灭火钢瓶间等）。

信息网络机房的面积根据实际需求确定；普通网络机房、电池间梁下净高不小于 2.5m，数据中心主机房区、UPS 配电间梁下净高不小于 3.0m。图 16-8 为某大楼信息网络机房设备布置平面图。

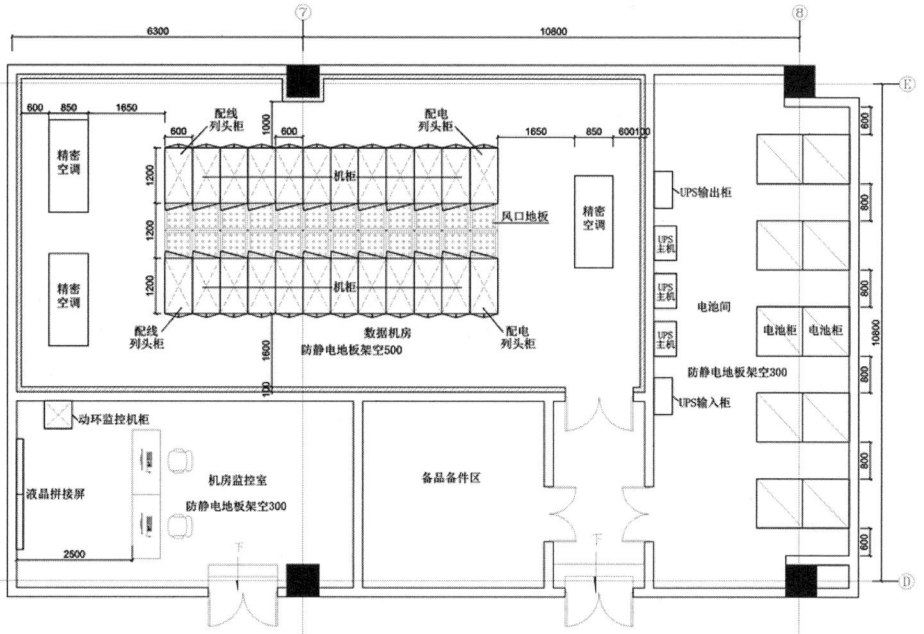

图 16-8　某大楼信息网络机房设备布置平面图（单位：mm）

311

数据中心机房是所有智能化系统机房中耗电量最大的，耗电设备主要包括 IT 设备、空调设备、UPS 设备、配电设备等。对于整个机房而言，IT 设备的用电为有效能耗，其他设备用电为无效能耗。为了提高数据中心的能效水平，工业和信息化部、国家机关事务管理局、国家能源局三部门提出：到 2022 年，数据中心平均能耗基本达到国际先进水平，新建大型、超大型数据中心的电源使用效率（PUE：总用电量 /IT 设备用电量）达到 1.4 以下，水资源利用效率和清洁能源应用比例大幅提升。为此，数据中心机房的布置形态在不断优化改进，通过合理配电提高电源效率，通过智能监管提高运维效率。尤其是空调的整体架构，由传统的全机房制冷到密闭冷通道的房间级制冷、行级制冷，再到机柜级制冷，机房的 PUE 值从原来的 2.6 降到了 1.4 以下，大大提高能源使用效率。

（4）5G 基站机房

5G 基站机房是运营商用于安装 5G 移动通信基站的发射和接收设备、电源设备和传输设备的房间。5G 基站机房宜设置在屋面并与弱电间贴邻，面积不宜小于 20m²，机房净高不低于 2.8m。

（5）消防控制室、安防监控机房、智能化总控室

消防控制室是火灾自动报警系统的控制机房，安防监控机房是放置安防监控系统控制主机、显示大屏、存储设备的机房。为便于运维管理，这两个机房通常合用一个空间，机房面积根据实际需求确定，梁下净高不小于 2.5m。图 16-9 是某建筑消防控制室、安防监控机房设备布置平面图。

智能化总控室是将火灾自动报警、安全技术防范、建筑设备管理、公共广播等各种系统合设一处的房间，各系统设备要有独立的操作空间，相互隔开。

（6）设备间（弱电机房）

设备间是各智能化系统通信网络的汇聚机房，通常会配套 UPS 电源装置，给相应的系统供电，以保证系统在市电断电时仍然能继续正常工作。设备间的面积不小于 10m²，梁下净高不小于 2.5m。设备间设备的典型布置参见图 16-10。

（7）电信间（弱电间）

电信间是各楼层安装配线设备（机柜、机架、机箱等）和楼层信息通信网络系统设备、运营商通信设备的机房，同时会设置桥架、电源配电箱等设备。

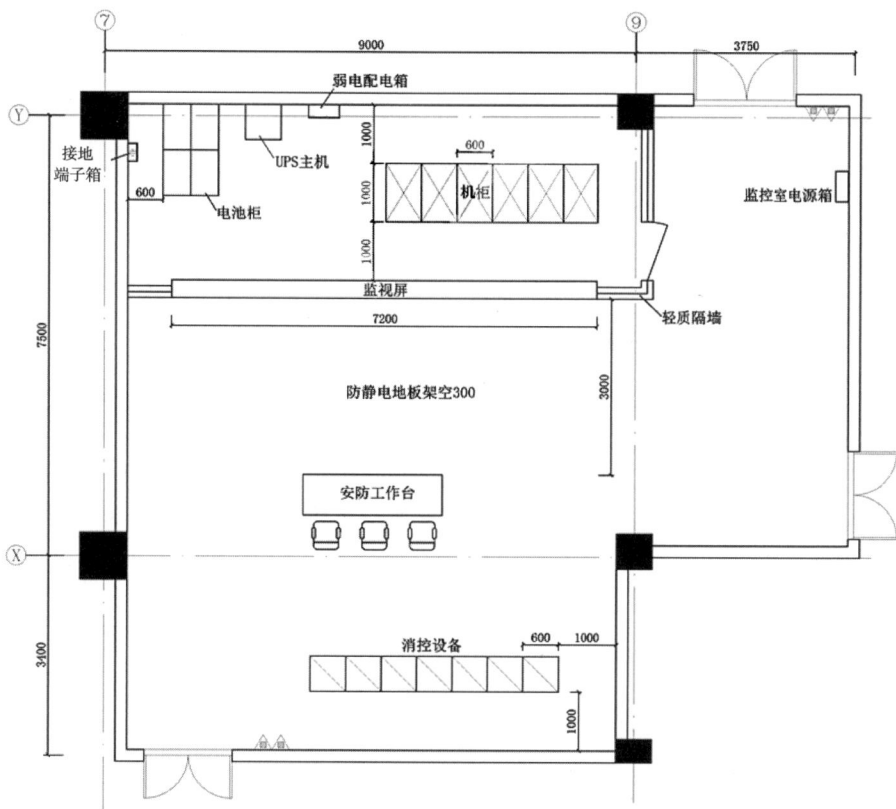

图 16-9　某建筑消控控制室、安防监控机房设备布置平面图（单位：mm）

电信间的使用面积不小于 $5m^2$，每个楼层电信间的数量需按照服务范围及工作区面积确定。当楼层内信息点的线缆最长不超过 90m 时，可设置一个电信间，否则需设置多个电信间。电信间设备的典型布置参见图 16-11。通常，每个楼层都需要电信间，所以常采用竖井的形式。

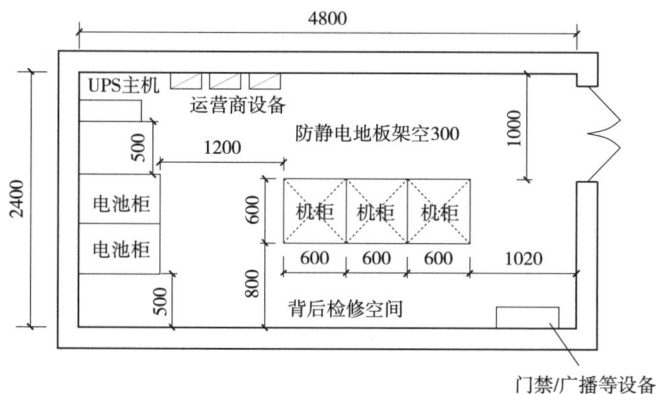

图 16-10　设备间设备典型布置平面图（单位：mm）

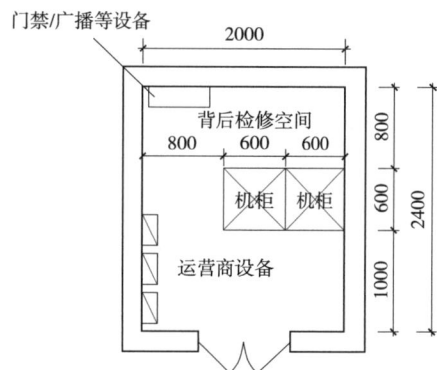

图 16-11　电信间设备典型布置平面图（单位：mm）

延伸阅读

[1] 刘晶璘.计算机网络概论[M].北京：高等教育出版社，2005.

[2] 中华人民共和国住房和城乡建设部.综合布线系统工程设计规范：GB 50311—2016[S].北京：中国计划出版社，2016.

[3] 中华人民共和国住房和城乡建设部.数据中心设计规范：GB 50174—2017[S].北京：中国计划出版社，2017.

习题

1）综合布线系统主要包括哪几个子系统？

2）传统以太网布线中配线子系统的信道长度有何具体要求？

3）单体建筑中如何考虑电信间、设备间的设置位置及数量？

第17章 建筑智能化系统

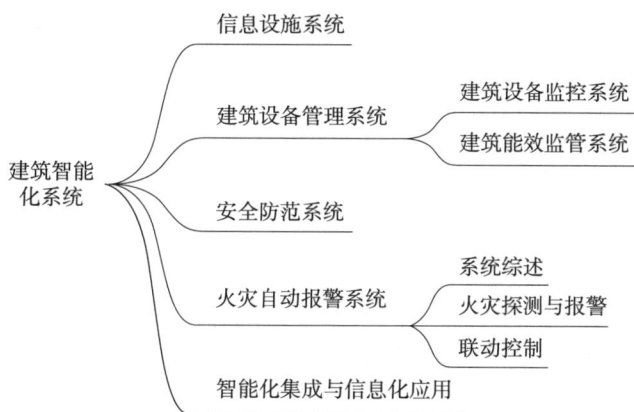

建筑智能化系统

- 信息设施系统
- 建筑设备管理系统
  - 建筑设备监控系统
  - 建筑能效监管系统
- 安全防范系统
- 火灾自动报警系统
  - 系统综述
  - 火灾探测与报警
  - 联动控制
- 智能化集成与信息化应用

第17章知识图谱

不论是智能建筑还是智慧建筑，都是由各种智能化系统以及它们的集成组成的，建筑智能化系统主要包括信息设施系统、建筑设备管理系统、安全防范系统、火灾自动报警系统、智能化集成与信息化应用等。

信息设施系统满足信息通信的需求，具有接收、交换、传输、处理、存储和显示各类信息的功能。建筑设备管理系统、安全防范系统及火灾自动报警系统都是依靠前端设备采集数据或信号，如建筑设备监控系统的各类传感器、能耗监测系统中的各类计量表、安防监控系统的摄像机、出入口控制系统的人脸识别机、火灾报警系统的各种火灾探测器等。采集的数据经网络系统传输至控制主机或管理平台，经处理、分析后，给出相应的控制或管理策略，发出相应的指令，调整设备的运行状态，提高设备运行效率，为用户提供舒适、安全的生活和工作环境。智能化集成将多个子系统整合，形成一个整体，实现子系统间的协同工作，提供更强大、更高效的管理或控制功能。信息化应用将各种信息资源整合在一起，为用户提供信息服务，支持各类专业化业务和运营管理。

17.1 信息设施系统

信息设施系统主要包括：移动通信室内信号覆盖系统、用户电话交换系统、无线对讲系统、有线电视系统、公共广播系统、多媒体会议系统、信息导引及发布系统等。

（1）移动通信室内信号覆盖系统

移动通信室内信号覆盖系统是针对移动通信信号覆盖不足或盲区而设计的系统，它通过安装分布系统，为覆盖盲区或信号弱的地方提供移动通信信号的覆盖和容量。

由于建筑物自身的屏蔽和吸收作用，无线电波在室内的传输衰耗较大，因此形成了移动信号的弱场区甚至盲区。同时，建筑内移动电话使用密度过大时，局部网络容量可能无法满足需求，导致无线信道发生拥塞现象。另外，建筑物高层空间极易存在无线频率干扰，导致信号不稳定，通话质量难以保证，并可能出现"掉话"现象。为解决以上问题，移动通信室内信号覆盖系统应运而生。

室内分布系统主要包括基站、馈线以及天线。基站是整个系统的核心，负责提供无线通信信号的覆盖和容量；馈线和天线将基站的信号均匀分布到室内各个角落，包括多个天线和分布单元。移动通信室内信号覆盖系统架构及室内天线形态如图 17-1 所示。

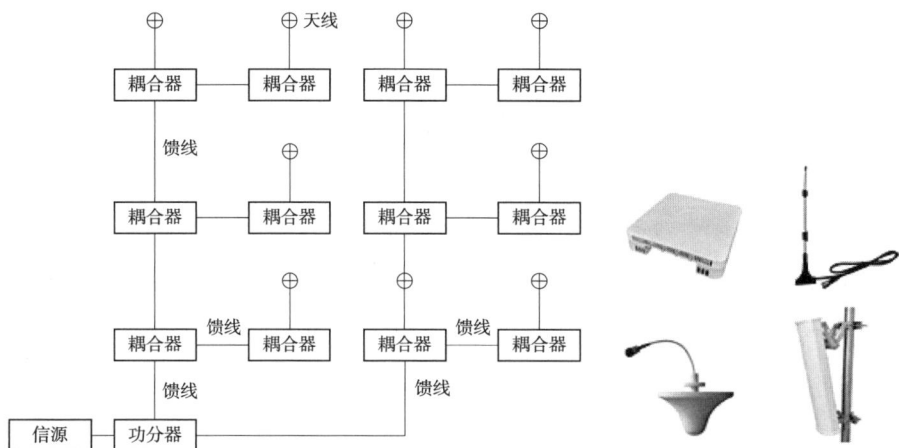

图 17-1 移动通信室内信号覆盖系统架构及室内天线形态

（2）用户电话交换系统

用户电话交换系统是用于连接电话用户之间、电话用户与公共电话网络之间，进行路由选择和交换通话的系统，其主要功能是提供电话接入和呼叫转接等服务。根据采用技术的不同，可分为数字电话系统和 IP 电话系统。

数字电话系统是一种利用数字技术进行语音通信的电话系统。语音信号经过采样、量化和编码等处理，转换为数字信号后通过数字信道传输。在接收端，数字信号经过解码和解压缩等处理，还原为原始的语音信号。数字电话系统可以实现较高的通话质量，还可以支持增值业务和功能，如语音信箱、来电显示、呼叫转移等。其优点是通话质量高、抗干扰能力强、安全性高。数字电话系统架构如图 17-2 所示。

IP 电话系统是基于 IP 协议的电话通信系统，它将语音信号转换为 IP 数据包，通过互联网传输，实现电话通信。该系统包括终端设备、网络设备和软件平台。终端设备包括 IP 电话、视频会议设备等，用于实现语音和视频通信。网络设备包括路由器、交换机等，用于将语音和视频数据包传输到目的地。软件平台主要为服务器和软件，用于实现通信的控制和管理。其优点是成本低、支持多种业务、可扩展性强，其系统架构如图 17-3 所示。

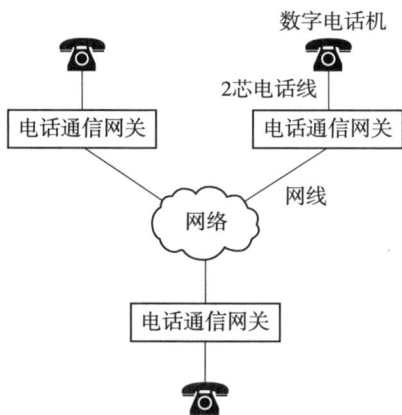

图 17-2 数字电话系统架构

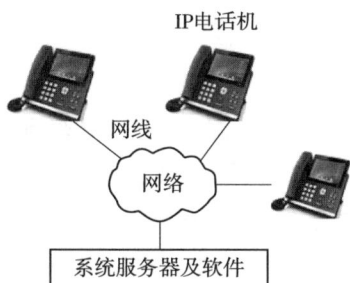

图 17-3 IP 电话系统架构

（3）无线对讲系统

无线对讲系统一般是指专网对讲系统，即利用无线电频率进行语音通信的系统，包括信道机、分路器、合路器、宽带双工器、室内天线、对讲机等设备，系统架构如图 17-4 所示。它可以提供高效、便捷的语音通信服务，适

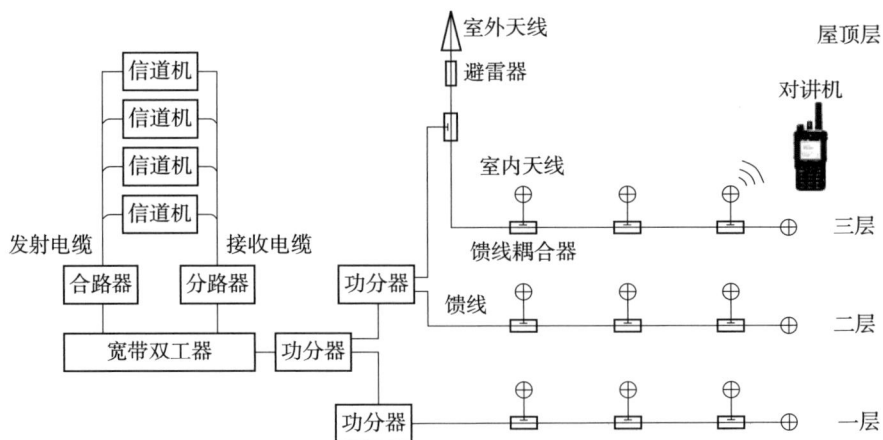

图 17-4 无线对讲系统—专网对讲

用于频繁通信或在移动状态下进行通信的场合，如行业集群、野外探险队伍、安保巡逻人员等。

目前无线对讲系统也有采用通过运营商网络或园区无线网进行通信的公网对讲系统，这种系统仅需配置相应的公网对讲机（类似手机），不需要自建通信网络（图17-5）。该类系统含无线电子巡查系统，可用于现场巡查，通过平台实时显示巡查轨迹，对安保人员的日常巡查进行管理。同时，安保人员可通过公网对讲机将现场状况的实时录像或照片快速上传至监控后台，便于管理人员及时处理。

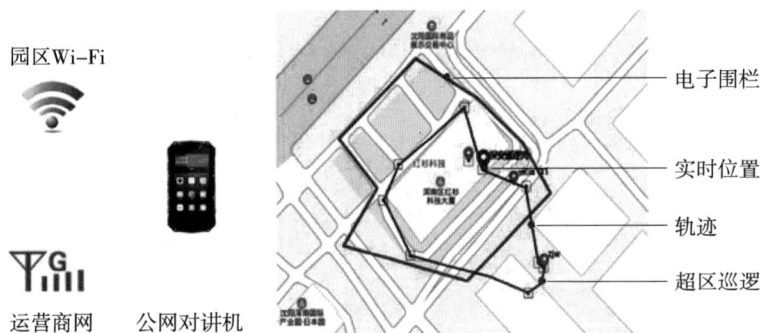

图 17-5 无线对讲系统—公网对讲

（4）有线电视系统

常见的有线电视系统主要分为两种。一种是数字电视系统（图17-6），它将各种电视信号通过专用的有线传输网络（光纤＋同轴电缆）传输到用户。电视信号主要采用广播的方式进行传输，清晰度较高、实时性较好。数字电视由提供商提供电视服务，用户通过订购的方式获取电视频道。

另外一种是网络电视系统（图17-7），它利用互联网传输视频信号，用户可以通过网络电视、电脑、手机等设备观看节目，许多节目是免费的。网

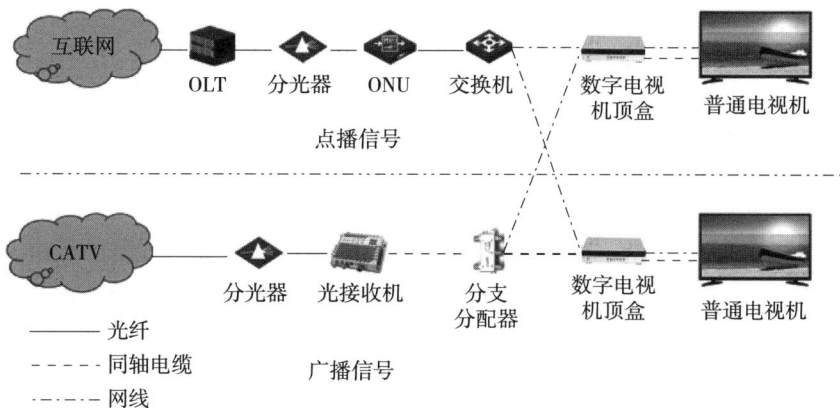

图 17-6 数字电视系统架构

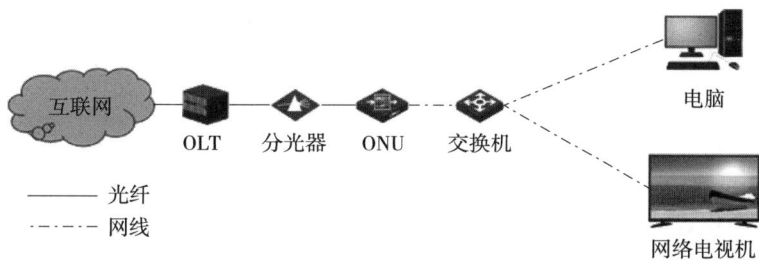

图 17-7 网络电视系统架构

络电视的清晰度取决于电视盒子、智能电视等的解码格式，流畅度取决于网速。另外，网络电视信号需通过网络解码，所以存在一定延时。

（5）公共广播系统

公共广播系统是一种在有限的范围内为公众服务的广播系统，其信号通过设在广播区内的广播线路传输，是一种单向的（下传的）有线广播，用于发布新闻、内部通知、播放背景音乐以及寻呼、强行插播事故紧急广播等。

建筑中的公共广播系统主要有消防应急广播系统和背景广播系统，两种系统均由音源、广播主机、功率放大器、扬声器等设备组成，其系统架构如图 17-8 所示。

消防应急广播系统属于重要的消防设备，用于在火灾等紧急情况下通知人群疏散和逃生，其信号传输一般采用模拟系统，以保证系统的稳定性、可靠性、实时性。背景广播系统用在公共场所播放背景音乐、通知信息等，主要功能是提供舒适、轻松的音乐环境、氛围或通知

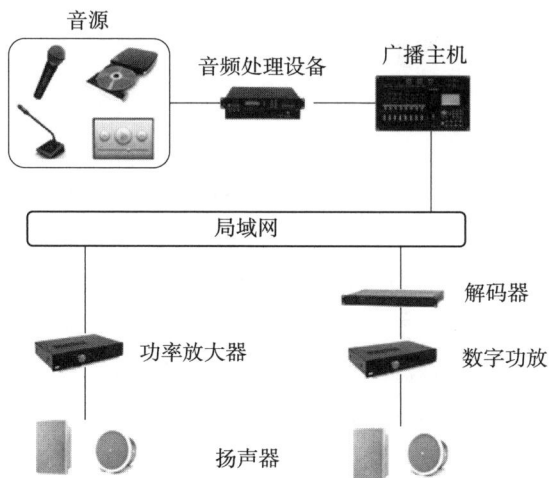

图 17-8 公共广播系统架构

319

信息，多数采用网络系统，以实现远程控制，保证系统的灵活性。工程设计中，当背景广播的信号传输也采用模拟信号时，消防应急广播和背景广播常常合用广播线路和扬声器。

（6）多媒体会议系统

多媒体会议系统是一种利用计算机技术、网络通信技术以及多媒体技术，实现声音、图像等多种交流方式，提高会议质量和效率的系统。

如图 17-9 所示为多媒体会议系统架构。

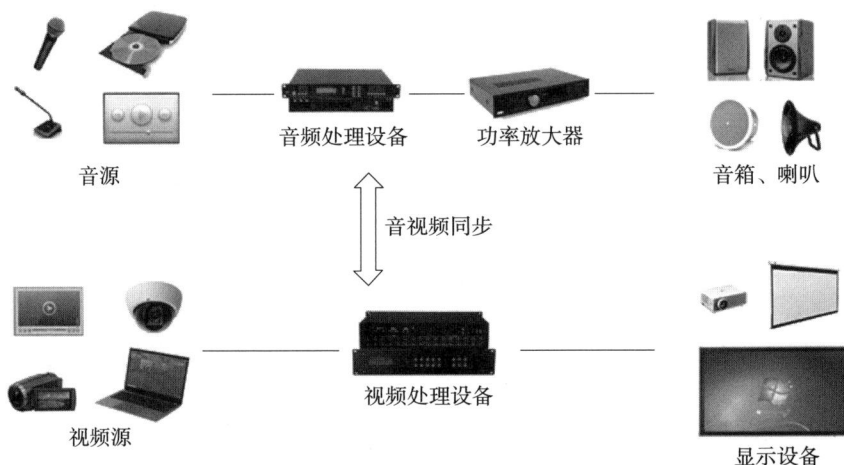

图 17-9　多媒体会议系统架构

显示系统：包括投影仪、液晶显示器、LED 屏幕等，用于展示视频、图像、文字等。

音响扩声系统：包括扩音器、扬声器、麦克风等，用于播放声音和实现语音通信。

控制系统：用于控制视频、音响、照明等各种设备。

会议讨论系统：发言席、控制器、音视频输入输出设备等，用于实现会议的讨论和表决功能。

远程视频会议系统：用于实现远程视频会议，含视频传输设备、音频传输设备、数据通信设备等。

多媒体会议系统的主要功能包括：音频传输（远程音频传输，让不同地点的人能够听到彼此的声音）、多媒体展示（将静态/动态图像、语音、文字、图片等多种信息分送到各用户终端设备上，实现多媒体展示）、远程视频会议（让不同地点的人们能够实时地看到、听到彼此的影像、声音）、交互功能（实现远程控制、远程操作等功能，提高会议的效率和便捷性）、远程管理功能（方便管理员远程维护和管理系统设备）等。

（7）信息导引及发布系统

信息导引及发布系统基于计算机、网络通信和信息发布技术，实现信息的集中管理和发布，以及在各种显示设备上展示。该系统通常由信息发布管理主机、多媒体播放器、前端显示单元等部分组成。其系统架构如图 17-10 所示。

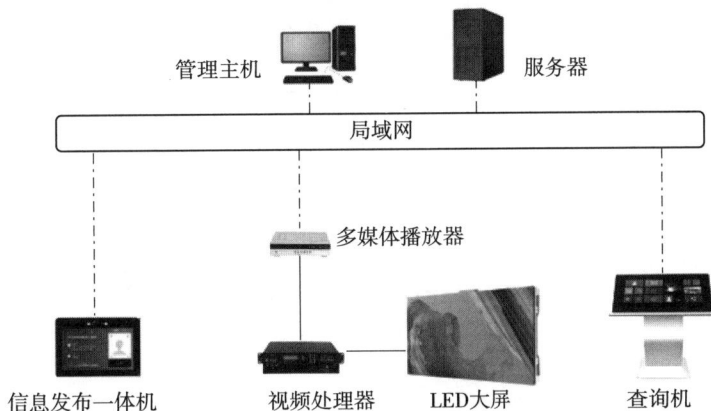

图 17-10　信息导引及发布系统架构

信息导引及发布系统通过显示屏、触摸查询一体机等设备，实现各类信息的统一发布、显示和查询。系统还可通过广域网远程控制，实现不同场所、不同受众、不同时间播放不同的内容；软件升级也可远程操作，无需人员到场，实现集中管理、控制。

17.2 建筑设备管理系统

建筑设备管理系统具有设备信息管理、设备调度和分配、自动化控制等功能，从而可自动制订维护计划、延长设备寿命、节省设备成本、减少维护成本、降低能源消耗等。该系统主要包括建筑设备监控系统、建筑能效监管系统，以及需纳入管理的其他设施系统。

17.2.1　建筑设备监控系统

越来越多的机电设备为人们带来了舒适和便利，但设备越多、系统越复杂，相应的管理要求也同样日趋复杂，为了实现更高效的管理，建筑设备监控系统（Building Automation System，简称 BAS）应运而生。BAS 可以自动运行，管理人员也可以通过电脑端或移动端远程、实时查看设备的工作状态，远程启、停、调节设备运行等，大幅提高工作效率。BAS 对机电设备的运行和安全状况、能源使用和管理等自动监测、控制，提高设备运行效率，节省能源消耗，并给人们提供舒适、安全的生活与工作环境。

BAS 的监控对象主要包括空调、通风、给水排水、电气、电梯和照明等设备，其系统架构如图 17-11 所示。

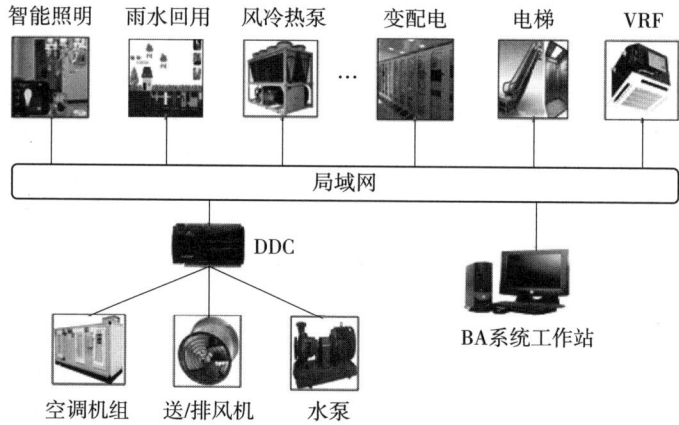

图 17-11　建筑设备监控系统架构

（1）空调冷热源系统的监控

以冷水机组、冷却塔为例，其监控示意图如图 17-12 所示。系统自动控制冷水机组、冷却塔、冷却水循环泵、冷冻水泵的启停，控制水管上电磁阀

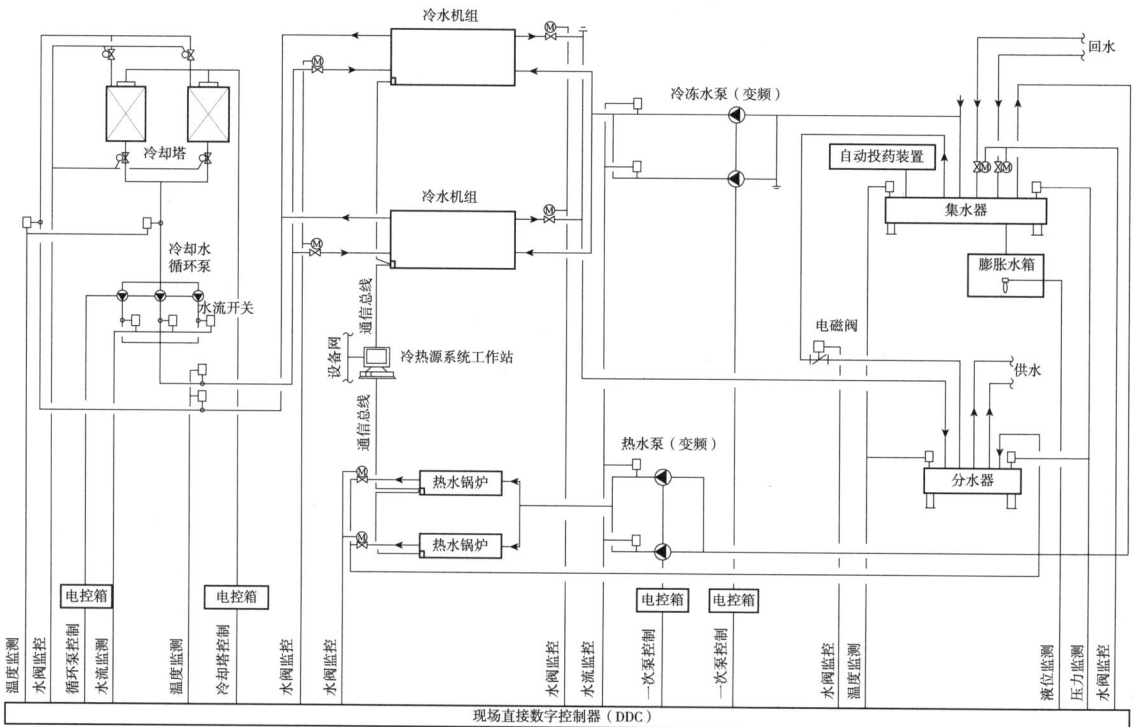

图 17-12　空调冷热源系统监控示意图

的开关或开度，监测水管上各类传感器（包括流量传感器、温度传感器、压力传感器等）的实时数据，监测各设备的运行、故障状态等。通过整个系统的特定算法，结合实时监测数据，分析机组的运行工况，自动控制设备的运行频率、阀门开关／开度等，以最低能耗满足末端负荷的需求。

（2）空调机组的监控

以水系统空调机组为例，其监控示意如图17-13所示。系统自动控制送风机的启停、风机的运行频率，控制冷热盘管、加湿水管水阀的开度，监测送风／回风管上各类传感器（包括温度传感器、湿度传感器、压力传感器、压差传感器等）的实时数据，监测各设备的运行、故障状态等。结合实时监测数据，自动控制设备的运行频率、阀位开关／开度等，以最低能耗满足末端负荷的需求。

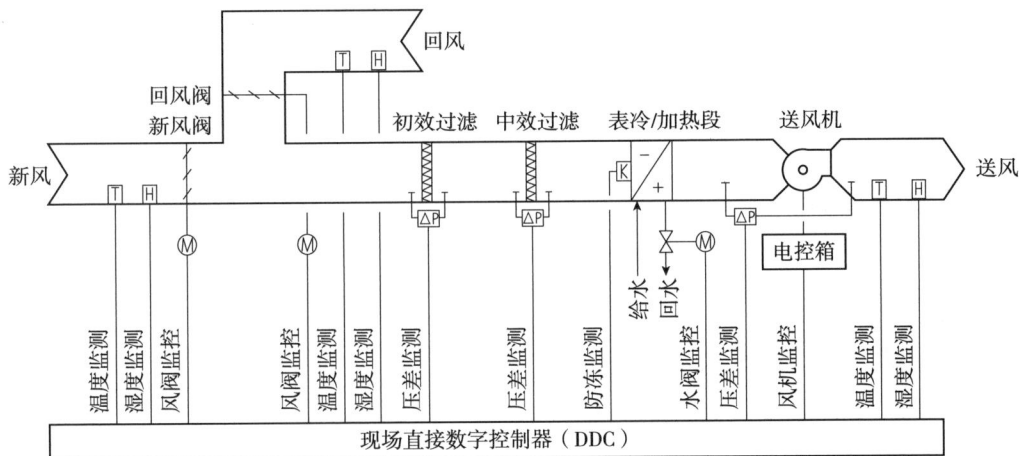

图 17-13　空调机组监控示意图

（3）给水排水设备的监控

以生活热水系统为例，自动控制水泵的启停，监测水泵的运行、故障状态，水箱的液位状态，其设备监控示意图如图17-14所示。

（4）照明系统监控

根据管理需求，按时间、空间、照度、场景模式等条件，自动控制灯具的开关，在满足照明要求的同时减少电能浪费。照明系统监控主要分为两种方式，一种是通过现场直接数字控制器（DDC）对照明回路进行开、关控制和状态监测，另外一种是采用智能照明系统。

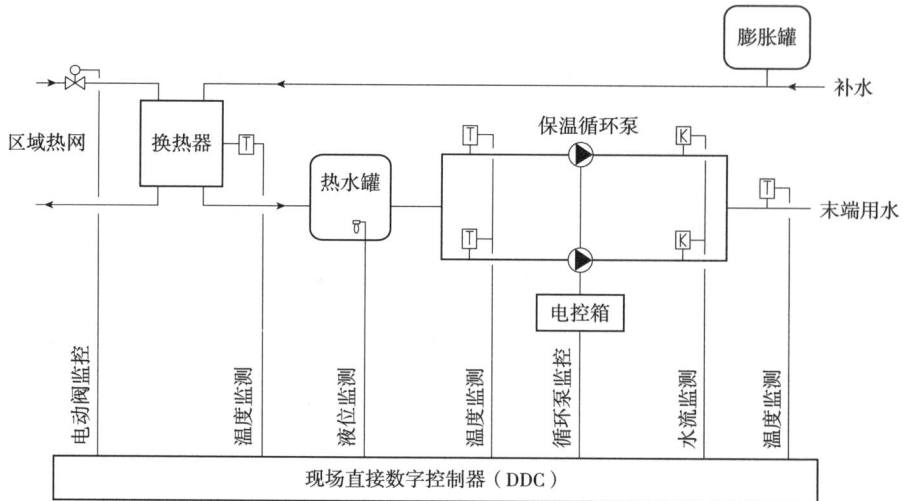

图 17-14 生活热水系统设备监控示意图

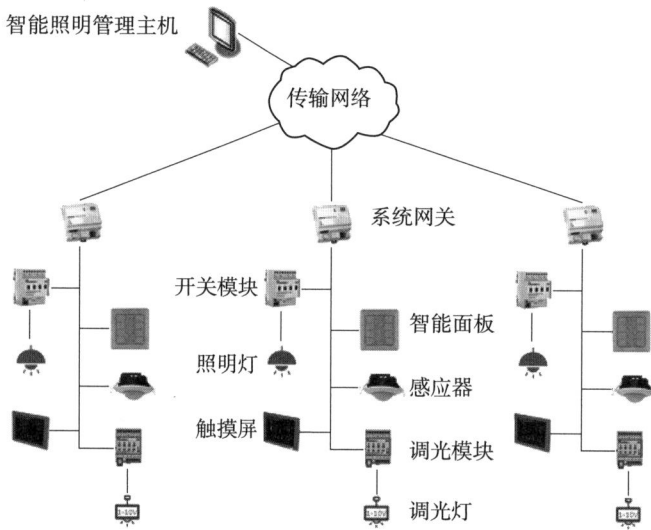

图 17-15 智能照明系统示意图

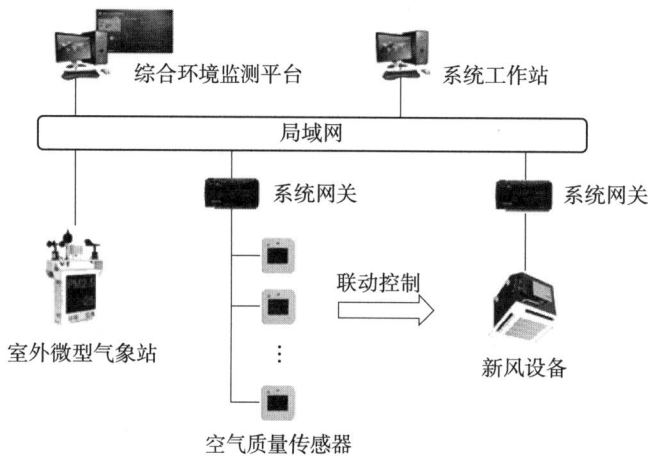

图 17-16 环境监控示意图

智能照明系统由系统单元、输入单元与输出单元组成，具有定时、感应、调光、场景设置等多种控制功能。智能照明系统可对建筑内的所有照明设备进行集中监控，统一调度，根据预设的程序或外部输入信号，自动控制灯具的开关、亮度、色温等参数。智能照明系统示意图如图 17-15 所示。

（5）室内环境监控

地下汽车库主要进行一氧化碳浓度监测，人员密集场所（如餐厅、会议室、报告厅、礼堂、教室等）主要进行二氧化碳、$PM_{2.5}$、甲醛、挥发性有机化合物（VOC）等的浓度监测。通过对比现场传感器监测的数据和系统设置的数据，联动控制排风机、新风机等设备，以满足空气质量的要求。环境监控示意图如图 17-16 所示。

在建筑运行能耗构成中，空调和照明能耗占比较大，是节能控制的重点，采取适宜的空调、照明节能控制策略可显著降低整个建筑的能耗。

（1）空调系统节能控制策略

1）根据末端冷 / 热负荷的需求，调整冷热源机组运行的台数；结合各机组运行的时间，智能调整其投入的组合方式，确保各机组的均衡运行。

2）根据末端负荷或压力传感器的数据，对水泵、风机进行变频控制。

3）从节能角度出发，结合人体感受，统一设定室内温、湿度，如：夏季室内空调温度设置不低于 26℃，冬季不高于 20℃（据相关测算，空调机组在夏季工况下，室内温度设定值每提高 1℃可节约用电量 5%~10%）。

4）在过渡季节，温湿度适宜的情况下，全新风运行。

（2）照明系统节能控制策略

1）结合视频监控平台，分析区域人流大小、人员存在情况，自动规划亮灯的时间、区域。

2）利用人员存在或移动传感器，自动开 / 关灯光。

3）根据设定的时间计划，定时开 / 关灯光。

4）结合现场照度传感器数据，自动调整灯具开启的数量。

5）按照平日、节假日、庆典及实际管理需求，选择预设的照明模式、灯光场景。

17.2.2 建筑能效监管系统

建筑能效监管系统（也称能耗监测系统）监测、记录、分析各类能源消耗，用于评估和改进能源使用效率。对于建筑而言，主要是对用电、用水、用气、用热（冷）量等的实时监测，由前端远程计量设备采集能耗数据，通过网络传至监管平台，再由平台软件分析能源使用情况和趋势，为用户提供能源消耗的数据分析和决策支持。图 17-17 是能耗监测系统的架构。

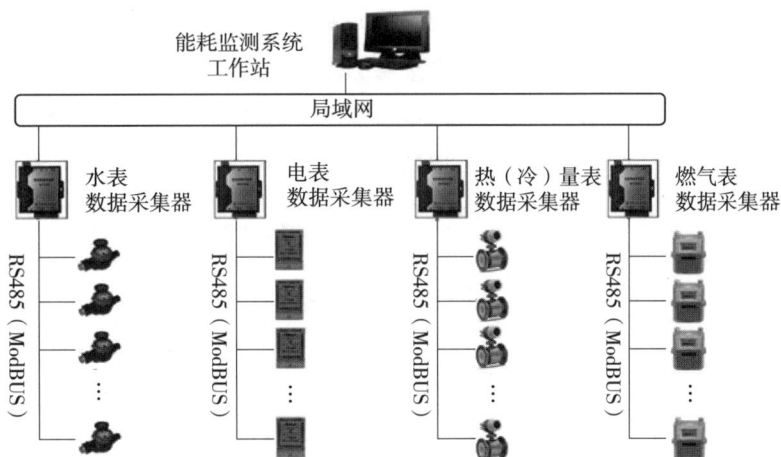

图 17-17 能耗监测系统架构图

325

年能耗趋势图

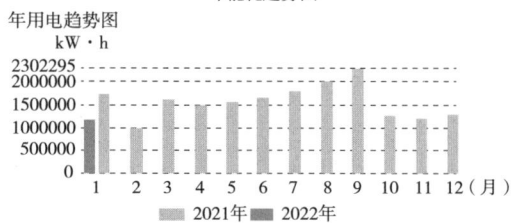

年用电趋势图
kW·h

2302295
2000000
1500000
1000000
500000
0
　　1　2　3　4　5　6　7　8　9　10　11　12（月）
■ 2021年　■ 2022年

年用水趋势图
m³

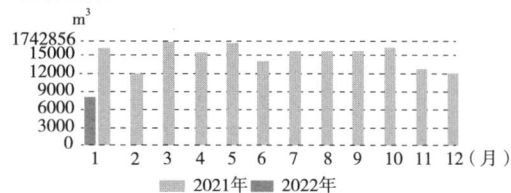

1742856
15000
12000
9000
6000
3000
0
　　1　2　3　4　5　6　7　8　9　10　11　12（月）
■ 2021年　■ 2022年

年用气趋势图
m³

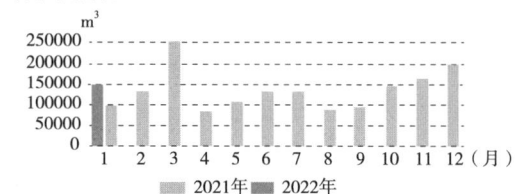

250000
200000
150000
100000
50000
0
　　1　2　3　4　5　6　7　8　9　10　11　12（月）
■ 2021年　■ 2022年

图 17-18　能耗分析图

由于电能在建筑总能耗中占比最大，为了发现各种用电负荷的用电规律和特点，避免用电浪费，多部国家或地方标准都规定公共建筑应设置"用电分项计量系统"。用电分项计量指将建筑中的用电设备按照基本功能类型分项，如照明、插座、暖通空调、动力、特殊用电等各项负荷，再通过计量获取各分项的用电能耗。上述各用电分项还可以再细分，如暖通空调用电可细分为冷热源、输配系统、空调末端等分项的用电，动力用电包括电梯、水泵、通风机等。

建筑能效监管系统、用电分项计量系统都可以帮助用户了解能耗的各种情况，发现能耗高峰、能耗异常等情况，及时采取调整、优化措施。通过能耗分析，可以识别浪费能源的地方，发掘节能潜力，制订节能计划。例如：能耗纵向比较，分析同一建筑不同时段的各项能耗，得出用能随时间变化的规律，也可以检验采取节能措施后的实际效果；能耗横向比较，将本建筑与其他同类建筑的能耗做对比，评价自身的节能水平，找到节能的薄弱环节，从而采取针对性的措施。图 17-18 是能耗监测系统数据分析形成的能耗分析图。

17.3
安全防范系统

安全防范系统基于现代电子、网络等各种先进技术为建筑提供安全保障，主要包括视频安防监控系统、入侵报警系统、出入口控制系统、停车场管理系统等。这些系统可以独立运行，也可相互配合，协同运作，构建一个完整、高效的安全保障系统。安全防范系统能够监测非法入侵、火灾等危险情况，及时发出报警信号，并能记录相关的数据和视频图像，便于事后查证和统计。也可以帮助人们快速、有效地应对各种突发事件，最大限度地减少人身伤害、财产损失。

（1）视频安防监控系统

视频安防监控系统是利用视频技术探测、监视设防区域，并实时显示、记录现场图像的电子系统。该系统由前端设备、传输系统、控制/处理/显示系统和存储/回放系统四大部分组成（图 17-19）。

前端设备：主要包括各类监控摄像机，用于采集现场图像。

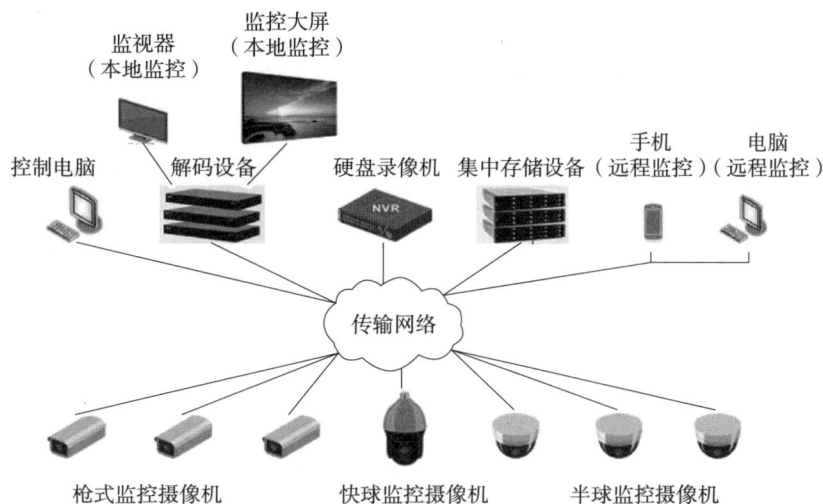

图 17-19　视频安防监控系统示意图

传输系统：将采集的图像信号传输到控制／处理／显示设备，包括网络交换机、电／光缆等，传输方式包括有线和无线。

控制／处理／显示系统：控制前端设备，处理和显示前端传来的图像信号。其包括控制电脑、解码设备、监视器、监控大屏等。

存储／回放系统：实时记录现场图像，并可随时回放。其包括硬盘录像机、集中存储设备等。

视频安防监控系统的主要功能包括实时监视、录像存储、报警联动等，可应用于银行、商场、学校、工厂等各种场所，保障人员和财产的安全。也可以实现远程管理和监控，方便用户随时随地控制前端设备和查看监控画面。

随着科技进步，安防监控系统在不断地升级。智能安防监控系统可以通过 AI 图像识别技术对监控画面进行智能分析，自动识别异常情况。还可配置相应功能的设备实现特定功能，例如：设置人脸识别摄像机进行身份识别；在电动汽车充电桩旁设置热成像摄像机进行火灾预警监测；园区交通要道设置限速自动抓拍摄像机，对超速车辆发送短信通知；设置流量统计摄像机，通过手机端实时查看人流情况等。

（2）入侵报警系统

入侵报警系统在防范区有非法侵入时发出警告或通知，通常由前端报警探测器、信号传输媒介、终端管理及控制部分组成（图 17-20）。

前端报警探测器：包括红外探测器、微波探测器、振动探测器、泄漏电缆探测器以及门磁等。

信号传输媒介：将前端探测器采集的信号传输到终端控制或处理部分的

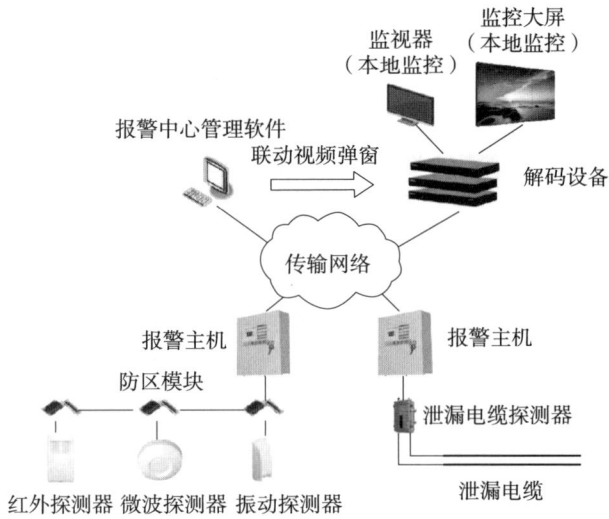

图 17-20 入侵报警系统示意图

媒介,包括有线传输和无线传输两种方式。

终端管理及控制部分:负责管理和控制前端设备,主要为报警主机等设备。

当出现危险情况时,入侵报警系统可及时发出警告。同时,其还可与视频监控等其他防护系统联动,实现更全面的安全防范。

(3)出入口控制系统

出入口控制系统是采用现代电子设备与软件信息技术,在出入口对人或物的进出进行放行、拒绝、记录和报警等操作的控制系统,可以有效地控制进出人员/物品的身份和时间,提高安全性和管理效率。该系统主要由识读部分、传输部分、管理/控制部分和执行部分以及相应的系统软件组成(图17-21)。

识读部分:识别进出人员/物的身份,包括但不限于卡片、密码、生物识别等方式。

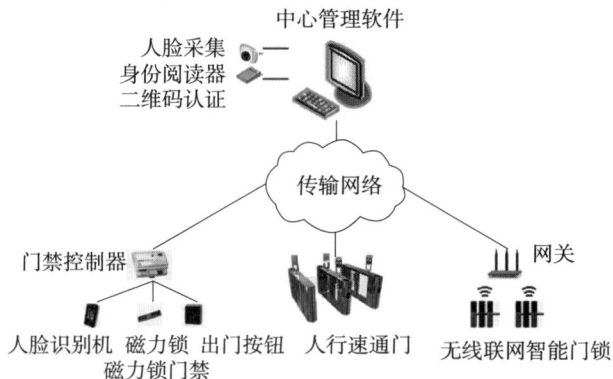

图 17-21 出入口控制系统示意图

传输部分：将识读部分收集的信息传输到管理／控制部分。

管理／控制部分：是出入口控制系统的核心，负责处理传输来的信息，根据设定的规则判断是否允许进出，并将结果传输到执行部分。

执行部分：根据管理／控制部分的指令，放行或拒绝进出的人／物。

系统软件：管理和维护整个出入口控制系统，包括用户管理、数据存储、报表生成等。

（4）停车场管理系统

停车场管理系统是现代化停车场内对车辆收费及自动化管理的系统，主要有车辆进出管理、车位引导及反向寻车等功能。

车辆进出管理包括车辆登记、识别、计费、监控等，主要由车辆识别设备、数据存储和管理设备、控制设备及软件平台组成（图 17-22）。

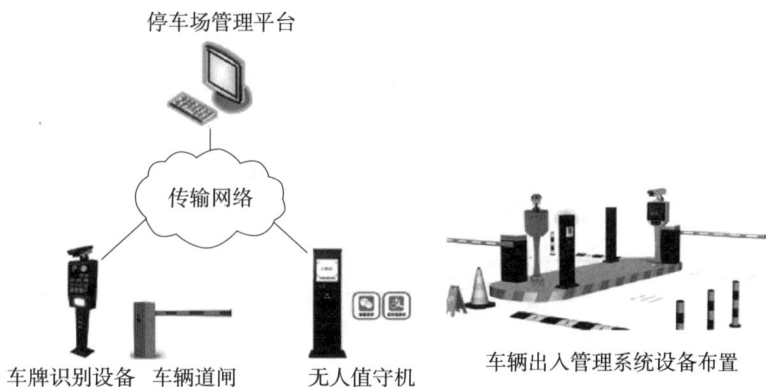

停车场管理平台

传输网络

车牌识别设备　车辆道闸　　无人值守机　　　　车辆出入管理系统设备布置

图 17-22　车辆出入管理系统示意图

车位引导及反向寻车功能用于引导车辆停放和帮助车主快速寻车，适用于大型停车库，主要由引导部分、寻车部分、通信网络及软件平台组成（图 17-23）。该功能可以帮助车主快速找到空闲车位，也可以帮助车主快速找到自己的车辆，节省停车、取车时间。

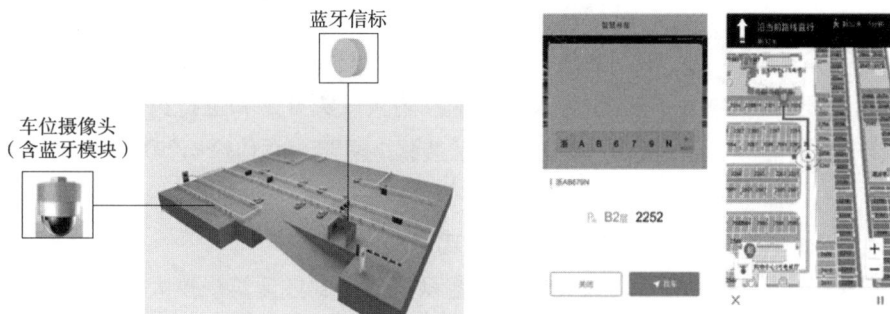

蓝牙信标

车位摄像头
（含蓝牙模块）

图 17-23　车位引导及反向寻车系统示意图

329

安全防范管理平台是对安全防范系统的各子系统及相关信息系统进行集成，实现实体防护系统、电子防护系统和人力防范资源的有机联动，实现信息的集中处理及共享应用、风险事件的综合研判、事件处置的指挥调度、系统和设备的统一管理与运维等功能的硬件和软件组合。

17.4 火灾自动报警系统

火灾自动报警系统是探测火灾早期特征、发出火灾报警信号，为人员疏散、防止火灾蔓延、启动自动灭火设备提供控制与指示的消防系统。除了规模很小、功能简单的建筑外，几乎所有的现代建筑都设有火灾自动报警系统，它是建筑安全防范系统的重要组成部分，对预防火灾、减小火灾损失起着非常重要的作用。

17.4.1 系统综述

《建筑防火通用规范》GB 55037—2022、《建筑设计防火规范（2018 年版）》GB 50016—2014 对何种建筑、何种场所需要设置火灾自动报警系统有具体的规定；《消防设施通用规范》GB 55036—2022、《火灾自动报警系统设计规范》GB 50116—2013 则对如何设置火灾自动报警系统有详细的要求和说明。另外还有一些针对具体建筑类型的国家标准或行业标准也有类似的规定，例如《汽车库、修车库、停车场设计防火规范》GB 50067—2014、《剧场建筑设计规范》JGJ 57—2016 等。在实际工程设计过程中，除应按照上述标准进行相关设计外，还要注意地方标准和政府部门的要求。

（1）系统组成和原理

火灾自动报警系统示意图如图 17-24 所示。

系统工作时，由各类探测器自动探测火情并发出报警信号，或通过手动报警按钮发出报警信号。报警信号沿传输网络传到火灾报警控制器，由报警控制器进行信号处理、传输和显示，并发出联动控制信号，控制各种消防设施，引导人员疏散、防止火灾蔓延和进行灭火自救。同时，报警、联动等各类信号在图形显示装置上显示，并传输给智慧消防综合管理等平台。

（2）系统形式

火灾自动报警系统的形式按建筑规模大小、控制要求、复杂程度等因素分为三种。

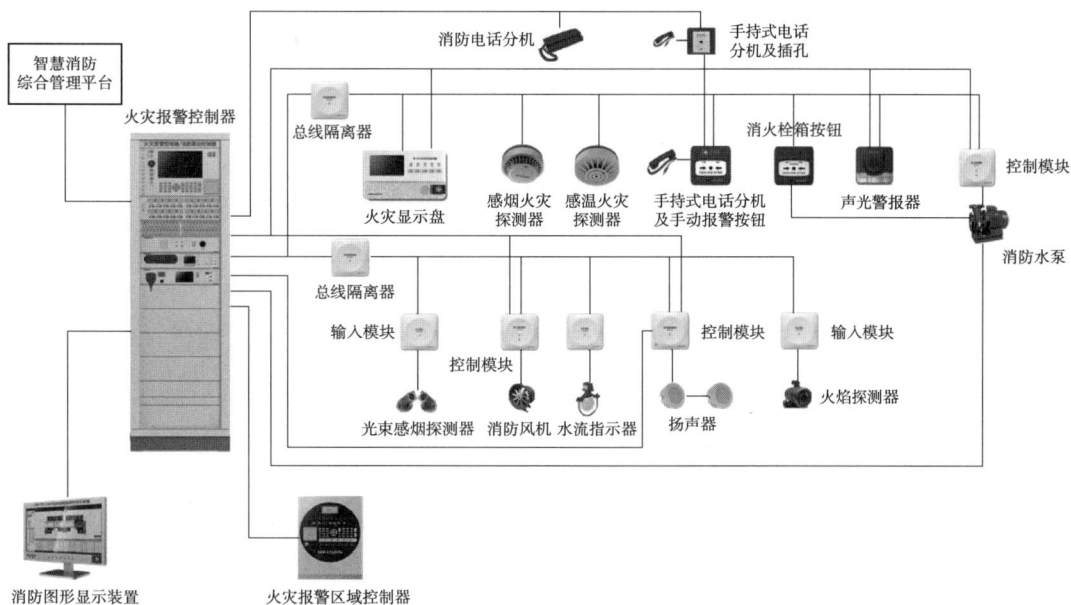

图 17-24　火灾自动报警系统示意图

1）区域报警系统：仅需要报警，不需要联动自动消防设备的保护对象宜采用区域报警系统。这种系统适用于规模较小、功能简单、火灾危险性不大的建筑。区域报警系统不需要设置消防控制室，但需要设置区域报警控制器和有人24小时值班的消防值班室。

2）集中报警系统：不仅需要报警，同时需要联动自动消防设备，且只设置一台具有集中控制功能的火灾报警控制器的保护对象，采用集中报警系统。这种系统适用于规模较大、功能较复杂、火灾危险性较大的建筑。集中报警系统需设置一个消防控制室，必要时还可以设置若干处消防值班室。

3）控制中心报警系统：设置两个及以上消防控制室的保护对象，或设置两个及以上集中报警系统的保护对象，采用控制中心报警系统。该系统将多个消防控制室中的一个设定为"主消防控制室"，其余的设定为"分消防控制室"。控制中心报警系统适用于规模大、功能复杂、自动消防设备很多的建筑或建筑群。

（3）其他相关系统

在建筑电气的消防设计中，还有一些不属于火灾自动报警系统但与之有关联的系统，这些独立的系统由各自的报警控制器进行监控，并与火灾自动报警系统的报警控制器联网。

1）可燃气体探测报警系统

可燃气体探测报警系统由可燃气体报警控制器、可燃气体探测器和火灾声光警报器等组成，用于厨房等使用可燃气体的场所。探测器发出报警信号后，联动控制包括启动保护区域的火灾声光警报器、关闭可燃气体的管道阀门、启动事故排风机等。报警信息和故障信息传送至消防控制室的火灾报警控制器。

2）电气火灾监控系统

电气火灾监控系统由电气火灾监控器、电气火灾监控探测器组成，主要探测电气线路的温度、漏电电流。当探测到的温度、漏电电流超过设定值时，发出报警信号并可联动切断电源。报警信息和故障信息传送至消防控制室的火灾报警控制器。

3）消防设备电源监控系统

消防设备电源监控系统由消防设备电源状态监控器、电压 / 电流传感器组成，监控器设在消防控制室，当消防设备供电回路的电压 / 电流出现异常时，发出报警信号。

（4）设备机房和线路敷设

火灾自动报警系统的机房主要包括消防控制室、消防值班室。消防控制室中的设备主要有火灾报警控制器、图形显示装置、消防应急广播控制装置、消防电话总机以及起集中控制作用的消防设备等。

图 17-25 表示消防控制室设备安装的常见做法。消防控制室通常采用活动地板，消防线路安装在地板下，既美观又便于维护。设备布置时需留出操作、维护的空间，间距满足规范、标准的要求。

消防值班室一般仅有区域报警控制器，通常壁挂安装。

消防系统的线路从消防控制室引出，通常沿金属线槽敷设至弱电竖井，再沿弱电竖井引至各楼层。各楼层的末端线路沿线槽或穿金属管敷设至设备。

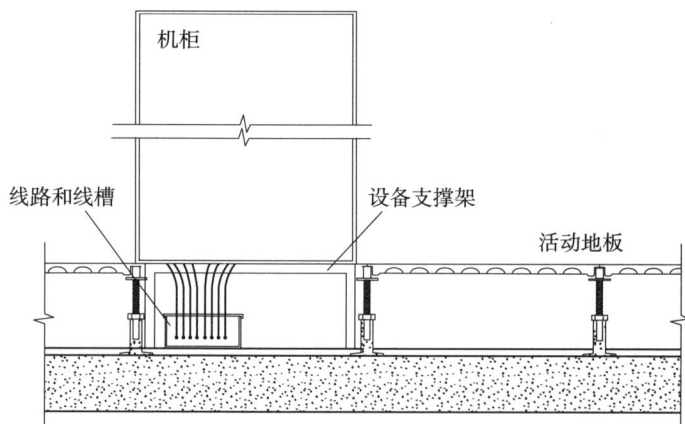

图 17-25　消防控制室设备安装常见做法

17.4.2 火灾探测与报警

火灾探测针对火灾初期的不同特征，采用不同的探测器，通常遵循以下原则：

1）火灾初期有阴燃阶段，产生大量的烟的场所，选择感烟火灾探测器。

2）火灾发展迅速，产生大量热的场所，选择感温火灾探测器。

3）火灾发展迅速，有强烈的火焰辐射的场所，选择火焰探测器。

4）火灾发展迅速，产生大量热、烟和火焰辐射的场所，可选择感温火灾探测器、感烟火灾探测器、火焰探测器或其组合，也可选择具有复合判断功能的火灾探测器。

5）火灾初期有阴燃阶段，且需要早期探测的场所，增设一氧化碳火灾探测器。

6）使用、生产可燃气体或可燃蒸气的场所，选择可燃气体探测器。

7）高大空间且无遮挡物的场所，可采用线型光束感烟火灾探测器；有遮挡物时，可采用管路采样吸气式感烟火灾探测器。

8）火灾形成特征不可预料的场所，可根据模拟试验的结果选择火灾探测器。

各种类型的探测器有不同的保护半径和面积（有效探测范围）、灵敏度、响应时间等，因此，需按照工作环境、实际需要，恰当地选择探测器类别、布置探测器、调节阈值，避免探测器漏报或误报。

表 17-1 给出了最常用的点型感烟、感温火灾探测器在平顶房间中的保护面积、保护半径；图 17-26 表示点型火灾探测器的布置示意。此外，探测器的布置还要考虑梁、吊顶、悬挂物、空间形状等诸多因素的影响，本书不再详细介绍。

每只点型感烟、感温火灾探测器在平顶房间中的保护面积和保护半径　　表 17-1

探测器类型	地面面积 S（m^2）	房间高度 H（m）	保护面积 A（m^2）	保护半径 R（m）
感烟探测器	$S \leqslant 80$	$H \leqslant 12$	80	6.7
	$S > 80$	$6 < H \leqslant 12$	80	6.7
		$H \leqslant 6$	60	5.8
感温探测器	$S \leqslant 30$	$H \leqslant 8$	30	4.4
	$S > 30$	$H \leqslant 8$	20	3.6

当火灾探测器探测到的物理量超过阈值时，发出报警信号。除了自动探测、报警方式，还有上文提到的手动报警。自动报警以实现火灾早期报警为目的，手动报警时往往已经比较晚了。图 17-27 为手动报警按钮、消火栓按钮的实物照片。

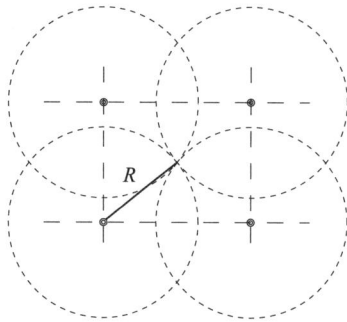

图 17-26　点型火灾探测器布置示意

图 17-27　手动报警按钮、消火栓按钮

17.4.3　联动控制

火灾报警控制器接收到探测器的报警信号后，按照设定的控制逻辑向各相关的受控设备发出联动控制信号，并接受相关设备的动作反馈信号。对消防水泵、防烟和排烟风机等重要设备的控制，除采用联动控制方式外，还要在消防控制室设置手动直接控制装置及其专用线路。

（1）防火门、防火卷帘

防火门监控系统通常是一个独立的子系统，火灾报警控制器将联动信号发给防火门监控器，由防火门监控器具体控制。联动控制包括：火灾时关闭常开防火门、将疏散通道上防火门的开、闭和故障信号反馈至防火门监控器。

防火卷帘的联动控制有两种情况：疏散通道上的防火卷帘分两步下降，刚探测到火灾时下降至距地面 1.8m 处，留出疏散空间，专门用于联动防火卷帘的感温探测器发出报警信号时，下降到底；非疏散通道上的防火卷帘直接下降到底。

防火卷帘两侧设置控制按钮盒，手动控制防火卷帘的升降。防火卷帘的动作信号和探测器的报警信号反馈至火灾报警控制器。

（2）防烟、排烟系统

防烟系统的联动控制包括：开启相关楼层前室等需要加压送风场所的加压送风口和加压送风机；控制电动挡烟垂壁降落。

排烟系统的联动控制包括：开启排烟口、排烟窗或排烟阀，同时停止该防烟分区的空调系统。排烟口、排烟窗或排烟阀开启后，启动相应的排烟风机、补风风机。

防烟、排烟系统属于重要的消防设备，除联动控制外，还能在消防控制室手动控制。防烟、排烟系统的风机需增设专用的控制线路连接至手动直接控制盘。

送风口、排烟口、排烟窗或排烟阀开启和关闭的动作信号，各风机的启动和停止信号，及排烟防火阀的动作信号，均反馈至火灾报警控制器。

（3）自动喷水灭火系统

自动喷水灭火系统按照不同的分类方式主要有湿式系统、干式系统、预作用系统、雨淋系统、水幕系统、细水雾系统等，它们的联动控制大同小异，大致为：探测到火灾时打开预作用阀组、雨淋阀组等需要首先动作的设备，待报警阀压力开关、系统出水干管上的压力开关、高位消防水箱出水管上的流量开关动作后，启动喷淋消防泵。

自动喷水灭火系统属于重要的消防设备，除联动控制外，还能在消防控制室手动控制，需增加专用的控制线路连接至手动直接控制盘。水流指示器、信号阀、压力开关、喷淋消防泵的启动和停止的状态信号反馈至消防联动控制器。

（4）消火栓系统

消火栓系统出水干管上的压力开关、高位消防水箱出水管上的流量开关或报警阀压力开关动作后，直接控制启动消火栓泵。消火栓按钮的动作信号联动控制消火栓泵的启动。

消火栓系统属于重要的消防设备，除联动控制外，还能在消防控制室手动控制，需增加专用的控制线路连接至手动直接控制盘。消火栓泵的动作信号应反馈至消防联动控制器。

（5）气体灭火系统、泡沫灭火系统

气体灭火系统、泡沫灭火系统通常是独立的子系统，由专用的气体灭火控制器、泡沫灭火控制器控制。防护区内发出首个火灾报警信号后，启动防护区内的火灾声光警报器，发出第二个火灾报警信号后，发出联动控制信号，联动控制内容包括下列内容：

1）关闭送（排）风机及其阀门，关闭通风和空气调节系统及其防火阀；

2）关闭防护区域的门、窗，启动封闭装置；

3）启动气体灭火装置、泡沫灭火装置；

4）启动防护区门外指示气体释放的火灾声光警报器。

防护区门外还需设置手动启、停按钮。气体、泡沫灭火装置启动及喷放各阶段的反馈信号，以及防护区内的火灾报警信号、选择阀和压力开关的动作信号、手动或自动方式的状态信号均应反馈至消防联动控制器。

（6）其他联动控制

其他相关的消防联动控制包括：启动建筑内的火灾声光警报器、消防广播，火灾时将电梯自动迫降在首层，启动消防应急照明和疏散指示系统，切断火灾区域及相关区域的非消防电源，打开疏散通道上的门禁、电动栅杆、电动大门，开启安防系统的摄像机监视火灾等，不一而足。

（1）智能化集成系统

智能化集成系统（Intelligent Building Management System，简称 IBMS）在原有建筑设备监控系统的基础上，进一步与信息网络系统协同，基于统一的管理平台，实现更高层次、跨系统的集成管理系统，提供更高效、更复杂的管理，实现更精细的控制。简单地说，就是利用先进的信息技术，将多种硬件设备、软件系统整合起来，形成一个智能化的整体系统。它将各智能化子系统互联互通，实现多个子系统的协同工作，提高系统的整体效率和可靠性。

智能化集成系统以系统集成为核心，集成平台通过接口的形式，将不同系统的原生数据直接联通。智能化集成系统连接示意图如图 17-28 所示。

（2）信息化应用系统

信息化应用系统是采用计算机、网络、数据库、通信等多种技术，将各种信息化资源整合在一起，为用户提供信息服务和支持业务决策的一种综合性系统。

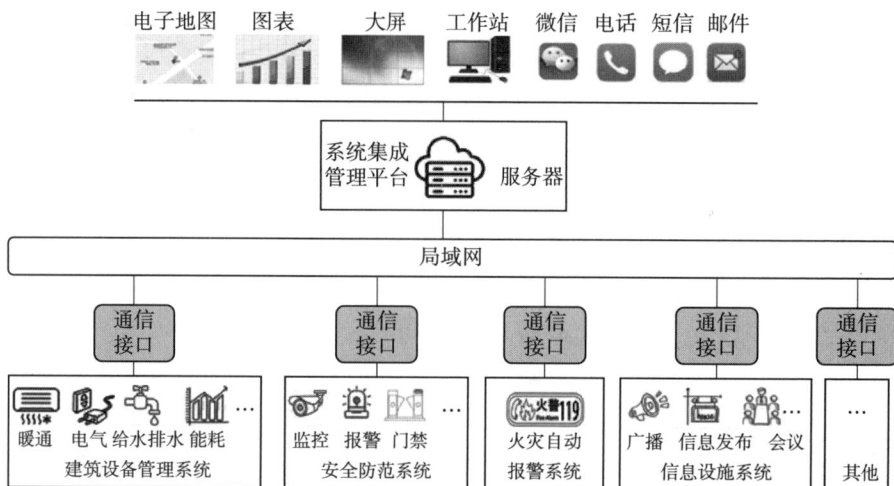

图 17-28 智能化集成系统连接示意图

信息化应用系统着重于信息数据的处理、整合，满足建筑运行和管理的信息化需求，也可为建筑中的运营业务提供支撑和保证。常见的、基础通用性的信息化应用系统有：

1）公共服务系统：如访客预约、信息发布等。

2）智能卡应用系统：如校园卡消费、图书借阅、会议签到等。

3）物业管理系统：如维修管理、缴费管理、客户服务等。

延伸阅读

［1］ 沈瑞珠. 建筑智能化技术 [M]. 北京：中国建筑工业出版社，2021.

［2］ 中华人民共和国住房和城乡建设部. 火灾自动报警系统设计规范：GB 50116—2013[S]. 北京：中国计划出版社，2013.

习题

1）建筑智能化系统主要包括哪些系统？

2）BAS 主要是对哪些机电设备进行监控？

3）建筑能效监管系统监测的对象有哪些？

4）列举常见的火灾探测器并简述其适用的场所。

5）哪些消防设备需要在消防控制室设置手动直接控制装置及其专用线路？

第 18 章

智慧管理及应用

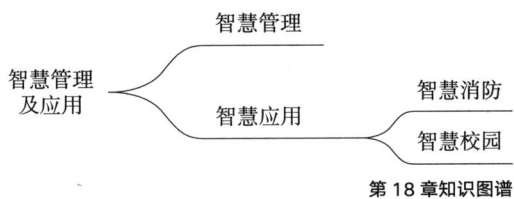

```
                              智慧管理
智慧管理  ┌─────────────────
及应用   └─────────────    智慧消防
                智慧应用  ┌──────────
                          └── 智慧校园
```

第 18 章知识图谱

随着建筑的规模越来越大、功能越来越复杂，各种资源和设施的管理也变得更加繁重和复杂。设备、人员、事件、时间、环境等各类信息数据错综复杂，相互独立，但又在一定程度上相互关联。我们要从这些信息中提取出有效信息，总结出相应规律，就需要借助更强有力的技术手段，如边缘计算、物联网、大数据、AI 等。

早期的智能化技术，包括智能化集成系统等，主要关注对前端机电设备的控制管理，未能重视信息的交互、建筑与人的交互，仅能够满足建筑管理的基本需求。为了满足更深层次的需求，仅仅依赖这些技术是不够的。因此，从顶层管理的角度出发，我们需要让建筑具备自我思考的能力，能与人和环境有信息的交互，自行适应建筑自身以及人、环境等方面的变化，成为智慧建筑。换句话说，我们需要将智能化技术提升到智慧化层面，让建筑具备自主学习、推理、判断、调节和进化的能力，实现更加智能的控制和管理，并可持续发展。

智慧建筑是现代建筑技术的一种新形态，它从本质上改变了早期智能建筑专注执行层面的状态，改变了系统的数据孤岛状态。智慧建筑中各系统的数据将汇总在一个大数据池中，通过定义同一标准的数据格式，对采集来的各种数据进行清洗、转换，然后再提供给上层应用（图 18-1）。同时，用定期增加更新或者重新载入整个数据池的方式更新数据，给大数据分析、人工智能等上层应用提供稳定、高效的数据支撑。

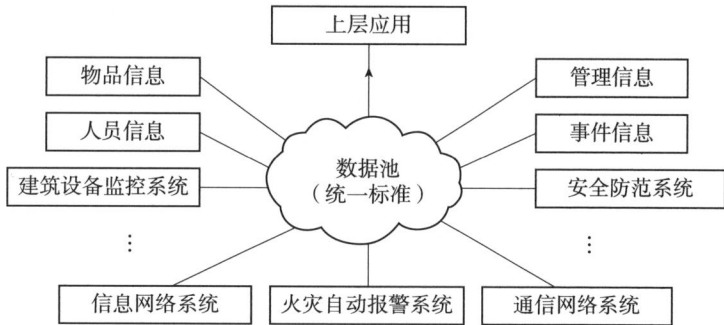

图 18-1　智慧建筑平台示意图

18.1 智慧管理

智慧管理可以有效地处理和管理大量的数据和资源，运用数据分析和优化算法实现对资源的精细化管理，提供智能化的服务和个性化的体验，满足各类用户不同的需求。例如，建筑环境监控系统从早期简单的温、湿度控制，发展到基于 AI 算法对空气环境、光环境全面的精细化控制，营造健康舒适的建筑环境。

除了针对设备系统的控制、管理外，智慧管理还注重对信息数据的分析、处理和应用，从应用功能角度划分，包括数据管理、集成管理和可视化管理等。

（1）数据管理

数据管理是指以数据利用和分析为核心，通过整合多个管理系统和设备的数据，实现全面的数据监控和管理功能。它可以实时监测和整合各种资源和设备的信息，提供数据分析和决策支持，提高管理和运营效率。图18-2为学生个人信息大数据界面。

图18-2 学生个人信息大数据界面

（2）集成管理

集成管理就像人的大脑，是整个智慧建筑的核心。通过它可以打破原有各系统的数据孤岛，实现各系统资源的共建共享，进而实现业务流程再造与优化，驱动整体智慧管理。

集成管理一般包括物联中台、数据中台和业务中台（将数据用于新应用的中间性支撑平台）等，主要是将多个独立的管理系统、工具和应用集成在一起，提供统一的管理界面和功能，方便用户集中管理信息数据。集成管理整合各种管理功能，包括项目管理、任务管理、进度管理、文档管理等，以满足用户的管理需求。物联中台的系统架构如图18-3所示。

（3）可视化管理

可视化管理是一种基于计算机图形学和可视化技术，通过将信息数据以逼真的三维视角呈现，实现对复杂数据、物体或场景的可视化和交互式展示的管理方式。它可以帮助用户更好地理解和分析数据，提供更直观、交互性更强的用户体验。

三维展示效果可以通过相关管理软件建模获得，一些功能强大的智慧管理或智慧应用系统常会把可视化管理作为其功能之一。

1）建筑信息模型（Building Information Modeling，简称BIM），利用数

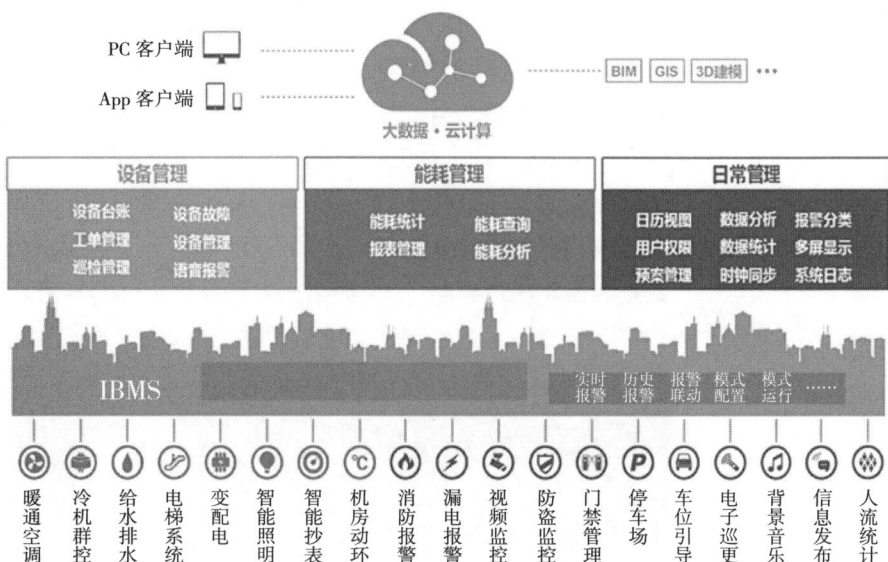

图 18-3　物联中台的系统架构示意图

字化技术建立虚拟的建筑工程三维模型，模型具有完整的、与实际情况一致的信息数据库。BIM 的数据库是动态变化的，从建筑的设计、施工、运维到建筑全寿命周期的结束，各种变化的信息不断整合、充实到数据库中。设计、施工、运营等各方人员可以基于 BIM 协同工作，精准管理，提高工作效率、节省资源、实现可持续发展。

　　BIM 信息库不仅包含描述建筑物构件的几何信息、专业属性及状态信息，还包含非构件对象（如空间、运动行为）的状态信息。可视化管理是 BIM 的功能之一，图 18-4 是管线综合的 BIM 示例。

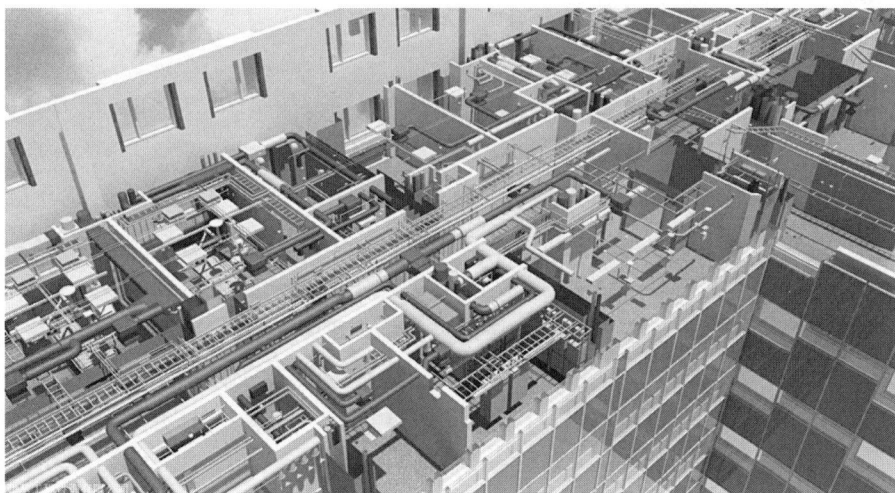

图 18-4　管线综合的 BIM 示例

2）数字孪生（Digital Twin），是采用信息技术对物理实体的组成、特征、功能和性能进行数字化定义和建模的仿真过程。数字孪生体指在计算机虚拟空间存在的与物理实体完全等价的信息模型，它作为虚拟空间中对物理实体的映射，反映对应实体的全生命周期的过程。因此，可基于数字孪生体，运用大数据分析、人工智能等技术在虚拟空间对物理实体进行仿真研究，再用研究结果驱动物理实体的实际运行。可视化是数字孪生技术的功能之一，图 18-5 展示了一个数字孪生可视化平台的界面。

图 18-5　数字孪生可视化平台界面示例

18.2 智慧应用

智慧应用是指将数字化信息技术应用于各个领域，实现高效、智慧的工作和生活方式。智慧应用涵盖的领域极其广泛，如智慧能源、智慧制造、智慧交通、智慧农业、智慧物流、智慧医疗、智慧校园等，上一节介绍的 BIM 和数字孪生也是智慧应用的典型例子。下面以建筑智慧消防、智慧校园为例，简要说明智慧应用的场景。

18.2.1　智慧消防

智慧消防是在传统消防系统功能的基础上，综合运用 BIM、IoT、大数据、AI 等技术，赋予消防系统智能化的功能与特征，实现对消防设施更全面、有效的管理和利用，对火灾更准确的预判和报警，并提供最佳的逃生和救援方案等。其主要功能包括但不限于：

1）建立消防设施物联网和消防设备信息模型，实现设施分布查询、设备智能巡检、可视化等功能，对整个消防系统进行全生命周期的信息化管理。

2）建立火灾预警模型，预先分析火灾探测器的探测数据，根据数据的变化特征预测火灾，发出预警。

3）建立火情分析模型，预测火灾发展趋势，给出最佳的疏散、救援通道。

智慧消防作为智慧建筑的一部分，也可以与其他智慧应用结合互动，建立新的应用场景，实现更多的功能，构建更加安全的建筑环境。

18.2.2 智慧校园

智慧校园的应用场景十分丰富，例如：

1）校园一卡通（一码通、一脸通）：通过校园卡/码/人脸，实现考勤、消费支付、门禁管理、图书借阅等。

2）校园安全管理：利用智能安防系统和人脸识别技术，实现校园出入口的实时监控和安全预警，保障校园和人身安全。

3）宿舍管理：实现宿舍门禁、用电监控、报修申报等功能，提高宿舍管理效率。

4）教室预约管理：学生和教职工可以通过智慧校园平台预约使用教室，避免资源使用的冲突和浪费。

5）校园导览：利用智能导览系统，结合人员定位，可以方便地找到教学楼、图书馆等目的地。

6）虚拟实验室：通过虚拟实验室平台，学生可以进行在线实验操作。

7）电子图书馆：学生可以在线借阅电子图书，方便快捷地获取学习资源。

随着智慧平台及数据分析的深入应用，智慧校园将更侧重于多系统之间数据互通，系统相互联动，形成融合应用场景，例如：

1）学业分析：整合分析学生的打门禁、借还书、上课行为、课后作业、考试成绩等数据，综合分析学生学业情况。

2）异常归寝预警：统计分析宿舍安排、宿舍区门禁和归寝异常的数据，对连续多日未出、多日晚归、违规出寝等异常情况进行智能预警，及时推送、告知辅导员或宿管人员，及时发现学生异常行为，避免出现意外。

3）学生帮扶分析：整合分析学生个人基本信息（户籍、父母职业等）、校园消费记录、移动支付记录、上网终端类型、请假、考勤记录等数据，在不泄露个人隐私数据的前提下建立帮扶分析数据模型，主动识别学生个体消费能力。

智慧应用已经广泛渗透至各个领域，随着技术的发展和创新，会出现更多、更智慧的应用场景，推动绿色、智慧、可持续发展。

延伸阅读

［1］ 何关陪，李刚 . 那个叫 BIM 的东西究竟是什么 [M]. 北京：中国建筑工业出版社，2011.
［2］ Chuck Eastman，等 . BIM 建筑咨询建模手册 [M]. 2 版 . 赖朝俊，等译 . 台北：松岗资产管理股份有限公司，2013.

习题

1）智慧管理从功能应用角度划分，主要有哪几种？

2）列举建筑工程、校园等领域的智慧应用场景。

3）请描述您对未来智慧建筑的畅想。

参考文献

[1] 北京市建筑设计研究院有限公司，西安建筑科技大学建筑学院.建筑设计资料集.第 7 分册 交通·物流·工业·市政 [M].3 版.北京：中国建筑工业出版社，2017.

[2] 俞孔坚.海绵城市：理论与实践 [M].北京：中国建筑工业出版社，2016.

[3] 中华人民共和国住房和城乡建设部.建筑给水排水设计标准：GB 50015—2019[S].北京：中国计划出版社，2019.

[4] 严煦世，高乃云.给水工程 [M].5 版.北京：中国建筑工业出版社，2022.

[5] 马金，刘艳臣，李淼.建筑给水排水工程与设计 [M].北京：清华大学出版社.2021.

[6] 中华人民共和国住房和城乡建设部.生活热水水质标准：CJ/T 521—2018[S].北京：中国标准出版社，2018.

[7] 樊建军，梅胜，何芳.建筑给水排水及消防工程 [M].2 版.北京：中国建筑工业出版社，2009.

[8] 谢中朋.消防工程 [M].北京：化学工业出版社，2011.

[9] 景绒.建筑消防给水系统 [M].北京：化学工业出版社，2006.

[10] 中华人民共和国住房和城乡建设部.自动喷水灭火系统设计规范：GB 50084—2017[S].北京：中国计划出版社，2017.

[11] 王增长.建筑给水排水工程 [M].6 版.北京：中国建筑工业出版社，2010.

[12] 中华人民共和国住房和城乡建设部.节水型生活用水器具：CJ/T 164—2014 [S].北京：中国标准出版社，2014.

[13] 中华人民共和国住房和城乡建设部.建筑屋面雨水排水系统技术规程：CJJ 142—2014 [S].北京：中国建筑工业出版社，2014.

[14] 王清勤，韩继红，曾捷.绿色建筑评价标准技术细则 2019[M].北京：中国建筑工业出版社，2020.

[15] 中华人民共和国住房和城乡建设部.民用建筑供暖通风与空气调节设计规范：GB 50736—2012[S].北京：中国建筑工业出版社，2012.

[16] 国家市场监督管理总局，国家标准化管理委员会.室内空气质量标准：GB/T 18883—2022[S].北京：中国标准出版社，2022.

[17] 朱颖心.建筑环境学 [M].4 版.北京：中国建筑工业出版社，2016.

[18] 陆耀庆.实用供暖空调设计手册 [M].2 版.北京：中国建筑工业出版社，2008.

[19] 陆亚俊.暖通空调 [M].3 版.北京：中国建筑工业出版社，2015.

[20] 党睿.建筑节能 [M].4 版.中国建筑工业出版社，2022.

[21] 中华人民共和国住房和城乡建设部.建筑防火通用规范：GB 55037—2022[S].北京：中国标准出版社，2022.

[22] 赵荣义.空气调节 [M].4 版.北京：中国建筑工业出版社，2009.

[23] 刘晓华.辐射供冷 [M].北京：中国建筑工业出版社，2019.

[24] 中华人民共和国住房和城乡建设部.建筑节能与可再生能源利用通用规范：GB 55015—2021[S].北京：中国建筑工业出版社，2021.

[25] 姚杨.建筑冷热源 [M].3 版.北京：中国建筑工业出版社，2023.

[26] 全贞花.可再生能源在建筑中的应用 [M].北京：中国建筑工业出版社，2021.

[27] 中华人民共和国国家质量监督检验检疫总局，中国国家标准化管理委员会.电工术语 发电、输电及配电 通用术语：GB/T 2900.50—2008[S].北京：中国标准出版社，2009.

[28] 中华人民共和国住房和城乡建设部.建筑电气与智能化通用规范：GB 55024—2022[S].

北京：中国建筑工业出版社，2022.

［29］ 中华人民共和国住房和城乡建设部.民用建筑电气设计标准:GB 51348—2019[S].北京：中国建筑工业出版社，2019.

［30］ 中国航空规划设计研究总院有限公司.工业与民用供配电设计手册[M].4版.北京：中国电力出版社，2016.

［31］ 中华人民共和国国家质量监督检验检疫总局，中国国家标准化管理委员会.标准电压GB/T 156—2017[S].北京：中国标准出版社，2017.

［32］ 国家市场监督管理总局，国家标准化管理委员会.电力变压器能效限定值及能效等级：GB 20052—2024[S].北京：中国标准出版社，2024.

［33］ 任元会.低压配电设计解析[M].北京：中国电力出版社，2020.

［34］ 王厚余.低压电气装置的设计安装和检验[M].3版.北京：中国电力出版社，2012.

［35］ 中华人民共和国住房和城乡建设部.20kV及以下变电所设计规范：GB 50053—2013[S].北京：中国计划出版社，2013.

［36］ 中华人民共和国住房和城乡建设部.光伏发电站设计规范:GB 50797—2012（2024年版）[S].北京：中国计划出版社，2012.

［37］ 中国建筑学会建筑电气分会.电气节能与太阳能应用技术[M].北京：中国建筑工业出版社，2009.

［38］ 浙江省住房和城乡建设厅.绿色建筑设计标准:DB33/1092—2021[S].北京：中国计划出版社，2021.

［39］ 李炳华，宋镇江.建筑电气节能技术及设计指南[M].北京：中国建筑工业出版社，2011.

［40］ 国家市场监督管理总局，国家标准化管理委员会.安装于办公、旅馆和住宅建筑的乘客电梯的配置和选择：GB/T 42623—2023[S].北京：中国标准出版社，2023.

［41］ 北京照明学会照明设计专业委员会.照明设计手册[M].3版.北京：中国电力出版社，2016.

［42］ 中华人民共和国住房和城乡建设部.建筑照明设计标准:GB/T 50034—2024[S].北京：中国建筑工业出版社，2024.

［43］ 中华人民共和国住房和城乡建设部.建筑环境通用规范：GB 55016—2021[S].北京：中国建筑工业出版社，2021.

［44］ 中华人民共和国国家质量监督检验检疫总局，中国国家标准化管理委员会.灯和灯系统的光生物安全性：GB/T 20145—2006[S].北京：中国标准出版社，2006.

［45］ 中华人民共和国住房和城乡建设部.建筑物防雷设计规范：GB 50057—2010[S].北京：中国计划出版社，2011.

［46］ 中华人民共和国国家质量监督检验检疫总局，中国国家标准化管理委员会.特低电压（ELV）限值：GB/T 3805—2008[S].北京：中国标准出版社，2008.

［47］ 王厚余.建筑物电气装置600问[M].北京：中国电力出版社，2013.

［48］ 沈瑞珠.建筑智能化技术[M].北京：中国建筑工业出版社，2021.

［49］ 中华人民共和国住房和城乡建设部.综合布线系统工程设计规范：GB 50311—2016[S].北京：中国计划出版社，2016.

［50］ 中华人民共和国住房和城乡建设部.数据中心设计规范：GB 50174—2017[S].北京：中国计划出版社，2017.

［51］ 中华人民共和国住房和城乡建设部.智能建筑设计标准：GB 50314—2015[S].北京：中国计划出版社，2015.

［52］ 肖辉.建筑智能化系统及应用[M].北京：机械工业出版社，2021.

［53］ 中华人民共和国住房和城乡建设部.火灾自动报警系统设计规范：GB 50116—2013[S].北京：中国计划出版社，2014.